期刊匯編 ⑨

民國建築工程

MINGUO JIANZHU GONGCHENG QIKAN HUIBIAN

《民國建築工程期刊匯編》 編寫組 編

廣西師範大学出版社

GUANGXI NORMAL UNIVERSITY PRESS

·桂林·

第九册目録

工程

民國二十年十一月

第六卷 第四號

工程

中國工程學會會刊

THE JOURNAL OF
THE CHINESE ENGINEERING SOCIETY

VOL. VI, NO. 4　　NOVEMBER　1931

中國工程學會發行　總會會所：上海寧波路四十七號　電話：一四五四五
每冊三角預定全年四冊一元每冊郵費本埠二分外埠五分國外三角六分

4109

中國工程學會職員錄

（會址上海寧波路四十七號）

歷任會長

陳體誠(1918—20)　吳承洛(1920—23)　周明衡(1923—24)　徐佩璜(1924—26)
李屋身(1926—27)　徐佩璜(1927—29)　胡庶華(1929—1930)

民國十九年至二十年職員錄

董事部

凌鴻勛　鄭州隴海鐵路工程局	陳立夫　南京中央執行委員會祕書處
李屋身　上海仁記路25號大興建築事務所	吳承洛　南京實業部
徐佩璜　上海市教育局	薛次莘　上海南市毛家弄工務局

執行部

(會長)胡庶華　吳淞同濟大學	(副會長)徐佩璜　上海市教育局
(書記)朱有騫　上海新西區楓林路公用局	(會計)朱樹怡　上海四川路215號亞洲機器公司
(總務)支秉淵　上海江西路378號新中公司	

基金監

惲震　南京建設委員會	裘燮鈞　上海南市毛家弄工務局

請聲明由中國工程學會「工程」介紹

工程

中國工程學會會刊

季刊第六卷第四號目錄 ★ 民國二十年十一月發行

總編輯　周厚坤　　　　總務　支秉淵

中國工程學會發行

中國工程師學會章程摘要

(民國二十年八月二十七日南京年會通過)

第二章　會員

第 五 條　本會會員分爲(一)會員(二)仲會員(三)初級會員(四)團體會員(五)名譽會員.

第 六 條　凡具有專門技能之工程師,已有八年之工程經驗,內有三年係負責辦理工程事務者,由會員三人之證明,經董事會審查合格,得爲本會會員.

第 七 條　凡具有專門技能之工程師,已有五年之工程經驗,內有一年係負責辦理工程事務者,由會員或仲會員三人之證明,經董事會審查合格,得爲本會仲會員.

第 八 條　凡有二年之工程經驗者,由會員或仲會員三人之證明,經董事會審查合格,得爲本會初級會員.

第 九 條　凡在工科大學或同等程度之專科學校畢業,作爲三年工程經驗,三年修業期滿,作爲二年經驗.

凡在大學工科或同等程度之專科學校教授工科課程,或入工科研究修業者,以工程經驗論.

第 十 條　凡與工程界有關係之機關學校,或其他學術團體,由會員五人之介紹,經董事會通過,得爲本會團體會員.

第十一條　凡對於工程事業,或學術,有特殊供獻而能贊助本會進行者,由會員五人之介紹,經董事會全體通過得爲本會名譽會員.

第十二條　會員有選舉及被選舉權.

仲會員有選舉權,無被選舉權.

初級會員,團體會員,及名譽會員,無選舉權及被選舉權.

第十三條　凡仲會員或初級會員經驗資格已及升級之時,得由本人具函聲請升級,並由會員或仲會員三人之證明,經董事會審查合格,卽許其升級.

第十四條　凡本會會員有自願出會者,應具函聲明理由,經董事會認可,方得

(下文見 472 頁)

4113

4114

編　輯　者　言

朱　其　清

　　中華工程師學會及中國工程學會,爲吾國有數之兩大學術團體,於今年八月舉行聯合年會於首都之時,經大會全體一致之議决,通過將兩會同時取消,正式合併,組織成立新會,定名爲「中國工程師學會」,其意義之深廣,識見之遠大,成績之美滿,實占吾國工程史上最光榮之一頁.「工程」爲本會——中國工程學會——唯一之刊物,自問世以來,已七載於玆,雖中間略有停頓,但以各會員之贊助,編輯暨總務各部全人之努力,年來篇幅反日漸增加,取材亦愈切實用;他如印刷之日益精良,銷路之日益增多,尤其餘事.是「工程」之前途已日漸臻於興盛之域,已可概見.今者舊會取消,新會成立,會員人數驟增,實力自愈雄厚,則此後新會刊物之能發揚光大,更屬意中事.同時本期工程,將爲中國工程學會最末後一期之刊物,擬於編輯之餘,將已往「工程」編輯之經過大概作一簡單之報告,以終吾卷.至於新刊物之將來如何,所取之方針,發刊之期數,以及定名內容種種,諒亦爲吾讀者所亟欲知者,玆經編者調查所得,一併附誌於後,幸垂察焉.

　　(一)「工程」編輯之經過　「工程」創始於民國十四年之三月,爲季刊,年出四期,截至本期止適七易寒暑,例應發行二十八期,本卷應爲七卷四號,惟自三卷一號出版後,因總編輯辭職,乏人繼任,以致延誤至三期之久.四卷四號又因稿件缺乏,印刷稽延,又致延誤一期,實爲「工程」進程中最不幸之事件,此外均尚能如期出版.至所有脫期之四期「工程」,以種種關係,終於未能補編,此全人等審引爲遺憾者也.玆將各期工程,出版日期,列表於後,以見一班:

每期工程出版日期表

卷號	日期	卷號	日期
一卷一號	十四年三月	四卷一號	十七年十月
一卷二號	十四年六月	四卷二號	十八年一月
一卷三號	十四年九月	四卷三號	十八年四月
一卷四號	十四年十二月	四卷四號	十八年七月
二卷一號	十五年三月	五卷一號	十八年十二月
二卷二號	十五年六月	五卷二號	十九年三月
二卷三號	十五年九月	五卷三號	十九年六月
二卷四號	十五年十二月	五卷四號	十九年八月
三卷一號	十六年三月	六卷一號	十九年十二月
三卷二號	十七年一月	六卷三號	二十年七月
三卷三號	十七年四月	六卷二號	二十年四月
三卷四號	十七年七月	六卷四號	二十年十月

　　工程自發行以來,以篇幅論,總計已有三百五十一篇.以頁數論,總計共有二千七百六十二頁.平均每期約有一百十五頁十四篇.文字種類多至八十餘種,均屬關於各種工程方面之材料,且其間甚多關於國內各種實施工程之文字,洵足寶貴.所有全卷詳細分類目錄,已另詳於本期總索引內,茲不贅.工程編輯人數,初無定額,其始也係分土木及建築,電機,無線電,採礦,機械,化學,及通俗七門,各門有編輯一二人或二三人不等主其事,另設總編輯一人,總其成.其繼也編輯人員每門最多設二人,而同時名義上並不分別門類,總編輯仍舊.茲將歷屆總編輯,暨各編輯姓氏,列表如次:

歷屆工程總編輯姓名表

(一)	一卷至三卷一號	王崇植君
(二)	三卷二號	鮑國寶君
(三)	三卷三號至四卷一號	陳　章君
(四)	四卷二號至五卷一號	黃　炎君
(五)	五卷二號至六卷四號	周厚坤君

工 程 季 刊 編 輯 人 員 名 錄

一卷一號起至一卷三號止

甲)土木工程及建築	李屋身	(乙)機械工程	孫雲霄	錢昌祚
丙)電機工程	裘維裕	(丁)化學工程	徐名材	
戊)探礦工程及冶金工程	薛桂輪	(巳)通俗之工程智識	錢昌祚	馮雄

一卷四號起至二卷二號止

土木工程及建築	李屋身	孫寶墀	鄒恩泳
電 機 工 程	裘維裕	謝 仁	陸法曾
無 線 電 工 程	張廷金	李熙謀	朱其清
採 礦 工 程	李 儼	張廣輿	王錫藩
機 械 工 程	孫雲霄	錢昌祚	顧毅成
化 學 工 程	徐名材	吳承洛	侯德榜
通 俗	馮雄	惲震	楊肇爌

二卷三號起至三卷二號止

土木及建築	鄒恩泳	范永增	庾宗澍
電 機	裘維裕	陸法曾	許應期
無 線 電	李熙謀	朱其清	倪尚達
採 礦	李 儼	張廣輿	曾憲浩
翻 械	孫雲霄	錢昌祚	顧毅成
化 學	徐名材	吳承洛	王璡
通 俗	馮雄	陳章	楊肇爌

三卷三號止

土 木	沈怡
無 線 電	許應期
機 械	茅以新

三卷四號起至四卷一號止

土 木	沈怡
電 機	惲震
無 線 電	許應期
機 械	茅以新

化　　　　　　學　　　　徐名材
採　礦　冶　金　　　　胡博淵
工　程　調　查　　　　黃　炎

四卷二號止

朱其清　　　徐芝田　　　許應期　　　周厚坤　　　　吳承洛　　　　張惠康
胡博淵　　　顧耀鎏

四卷三號止

朱其清　　　徐芝田　　　許應期　　　周厚坤　　　　吳承洛　　　　張惠康
顧耀鎏　　　沈熊慶

四卷四號至五卷一號止

朱其清　　　徐芝田　　　許應期　　　周厚坤　　　　吳承洛　　　　張惠康
顧耀鎏　　　沈熊慶　　　趙祖康

五卷二號止

朱其清　　　徐芝田　　　許應期　　　吳承洛　　　　張惠康　　　　顧耀鎏
沈熊慶　　　趙祖康　　　孫多頲

五卷三號起至六卷四號止

朱其清　　　徐芝田　　　許應期　　　吳承洛　　　　張惠康　　　　顧耀鎏
沈熊慶　　　趙祖康

　　關於工程之投稿者初不限於會員,計非會員之投稿於本刊者,前後達二十九人之多,約占投稿全數百分之八強,近一二年來較多於創始之時,此亦堪爲吾人注意之一事也.

　　(二)新刊物之將來　關於兩會合併後之新刊物,據新會臨時總辦事處張延祥君之報告,已經決議,仍將繼續發行,刊物名稱仍用「工程」二字,發刊日期,仍爲季刊,新會第一期之「工程」已定於明年一月出版,並爲便於統計起見,下期卷數,將爲七卷一號,以資連續.七卷一號內容已大加刷新,將爲本年年會之論文專號.一切材料,已由顧毓琇君,負責整理,進行編輯中,必大有可觀,讀者請拭目以俟之可也.

工業進化之大概

蔡子民

(八月二十八日出席中國工程學會)
(中華工程師學會聯合會席上演講)

今天是中國工程學會暨中華工程師學會聯合會開講演會,兄弟不是學工程的,實在無可貢獻.方魏吳先生對於提倡工程的問題,已經發揮盡致,兄弟現在是將工業進化史略說一說,替工程界來作一種宣傳.

工程的起原,當然發生於人類自然的需要,及智慧的實現,再進一步說,在未有人類以前的動物,已有工程的表現;如蜂能造窠,蟻能營穴,蛛能結網,雀能作巢等等,都是動物自然的工程.

人類的第一個工程是什麼呢?是木器時代.因為知道用樹皮,樹葉來蔽體;又取法鳥類營巢方法,架木棲息樹間,挖洞居於地內,以避猛獸的侵襲,及天時的風雨.我們要知道,這便是人類木器時代的工程.

人類的第二個工程是什麼呢?是石器時代.因為人類要求自己的生存,與野獸相奮鬥,便發明製造武器了.如上古時代之石刀,稜石,就是當時的武器.後來因想力量的及遠,又發明了弓箭彈子之類,這便是人類石器時代的工程.

人類的第三個工程是什麼呢?是金器時代.這個時代第一步發現是火,火又是如何發現的呢?我想一定是因木類觸電,或石類相碰,偶然發明的,因偶然發生火,便感覺到光與熱的需要,如是始知道燃點樹木或獸膏以脫離夜間的黑暗,及血食的生畜生活.且由此而知道燃燒的力量.因石類內礦質偶

然的溶化,便發明了金屬,這便是人類金器時代的工程.

　人類中的第四個工程是什麼呢?是陶器.陶器又是如何發明的呢?我想一定是用柳條木條等編成籃子,因其怕火便用些濕泥塗在底下去燒,無意中變成了固體,就因而發明陶器,這便是人類陶器時代的工程.

　我現在將這四個時代與工程發生的影響,分別來說一說:木器時代,就是現代的土木建築的籃本;石器時代,就是現代戰爭工具的嚆矢;金器時代,就是現代探礦冶金及一切鋼鐵事業的權輿;陶器時代,就是宋朝的瓷器及近世玻璃業之起點.要之,一切工程都是由古代遞嬗慢慢進化而來.再一談到近世工程的偉大,人都震驚於機械與交通的發達.吾人試思機械是如何發明的呢?人類最先以手足口齒來運用一身的力量,然後用樹枝木桿來代替一身的力量,慢慢又造作最需要的器具.我想第一步是發明農具,第二步是發明紡織,用具降及近世,機械普及,便完全用來替代人工了.又思交通是如何發達的呢?人類棲息陸地,一遇到水便斷絕了交通,如是利用木體的浮力,將鳖木挖空以當舟楫,或編列樹木以當木排,漢代張騫乘槎便是一種獨木舟.及後由大而小造成一種大舟,中間分隔起來,便又不同了;如范蠡的扁舟,王濬的樓船,這不是歷史上有名的證據嗎?降至現在,一切載重數萬噸的商船,戰艦,潛艇,魚雷及空中飛駛的飛艇飛船,都一齊出現於世了.這種工程的進展,真是愈演愈烈,也就是人類進化大自然的趨勢.

　現在再就以機械代替人工的力量,歸納到經濟原理來說,「是用力少而成功多」.世界人類愈衍愈繁,日用所需,亦愈求愈廣,人生衣食住行,沒有一樣是可以脫離工程的.我因工業的進化,而敬祝諸位工程家的日進無疆.

陝西渭北引涇灌漑工程紀要

著者：陸爾康

（一）　緒　言

　　陝西渭北引涇灌漑，創始於秦，實開世界灌漑工程之先河，有二千餘年之歷史。當時主其事者，爲水工鄭國。壘石爲壩，掘地成河，引涇水以入，東行三百餘里，漑田四萬頃，秦以富強，名曰鄭國渠。漢太始二年，以鄭堰被毀，涇水不能入，乃將渠口上移二千七百餘步，名曰白渠。其後唐宋元明，代有興修，均以河床日下，數將渠口上移。而上游兩岸，石巖壁立，依山鑿石，廠工甚鉅。中段石渠，在明時曾工作十七年之久，其工程之艱，可以想見。迄清乾隆初，以渠狹易淤，不能受洪流，適鑿石時發見大小泉眼數十處，乃定拒涇引泉之計，於是引涇遂廢。然因此水量愈微，漑田日少。迄民元之間，僅能漑田二萬餘畝。每遇天旱，渭北數百萬農民，坐以待斃。而民國十七年大旱之後，餓死者達二百萬，成曠世之奇災。是以有識之士，急籌救荒之策，共認根本救災，端在興修水利，而引涇實爲渭北最大之水利。中國華洋義賑救災會工程部，乃於十九年秋入陝，實地測勘，審定計劃，於是年十二月開工。茲將工程計劃，工作進行，述之如下：

（二）　工程計劃之大概

　　1. 涇河水量　涇河發源甘肅，長及千里，上游匯合陽秋馬連諸水及無數泉澗，由陝西長武入境，以達仲山之谷口，流域面積逾四萬餘公方里。兩岸都爲高原，夏秋大雨，河水盛漲，詢之土人，得其最高洪水位，估計其流量，可得每秒一萬六千立方公尺之數。其泛濫之勢，可以想見。至其普通流量，依去年秋間數月之實測，每月平均流量爲每秒十三立方公尺。益以沿舊渠各處泉澗，

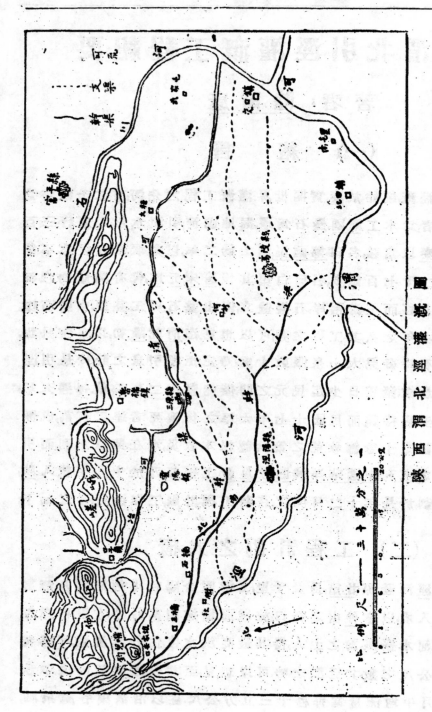

約得每十六立
方公尺以上之
數,故新渠容量,
即以此流量爲
標準.

2. 灌溉面積
灌溉面積之
估計,往往以地
土之性質,農產
物之種類,氣候
之乾濕,溝渠之
形式而異.而尤
在用水之得宜
與否.今按美人
威爾遜氏所述
各處溉地之統
計,多者每立方
英尺達三百英
畝,少者僅五十
英畝.以渭北之
氣候土壤禾稼
而言,每立方英
尺約可溉一百
五十英畝,是以
新渠十六立方

公尺之水量,可漑田五十萬中畝而有餘.蓋渭北之農物以麥爲大宗,玉米小米等次之,田中需水以六七月爲最多.當時之禾稼爲玉米小米等每月需水約一公寸,假定百分之十五爲麥田,該時暫不用水外,則其餘四十二萬五千畝之田,共用水 26,112,000 立方公尺.即以渠水除百分之三十消耗外,每月仍有 29,030,400 立方公尺之水量,益以雨量(今年六月雨量爲58公厘)更有盈餘.且數年之後,土壤漸濕,地中水上昇,則用水漸省,而農人用水之經驗亦日富,無謂之消耗日減,故漑田之數與年俱增,自可預卜也.

3. **引水計劃**　考歷代引涇水口,每以河床日下而上移,迄明之廣惠渠,其引水口在涇谷下十餘公尺.然其位置在今日已不相宜,蓋其下旣無相當之處,可以築壩,而渠口較低水位爲高,平時不能引水,若遇洪水,則泥沙亂石,傾刻淤積,立失其效.是以在淸初即廢棄不用,而拒涇引泉,吾人今日自不可再蹈其轍.故於引水計劃,採用水洞,以防洪水之侵害,而免山石之塡塞.高下大小不受地勢之限制,依需要之水量,而定其容積.在引水洞口下游六十公尺處,相度地勢,建築橫斷涇河水壩一座,以導水入洞,壩頂高度之計劃,在適足使十六立方公尺之水量在一定之水位上入渠.洞口建三合土水閘,有鋼門三扇以啓閉之.而於引水下口處,另闢退水洞一道,以爲建築水壩時導引河水之用.蓋使壩基乾涸,得以工作也.

(三)　工程進行之實況

1. **水壩**　攔阻河流,引之入渠,使農田受其灌漑,而免旱災,其成敗樞紐,端賴乎橫斷河流之水壩.考歷代引涇全功之所以未成者,俱失敗於水壩之建築.是以此項工程,在本問題中,最爲重要.查涇河最大洪水之流量爲每秒 16,000 立方公尺,其水位在464公尺.雖此種洪水數十年一遇,然水壩至少在此種洪水之下,得以安全.是以吾人以此爲計劃之標準結果決定採用下列之圖.其頂在最大洪水面下十八公尺,東西長七十公尺,最高處爲十一公尺,

完全以三和土建築,地點選擇於洞口下游六十公尺處.兩旁河岸及河床,均爲石灰石,堅實無縫,而石層向上游傾斜,更可免滲漏之損失壩頂比水閘閘門上口高一公尺五寸,比起點處之渠水面高出七公寸.蓋水自渠口引入,以至出口,而歸石渠.中間經長三百五十九公尺之水

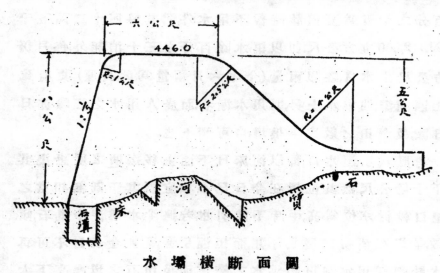

水壩橫斷面圖

洞,及閘門等,水面因之減低其損失之種類.計有下列六則:—

甲,	進口時之損失計	0.116公尺
乙,	經過閘門時之損失計	0.210 ,,
丙,	過閘門後容積驟大之損失計	0.050 ,,
丁,	入洞時容積驟小之損失計	0.025 ,,
戊,	經過灣道之損失計	0.050 ,,
己,	與各面摩擦之損失計	0.280 ,,
	損失共計	0.731公尺

由此以觀,欲渠水在一定之高度,及流量,進入渠口時,其進口處之水面,至少高出七公寸.依測勘之結果,渠水標高,在起點處定爲445.3公尺,是以壩頂之標高爲446.0公尺.當河水與壩頂相齊之際,則渠水面之高度,適與吾人所規定者相合,其流量卽爲每秒十六立方公尺.當時渠口閘門洞開納水入洞.倘河水上漲溢過壩頂,則閘門應依水位之高低,而定升降之度數,以防洪水之侵入.

　築壩工作,已於本年三月間開始,先在涇河東岸用石碫外,填成圍堤一道.東西長二十公尺,南北長三十公尺,頂寬二公尺,高在水面一公尺,而於下游留洩水口一道.石堤旣成,用蔴袋實以淤泥,沿石堤內面層層相疊,約高出水

面三四公寸爲止,成蔴袋堤一道.普通依此方法,堤內之水,可以抽乾,奈涇河谷口,水流本急,今圍堤深入河中,河身忽狹,流更湍激,圍堤雖免冲

水　壩　之　圍　堤

刷,然滲漏甚大,加以工地僻處西北,設備難周,僅有一匹半馬力抽水機一具,人力抽水機二具,漏水太多,無能爲力.故於其內,試再加堤一道,仍以蔴袋爲之.惟與第一堤間留出二公尺寬之水道,使漏入之水,得以流出,自此第二蔴袋堤成後,堤內之水,竟以抽乾,而開始基礎工作矣.

　涇河河床,旣如上述,完全爲石灰石.上有泥砂石卵混合物一層,約厚一公尺左右.石床高低起伏,極不平整,深下如槽形者甚多.泥砂淤積其中,久經壓力,堅如石質.故吾人於河底乾涸之後,先將此項泥砂清除,然後將石面之光滑者鑿毛之.鬆軟者鑿去之,並依圖鑿石溝三道.蓋所以增加溜滑之抵抗,亦以免壩基之滲漏.鑿石旣畢,乃建築三和土基礎於上焉.

　此東段水壩,先建成爲橋形,留孔二,寬各四公尺,以爲建築西段時,導移河流之用.蓋在九月以後,洪水已止,河水流量在每秒二十立方公尺之下,通過此二孔,綽有餘裕.待西段水壩及水洞完全竣工後,乃用橫木疊梁,堵其二孔,使河水經水洞下流,而於孔前再築圍堤,以完成此水壩工程.

　吾人此次建築圍堤,完全得力於蔴袋.惟下沈蔴袋時,在可能範圍內,務將

砂泥石卵之結合層除去,以與石床相接觸爲佳.而蔴袋內之泥,亦以裝至半袋爲止,滿則不能下壓自如,而易留空隙.至內外堤間,普通用黏泥塡入,以免透水.今吾人留水道以代泥,以洩餘水,此與普通不同之處.

在工作進行之際,於六月下旬,洪水忽至,其流量在每秒六百立方公尺.當時圍堤盡沒水中,三日水退,而圍堤倘在.足徵此項圍堤,在如此洪水之下,可以無虞毀壞也.

2. 引水洞

引水洞在廣惠渠上一百十公尺處,由河岸深入四十七公尺處,折而往下,引水入渠.洞長三百五十九公尺,頂爲半圓形,半徑爲二公尺五寸,底寬五公尺,高三公尺五寸.水流洞內,其速度爲每秒一公尺零八分,故泥砂不致沈澱.洞

水壩基礎工作之進行

工作中之引水洞口

口與河流成九十度角,藉以減少泥砂之入洞.兩端有灣道各一,中部經行於仲山之中,距河濱平均在五十公尺以外.至老龍王廟下,與石渠相連接.爲求工作進行之迅速起見,除口尾兩端進鑿外,中間加闢橫洞二,達正洞後,即分

引涇水洞及水塥平面圖

比例尺 二千分之一

0　20　40　60　80　100公尺

北

頭開鑿,故同時有六方面進行.洞全石質,除下游五十公尺略糙外,均極堅硬,
故無須臨時木架之支持.惟泉水甚旺,工作苦之.石質最堅處每立方公尺用
炸藥五磅半,普通約在三磅左右.開鑿次序如下圖,先鑿上部之中間,高1.7公
尺,寬2.0公尺,然後向兩旁鑿寬之.

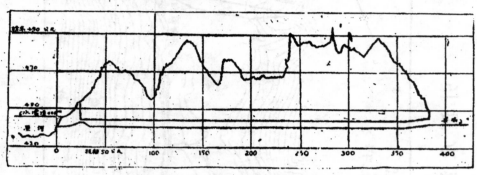

水涇水洞縱斷面圖

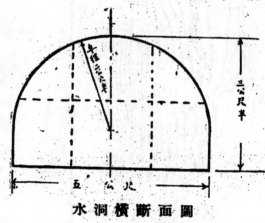

水洞橫斷面圖

在建築水壩時期,使工作地址之
乾涸起見,先利用已完竣之水洞,以
導河流入洞,由龍王廟下大麥圍退
入河中.是以於該處開退水洞一道,
其口亦築三和合閘門一座,於水壩
工竣後,用橫木疊梁以閉塞之,使河
流完全入渠焉.

洞內鑿石,除兩端用人工外,中間
四頭,以求工作之迅速起見,由美購來鷹格索氣壓機一具,在工地使用,計有
馬力四十四.有六個鋼鎚可同時並用,每小時約須汽油四加侖,油價在工作
地每加侖值一元六角.洞內每頭用二鋼鎚,每晝夜分三班工作,每班工人十
名,共鑿小洞二公尺,約合6.4立方公尺.除換班換氣之時間外,每晝夜約開十
八小時.如六鎚同時並開,則可鑿二十立方公尺之石,汽油費每立方公尺合
五元八角.而此次因限於地勢,機器不能移近工作處,汽管又少,是以祗用三

錘,故所費更大,用機器鑿石洞,其速率較人工快三倍以上,惟目前汽油價昂,以經濟上言耗損殊大耳.

　　每次洞內施炸藥爆炸後,空氣非常惡劣,工人入內,即時昏倒.雖有氣壓機,然帶油氣,不宜呼吸.故採用土法送風管,以輸入新鮮空氣.其管以油布製成,徑約二公寸,其外口形似風箱,門方一公尺兩旁及門限用土石砌成門上沿置樞紐運轉之.風門方二十五公厘,以五成計,每小時約可輸入五百立方公尺新鮮空氣.安置後,於工作上加增不少便利,凡在僻遠之地,往往利用土法,稍加改良,即可省工而易用,此其一例也.

　　3.進水閘　閘建於引水洞口,以三和土築之,閘分三門,門以鋼製,可受6400公斤之水力.每門重1,400公斤,以起重機開閉之,門各高一公尺半,寬一公尺七寸五分,門限高出洞底二公尺,由河岸在門限漸漸上坡,所以限制砂泥之流入.水流經過時,其流速為每秒2.03公尺.其旁另有二門,為建築水壩時導引河流之用,於施工完竣後,以三和土壘梁閉塞之.

　　起重機共六架,每架重3,0公斤,為大小四齒輪所組成,以人力運轉之.置於二根十二寸工形鋼梁之上,高出洞頂14.5公尺以避洪水之冲擊,四周圍以鐵欄,以保運用時之安全焉.

　　4.渠道　自引水洞出口處,即為渠道之起點.依實測下游舊渠之降度,為一與二一三三之比,故即採用此數作為新渠道之坡度.自起點以迄游六公里處俱經行於仲山涇水之間,渠底最深處,有在地平下二十公尺者.故此段地畝,目前因無機器,無從受灌溉之利.直至六公里以下,地勢漸低兩岸始能開挖支渠,而引水入田焉.渠道分土石二段,茲分別述之如下:—

　　(甲)石渠　石渠緊接於引水洞,原由宋明二代所開鑿,渠身狹小,不能容現在之水量,故渠底一律加寬至六公尺,渠牆垂直,渠底為一與二一三三之坡度,使十六立方公尺之水量,在每秒11.68公尺流速之下,暢行無阻.在此一段石渠間,並有短水洞十二處,長者三十餘公尺,短者四公尺,沿石牆有流

巳成石渠之一段

泉十餘處,泉水清洌,可以取飲,合之有每秒三立方公尺之流量,清初拒涇引泉,卽賴於此.渠牆石質,經多年之侵蝕,裂縫甚多,取其滲漏最甚者,用三和土堵塞焉.

（乙）土渠　自石渠以下,除上游三公里左右,有石卵泥砂膠結而成之蠻巖外,餘均土層,土性甚黏,經久不裂,故鄉村土窰,塌崩甚少.土渠亦爲唐宋舊物,曲折太多,不合科學方法.且逼近河濱,崩潰堪虞.是以僅取上游一公里之舊渠,加寬而重修外,其下四公里完全新挖,底寬六公尺,渠降亦爲一與二一三三之比,渠牆爲一比一之坡,以土性之黏,上部渠牆之坡度爲一比十分之一,惟防偶然之崩裂起見,特於二坡之間,留二公尺之平台,使土不致倒入渠內.規定水深二公尺,其流速爲每秒一公尺,故冲刷或沉澱之患（參閱總圖）均可免除.自王橋鎮以下,幹渠分南北二道,北道達原,長三十二公里,其容水量爲每秒五立方

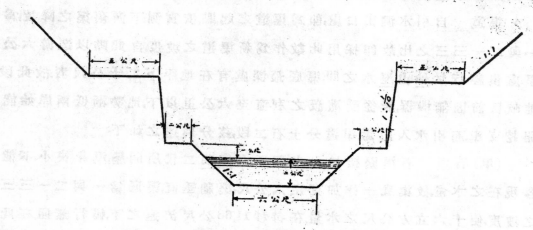

土　渠　橫　斷　面　圖

尺.卽漢開白渠故道,而加以修治,以適合今日之所需.南道經涇陽,高陵,臨潼各縣之地而入渭,長五十公里,其容水量爲每秒十一立方公尺,完全爲新開者.

　　(丙)支渠　支渠均在王橋鎮以下,合計之共長二百餘公里,除給水閘門等各項建築及土工外,無他困難,陝省政府已設處辦理,從事開工矣.

舊渠水橋之一

橋建於宋,明清重修,橋前石坡十餘丈以大石砌成,當山洪暴發時,由此傾瀉而下,砂石不致入渠.

挖渠工作之進行

　5.橋梁　因上游一段渠道,依仲山山坡而成,故橫越山溝之處,自昔卽建有跨渠洩水橋多座,今因渠身放闊,跨度不足,故拆卸改建者五座,完全新建者二座,修繕者一座.其中三座爲鋼骨平板式,三座爲石砌拱形式,一座爲雙拱形涵洞式,以地質甚佳,故建築時並無困難焉.

(四) 工程經費

類　　別	數　量 (以立方公尺計)	價　格 (每立方公尺計)	總　值
1. 水　壩		$	$
(甲)河床及兩岸鑿石	9,200	1.50	13,800.00

類　　別	數　量 （以立方公尺計）	價　格 （每立方公尺計）	總　值
（乙）圍堤			
石磴	4,900	0.60	2,940.00
蔴袋（裝泥及下沈）	10,000 只	0.80	8,000.00
（丙）汽油抽水機	1 具		1,000.00
汽油 150 天,每天六加倫	900 加倫	1.60	1,440.00
機器油			200.00
手壓抽水機	2 具	300.00	600.00
修理費			400.00
（丁）三和土工料	4,600	27.50	126,500.00
（戊）開鑿臨時水道及其他各費			10,00.00
總　　費			164,940.00

2. 引 水 洞

類　別	數　量	價　格	總　值
（甲）明溝鑿石	1,700	1.52	2,584.00
（乙）洞內鑿石			
鑿頂	1,700	8.40	14,280.00
擴大	4,200	6.87	28,850.00
（丙）三和土工（凡石質不佳處用之）	200	27.50	5,500.00
總　　費			51,214.00

3. 閘 門

類　別	數　量	價　格	總　值
（甲）進水閘			
三和土工	275	30.00	8,250.00
閘頂砌石工	140	1.00	140.00
堵塞二旁門	13	30.00	390.00
鋼門	3 扇	200.00	600.00
起重機	6 架	200.00	1,200.00
閘夫房	1 座		400.00
（乙）退水閘			
三和土工	35.5	30.00	1,065.00
堵塞閘口,橫木,	10 根	5.00	50.00
總　　費			12,095.00

類　　別	數　　量 （以立方公尺計）	價　　格 （每立方公尺計）	總　　值
4. 石渠			
加寬渠身鑿石	18,300	1.07 至 3.05	54,000.00
增高料石石牆			14,600.00
堵塞漏水石縫			10,000.00
總　費			78,600.00
5. 上游土渠（計六公里）			
（甲）整理舊渠	76,100	0.18 至 0.37	19,200.00
（乙）挖掘新渠	536,000	0.12 至 0.61	114,302.00
總　費			133,502.00
6. 橋梁			
（甲）新建	2 座	15,000.00	30,000.00
（乙）改造	5 ”	6,000.00	30,000.00
（丙）修理	1 ”		400.00
總　費			60,400.00
7. 其他費用			
（甲）汽車路			4,000.00
（乙）北屯涇河木橋			1,600.00
（丙）測量			4,000.00
（丁）員司薪津			31,000.00
（戊）汽油費			6,000.00
總　費			46,600.00
8. 下游土工橋梁等（陝省府所估計）			
（甲）土方			162,000.00
（乙）橋梁涵洞			172,000.00
（丙）地畝			40,000.00
（丁）意外			37,500.00
（戊）薪津及辦公費			56,250.00
總　費			467,750.00
9. 氣壓機	1 具		28,000.00
全段各項合共			1,043,101.00

預測電業發達之一法

（瀋陽電廠發電量之預測）

著者：陳宗漢

電業之發達，因時與地各異．其所依賴之事項甚多，如廠地之位置，交通之情形，附近物產之豐嗇，工業之盛衰，人口之多寡，乃其犖犖大者．故欲預測一地或一廠電業之發達，旣無適宜之理論，可以推求，復不可援引他處成例，使之強合．然經營電業者，無論擴充舊廠，或創設新廠，至少須預計十年內之需要，以便決定廠基之廣狹，選擇機器之大小．此種預測，雖無一定之規律可循，但通常所用方法有下列三種：

（一）在極小規模之廠，如學校自備之電廠，逐年應增之負任，可依預定計畫推算．而且新增負任之需要因數（Demand Factor），亦可估定．則逐年應增之廠電量（Plant Capacity），可以切實算定．

（二）在規模較大，負任情形複雜之廠，欲用（一）法，自不可能．則須參照過去負任之增加率，酌定將來負任之增加率．如無過去增加率，可供參考時，則須完全假定將來之增加率，以定逐年所須之廠電量．

（三）在已經開設有年之廠，如不用（二）法時，則可依過去數年廠電量之增加情形，作一根據經驗之公式，繪爲曲線，以覘將來之趨勢．

本篇所論，係舉一實例，說明（三）法之應用，（一）（二）兩法，暫不具論．查吾國電廠中之能得完全記錄，且發達頗速者，當推瀋陽電廠．該廠在過去二十年中，添置發電機之年份與大小，略如下表．（註一）

無論何種由經驗而得之結果，大都可取其中互相關係之二事，作爲坐標，繪成曲線．且此種曲線，大多數可用數學方法做成公式代表其大概之途徑．此類曲線與公式，依事物之性質與情形而異，故其繪製與計算之方法，有多

年　份	新裝發電機之發電量	全廠發電量
	礎 (註 二)	礎
宣統二年	350	350
民國二年	500	850
民國九年	1500	2350
民國十二年	2500	4850
民國十六年	5000	9850

種. (註 三) 關於某種情形,應用何種曲線公式,須由觀察與嘗試而得.至於各種方法之討論,非本文範圍,讀者如欲詳細研求,請閱篇末所列參攷書.以下僅敍述本文所用之一種.

就上列表中之數目,將年份作爲橫距 y,全廠發電量作爲縱距 x,於普通坐標紙上繪出曲線,其大槪形狀,類似二次抛物曲線,其公式可寫作:

$$y = K \times 10^{(bx+cx^2)} \quad\text{……………………………………(甲)}$$

K, b, c 均爲常數,如此形狀之公式,欲求出其常數之數值甚難,如取 (甲) 式各項之對數,則得另一公式:

$$\log y = \log K + (bx+cx^2) \log 10$$
$$= a + bx + cx^2 \quad\text{…………………………(乙)}$$

(乙) 式中 a, b, c 均爲常數,其全式所代表之曲線,可繪於半對數坐標紙上.如下頁之圖所示,先用上列表中之數目,而得數點,用實線連結,其次乃由此數點在圖中之關係,而定 (乙) 式中諸常數之數值.因謀算式解法之便利,特將橫距中之民國九年擇定爲 1,每間五年,以十遞進,如向右則民國十四年爲 21,民國十九年爲 31,向左則民國四年爲 -9 宣統二年爲 -19,然後就實線連結之五點,可寫成下列五個方程式:

$$\log 350 = a + b(-19) + c(-19)^2 = a - 19b + 361c \quad\text{………(1)}$$
$$\log 850 = a + b(-13) + c(-13)^2 = a - 13b + 169c \quad\text{………(2)}$$
$$\log 2350 = a + b \times 1 + c \times 1^2 = a + b + c \quad\text{………………(3)}$$
$$\log 4850 = a + b(7) + c(7)^2 = a + 7b + 49c \quad\text{………………(4)}$$
$$\log 9850 = a + b(15) + c(15)^2 = a + 15b + 225c \quad\text{………(5)}$$

瀋 陽 電 廠 發 電 量 增 長 圖
宣 統 二 年 至 民 國 廿 九 年

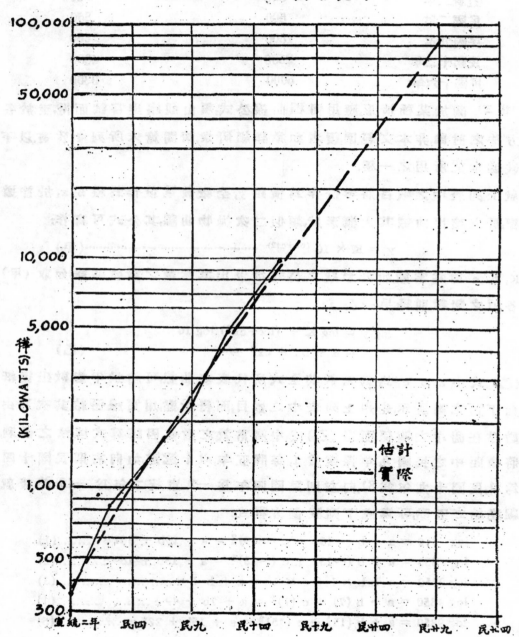

此五方程式,將 a, b, c 作爲三未知數,用最小平方法（Method of Least Squares）(註四) 算得其數值如下:

$$a = 3.3938$$
$$b = 4.06 \times (10)^{-2}$$
$$c = -8.71 \times (10)^{-5}$$

以此諸數值代入（乙）式,卽得

$$\log y = 3.3938 + 4.06 (10)^{-2}x - 8.71 (10)^{-5}x^2 \cdots \text{（丙）}$$

旣得丙式,則可將過去及將來數年之全廠發電量,依此公式算出.玆將實際上及由公式估測之數目,列表如下:

年　份	x	實際發電量 y（實線）	估計發電量 y（虛線）
宣統二年	—19	350	390
民國二年	—13	850	710
民國九年	1	2,350	2,720
民國十二年	7	4,850	4,720
民國十六年	15	9,850	9,620
民國十九年	21	——	16,200
民國廿四年	31	——	37,200
民國廿九年	41	——	82,000

其次則用此表末行之數值,繪爲估計發電量曲線,如圖中虛線所示.此表及圖,均僅算至民國廿九年爲止,如欲更行延長,可依（丙）式計算.

此種預測方法,原未必準確可靠.但就此例結果,有數點頗可注意,足見此種預測實有相當之價值.（一）由此項估計結果觀之,瀋陽電廠發電量,約每四年增加一倍,此說殊爲近理.查美國用電之增加約爲每六年增加一倍(註五),日本亦如之(註六),至於蘇俄五年計畫中,則預定全國電力由一百八十七萬礎,於五年中須增至七百七十萬礎(註七),約合每二年半增加一倍.吾

國正值建設時期,瀋陽又爲工商業最發達之區域,則電力之需要,每四年增加一倍,殊屬意中之事.(二)查美國『電的世界』雜誌 1928 年統計,美國各城市之居民逾十五萬者,平均用電約達每人 250 幃據最近瀋陽戶口調查,共有三十三萬六千七百七百二十二人 (註七). 如依每人 250 幃計算,約共須 84,000 幃.而按照估計曲線,在民國廿九年,適爲 8,2000 幃吾人苟謂十年後之瀋陽,將發達至美國城市在 1928 年之情形,豈可目爲侈談.(三)由圖中估計曲線觀之,瀋陽電廠之發電量,在民國十二年至十六年間,實超出估計曲線之上惟最近未聞又有擴充,目前情形,或較估計曲線,略爲落後.然苟三數年內,能再增加 100,00 幃,則仍與估計脗合.

無論何事,凡欲由過去或巳知之數目,以推測將來或未知之趨勢,大都可應用上述之預測方法.在電業中除發電量外,他如每年發電度數,電廠資產價值,每年營業收入,用戶之增加等等,均可用此法以預測增長之趨勢.

民國十八年十月出版之建設季刊第五期中,有中國汽輪發電機總量數增加圖,僅列過去數目,可根據之以作估計曲線及公式.作者恨一時尚無暇,甚望有人爲之,必可爲吾國電業添一參攷資料也.

(註一) 見遠東時報一九三〇年七月期第 360 頁

(註二) 『幃』係『千幃德(Kilowatts)』之縮寫

(註三) 參看 Mars 主編之 "Mechanical Engineers' Handbook" 第二版第 176 頁

(註四) 參看 Maks' Mechanical Engineers' Handbook 第二版第 121 頁

(註五) 見美國『機械工學』雜誌一九三〇年四月期第 334 頁

(註六) 見建設季刊第九期論著第二頁

(註七) 見民國十九年十二月三日新聞報

國產水門汀之物理性質試驗結果

著者：陸志鴻

民國十八年十月,著者就南京所可購得之五種國產水門汀,依美國 A. S. T. M 標準試驗法,施行各物理性質之檢驗. 1:3 膠泥 (mortar),用美國 Ottawa 河標準砂和成.拉試驗用 Richle 1,000 磅試驗機,壓試驗用 Amsler 20 噸試驗機及 Richle 50,000 磅試驗機.拉試驗片型用美國式,壓試驗片型用 2 时立方.茲將試驗結果分載如下各表.

第一表　　粉末度 (Fineness)

| No. | 不通過 100 mesh | | | | | 不通過 200 mesh | | | | |
	馬牌	塔牌	太山牌	象牌	太山牌特別	馬牌	塔牌	太山牌	象牌	太山牌特別
1	2.0	5.0	1.0	1.5	0.8	22.0	31.5	13.5	12.0	9.5
2	2.5	5.5	1.0	1.0	0.2	23.5	29.0	12.0	12.0	9.0
3	2.0	5.5	1.5	1.0	0.1	23.0	28.5	12.9	12.5	11.0
4	2.0	5.0	0.9	1.0	0.5	22.0	28.0	12.9	12.5	9.0
5	2.5	6.0	1.2	1.0	0.5	23.5	29.5	13.2	13.0	10.0
6	3.0	—	1.0	0.8	0.5	23.5	—	11.5	13.0	9.5
7	2.0	—	1.5	—	—	20.5	—	13.5	—	—
8	2.0	—	—	—	—	24.0	—	—	—	—
9	1.5	—	—	—	—	21.0	—	—	—	—
10	2.5	—	—	—	—	19.5	—	—	—	—
平均	2.2	5.4	1.2	1.1	0.4	22.3	29.3	12.7	12.5	9.7

第二表　　比重 (Specific Gravity)

	1	2	3	4	5	6	7	8	9	平均
馬牌	3.113	3.125	3.125	3.110	3.122	3.113	3.110	3.125	—	3.118
塔牌	3.125	3.103	3.125	3.125	3.148	3.148	3.148	3.140	3.148	3.134
太山牌	3.148	3.159	3.148	3.140	3.161	3.155	3.155	3.152	3.155	3.153
象牌	3.110	3.110	3.125	3.113	3.110	3.103	—	—	—	3.112
太山牌特別	3.081	3.088	3.132	3.025	3.045	3.073	—	—	—	3.074

第三表　標準粘稠度（Normal Consistency）

馬　牌	塔　牌	太山牌	象　牌	太山牌特別
23.71 %	22.60 %	24.00 %	25.33 %	24.60 %

第四表　凝結時間（Time of Setting）(22°C)

	馬　牌	塔　牌	太山牌	象　牌	太山牌特別
	h. m. h. m.	h. m. h. m.	h. m. h. m.	h. m. h. m.	h. m. h. m.
開　始	1:58(2:18)	2:30(2:50)	3:18(3:52)	2:54(3:38)	2:53(3:03)
終　結	4:05(4:28)	4:42(6:15)	6:06(7:35)	6:00(7:29)	4:55(6:09)

註括弧外用維加針（Vicat needle），括弧內用吉爾木針（Gilmose needle）

第五表　純水門汀（Neat Cement）之抗拉力（lbs/in²）

	No.	1	2	3	4	5	6	7	8	9	平均
一天	馬　牌	180	165	165	150	172	170	158	174	153	166
	塔　牌	277	273	270	255	240	265	265	250	260	262
	太山牌	150	150	154	128	140	136	115	145	120	138
	象　牌	130	115	120	112	110	——	——	——	——	117
	太山牌特別	280	290	305	300	280	305	295	305	250	290
一週	馬　牌	595	622	500	610	550	685	605	613	——	598
	塔　牌	525	495	445	515	535	445	480	460	460	484
	太山牌	724	808	795	685	630	825	855	860	——	772
	象　牌	725	613	645	684	664	610	618	730	——	661
	太山牌特別	835	830	845	805	790	730	730	705	——	784
四週	馬　牌	698	635	642	685	675	618	685	685	675	666
	塔　牌	650	670	673	687	692	665	747	710	——	687
	太山牌	780	700	810	855	790	795	820	885	——	804
	象　牌	685	800	630	620	720	660	745	825	705	711
	太山牌特別	850	860	900	830	830	830	800	790	760	828
四月	馬　牌	860	830	830	810	780	620	——	——	——	788
	塔　牌	705	635	710	692	660	810	——	——	——	710
	太山牌	890	835	855	870	925	985	——	——	——	893
	象　牌	705	770	740	680	680	690	——	——	——	711
	太山牌特別	860	790	695	855	790	680	——	——	——	778

	No.	1	2	3	4	5	6	7	8	9	平均
六月	馬　牌	750	688	786	665	952	867	—	—	—	785
	塔　牌	730	745	695	720	655	754	—	—	—	716
	太山牌	805	830	775	842	725	—	—	—	—	795
	象　牌	688	793	648	688	710	648	—	—	—	697
	太山牌特別	685	685	780	638	855	730	—	—	—	729
一年	馬　牌	685	810	625	910	843	773	—	—	—	774
	塔　牌	808	770	885	875	887	840	—	—	—	844
	太山牌	855	866	874	745	835	835	—	—	—	835
	象　牌	745	716	625	742	746	655	—	—	—	705
	太山牌特別	748	818	772	737	725	785	—	—	—	764

*象牌結果係四個半月

第六表　　純水門汀（Neat Cement）之抗壓力（lbs/in²）

	No.	1	2	3	4	5	6	7	8	9	平均
一天	馬　牌	858	968	776	963	776	935	864	897	—	880
	塔　牌	1,639	1,898	1,705	1,705	1,760	1,969	1,639	1,705	1,815	1,759
	太山牌	605	770	732	666	770	745	759	701	—	719
	象　牌	1,403	1,254	1,408	1,265	1,392	—	—	—	—	1,344
	太山牌 特別	2,750	2,667	2,791	2,354	2,541	2,480	2,887	2,695	—	2,646
一週	馬　牌	5,390	5,420	5,280	6,655	4,565	5,995	4,810	4,785	—	5,340
	塔　牌	4,867	5,225	5,489	5,016	4,730	5,159	4,675	4,400	—	4,945
	太山牌	7,590	7,469	6,325	8,030	7,617	6,688	8,140	7,810	—	7,458
	象　牌	6,941	6,501	7,755	6,270	6,490	6,297	6,539	—	—	6,685
	太山牌 特別	8,810	8,750	8,800	9,130	8,745	9,960	8,580	9,495	—	9,034
四週	馬　牌	7,925	7,975	7,315	6,270	7,095	7,040	8,030	—	—	7,400
	塔　牌	5,527	8,503	7,249	7,700	7,150	7,397	5,830	6,023	—	6,922
	太山牌	11,400	11,510	11,000	11,900	11,970	11,470	10,950	11,970	—	11,520
	象　牌	7,783	7,425	8,525	7,590	8,443	9,653	8,910	—	—	8,333
	太山牌 特別	9,115	9,410	11,485	9,495	10,035	9,975	8,400	—	—	9,702
四月	馬　牌	5,087	5,610	7,397	5,951	8,830	—	—	—	—	6,575
	塔　牌	8,850	8,334	8,553	8,278	8,850	—	—	—	—	8,573
	太山牌	9,842	12,230	8,600	11,245	12,007	12,192	—	—	—	11,020
	象　牌*	8,003	7,920	9,295	9,433	9,735	—	—	—	—	8,877
	太山牌特別	9,390	9,105	9,747	10,327	11,240	8,270	—	—	—	9,688

	No.	1	2	3	4	5	6	7	8	平均
六月	馬　牌	8,294	9,295	8,470	9,317	8,063	8,195	——	——	8,606
	塔　牌	6,991	8,360	8,195	7,095	8,789	8,316	——	——	7,957
	太山牌	12,932	9,160	11,782	12,842	9,730	11,425	——	——	11,312
	象　牌	7,942	9,362	9,890	9,997	10,722	7,852	——	——	9,294
	太山牌 特別	11,425	9,310	10,262	9,778	9,592	11,987	——	——	10,392
一年	馬　牌	10,200	12,145	9,075	12,130	8,490	8,855	——	——	10,149
	塔　牌	9,835	9,673	10,590	7,970	9,600	9,653	——	——	9,554
	太山牌	9,552	13,892	10,122	10,612	13,605	12,302	——	——	11,681
	象　牌	8,870	9,227	9,692	13,247	10,615	9,052	——	——	10,117
	太山牌 特別	12,400	13,150	9,550	12,230	11,020	10,590	——	——	11,490

*象牌結果係四個半月

第七表　　1:3 膠泥 (Mortar) 之抗拉力 (lbs/in²)

	No.	1	2	3	4	5	6	7	8	9	平均
一週	馬　牌	315	250	280	305	285	300	270	250	285	282
	塔　牌	230	205	200	195	190	190	190	180	180	196
	太山牌	310	350	346	380	375	310	340	355	335	345
	象　牌	365	315	310	345	375	350	300	305	325	332
	太山牌特別	345	335	300	340	340	335	320	370	315	333
四週	馬　牌	345	373	365	356	342	370	340	365	325	353
	塔　牌	263	282	285	276	292	321	286	230	320	295
	太山牌	422	452	404	454	416	395	438	423	398	422
	象　牌	400	375	410	400	405	460	415	390	350	398
	太山牌特別	432	446	436	440	442	390	386	376	326	408
四月	馬　牌	525	560	550	550	500	540	——	——	——	538
	塔　牌	485	490	535	528	460	488	——	——	——	498
	太山牌	630	615	562	520	——	——	——	——	——	582
	象　牌	690	645	525	575	633	——	——	——	——	614
	太山牌特別	510	510	505	500	530	525	——	——	——	513
六月	馬　牌	582	572	490	572	480	460	——	——	——	526
	塔　牌	475	528	492	545	556	535	——	——	——	522
	太山牌	495	613	568	505	520	540	——	——	——	540
	象　牌	495	544	513	490	598	530	——	——	——	530
	太山牌特別	493	468	480	443	562	500	——	——	——	491

	No.									平均
一年	馬　　牌	566	515	530	505	445	485	—	—	—	516
	塔　　牌	418	425	430	458	488	465	—	—	—	447
	太 山 牌	463	557	520	443	465	525	—	—	—	496
	象　　牌	474	518	515	500	523	585	—	—	—	519
	太山牌特別	475	450	480	510	495	475				481

第八表　　1:3 膠泥 (Nortar) 之抗壓力 (lbs/in²)

	No.	1	2	3	4	5	6	7	8	9	平均
一週	馬　　牌	1,386	1,430	1,325	1,567	1,325	1,540	1,210	1,408	1,435	1,400
	塔　　牌	1,133	1,045	946	1,018	1,045	990	963	935	1,056	1,015
	太 山 牌	2,365	2,035	2,112	2,222	2,178	2,244	2,299	2,216	2,282	2,217
	象　　牌	2,365	2,376	2,937	2,420	2,651	2,706	2,200	2,200	2,970	2,536
	太山牌特別	2,997	2,860	3,069	3,091	3,190	2,970	3,333	3,355		3,108
四週	馬　　牌	2,035	2,310	2,228	2,695	2,376	2,266	2,640	2,832	2,046	2,381
	塔　　牌	2,200	1,661	2,200	2,227	2,101	2,079	1,760	1,925	2,365	2,058
	太 山 牌	3,850	3,135	3,795	3,272	3,894	3,547	3,272	3,520	—	3,286
	象　　牌	4,125	4,070	3,806	3,602	4,482	3,377	3,685	3,756	—	3,864
	太山牌特別	3,993	3,696	4,070	4,538	4,455	3,988	3,960	4,235	3,916	4,095
四月	馬　　牌	3,119	2,750	2,915	3,465	2,998					3,049
	塔　　牌	3,729	4,043	4,345	4,400	3,575					4,018
	太 山 牌	5,068	5,640	5,545	5,283	4,160	4,608				5,051
	象　　牌	5,363	4,895	4,620	4,730	5,170	4,620				4,899
	太山牌特別	4,840	5,324	6,435	5,863	6,243	5,940				5,941
六月	馬　　牌	4,301	4,400	3,988	3,971	4,020	4,752				4,239
	塔　　牌	3,432	3,807	3,042	3,938	3,735	—				3,589
	太 山 牌	5,478	5,775	5,775	5,528	4,840	4,840				5,373
	象　　牌	5,418	5,687	5,324	5,104	5,253	—				5,357
	太山牌特別	5,500	5,429	5,885	5,484	5,665	4,829				5,465
一年	馬　　牌	3,586	4,576	5,258	5,467	4,726	3,757				4,562
	塔　　牌	4,637	4,494	3,630	3,190	3,454	4,213				3,940
	太 山 牌	5,489	5,142	5,445	5,819	5,720	—				5,523
	象　　牌	5,143	5,236	5,775	5,154	6,331	5,522				5,527
	太山牌特別	6,611	5,455	6,150	5,553	5,603	6,493				5,978

茲復將以上試驗結果總括如下之三表.

第九表 各種水門汀之粉末度，比重，凝結時間，與標準粘稠度

種類	粉末度 (%) 不通過 No. 100 篩	不通過 No. 200 篩	比重	凝結時間*(22) 開始 h.m.	終結 h.m.	標準粘稠度 %
馬牌	2.20	22.25	3.118	1:58(2:18)	4:05(4:28)	23.71
塔牌	5.40	20.30	3.134	2:30(2:50)	4:42(8:15)	22.60
象牌	1.05	12.50	3.112	2:54(3:38)	6:00(7:29)	25.33
太山牌	1.16	12.65	3.153	3:18(3:52)	6:06(7:35)	24.00
太山特別	0.38	9.70	3.074	2:53(3:03)	4:55(6:09)	24.60

* 凝結時間結果括弧外者用 Vicat needle, 括弧內者用 Gilmore needle 檢定.

第十表 各種水門汀純水門汀強度

種類	抗拉強度(lbs/in²) 1天	1週	4週	4月	6月	1年	抗壓強度(lbs/in²) 1天	1週	4週	4月	6月	1年	脆度係數(抗壓力/抗拉力) 1天	1週	4週	4月	6月	1年
馬牌	166	598	666	788	785	774	880	5,340	7,400	6,575	8,606	10,149	5.3	8.9	11.1	8.3	11.0	13.1
塔牌	262	484	637	710	716	844	1,759	4,945	6,922	8,573	7,957	9,554	6.7	10.3	10.1	12.1	11.1	11.3
象牌	117	661.	711	711*	697	705	1,344	6,685	8,333	8,877*	9,294	10,117	11.5	10.1	11.7	12.5*13.3	14.4	
太山牌	138	772	804	893	795	835	719	7,458	11,520	11,020	11,312	11,681	5.2	9.7	14.3	12.3	14.3	14.0
太山特別	290	784	828	778	729	764	2,646	9,034	9,702	9,688	10,392	11,490	9.1	11.6	11.7	12.4	14.0	15.4

* 象牌 4½月之結果

第十一表 各種水門汀 1:3 膠泥強度

種類	抗拉強度(lbs/in²) 1週	4週	4月	6月	1年	抗壓強度(lb/sin²) 1週	4週	4月	6月	1年	脆度係數(抗壓力/抗拉力) 1週	4週	4月	6月	1年
馬牌	282	353	538	526	516	1,400	2,331	3,049	4,239	4,562	5.0	6.8	5.7	8.1	8.8
塔牌	196	295	498	522	417	1,015	2,058	4,018	3,589	3,940	5.2	6.9	8.1	6.9	9.0
象牌	322	398	614	530	519	2,536	3,863	4,899	5,357	5,527	7.6	9.7	8.0	10.1	10.7
太山牌	345	422	582	540	496	2,217	3,286	5,051	5,373	5,523	6.4	7.8	8.7	10.0	11.1
太山特別	333	408	513	491	481	3,108	4,095	5,941	5,465	5,978	9.3	10.0	11.6	11.1	12.4

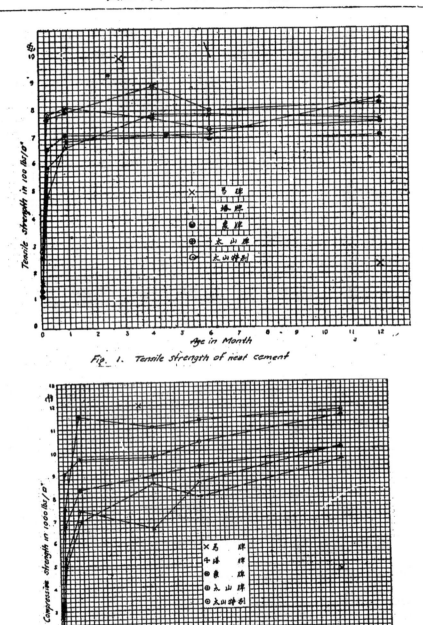

Fig. 1. Tensile strength of neat cement

Fig. 2. Compressive Strength of neat cement

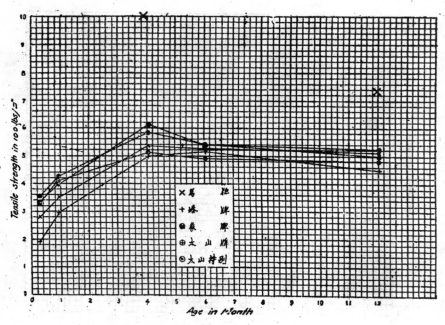

Fig. 3　Tensile Strength of 1:3 mortar

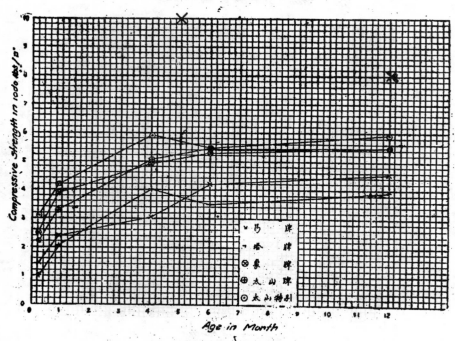

Fig. 4. Compressive Strength of 1:3 mortar.

　　由第十,十一兩表得第一至第四諸強度曲線圖.圖中水平軸示齡期(age),垂直軸示強度;其強度單位爲 lbs/in², 齡期單位爲月.

　　綜上試驗結果,可得下之結論:

　　(1)純水門汀之抗拉強度,馬牌象牌及太山牌均於四個月內達最大;太山特別水門汀因硬化較速,於四週內達最大.塔牌雖於一天發揮大強度,其後增加緩慢,至一年尚繼續增進.

　　(2)1:3標準膠泥之抗拉強度,自塔牌外均於四個月達最大.塔牌因硬化甚緩,於六個月得之.

　　(3)抗壓力不論純水門汀與膠泥,均於一年內繼續增進.

　　(4)不論純水門汀與膠泥,抗拉力均於四個月內達最大強度（塔牌除外）,其後漸趨減小;而抗壓力則於一年內繼續增加.

　　(5)茲示德國與日本製造之普通水門汀之1:3膠泥強度,如第十二表,以資比較.(據日本永井彰一郎氏試驗結果)

第十二表　　　德日普通水門汀之1:3膠泥強度

年度	抗拉強度(lbs/in²)				抗壓強度(lbs/in²)				脆度係數			
	1週		4週		1週		4週		1週		4週	
	德	日	德	日	德	日	德	日	德	日	德	日
1926	351	383	432	471	3,990	4,800	5,453	6,177	11.4	12.5	12.6	13.1
1927	388	408	460	464	4,374	6,205	5,865	7,540	11.3	15.2	12.8	16.4
1928	369	422	437	437	4,260	6,305	5,751	7,824	11.5	15.0	13.1	16.1

　　日本水門汀最近粉末度增加,強度爲他國普通水門汀所不及.但以上所舉德日兩國試驗方法及其所用模之形,均與美國方法不同.其強度雖直接未可與本篇結果相比較;但脆度係數可稍供參攷.由第十一,十二兩表,知脆度係數我國較德日爲小,卽國產水門汀之1:3膠泥抗壓力亦嫌過小也.故

混凝土之抗壓力成績,我國均似劣於外國也.

（6）國產水門汀各種性質,據民國十八年以後試驗結果似與上述稍有出入,此恐因各廠出品未能充分調整,使得均一之性質.今後各水門汀廠尤須注意及之.就十八年所試驗結果而論,則以太山牌與象牌最優,惟其健性（Soundness）當使用時常須注意之也.

快　燥　水　泥

近來新建築勃興,水泥之需要,亦與日俱增;而法國貨之『快燥水泥』,尤稱佳良.上海華洋電話公司之新接線間,係用此項水泥建築.按『快燥水泥』之成分,與他種水泥不同,其優點有四.

（一）快燥　在鋪砌後滿廿四小時,即能乾燥,較普通水泥,鋪砌後逾三月者為堅牢.凡馬路之用『快燥水泥』鋪砌者,完工迅速,而不阻礙交通且鋪砌之工程,儘可從容就緒,不必手忙腳亂.蓋『快燥水泥』乾燥雖快,然與砂石等配合後,在二小時內,可以應用,決不凝結.

（二）堅牢　『快燥水泥』塗砌後滿廿四小時,其堅牢力量較之普通水泥之滿廿八日為強.故凡馬路之基礎,如用『快燥水泥』鋪築,則極能載重,而無下陷之虞.

（三）不分解　凡普通水泥,遇海水或含硫之水如糞池則分解,惟『快燥水泥』則無此患,為全世界所讚美,公認為建築橋樑,堤壩,糞池惟一適宜之材料,能永久堅牢,無崩潰之虞.

（四）不怕冰凍　『快燥水泥』即使在華氏塞暑表零度,即冰點下三十二度應用,仍能於廿四小時乾燥堅牢,無冰凍凝結之虞.

總而言之『快燥水泥』有此四大優點,故能行銷各國而英國採購尤多.至於上海一隅已經公共租界工部局證實,目下全上海最繁盛之南京路,以及南京路上車馬最多行人最擠之兩大轉角,如南京路黃浦灘轉角幷南京路浙江路轉角,俱用『快燥水泥』鋪砌,故能於極短時期內完工,於交通上無甚阻礙,誠建築工程上之利器也.

考察日本三菱合資會社長崎造船所紀略

著者：聶肇靈

（一）　緒　論

　　視察工廠難,考查異國工廠之帶秘密性者爲尤難.肇靈此次奉東北交通委員會命,赴日本三菱合資會社長崎造船所,監造四洮鐵路西遼河鐵橋.暇時對於々所情形,注意考察,頗有所得.用略記梗概,以供國人之參考焉.

　　吾人欲明長崎造船所之地位,必須溯源於三菱合資會社之創設.當十九世紀中葉,土佐藩首領山內容堂公,在大坡創一藩社經營轉運事業.一八七〇年藩社停閉,由藩副參事岩崎彌太郎接辦,改名九十九洋商會,是爲三菱會社發軔之始.自後除營運輸業外,並兼辦其他新事業,如製造螺釘,樟腦,開採煤,鐵礦等.一八七五年,得帝國政府之海上航權,改名三菱郵便汽船會社,營業已見進步.一八八四年,帝國工部省之長崎造船所,租借該社營業,旋復移交管理,是爲三菱會社有長崎造船所之始,而亦該會社企業中最光榮歷史之一頁也.因之日本航運事業之發展得該會社協助之力者居多.一八八五年,復收買百々九銀行爲進一步之努力,旋與共同運輸會社合併之議以成.蓋在一八八二年時,有共同運輸會社成立,亦營航運企業,彼此經過三年之劇烈競爭.至是政府出爲有力之調停,當交涉開始,適岩崎彌太郎去世,伊弟伯爵岩崎彌之助繼任要職,盡力策畫,後經雙方同意,將兩會社合併而成日本郵船株式會社.

　　三菱郵便汽船會社,因將所有航運事業移交新併會社之結果,乃轉其視線於其他企業;如採礦,造船,銀行等.其時進步雖覺稍緩,地位已極穩固.一八九三年,伯爵岩崎久彌依新商法,出資組織三菱株式會社.將所有三菱會社

之一切企業,均移交於新立之株式會社岩崎久彌任社長,親自處理社中一切事務.一九〇六年,伯爵岩崎小彌太被命為副社長,十年後升任社長.力圖擴充,遂成日本規模最大之商辦企業.

一九一七年,將造船及製鐵兩部劃分,組成三菱造船株式會社及三菱製鐵株式會社.一九一八年,東京倉庫會社,移改為三菱倉庫株式會社,商事部,改為三菱商事株式會社,煤鐵礦部,改為三菱礦業株式會社.一九一九年,自保險部改為三菱海上火災保險株式會社,銀行部獨立為三菱銀行.一九二〇年將造船株式會社內之內燃機部,改為三菱航空機式會社,後又組合三菱電機株式會社,一九二九年成立三菱信託株式會社.

由上述十大株式會社組成之三菱合資會社,(如一表)其資本總額,約三億八千五百萬金元.吾人可知其在日本工商財界,占一極重要之位置.

	總　　　　社	資本額一億二千萬金元
	三菱造船株式會社	資本額五千萬金元
	三菱製鐵株式會社	資本額二千五百萬金元
第	三菱倉庫株式會社	資本額一千萬金元
一	三菱商事株式會社	資本額一千萬金元
	三菱合資會社 三菱礦業株式會社	資本額一千萬金元
表	三菱海上火災保險株式會社	資本額五百萬金元
	三菱銀行株式會社	資本額一億金元
	三菱航空機株式會社	資本額五百萬金元
	三菱電機株式會社	資本額一千五百萬金元
	三菱信託株式會社	資本額三千萬金元

三菱合資會社,設總社於東京市麴町區丸之內二丁目四番地,計分總務,人事,監理,資料,四課,管理所轄各會社之一切事務,並研究改進事項;另設地所部經營地產房屋等業.

三菱造船株式會社直轄於三菱合資會社.其組織約如第二表,計共有社員一千八百人,職工一萬四千人,以長崎造船所規模為最大.所有日本之重

要戰艦,及鉅大商船,均係該所製造.神戶造船所,僅製中等以下船舶,及各種
機械等.彥島造船所,僅造小艇,及修理船舶等.

第
二
表　　　三菱合資會社 {三菱造船 株式會社 {

本　　　店	東京市麴町區丸之內二丁目
長崎造船所	長崎市飽之浦町一丁目
神戶造船所	神戶市和田崎町三丁目
彥島造船所	下關市外彥島町
長崎兵器製作所	長崎市茂里町
研　究　所	東京市本鄉區駒迻上富士前町

　　吾人對於三菱合資會社,及造船株式會社之沿革與組織,既已知其大概,
今請專述長崎造船所.長崎爲日本要塞之一,與海外交通,最爲密近,故又爲
輸入外國文物風化之惟一門戶.當幕府末年,澎湃之西洋文明,乘時輸進,而
造船所遂於是時發其端.蓋德川幕府創設海軍,認爲軍艦修理有設立工廠
之必要,乃於一八五六年六月聘荷蘭機械士官赫蘭登（Harudesu）等十名,
卜地於稻佐鄉之浦,設立機械工場,稱爲鎔鐵所.一八六〇年十二月,添建房
屋,故稱爲長崎製鐵所.越年,全所完成,即爲今日該所飽之浦工場之起源也.
一八六三年,又在浦上村淵字立神鄉,設立船舶修理用之工廠,稱爲軍艦打
建所者,即今日該所立神工場之起源也.明治維新後,該所奪離幕府之手,暫
歸長崎判事統轄,一八七一年,改歸工部省管轄,更名長崎造船所,次年改稱
長崎製作所.

　　一八八四年,政府欲以該所委諸商辦,於是年七月三日,移交三菱郵便汽
船會社經營.當時不過用官有借用名義繼承政府事業.辦理三年之後,成績
卓然可觀,遂於一八八七年六月七日,由政府將該所讓與三菱會社,始成該
社正式經營之企業.

　　一八九三年,三菱會社組織合資會社,該所即歸造船部管轄.一九一七年
始由造船部獨立,組成現在之三菱造船株式會社.除長崎造船所外,神戶及

彦島兩造船所,長崎兵器製作所,均歸其管理.

　由此可知該所爲日本最先仿效西式之鐵工場,艱難締造,始有今日其對於造船及工業上,曾作許多工作,在日本海軍及航業中,均有鉅大之貢獻.自創業以來,始終以國家爲觀念,傾注全力於國家社會之繁榮,以爲營業之大方針,此則尤令人景仰者也.

（二）　組　　織

三菱造船株式會社,所轄有長崎,神戶,彦島,三造船所,其組織各不相同.彦島規模較小,固不具論.長崎與神戶大致相等,據云長崎或尤過之,但神戶造船所組織,所之下分總務,造船,造機,內燃機,修繕,等五部;部之下再設課,而長崎造船所,則所之下不設部而直轄課,節述所管事務如後.

　1. 造船所,設正副所長各一人,全權管理該所一切事宜.

　2. 人事課,設課主任一人,事務及書記各若干人,掌理全所員工任免黜涉,賞罰,及重要文書事項.

　3. 庶務課,設課主任一人,事務及書記各若干人,掌理編撰規章法律,訴訟,雇用差役,及不屬於他課之一切雜務事項.

　4. 會計課,設課主任一人,課之下分總勘,原價,貸料,三系;各置系主任一人,事務及書記各若干人,掌理製作各種簿記,收支金銀款項,填造各種統計,核算出品原價,等事項.

　5. 營業課,設課主任一人,課之下分新造橋,修繕船,製作品三系;各置系主任一人,事務及書記各若干人,掌理與顧客訂立關於造船,修船,及其他製作品等之合同,製發營業廣告等事項.

　6. 材料課,設課主任一人,課之下分庶務,購買,倉庫三系;各置系主任一人,又設製木場一所,置場長一人;系與場之下,各分若干掛,置事務書記各若干人,掌理採買,保管,及製造各種材料事項.

7. 職工課,設課主任一人,課之下分庶務,調查,警務,社倉四系;各置系主任一人,事務及書記各若干人,掌理職工厚生及警衛事項.

8. 運輸課,設課主任一人,課之下分運輸及起重機二系;各置系主任一人,事務及書記各若干人,掌理原料及出品運輸事項.

9. 船型試驗場,設場長一人,技師技手書記若干人,掌理試驗新設計之船型事項.

10. 材料實驗場,設場長一人,技師技手書記等各若干人,掌理各種材料關於物理化學之試驗,此外各項計器類之檢查,校正,修理等,亦由該場行之.

11. 營繕課,設課主任一人,技師技手等各若干人,掌理該所營造及修繕房屋,海港,或其他關於建築之事項.

12. 造船設計,設設計長一人,復分計畫軍船,商船,電氣四系;各置系主任一人,系之下又分若干掛,置技師技手書記若干人,掌理設計各種船艦,繪製詳圖,編撰規範書等事項.

13. 造機設計,設設計長一人,復分艦船,陸機,往復式機關,渦輪,汽罐補助機關,艤裝等七系;各置系主任一人,系之下又分若干掛,置技師技手書記等若干人,掌理設計船用,陸用,及其他機械等,編撰規範書,繪製詳圖等事項.

14. 造船工務,設工務長一人,復分鐵工,木工,端舟,工具原動機等,四工場;各置場主任一人,場之下分若干掛,置技師技手等若干人,掌理造船一切工務事項.

15. 造機工務,設工務長一人,復分配機,機械,製汽罐,鑄造,電氣製鋼,鍛冶,工具等七工場;各置場主任一人,場之下分若干掛或場,置技師技手等若干人,掌理造機等一切工務事項.

16. 外業工場,設工務長一人,復分艤裝,銅工,電氣,發電,船具,修繕船等六工場;各置場主任一人,技師工師技手等若干人.掌理野外裝架,或修理船舶事項.

4153

17.造機檢查,設檢查長一人,技師技手若干人,掌理檢查造機一切出品事項.

18.造船檢查,設檢查長一人,技師技手若干人,掌理檢查造船一切出品事項.

19.船渠,設渠長一人,技師事務等若干人,掌理船渠進出船舶,及其他關於船渠之事項.

20.病院,設院長一人,復另設診療所二處,置醫師藥劑師事務看護書記若干人,掌理醫診員工及其家屬疾病事項.

21.三菱職工學校,設校長一人,教員,講師助教,書記等若干人,掌理教育三菱長崎造船所,長崎兵器製作所,長崎電氣製作所,三所員工子弟,授以智德體三育,而爲三所職工之養成.

所中編制,約分三大級.叅事技師事務等爲職員,工師技手書記等爲准職員,工長組長伍長工匠等爲職工,視工作之情形,每工長領二組至六七組不等,每組長領工匠二人至十八人不等,伍長不過爲組長之助手而已.

（三）　設　備

長崎造船所,當創辦之時,規模不大,設備尚簡,所占場地祇三萬六千坪,約合一千一百九十公畝,原有設備,約如下述:

鍜冶場二棟	工作場一棟	鎔鐵場一棟	立神修船工場一所
立神船渠一所	造汽鑵場一棟	銅工場一棟	倉庫二棟
轆轤場一棟	鑄物場一棟	立神木材倉庫一棟	唧筒場一棟
起重機五十噸一架	住宅十餘棟		

迨一八八四年,三菱接辦之後,逐漸擴充,不遺餘力,其間收買山地,填築海地,添建房廠,購買機件,至一九一七年極盛時期,占地達二十一萬八千坪,約合七千二百餘公畝.海岸線長約二十六町,約合華尺八千八百餘尺,該所設

備,頗臻完善,其重要設備,分造船工務,及造機工務二大部.造船工廠,位於立神鄉,設有鐵工場,木工場,端舟工場,工具場,及原動室,又有造船台六座,船台之大小,如第三表所示:

第三表　　長崎造船所造船台

台號	第一船台	第二船台	第三船台	第四船台	第五船台	第六船台
長	806′—0″	605′—3″	602′—3″	540′—0″	510′—0″	418′—0″
寬	64′—0″	65′—6″	34′—0″	32′—0″	28′—0″	23′—0″

第一造船台上,有高架（Gantry）起重機,長一〇六一呎,寬一一六呎,高一六〇呎,又第二第三造船台間,備有八噸塔式起重機二架,其他造船台,有起重柱十六個.鐵工場內,設有鑽床,鉋床,剪鐵床,衝眼機,滾鐵機,鋸床水壓機等,均以電力運轉.動力室計有氣壓機（Air Compresson）六架,工作壓力,每平方吋,自九十至一百磅.水力機三架,工作壓力,每平方吋一千五百磅.又在水之浦,飽之浦,向島,八軒家,立神等處,分設有繫船壁五所,飽之浦埠頭,並有高塔起重機（Giamcyang）一架,總高一七七呎五吋半,從埠頭外五十四呎之處,可將一百五十噸重之物自由舉起,旋轉無礙.該機下附近之水深,最大乾潮時,尚有三十餘呎,極便於大船靠岸.又設有船渠三個,均屬石造乾渠,以供修繕船舶之用,其中以第三船渠為最大,能容總噸數二萬噸以上之大船,其概況如第四表所示:

第四表　　長崎造船所船渠

名　稱	總　　長	盤木上之長	渠口上部之寬	渠口下部之寬	盤木上滿潮時之深
第一船渠	523′—0″	513′—0″	89′—0″	69′—0″	26′—6″
第二船渠	371′—0″	350′—0″	66′—0″	53′—0″	21′—0″
第三船渠	728′—9″	714′—0″	96′—7″	88′—7″	34′—6″

造機工廠,位於飽之浦,設有配機場,機器場,製汽鑵場,鑄造場,鍛冶場,工具

工場,及其他艤裝工場,電氣工場,銅工場,船具工場,發電所等,此外浦上之電氣製鐵場,亦歸造機工場統轄.實驗研究之機關,設有船型試驗場,及材料實驗場.凡船之馬力速力等關係,均可自船型試驗場,用實驗之模型計算準確.他如海軍用之潛水艇,戰鬥艦等之新設計,亦先作模型在場內實驗後,始着手建造.至關於各種材料上物理化學之試驗,則由材料實驗場辦之.浦上川,設有製木材工場,隸於材料課製造各種木材,以供全所木料之用.造船所使用動力,以電力爲主.除前述之氣壓機,及水力機外蒸汽亦同時並用.又中央發電所設備之各種發電機,可生四千啓羅華特之電力.此外又購入四千八百啓羅華特之電力,供給所內九百架電動機(約二萬一千五百馬力)運轉之用.

此外房屋方面,有總事務所兩處,病院一所,職工學校一所,壯倉,(消費合作社)職工俱樂部,職工食堂,員工住宅,等若干所.海上尚有扛重力六十噸四十噸之起重機船,及強有力之拖船汽艇等若干艘,所有造船所各項應有之設備,蓋莫不稱完善焉.

(四) 工事概況

長崎造船所,經營事業,在長崎製鐵所時代,僅修理船舶,及備置小機件等.迄長崎製作所時代,始着手新造船舶.中日戰爭時,其所造木汽船,顯著成績,茲將當時新造之木船,列爲第五表所示:

第五表　　長崎製作所時代新造船工事

船 名	種 類	長	寬	深	噸 數	馬 力	起 工	竣 工
向陽九	木造汽船	不 明	不 明	不 明	七 十	不 明	不 明	一八七二年九月
小管九	仝 上	八十四呎	十八呎	十 呎	一百〇三	六 十	一八七三年九月	一八七六年五月
鑿 九	木造拖船	八 呎	八 呎	二 呎	九十二	一九八	一八七四年七月	一八七五年十月

當時該所對於造船工事,尚在孕育時期.三菱接辦以後,在租賃期內,仍造木船,至正式承辦時,(一八八七年)知木造船舶之時代已過,是年卽進而從事建造鐵製汽船.高島炭坑通信及拖船用之汽船夕顏丸,卽爲該所製造鐵船之嚆矢.自後所造鐵船顏多,而立神造船場之設備,因之日益擴充.一八八五年末,日本郵船會社擬於歐洲航路新造大汽船六隻,長崎造船所奮力承造一艘,英國以同價承造同樣之船五艘.但彼時該所無造大汽船之經驗,惟管理人極告奮勇,頗信可以完成.該社管理人莊田平五郎,一面附帶郵船會社之任務,一面爲該所改良之考查,前赴英國.乃在格拉斯奇接洽新船設計材料之供給,並延聘有經驗之造船技師.迄一八九四年末,始能設計,並建造五百尺之船舶.以後漸次擴張工場地域,添加建築物,增置造船機械,此爲該所初步發育之時期.

一八九六年三月二十四日,日本政府發布造船獎勵法.日本郵船會社復決議增造大汽船十二艘,用於歐洲航路.與該所訂立合同,同時商船學校,亦與該所訂造練習船月島丸.於是工事驟增,職工不敷應用,乃於翌年添雇新職工二百六十人.一八九八年造機工事,始見進展.所造有製造各船舶用,及該所鍛冶場發電所用之機械汽鑵等,該所鑄物工場之機械等,又其他製紙廠,鑛山等,用之機械等.該所建造鋼製汽船,始於一八九四年.先後所造有須磨丸,立神丸,宮島丸,月島丸等,總額數一千五百噸.一八九八年一躍而建造總噸數六千餘噸之汽船常陸丸.當時日本造船界咸集視於大船之計劃.日俄戰後,該所復建造總噸數一萬三千餘噸之汽船天洋丸,地洋丸,春洋丸三艘,爲最先裝設汽渦輪之船舶,此爲該所第二期之發展.一九一五年,造排水量二萬七千五百噸之巡洋艦霧島.一九一八年,造排水量三萬一千二百六十噸之戰艦日向.自此二艦成功後,日本海軍大有雄飛海上之象,而該所造船工事,至此亦稱極盛焉.一九二〇年,造排水量三萬九千九百噸之戰艦土佐.一九二一年,着手造排水量四萬一千噸之巡洋艦高雄.是卽聳動世界,所

4157

謂八大艦隊之主力戰鬪艦也.乃一九二二年,華府會議,限制擴充軍備,迫令
毀破土佐,止造高雄.而該所以極盛之時期,受此重大打擊,未嘗不以軍縮爲
憾事.蓋該所有鉅大設備,均爲歐戰時所設置.倘八大艦隊之計實行,則工事
之繁盛,尤未可限量.惜乎武力政策,終爲世界列強所不許,而該所之範圍,亦
逐因之縮小矣.計長崎造船所自創業以來,所造船舶,約如第六表.(一千噸
未滿之商船未列入)

第六表　　長崎造船所建造艦船數(自三菱創業至1929年)

種　別		建造數	工事中	計
軍　艦	排水量　1,000 噸未滿	13隻	———	13隻
	排水量　1,000 噸以上　10,000 噸未滿	20 ,,	1隻	21 ,,
	排水量 20,000 噸以上	3 ,,	———	3 ,,
	共　　　計	36隻	1隻	37隻
商　船	總噸數　1,000 噸以上　5,000 噸未滿	41隻	2隻	43隻
	總噸數　5,000 噸以上　10,000 噸未滿	64 ,,	4 ,,	68 ,,
	總噸數 10,000 噸以上	14 ,,	———	14 ,,
	共　　　計	119隻	6隻	125隻
	合　　　計	155隻	7隻	162隻

至該所現時營業科目,節述如下:

1. 艦船之新造及修理　戰艦,巡洋戰艦,巡洋艦,驅逐艦,水雷母艦,特務艦,
客船,貨客船,純貨物船,油艙船,鐵道連絡船,海纜船,拖船,小蒸汽船,起重機摩
托船 (Motor boat) 等.

2. 船用陸用諸機械之製造及修理　船用帝色爾機 (Marine Dieselengines),
蒸汽渦輪 (Steam turbines) 減速裝置蒸汽往復式機關,水管,及烟管式汽罐抽
水機,及其他補助機等.

3. 鋼鐵及其他金屬類之鑄鍛品　鑄鐵,鑄鋼,鋼塊,特種鋼,黃銅製品,錳靑

銅, Z. M. 青銅, 特種鑄造品, 及一切鍛造品等.

4. **電機品之製造及修理**　渦輪發電機, 發電機, 汽機, 電動抽水機, 電動起貨機, 起錨機, 扇風機, 空氣壓縮機等.

5. **其他製造**　如重油櫃, 煤氣櫃, 水櫃, 鐵橋架, 又鋼製傢俱類, 並電氣鎔接工事等.

由上述之營業科目, 可知該所以造船爲主要工事. 因船上需要各種機械, 故不能不棄造機械, 以收營業上之便利. 自華府會議限制海軍艦隊以後, 又轉其視線於造機一途, 擴造各種發電機械, 及礦山用之機械等, 故現時成爲造船造機平衡之工廠. 苟世界永保和平, 戰艦限制建造, 他日該所造機事業, 或駕造船而上之, 亦意中事也. 該所造船工事, 有長久之歷史與經驗自足稱述. 惟造橋工事, 因太講經濟, 定料不留餘地, 往往發生與圖樣不符之處, 而主桿之衝大眼, 裝架時, 釘眼參錯不齊, 此與橋梁強固上大有關係, 該所不甚注意, 似屬缺憾.

再該所工人, 因受長時間之訓練, 並福利設施之完備, 工作效率, 頗爲優良. 但工人工資亦昂, 現時普通工匠, 平均每人每日一元八角, 約合華幣四元, 較之我國工價, 高出數倍, 是又不可不注意也.

（五）　惠 工 設 施

長崎造船所在舊幕及官營時代無所謂惠工設施. 自三菱社接辦後之十年, （一八九七年）始漸注意於職工之待遇, 有逐漸改善之趨勢. 一九一七年十月, 新組織三菱造船株式會社時, 該社長岩崎男爵, 特撥出現金一百萬元於新會社, 作爲增進職工幸福之資金, 以其利息次第設施種種福利, 茲分述如次.

1. **救濟與醫院**　關於職工之救濟, 在一八九七年曾設立共濟制度. 中分

備員扶助法,與職工救護法兩種,以後因時制宜,改正補充,使職工年老,及遇災禍等,無後顧之憂,俾得專心致忘,勤於業務.至對於職工業務上傷病之治療,設備尤爲完善.並於必要時,使之轉地牀養,故該所於長崎市內飽之浦及船津町二處,立有設備完全之醫院.又於郊外長與村九田溫泉,設有療養所,凡該所之從業員及其家屬,門診每人每次納醫藥費七分,住院每人每日納日金一元,收費極廉.工場衞生事項,亦由醫院人員擔任,如因傷病休業,視情形如何支給相當之扶助費.即不幸而成殘廢,或死亡,除視勤績之年限,與退職之原因,支給相當退職費外,並提給規定之扶助費於其本人或遺族.若職工結婚,生子,入營,退營,出征,及家族之疾病死亡等,亦分別給予酒肴費,慰候金,香花費等.惠彼百工,可謂無微不至矣.

2. 社倉與銀行　當一九一一年,日本米價暴漲,職工受其影響,工作趨於放任,該所因之頗受損失.是年九月,即設立社倉,是爲消費合作社,以廉價售米於職工,自從逐漸擴充,設立分社四所,並置碾米機數架,凡米麥雜糧,副食物調味品,日用雜貨等,均享有廉價購買之利益.較之市上所售,約低百分之二十.迨一九一八年,日本米價,又復暴漲,全國騷動,獨長崎市,未生若何影響.蓋以該所員工及其家屬,達七萬五千餘人,約占全市人口三分之一,均以社倉供給廉價米穀,生活得以安定.而全市米價,逐亦因之和緩矣.又爲養成職工勤儉儲蓄之美德起見,設立貯蓄銀行,以瑣細之手續,優厚之利息,辦理各種儲蓄制度,成績極良.

3. 住宅與食堂　該所對於服務員工,凡職務上必要者,均供給相當住宅.又一九一九年,爲便利員工會食起見,在飽之浦設立一大規模之食堂,可容七百人左右,以輕便低廉之方法供給員工食事.

4. 俱樂部　當岩崎男爵以一百萬元撥爲員工福利設施之基金,其利息之大部分,均用之於俱樂部之建築與設備.在一九一七年時,即購入長崎劇場土地一千二百十三坪,約合四十公畝,建屋六棟,占地六百十一坪,約合十

公畝,命名爲中島會館,以爲員工及其家屬娛樂修養之集合場所.一九一八年,在立神飽之浦二處,設立職工俱樂部,均爲西式建築.樓下爲洗浴所,每次每人僅納錢一分,樓上爲通俗圖書室,室外有閱書台,又有會議廳憩息室.內有話匣無線電聽機各種棋類.另設茶室一間,備有廉價之茶點,又常舉行通俗講演會,定期發行新聞刊物,以啓發職工之智德二育.並爲員工鍛棟身心計,在瀨脅町設一道場,在浦上設一大運動場,占地約一萬餘坪,備有各種運動之設備及用具.此外尚有員工自動設立之各種研究會競技會,名目繁多,不勝枚舉.

5. **職工學校**　該所爲養成優良之技工起見,於一八九九年,設立工業豫備學校,是時生徒祗數十人,一九二三年,改組爲長崎三菱職工學校,其目的在收容三菱造船株式會社,長崎造船所,長崎兵器製作所,及三菱電機株式會社,長崎製作所,三所員工之子弟.授以必要之智識與技能,涵養德性,發展體育,以養成三所健良之職工.開辦以來,成績顏優,收效殊宏.現時有教員四十餘人,生徒八百餘人,分二十四班,三年畢業.每星期約以半數時間,在校讀書,半數時間,在場工作.第一年級生徒,由工場給予津貼,每日三角,二年級每日五角,三年級每日七角五分,畢業後以尋常職工待遇,近以謀生艱難,投考人數漸增,約十人中取一,亦可見該所之認眞矣.

6. **工場委員會**　此會成立於一九二二年,其組織以職工中選出委員爲主體,並由該所職員若干名,加入擔任指導.每年春秋兩季,各開大會一次.其任務係調協勞資兩方,溝通意見,使該所理事者與職工間之意思易於接近.凡與兩方利害相關之事,均可開陳意見,議具適當辦法.所長如有諮詢事項,亦可負責答復,務使勞資兩方意見,毫無隔閡.於工場能率,及織工福利之增進,均有俾益.良以該所鑒於各國勞資爭鬥之惡化影響,專心研究應付改良之方法,參照各國事例及學說,悉心探討,得其成案而實施之.始成此工場委員會之制度,其法至善,其利亦良溥也.

（六）　結　論

　　查長崎造船所創設經過,及組織,設備,工事概况,惠工設施,等大略情形,均已分別紀述.吾人對於岩崎氏創立三菱會社,初由小規模之轉運公司,漸次擴充,至現在領有造船,製鐵,倉庫,商事,礦業,海上火災保險,銀行,航空機,信託等十大株式會社,成爲日本惟一民營企業之三菱合資會社.資本金由數萬元,增至數億萬元之鉅.六十年來,自岩崎彌太郎,而岩崎彌之助,岩崎久彌,岩崎小彌太數世相承,苦心孤詣,慘淡經營,卒能發揚光大,以有今日.其繼業承志毅力忠誠,尚非尋常實業人才所能及.然日本政府扶助獎勵之功,亦有足多者.良以三菱會社之發展,實基於接收帝國工部省之長崎造船所.該所在舊幕及官營時代,爲時約三十年之久.所有歷年增置之地產,填築之碼頭,各種建築物,及機械設備等,總計投資不下千數百萬元,卽立神船渠一項,已費四十餘萬元,其他可以想見.而日政府讓渡於三菱會社時,全部產業,僅作價四十五萬九千元.並祇收全金額二十五分之一之公債票(卽二萬元)作爲抵押金,原有存料,則作價八萬元,分二十年攤還.此種優越條件,讓渡國營事業,實爲各國所罕覯.當蓋時日本政府抱積極扶助民營企業之政策,故以該所讓渡民營以爲倡導.於是日本民營各大企業,風起雲湧,日與月盛,占世界經濟相當之位置.中日,日俄兩戰之後,日本國勢,驟躋列強,未必不有賴於此.我國馬尾造船廠之設立,不後於長崎造船所,而招商局經營航業,亦有五十餘年之歷史,一則工事尚屬幼稚,一則營業幾瀕破產.以視三菱會社,相去誠不可以道里計,此中得失利弊,可思過半矣.

　　再就該所組織觀之,每一大小部分,所有職務,分晰極爲明細.權限規定,各有專責,分工合作,辦事敏捷;旣無互相推諉之弊,亦鮮彼此事爭奪之嫌.關於用人一項,則視各部分之需要,爲事設職,爲職擇人,不使稍涉宂濫.服務人員,則先之以考言試功,繼之以精密訓練,是以在事各員工,咸能廩餼稱事,戮力

同心,純存國家觀念,不爭個人意氣,此種服務精神,殊爲難及.惟該所當創業時期,專才頗少,嘗選聘外國第一流專家以爲襄助（該所長原稱管理員,當時二人中一爲日本人,一爲外籍人,並另有外籍七人,計職員四十二人中,有外籍八人,約占百分之十九.）一九〇二年,始選派技士技師,輪流赴歐美各國考察研究造船事業.有時所長亦親經各國調查,苦心毅力,尤堪欽佩.迨歐國之時,該所外籍人員,已逐漸辭退,完全由日本技師主持,其精進亦良遠矣.

至於該所設備,漸次擴充,迨歐戰終止,已臻極點.後以軍縮影響復多廢置.故對於近年所出之新奇機械,未能購備.較之歐美先進國各工廠,尚遜一籌,似難爲該所諱言.其經營工事,始由建造短小之木汽船進而建造鐵汽船（一八八七年始造）又進而建造鋼汽船.(一八九四年始造)至一九一五年,乃建造鉅大之戰艦與商船,爲該所製造工事發展極盛之時期.亦即該所工作能力,由小而大進步之過程也.是知大規模企業之成功,非可一蹴而至,要在主持者矢以毅力,研求進步耳.

雖然,該所組織設備,雖頗完善,而工作效能之增進,則尤賴於職工福利之設施.輓近學說繁興,勞資爭鬥,幾於無國筴有.人類生活,苟非設法使之安定,未有不突破藩籬,直接間接爲產業前途之障礙者.故該所本社旣有專家研究應付潮流,改善工人待遇之方法.又不惜提撥鉅資,用爲惠工種種之設施.是直接固爲員工謀生活之安定,間接實爲工場圖生產效率之增加也.惜乎我國所擧辦各企業,均未能注意及此耳.

肇靈此次監造鐵橋,對於長崎造船所,雖略事考察.而以在特殊勢力範圍,實難得詳盡之材料,明內部之底蘊.上述各節,不過撮拾大要,信筆記述,聊見一斑,掛漏之處,閱者當能諒之.

ANALYSIS OF HINGELESS ARCHES
BY THE METHOD OF FIXED-ENDED BEAM

By Fang-Yin Tsai (蔡方蔭)

(Discussions on this paper are invited).

Synopsis. In this paper a method is developed by which the analysis of hingeless arches will be very much simplified, although it is based upon nothing more than the common elastic theory.

The priciple of this method lies in the separation of a hingeless arch into two systems: (1) a fixed-end beam under applied vertical loads without horizontal thrusts, and (2) a fixed-ended beam subject to horizontal thrusts without applied vertical loads. By so doing the analysis of hingeless arches is reduced to a problem quite similar to that of two-hinged arches.

The treatment given here is confined to symmetrical case, although the method itself is perfectly general.

Introduction. In spite of the fact that an enormous amount of literatures has already been published and quite a number of methods developed on the analysis of hingeless arches, the author wishes to present, in this paper, another method, which he believes to be perhaps simpler in principle and easier in application than any other method withing his knowledge, although it involves no new mathematical theory of arch analysis.

A hingeless arch is a statically indeterminate structure to the third degree. If a fixed-end beam without horizontal thruste, which is statically indeterminate to the second degree, be chosen as the basic system, the analysis of hingeless arches is thereby reduced to a problem of statical indeterminateness to the first degree, that is, it involves only the determination of the horizontal thrust H, as in the case of two-hinged arches.

Once the horizontal thrust is determined, the moments at the supports of the arch can be easily obtained by combining the end moments of arch considered as a fixed-ended beam and the end moments introduced to the arch by the action of the horizontal thrust. The vertical reactions will be found exactly the same as if it were a fixed-ended beam. Both the end moments and vertical reactions of fixed-ended beams with constant or variable moment of inertia can be easily obtained by the methods of moment-area, slope-deflection, conjugate points, or other method.

Althouguh the method itself is perfectly general and applicable to hingeless arches of any kind, the treatment in this paper, however, will be limited to symmetrical case merely for the sake of brevity.

Nomenclature. The following nomenclature will be adopted:

L=span of arch.

h=rise of arch.

x, z=co-ordinates of any point on arch axis referred to axes through the left-hand support A of arch.

Y=height of elastic centre of arch above its supports.

y=ordinate of any point on arch axis referred to the horizontal axis through elastic centre, being positive when the point is above the axis and negative when below.

S=length of arch axis.

Θ=angle of inclination of arch axis at any point. Evidently, $\cos \Theta = dx/ds$.

$V_a V_b$=vertical reactions at supports A and B, respectively, of arch considered as fixed-ended beam.

H=horizontal thrust at supports of arch, considered as a positive quantity.

M=moment at any point on the axis of arch. (In all cases moment will be considered as positive when causing compression in the top fibres of arch).

M'=moment at any point on the axis of arch considered as fixed-ended beam.

M_{af}, M_{bf}=moments at supports A and B, respectively, of arch considered as fixed-ended beam.

M_h=moment at supports of arch introduced by the action of the horizontal thrust H, M being positive when H is thrust.

$M_a M_b$=moment at supports A and B, respectively, of arch, Evidently, $M_a = M_h^a + M_{af}$, and $M_b = M_h + M_{bf}$.

A=area of normal cross--section of arch at any point on its axis.

I=moment of inertia of normal cross-section of arch at any point on its axis.

I'=I cos Θ=I dx/ds, the vertical projection of I.

E=modulus of elasticity of material.

e=coefficient of expansion of material.

t=degrees of temperature change.

General Feormulae. Fig. 1 shows a symmetrical hingeless arch under a vertical load P with six unknown reactions. The arch can be separated into two systems: (1) a fixed-ended beam under the vertical load P without the horizontal thrust H (Fig. 2a), and (2) a fixed-ended beam, without the vertical load P, subject to the horizontal thrust H at its supports and the moment M introduced at its two fixed ends by the action of H (Fig. 2b).

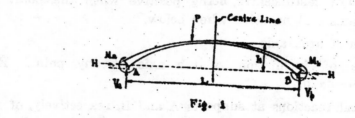

Fig. 1

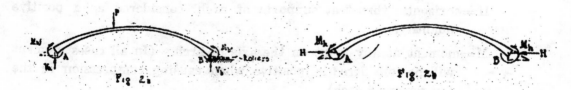

Fig. 2a   Fig. 2b

It should be carefully noted that the term "fixed-ended beam" used here as well as in any treatise on Strength of Materials means really beam with its two ends supported on unyielding supports and rigidly fixed against any rotation or angular displacement, hence it is fixed only vertically and angularly but horizontally. A hingeless arch with its horizontal thrusts at supports removed as shown in Fig. 2a differs in no respect from a fixed-ended beam in the sense of the term as noted above. Since fixed-ended beam is statically indeterminate to the second degree, the determination of its vertical reactions and end moments would need two extra equations besides the three equations of statics. These two extra equations are obtained from the assumed condition that both the levels and slopes of the beam at its supports remain unchanged under the action of the applied loads. For fixed-ended beam with curved axis as shown in Fig. 2a, if the effect of curvature on the distribution of flexural stresses is neglected, these two equations are.[1]

$$\int \frac{Mx}{EI} \, ds = 0, \text{ and } \int \frac{M}{EI} \, ds = 0 \dots\dots\dots\dots (1)$$

For fixed-ended beam with straight axis, they are[2] correspondingly:

$$\int \frac{Mx}{EI} \, dx = 0, \text{ and } \int \frac{M}{EI} \, dx = 0 \dots\dots\dots\dots (2)$$

If both the numerators and denominators of equations (1) be mutiplied by dx/ds and letting I'=I dx/ds=I cos Θ, we have,

$$\int \frac{Mx}{EI'} \, dx = 0, \text{ and } \int \frac{M}{EI'} \, dx = 0. \qquad (1a)$$

Equations (1a) and (2) are identical with the exception that the I in equations (2) is changed into I' in equations (1a). It shows that fixedended beam with curved axis may be treated approximately, but identically, as that with straight axis provided that I', the projection of I on the vertical axis, is used instead of I.

In general, hingeless arches always have the depth of rib increased gradually from the crown towards the supports, and it is usually assumed as an average condition in arch analysis that the moment of inertia of the arch varies directly as the secant of the angle of inclination (Θ) of the arch axis, namely,

$$I \cos \Theta = \text{constant.} \qquad (3)$$

Therefore I' in equations (1a) will also be a constant ordinarily, since it is equal to I cos Θ. In a word, fixed-ended beam with curved axis chosen as the

---

1. Equations (1) and (2) may be readily found in most of the treatises on Elastic Arches and Strength of Materials respectively.

basic system for the analysis of hingeless arch with moment of inertia varied directly as sec Θ or approximately so will be equivalent to that with straight axis and constant moment of inertia. This condition simplifies the problem tremendously, for the analysis of such a beam is too easy a matter. Even when the variation of the moment of inertia of arch sections does not approach the condition expressed by equation (3), the basic system will be a fixed-ended beam[2] with variable moment of intertia corresponding to the vertical projection of that of the arch, and the analysis of such a beam is by no means a difficult matter either.

The ends of a curved beam, when subject to the action of horizontal force at its supports, will suffer an angular displacement, and if such displacement were prevented by the fixity of the supports, a moment M_h will be eventually introduced at the both ends of the beam. The value of M_h can be determined from the assumed condition that the change of slopes at the two supports is equal to zero and by the second equation of (1):

$$\int_O^S \frac{M}{EI}\, ds = 0,$$

wherein $M = M_h - H_z$. Hence,

$$\int_O^{S'} \frac{M_h}{EI}\, ds - \int_O^S \frac{H_z}{EI}\, ds = 0.$$

Therefore, cancelling the constant E.

$$M_h = H\, \frac{\int_O^S \frac{z}{I}\, ds}{\int_O^S \frac{1}{I}\, ds}$$

or $M_h = HY,$ (4)

_____

2. Hereafter the term "fixed-ended beam" will be understood as that straight axis unless stated otherwise.

wherein

$$Y = \frac{\int_0^S \frac{Z}{I} \, ds}{\int_0^S \frac{1}{I} \, ds} \quad . \tag{5}$$

Equation (5) for Y gives the height of elastic centre of the arch above its supports. It is evident that to apply a horizontal thrust H and a moment M =HY at the supports is statically equivalent to applying a horizontal thrust alone at a height of Y above the supports, viz. at the level of elastic centre of the arch as shown in Fig. 2c. By combining Figs. 2a and 2c, hingeless arch may be presented diagrammatically and statically as shown in Fig. 3. Thus we see that hingeless arch is nothing more than a fixed-

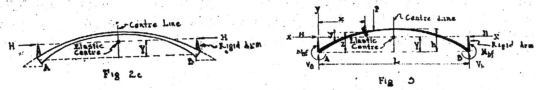

Fig 2c　　　　　　　　　　　　　Fig 3

ended beam subject to horizontal thrusts applied at the level of elastic centre of the arch. The moment in the arch at any point on its axis will evidently be

$$M = M' - Hy. \tag{6}$$

It may be noted that equation (6) is analogous to that for two-hinged arch, in which case the arch may be considered as a freely-supported beam subject to horizontal thrusts applied at its supports, and consequently, M' would be the moment in a freely-supported beam and the ordinate y referred to the axis through its supports.

The equation for the horizontal thrust H due to applied vertical loads may be obtained, as in the elastic theory of hingeless arch, from the assumed condition that the change of span length of the arch is equal to zero and by the following formula.[3]

$$\int_0^S \frac{Mv}{EI} \, ds - \int_0^L \frac{H}{EA} \, dx = 0. \tag{7}$$

3. This formula may be found in most of the treatises in the elastic theory of hingeless arches, for instance, W. L. Scott's "Reinforced".

Substituting in the value of M from equation (6), cancelling the constant E, and solving for H. we have

$$H = \frac{\int_O^S \frac{M'y}{I}\,ds}{\int_O^S \frac{y^2}{I}\,ds + \int_O^L \frac{1}{A}\,dx}. \tag{8}$$

Equation (8) is again analogous to that for two-hinged arches with the meaning of M' and y as stated previously.

The value of H due to temperature change can be obtained by adding the change in span length of the arch (et L) due to the said cause to the left-hand member of equation (7). The moment in the arch due to the same cause will be—Hy, since in this case M' in equation (6) is equal to zero. Therefore we have

$$-\int_O^S \frac{Hy^2}{EI}\,ds - \int_O^L \frac{H}{EA}\,dx + etL = O,$$

hence

$$H = \frac{etLE}{\int_O^S \frac{y^2}{I}\,ds + \int_O^L \frac{1}{A}\,dx} \tag{9}$$

The positive sign of equation (9) indicates that H will be thrust or pull according to the rise or fall of temperature.

The solution of equations (5) for Y, and (8) and (9) for H may be effected by direct integration if possible, or by summation, as always done, when intergration is impossible or difficult.

The moments at the supports A and B of the arch will be respectively as follows:

$$M_a = HY + M_{at}, \text{ and } M_b = HY + M_{bt}. \tag{10}$$

The vertical reactions at the supports A and B of the arch will be, as mentioned before, V_a and V_b respectively, as if the arch were a fixed-ended beam.

Influence Lines. Since by this method the analysis of hingeless arch is reduced a problem similar to that of two-hinged arch, all the devices for analyzing the latter will be found also applicable to the former. The short method for the construction of the influence lines for the various functions, such as moment, shear, normal thrust, and maximum fibre stress, devised for two-hinged arch as given in Johnson-Bryan-Turneayre's "Modern Framed Structres," Part II and Parcel-Maney's "Statically Indeterminate Stresses" may be also applied to this case. For instance, the influence lines for moments in hingeless arch may be easily constructed by the aid of equation (6), which can be written as

$$\frac{M}{y} = \frac{M'}{y} - H, \text{ or } M = y\left(\frac{M'}{y} - H\right). \tag{6a}$$

wherein y is a constant for any particular point on the arch axis at which the influence line for moment is desired. Equation (6a) suggests that we can first plot the influence line for M', the moment in the arch considered as a fixed-ended beam, with its ordinates divided by the constant y, and subtract from it the influence line for H, and then multiply the ordinates of the resulted influence line by the constant y to obtain the influence line for M.

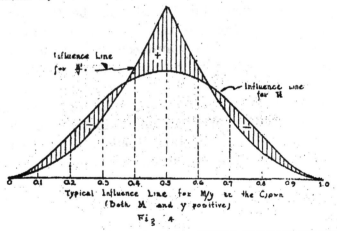

Typical Influence Line for M/y at the Crown
(Both M and y positive)
Fig. 4

Concrete Bridges, p. 69, Crosby Lockwood and Son, London. It is immaterial by what method the value of H is determined so far as it is correct. In fact, the derivation of the equation for H is by no means an essential part of this paper and is included here an length of the arch is equal to zero merely for the sake of completeness,

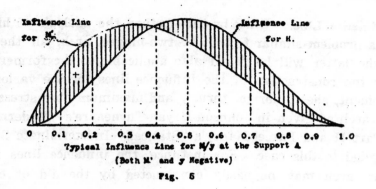

Typical Influence Line for M/y at the Support A
(Both M' and y Negative)
Fig. 5

Figs. 4 and 5 show respectively the typical influence lines for the values of My at the crown and the left-hand support A of a hingeless arch, the shaded part being the influence area.

Conclusion. The distinctive feature of this method lies chiefly in the unique conception of the problem. In application it will be found remarkably simple and short, especially when the analysis is to the made by means of influence lines. There is only one influence line for the horizontal thrust H to be constructed for a given arch. When the moment of inertia of the arch sections varies as the secant of the angle of inclination of the arch axis or approximately so, the influence line for M' will be that for the moment in fixed-ended beam with constant moment of inertia and can be easily constructed or readily found in some of the handbooks for structural engineers (see, for instance, Hool-Johnson's "Concrete Engineers' Handbook," p. 324, McGraw-Hill, 1918). This condition is also true for the influence lines for the vertical reactions of the arch. Thus the analysis of hingeless arches by this method consists of nothing more than the computation of the value of Y, the horizontal thrust H, and the age of this functions of fixedened beam with constant moment of inertia. The advantage of this method is obvious.

參加德國工程師會七十五年年會報告

著者：胡　爵

德國工程師會於六月二十六日起至二十九日止,在萊因河域之可隆城,舉行年會.今年適爲該會七十五年成立紀念,故年會典禮尤爲隆重.但當此德國經濟狀況不佳之時,工廠或停閉或減工,故到會會員不十分踴躍,連眷屬來賓乘一千五百人,其中計有來自十七國之外國會員及來賓,美國共到七十三人,在外國來賓中佔最多數.該會現有會員總數約三萬餘,今年年會出席人數僅佔會員總數百分之五.近年以來,閱一九二八年年會最盛,出席者佔會員總數百分之十以上,時局影響,殊非淺鮮也.

年會最重要之一幕,爲學術演講及討論,聚各處專家於一堂,而討論各項問題,至饒興趣.今年年會,計分十一組討論,各組內容略述如下:

(一) 燃燒工藝　燃燒工藝,現由經驗走上科學的研究途上.德國工程師會認此爲重要問題之一,故年會中特設演講組以資研究.講題如 (1) 固體燃料燃燒時之物理性,(2) 燃燒石炭之爐橋(?)的彈性,(3) 中等石炭塊燃燒經過之試驗等,皆極有價值.

(二) 販賣工藝　凡工廠必有三種關係密切之重要問題,(1) 原料之買進,(2) 製造,(3) 成品之賣出.但迄今尚不能堅決的判斷,究竟製造難,抑販賣難.不過概括言之,經營工廠之目的,是在經過販賣,將其原料進價,及製造時所用去之資本,作獲有利益之交易.故不經販賣,則工廠完全無結果.而研究販賣問題,必觀察成品銷售之可能性及其條件,市場狀況及其趨向等.演題中之 (1) 實業之販賣的性質及其工作,(2) 實地之販賣組合,(3) 出口商業之販賣響導,皆富有研究之演講.

(三) 鍛鍛工藝　鍛鍛工藝組之演講,本年特限於方圓貯藏罐及鍋爐等

類之鍛銲,因目前各專家對於上述者特有興趣,講題有(1)鍋爐鍛銲處內部伸張力分配之研究,(2)鍛銲高汽壓鍋爐零件及貯藏鑵之經驗,及對於鍋爐製造之應用,(3)用鍛銲法製造受高壓之鍋爐部份,(4)鍛銲含炭素較高鋼件之試驗報告等.

（四）**內燃機關**　內燃機為近代新式原動機,極引起工業家之注意,聽此組講演者人數在五百以上.演講中如(1)道馳瓦斯馬達製造廠在內燃機歷史上所佔之重要地位,(2)提塞爾式引擎充載貨或長途汽車之原勤力機之研究等,皆使聽者增加不少智識.

（五）**塗漆工藝**　塗漆問題,在近五年內,經工程師及化學家之共同研究,頗得相當成績.講題中如(1)使用白漆之進步,(特別在船隻上)(2)塗漆工作時,抵抗危險之進步皆明證也.

（六）**工程師之培養**　關於工程師之培養問題,討論甚久,先由國家鐵道及郵政方面,報告政府機關培養工程師之目的及方式.鐵道方面早設有培養工程人員之組織,近且在積極改進中.多用學理課程,補助實驗之不足並有各種演講班可以參加研究.此種組織,刻尚擬擴大之.郵政方面,亦有同樣之組織,并有研究會,其中課程有歷十二月之久,方可完畢者.再有某君演講提及將此責任,加諸各工程團體之身.彼認為工程團體之重要工作,是在培養其會員成為有用之工程師.利用晚間空閒多開演講會,有若干之工程團體,於培養其會員方面,已做有相當工作.但希望更有較完全之組織,使全國工程團體皆參加此項工作,其效果當更偉大也.

（七）**工藝歷史**　關於工藝歷史之演講題,有(1)實業界文書之搜集,(2)實業博物館,(3)工藝文化紀念碑之保留等.

（八）**金屬學**　金屬學演講偏重於經金屬,在鐵道車輛上及電車上之用途.飛機及飛船之製造,採用輕金屬以減輕其重量,係明顯之事實.而殊不知輕金屬之於其他交通利器,如鐵道車輛電車,長途汽車等製造上,亦佔得相

當地位.講題中如（1）鋁之合金及其性質,（2）鋁之合金在鐵道車輛及電車製造上之用途,（3）鎂之合金性質,及其在交通事業上之用途,皆極有價值之演講.

（九）褐炭學　褐炭礦組演講會,參加人數亦甚多,講題有（1）褐炭礦與發電廠,有最經濟之合作可能性,（2）褐炭礦中大容積車之運輸問題,（3）電影表演關於煤礦運輸之設備.

（十）渦輪機　渦輪機組共,有三講題:（1）新式流動學之基礎,（2）高轉數之流質渦輪機.（3）蒸汽渦輪中蒸汽流動之情形.

（十一）交通事業　在交通事業演講組,最令人注意者,爲各交通利器速度之增加,講題中如（1）軌道上行駛之車輛交通,（2）汽車交通,（3）輪船交通,（4）航空交通,皆富有新鮮材料也.

正式大會,係於六月二十八日午後舉行,於可隆城,極有名之大禮堂中.會長西門子廠總經理占特耿氏主席,先宣讀與德總統與登堡氏往返電文,辭從略.繼由會長報告開會宗旨,并感謝茲會之來賓及會員.次由蓬城大學校長演講發光問題,再由政府及各大學各學術團體代表等致賀詞,最後宣佈有功該會之人物名單.有得七十五年紀念牌者有得爲名譽會員者,大禮遂告成.至於會務報告,查眼及選舉新職員等,於正式大會前一小時已經了結.晚間宴會,計有三次.可隆分會歡迎會,年會宴會,及離別敍會,每次宴會,秩序井然,有音樂及工業影片等助興.最後一日,參觀工廠,計分十八隊,參觀大發電廠,福特汽車廠,及洪波耳道馳馬達廠,人數較爲踴躍.德國萊因河兩岸風景甚佳,故於閉會後一日,有兩組游覽團,一至可布能慈,一至阿亨,可以自由參加,遠來之會員,藉此機會得游歷萊因河畔,意至善也.該會籌備種種非常週到殊可欽佩.

柳江煤礦機廠新設備

著者：周仁齋

（一）引 言

柳江煤礦位於河北臨楡縣,去年柳江開始渤田礦區之探採,均採用電力工作,已將此間之高壓電纜送至三千三百米達距離遠之新礦,加以下列原因,有擴充機廠之必要：

（1）柳江電台電力雖達一千一百啓羅瓦特,然均係舊機,五十周波及六十周波並用.發電機數目竟達五具之多,有透平機,有複漲蒸汽機,修理之工作極爲頻煩.雖有添置一千啓羅瓦特發電機之計畫,終以經濟問題至今尚未實現.

（2）新礦機器修理製造之需要.

（3）出煤噸數年已達三十萬噸,由礦山至秦王島輕便鐵道用之機車,車輛之修理與車輛之製造,及礦用機器之修理均隨之而增加.

有此上列三種原因,乃就原有設備,計畫擴充,以應需要.茲將原有設備及擴充計畫約述如下：

（二）原有設備

柳江機廠,因該礦係逐年擴充,故廠房狹小而零碎,機廠所轄修造工作計分五所：

（一）翻砂所 翻砂所之設備,計有鎔銅爐一座,能容八十號鎔銅罐三具,係採奉天造幣廠鎔銅爐形式;因當日開辦人及工人均與造幣廠有若干之關係,故鎔銅技術實以該廠爲取法,沿用至今.舊式化鐵爐一座,每小時化鐵最高可達四分之三噸.因爐身太低,進風係由一孔而入,故用焦炭極費.焦炭

與生鐵之比例,爲一與二,實駭人聽聞.鼓風機亦係低壓,其餘一切技術,均賴手工完成之.

(二) 模型所　模型所無機械之設備,均用手工完成.技術及功効甚佳,殆中國手藝工人之特質也.

(三) 打鐵所.打鐵所有雙眼打鐵爐兩座,鼓風機與化鐵爐共用,故化鐵須在打鐵所停工之時

(四) 鉚工所　鉚工所無甚設備,僅有汽力剪板機及衝眼機一部,裝於模型所內,工作極不方便.

(五) 修造所　修造所爲鉗床及車床所在,有發動機兩部,一爲電動機,一爲蒸汽機,均十五匹馬力,蒸汽機係備電動機停止時之用.老虎鉗有七部,管子鉗有一部,工具機數量亦少,且均係舊式.供給一礦之修理製造工作,實爲拮据.故一部份機件,由上海小鐵工廠代製,而以無工程學識關係,每不能適用.且時間上亦爲一極重要之問題,故亟宜加以擴充也.

(三)　擴充計畫

擴充計畫之最要問題,爲如何使零碎之房間,改造成整齊之廠面.惟此點甚感困難,幾費周章,各所始得相當之面積:

(一) 翻砂所　長四十一尺,寬四十尺,化鐵爐院長五十尺寬二十尺,

(二) 模型所　長四十五尺,寬十九尺,

(三) 打鐵所　長四十一尺,寬四十尺,

(四) 鉚工所　長五十九尺,寬二十八尺,

(五) 修造所　長八十七尺寬五十三尺.

本點困難,既告解決,則機器之佈置,方便不少,茲將各所計畫分述如下:

(一) 翻砂所　本所最重要之問題,爲如何使焦炭與鐵之比例增加,即一噸焦炭應當化五噸以上之鐵.並使鐵水清明,方得良好之鑄物.故第一即須

設置一新式化鐵爐,每小時能化鐵一噸半,乃根據吾師胡庶華先生之指導,計畫一億式之考拍拉爐 (Cupola). 進風環爐之四周而入,並於爐之前面,置一小竈,以儲存鎔鐵.鼓風機用瑞士蘇爾壽高壓離心力鼓風機(Sulzer Highlift Centrifugal Ventilator), 風量每分鐘三十立方公尺,風壓爲五百公厘約二十英寸之水柱.關於研沙方面,計畫用研沙機一部 (Edge mill)小球磨 (Closed Ball Mill) 一部,容量爲一立方英尺.及二十八寸十八寸篩沙機一部(28×18″ Sifter). 關於運輸方面,應設置載重兩噸之人工起重機一部,庶幾鑄一噸重之鑄物時不致危險.各種設備,每月最低限度應鑄物六噸,並應備烘模爐一座.

（二）模型所　　模型所之重要工具,爲木車床.現工作圓形物品時,爲一原始工具,用一皮帶手引之,故不能繼續向一個方向旋轉,所費之工作時間極長.鋸木,刨木等工作,亦極費時,故本所應有下列設備:

（1）木車床一部　　　　　　　（2）十六寸木圓鋸一部

（3）二十八寸帶鋸一部　　　　（4）十六寸木刨機一部

（5）二十寸光木機一部

（三）打鐵所　　打鐵應置一機器鎚,庶幾對重大之物,能加以鍛擊,並應增單口大打鐵爐一座,以便燒熱重大工作物品之用.故決定用空氣壓力鎚(Pneumatic Hammer) 一部,打擊重 (drop weight) 爲八十瓲,伸縮 (Lift of ran) 爲三百六十公厘,每分鐘打擊次數爲二百,傳動以十五四馬力馬達帶動之.打鐵爐用風,再用一五四馬力鼓風機供給之,並供給鉚工所之各爐.

（四）鉚工所　　鉚工所最重要之工具,爲剪板機及衝孔機,舊有爲汽力傳動,應設計改電動機傳動.鉚釘工作部份,應改用壓縮空氣,因修改之車輛既繁,則用壓縮空氣可使工程加速.冷氣鉚釘鎚 (Riveting Hammers) 及冷氣剉 (Chisel Hammers) 應各備兩具.壓縮空氣機 (Air Compressor) 須有每分鐘四立方五公尺之能力,及每平方英寸八十磅之氣壓.關於修理機車鍋爐上之鑽孔,不必用壓縮空氣鑽機,不若用輕便電鑽,以每分鐘一百二十轉之速度,較

爲方便耳.鋸斷各種角鐵工字鐵,可用修造所之圓盤冷鋸機.

　　（五）修造所　修造所原有設備最大缺點,爲無重式中心甚高之車床致車較大機件時,必須將車床之中心墊高,頗感不便.故應添置下列各工具機.

　　（1）德製重式車床一部,中心高十七吋六分,床面長十五呎.

　　（2）德製高速輕便小車床一部,中心高六寸床,面長六呎.

　　（3）普通六呎八呎長車床各一部,以便工作粗製之機件.

　　（4）普通洗床一部 (Universal milling machine).

　　（5）十六吋圓盤冷鋸機一部 (Cold iron circular saw).

　　（6）六吋插床一部 (Slotting machine).

　　（7）六呎長三呎寬蚤線台兩部.

　　（8）車床上電磨機一部 (Slide-rest grinding machine).

　　（9）倣製七分孔鑽床兩部,以便將舊鑽機兩部廢除.

　　（10）普通工具磨機一部,(Universal tool grinding machine) 以便磨洗刀鋸片及鑽頭等工具之用.

　　（11）自動車床一部 (Turret lathe).

　　（12）羅絲床一部 (Screw cutting machine).

　　（13）二十五吋半徑伸臂鑽床一部 (25'' Radial drill machine).

　　（14）十呎大刨床一部.

　　（15）一百噸水壓裝輪機一部 (100 ton Hydraulic wheet press).

關於傳動部份,改裝舊存之四十五匹馬力馬達,主動天軸分爲兩行,每分鐘轉數爲一百五十轉.

　　（六）電機修理所　本所正在計畫中,因本礦有一特殊原因,電動機需要之電力,達發電機之三倍.馬達電小至一匹,大至二百八十四馬力,加以井下空氣不潔,潮氣,煤氣及酸性種種原因,致馬達線色時有燒毀之患,故決定添區此部份專爲重繞電機線色之用.除擬添置必需之工具外,擬附一小電鍍

室,以便修理小開關電器零件時之用.

（四） 實 施 狀 況

本計畫開始於去年秋間,因金價之邅增,故不能於最短期間內完成.現實施者,只廠屋改造工作已經完成.翻砂所部份,化鐵爐正在裝置中.蘇爾壽鼓風機已設置,計爲九匹馬力.模型所計畫尚未實現,打鐵所裝置德製空氣壓力鎚,其餘亦按計畫完成.鄉工所之壓縮空氣設備及電鑽已完成,修造所部份計畫,已將四十五馬力馬達及傳動主軸裝竣.計畫中之第一項至第九項機器已經裝置,故擴充計畫已完成二分之一,其效率及工作速度已大增加.最近修理 Borsig 機車,由自製火箱（Fire box）以及更換安裝管子及換置各項機件,已由六個月之時間,縮至七星期.卽製造高壓離心力抽水機（High pressure centrifugal punp）之中型者,不過一月之時間.工作效率之增加,較前已快三倍,如能照著者上述計畫切實完成,則將來實可爲臨楡各礦之基本修機廠,固著者之願望也.

〜〜〜〜〜〜〜〜〜〜〜〜〜

倫 敦 汽 車 展 覽 開 幕

汽車展覽會業已開幕,其地點在倫敦之夏令配克亞.陳列之汽車各式齊備,蔚爲大觀,全部陳列之汽車輛價值 750,000 磅,若包括汽車外之各種陳列品,如快船及車間用具等,其價值當在一百萬磅之上.此種展覽性質係國際的.凡世界各國,不論英法德意美等國,凡有汽車之出品者,莫不將其樣品陳列會中,以供衆覽.但其中大多數之陳列品則爲英本國各車廠所佔.就中關於車輛之改革處,當以速率增加及經濟耐用爲最引人注意.而其售價方面亦均減低,此乃受英暫時拋棄金本位之影響也.關於英國部份之陳列,其汽車,摩托船及海上飛機等,均曾奪得世界最高度速率者,游客對之大爲注意.

廣州市自動電話外綫工程修養及整理概況

著者：張敬忠

I 引 言

　　廣州市爲吾國南方最大都會,其商務之興隆,人口之稠密,區域之廣大,除上海,北平,天津等外,其他都會,均難比擬.電話事業倡辦甚早,自十八年改裝自動機以來,報裝者紛至沓來,故工程方面亦非常忙碌,而尤以外線工程爲特甚.蓋內機部份,即於改用新機時,完全裝竣.外線則陸續添裝,除幹線外,其他枝線,未能先行架設.廣州市政如開闢馬路建造鐵橋及其他新建設事業,日新月異,市面亦因之而更變.荒蕪者或變爲繁盛,已裝定者或重須改裝,故路線佈置亦須因時制宜,隨之應變.此裝置后仍須整理者一也;電話事業,關係全市之交通與治安有關,在自動電話通話之先,舊有線路不能拆除,其勢不能不在同一街道,同一地位,或竟同一桿木,裝置一種臨時之線路,殆舊機停止,舊線逐漸拆除,新放線路必須改移位置,此裝置后仍須整理者二也.惟廣州市區域甚大,除城區已改植新鋼骨水泥桿及地道外,其遠處所放線路,暫時均沿用舊桿,頗多腐蝕.他若城區如永漢路等處,均有軍用線附搭同一桿上,密如蛛網,每值風雨,容易碰觸,苟不整理窒,礙滋多,其勢不能不代軍用線從新條理,俾舊有桿木,可以拆除.此因地域及環境上,必須整理者三也.有此上述理由,故兩年來外線工程除裝置新用戶外,固無日不在修養整理之中,以期全部改善.然欲言整理則必先作統系之研究,其興利興弊乃能確現.故對於廣州市電話外線修整工程,皆有記錄,不厭求詳.務期基礎,或用圖表解釋,或用表格列明,庶主管人員閱之,可以究查利弊,從事改善.即使外人閱之,亦可以明瞭實情不雷身歷也.茲將關於修養線路之各項記錄及方法分於后:

II 報告障礙

凡用戶通話欠靈,其障礙不外電話所內部機械,或用戶線路話機等損壞所致.今祇就關於外線障礙之如何報告分述之:

(一)**由總機室碰線表示燈記錄**　此項表示燈卽裝置於自動電話所總機房內,凡遇有外線對內互相碰連或觸着地氣時,該項小燈立卽發光.當由司機者,按號抄錄,報告測量台管理人.再由是台據實測驗,除所得一部份係用戶忙掛耳筒,無須整理外,凡線路障礙之各毛病以及電櫃損壞等項,多半由是項報告得之.

(二)**由測量台上按戶試測**　測量人員按照用戶電話號碼逐日試驗,大約每日每人可以試測四五百戶,祇需一星期之時間,可將四千用戶電話線路測遍一週,誠稱便捷.測驗時,測量人員可與用戶直接通話詢問,苟用戶有不滿意處,當卽記錄重行測驗,如確係毛病,立刻派員修整.凡用戶話機如鈴聲太低,或講話不清等病,多由此法得之.

(三)**派員查驗**　按時派巡查線員及查機員若干人,往指定之區域用戶,調查線路,狀況以及話機情形,遇其未安善處,不待用戶之噴言,立卽改善.惟調查方法可分二類: 1.根據收費員之報告,指定查某用戶之話機及其線路. 2.按期查某街道某地段之線路裝置狀況,不專指定一戶,其目的不同,故方法亦異.

(四)**由報告台記錄**　凡用戶電話發生毛病,不能接通他戶時,當卽通知電話所,報告該台值班人員,卽將此電話號碼,報告來源以及時刻,填寫記錄單上,每隔若干時,卽將此記錄單送交測量台試驗.如確係外線毛病時,當卽派員修理,查該項報告每日至少四五次.惟眞正不靈通之電話數,不過占全記錄之二三成.其原因有四:

1.因未明用法卽行撥機,自然不能接通電話,又如移下聽筒,不待有嘟嘟

聲而撥號盤,或通話后忘記掛囘耳筒,致令此電話不能與其他用戶通話等.

2. 話機或線路確有毛病,報告台記錄員已得到報告,且已由工程課派員修理,惟用戶未明手續,一再報告,以致重復記錄者.

3. 來源不同之用戶,屢次欲打正在修理中之某號而未獲接通,彼此全時向電話所報告,某用戶電話欠妥者.

4. 電話所內輪值報告台人員,係非一人,尚有人通知某電話不靈通時,當然逐一記錄,故重復難免.

(五) 用戶來函　用戶因電話不靈,用書面報告管理委員會,請派員修理者,通常信到之日,其病已早修好矣.蓋郵寄需時,不若報告台及其他上述報告之簡捷,惟遇有特別情形,用書面通知,則測驗人員更須慎重出之也.

以上五種來源,前三項屬于電話所自行測驗得來,後二項屬于各用戶之報告,兩者來源不同,然欲障礙之速報及早消除,以求電話恢復良好原狀而使用戶滿意,其目的則毫無異樣也.其他如地道管人井之按期查勘,桿柱棧路之分區調查,電纜絕綫之按時試驗,均各有工員專司其職,凡遇有未妥之處,立卽設法改善,蓋防患于未然,較諸彌患于事後,事半而功倍焉.

III　修理步驟

報告障礙旣如前述,茲將修理之步驟,略爲說明:如某用戶覺其電話欠靈,卽可將其電話號數,通知電話所報告台.由報告台司機填寫記錄單,轉發測量台測驗人員,由是台試驗后,將所得內外綫毛病,分報機務,工程,或養綫工程部;如屬於外綫毛病,養綫工程部卽按照地段發出修理單,派隊修理,修竣後卽轉知測量台,並由是台用電話通知用戶關照復通.全時修理隊,將報告繳交養綫股結束原案.

IV　記錄方法

凡綫路障礙修竣后,應將發現毛病地點狀況原因,以及修理時日,需用人

工,物料,填錄各項修理報告單上,閱此報告單,即可知該日之工作狀況,再將所發現之毛病,分類記載:如失線修理,電纜,更換機件,改善線路等,各有統計,庶易查考.此外關於每一用戶之線路,則有用戶修盤卡.每一線箱之線路,則有線箱線路狀況圖.電纜之分佈,則有區域圖及分佈圖等.凡關於修理上,遇有更改線路或修理工作,均須每日詳細記錄,此種錄記報告之工作似嫌繁瑣,然對於管理上欲得有統系之研究而時求改善,不得不如是也.

V 各 項 統 計

將所得記錄照類別地段數量,按月繪製統計,以資有統系之研究,而亦足增科學上之興趣也.故自通話始直至今日,即按此進行,未嘗間斷.今將此三種不同統計之如何分類,略申述之:

(一) 障礙成分統計　係將每日用戶電話發生障礙次數與通話用戶總數爲比較,所得之成分作爲縱線,將日期作爲橫線,繪製圖表,可以覘該日內障礙多寡,及所占成分之比較.

(二) 障礙種類統計　凡外線障礙,無論爲話機外線或電纜,其類別不外如下列數種:1.斷線,2.自礙線,3.地氣,4.漏電,5.鬆線,6.感應,7.碰另外電話線,8.碰其他電力線,9.機內通話線路毛病,10.振鈴線路毛病,11.打盤線路毛病等種種,將每月測得毛病,分類製繪統計,可以究其弊病狀況.

(三) 障礙地段統計　障礙地段屬於話機部份,則有 1.打盤,2.鈎彈簧,3.鈴,4.感應圈,5.凝電器,6.話筒,7.聽筒,8.耳機繩等.屬於線路部份,則有 9.屋內線,10.進屋線,11.進箱線,12.桿上裸線或膠皮線等.屬於電纜部份,則有13.地下電纜,14.架空電纜,15.線箱電纜,16.水底電纜等.屬於保險匣部份,則有17.保險絲,18.炭精等.將每月發現毛病,所在地段分類繪製圖表,何處毛病最多,即何項工程欠妥,務須設法改善,庶下月內可以減少同樣弊病.

VI　障礙討論

（一）電纜　綜觀十九年內電纜發生毛病,計共叁拾玖次,以八九兩月份為最多,正二月為最少除一二對係線箱內部不良外,並無毛病發生,蓋在此期間氣候乾燥,又鮮驟雨,縱有小孔亦不易發覺,推究致病原由,約分五類,詳如下表:

損　壞　原　由	次　數	損　壞　現　象
1. 因鉛皮受傷發現小孔	十二次	此項小孔大抵外大內小且鉛皮內裂
2. 因虫類蛙蝕致鉛皮外部發現極小微孔	十四次	此項小孔大抵外小內大且鉛皮內部並無裂狀
3. 因用戶碰觸燈線或迅雷致電纜內部燒斷或高壓線跌下碰着電纜燒鉛皮	七次	
4. 被鼠類嚙穿鉛皮	二次	其孔甚大嚙部外方有半吋直徑內方直徑亦有分半其鉛皮內部並無裂紋外有嚙痕甚顯著
5. 因鋊口欠良致潮氣侵入電纜內部	四次	此種毛病大抵因接銲時過雨或天氣太熱汗手工作所致

（二）街線及屋內線　街線毛病以裸線觸地氣為最多,月約數百次,為軍用線所碰者約占數以上,被人盜割街線者每月總有數十起,大抵在舊街道及人跡稀少地點為多.屋內線毛病甚少,每月不過三四次,大抵因裝置線板時不填以致釘碰內線.

（三）耳機繩　此項毛病每月約數十次,七月份為最多,繼則逐漸減少,此蓋氣候潮濕使然,凡公共機關或公司場所,其耳機繩較容易損壞:1. 因使用較多.2. 因在公共地點使用電話者,多不慎重公物,故易於損壞耳.

（四）電話機上振鈴及打盤　振鈴毛病不外錘位太遠,或鈴線內斷.因錘

位太遠者占九成以上,故修理頗易.打盤毛病分膠角子,接線彈簧,速度調整器,旋轉彈簧四種.

類　　別	十九年二月份	三月	四月	五月	六月	七月	八月	九月	共計
膠角子	4	7	9	5	4	3	9	4	45
速度調整器	9	19	18	14	20	11	17	15	123
接線彈簧	5	10	2	2	1	2	1	1	24
旋轉彈簧	7	3	4	2	4	7	5	1	33

觀乎此表,當以速度調整器毛病為最多.然速度在每秒鐘十四至十八推動以下者,總局內部機械照常行動,毋須修理,在此限止外,則必須較正,總之打盤毛病,每月亦不過二十餘次.

(五)聽話筒及通鈎彈簧　凡話機毛病之屬於聽話筒,或通鈎彈簧者不多,每月約十餘次.大概以聽筒蓋寬鬆,致內部鐵片振動欠靈,或話筒盒後彈簧碰殼,或尚未放回為多數,其他毛病甚少.

(六)感應圈及凝電器　此項毛病最少,每項月不過一二次,兩項合計亦不過五六次而已.

(七)用戶保險匣　該項毛病計分兩種即保險絲及炭精,凡線路毛病為保險絲燒斷者,每月至多約十餘次,為炭精燒壞者,其數亦相等.發現上述毛病后,將用戶線路調查所得之結果如次:自十九年二月份起至九月終止,為保險絲燒斷其線路全係裸線者,凡二十五次,係雙枝膠皮線者祇十八次,炭精燒壞其線路全係雙枝膠皮線者竟有四十次之多,係裸線者祇二十六次,因線路不同,致病狀亦異.

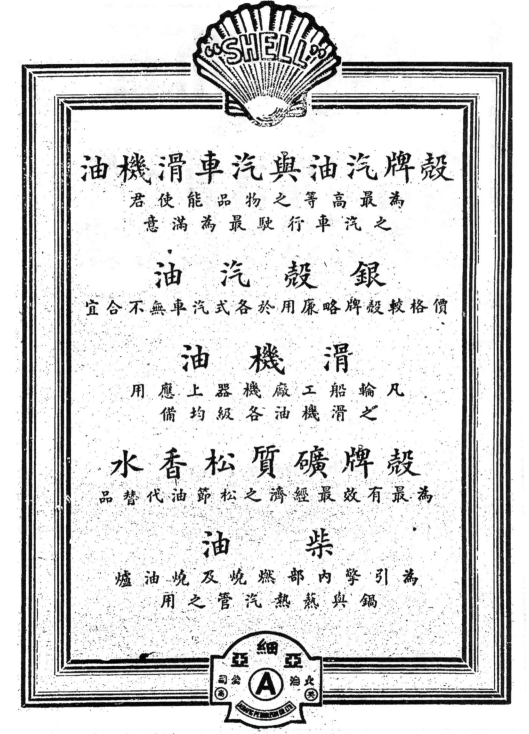

英美日諸國瀝青鋪路之技術的觀察

著者：袁汝誠

　（一）**英美日諸國瀝青鋪路之現狀**　據歐美各道路雜誌所載,其大部分俱係恆久性鋪裝法,卽鋪石（Stone block）,鋪木（Wooden block）,板層瀝青（Sheet asphalt）,瀝青混凝土（Asphalt concrete）,磚瓦（Brick）,水泥混凝土（Cement concrete）等鋪路是也.至於公園地,住民稀薄之郊外地,交通閑散之住宅地,其他極不適於上述恆久鋪裝之急傾斜路,乃見水結馬克達路（Water-bound Macadam）及卵石路（Gravel road）.但此種非恆久性鋪路所占之面積,比之恆久性鋪路所占之面積則甚少也.據一九二三年一月一日美國瀝青協會（Asphalt association）提出之報告,以美國人口在十萬以上之二百九十都市,其於恆久性鋪路之全面積,占都市道路全面積之百分之七十八.法國巴黎街路之全面積約二千萬方公尺,其恆久性鋪路面積,則占一千三百二十萬方公尺,約爲全街路之百分之六十六.其他百分之三十四,大概俱以水結馬克達路.英國倫敦市中央部交通最頻繁之街路,大概皆鋪木路或岩瀝青路（Rock asphalt pavement）,近郊部則多柏油馬克達（Tar Macadam）,石油瀝青馬克達（Oil asphalt Macadam）,至土坭路,卵石路之露出於表面者,則未之有也.德國柏林市則多天然岩瀝青路,近郊則多鋪石路,而土坭路卵石路亦未之有.日本東京及大阪市內交通頻繁之處,則皆板層瀝青路（Sheet asphalt pavement）或鋪木路,交通閑散及近郊之街路,則多卵石路,而此種卵石路近來亦在努力從事改良,其進步實有一日千里之勢.

　以上諸都市之鋪路,應特加以注意之點,則在應其交通之量,適宜加以鋪裝,使其不生塵埃,足以負擔支持其上面之載重.此種鋪路自然非一朝一夕所能成功,仍起於原始的土坭路,漸進而經過小石路,卵石路,馬克達路,乃達

4189

到現在之恆久鋪路之目的.故如我南京之舊馬克達路,小石路以及任何鋪裝亦未施行之各處,欲一躍而作恆久鋪裝之計畫,其當遭遇多大之障礙,可豫期也.

(二)瀝青鋪路之基礎及鋪裝法 因舊有馬克達路路盤經多年交通而硬化,已富於支持力,加以幾分修補而以之為基礎,於其上鋪設瀝青混凝土,板層瀝青等鋪裝之法,其工費低廉,英,美,日諸國屢屢實施.據美國紐約市滿哈坦(Manhattan)區一九二二年一月之調查,同區自一八九二年至一九〇四年間,以舊之馬克達路為基礎,而於其上鋪設板層瀝青之街路面積,約六萬三千四百方公尺,從其養路費之點觀察,與混凝土基礎實無甚差異.紐約市第五通衢(Fifth avenue)之街路亦係同樣之鋪裝,鋪裝後十九年間,每年僅需5%之養路費.其他華盛頓,底特律(Detroit),巴爾的摩爾(Baltimore)等諸都市,亦屢屢於舊有之馬克達路盤上,實施板層瀝青鋪裝,俱收良好之結果.今略示其工法,於舊馬克達路面,先擇其磨滅顯著,凹凸多,或支持力缺乏之處,以攪土器將其土面薄薄劃起,將大粒碎石上附着之泥土類除去後,再平敷於路面,同時調節路面坡度.若橫斷坡度過大,馬克達層有十分厚度時,切不可掘鑿路中央部,另以新碎石敷於路之兩側,約輻員三分之一以內,以調節其坡度.此馬克達層之厚度最少亦須六英时,於街路數處,加以試掘,而觀察其厚度,如有不足,必須築造新馬克達層以補充之.至交通極頻繁之處,則馬克達層之厚度必須八时乃至十二时.英國亦屢屢於舊已硬化之馬克達路上,鋪設二層式瀝青馬克達,板層瀝青,柏油馬克達,柏油混凝土(Tar concrete)等鋪路,其施工法係先將舊馬克達路掘起約三时厚,不必加以篩別,而卽加熱,乾燥之後,以匹岐格里鄂索特(Pitch creosote)油混入,敷於路面,輾壓之使成2.5时厚乃於其上鋪設砂78%,石粉或水泥10%,特立尼達瀝青(Trinidad asphalt)12%之混合材,輾壓之使成1¼"时厚.此乃英國某國道之一例,車道每碼寬一日,負擔一千英噸通行物.又法國亦同樣利用舊馬克達路

爲基礎而建設瀝青路,其基礎馬克達層之厚,爲六糎以至於二十糎.

　觀上述諸國之實例,鋪設瀝青路之舊有路盤馬克達層或卵石層之厚度,最小六吋,最大十二吋,此實吾輩應加以注意之點.如我國尚未築造卵石路,馬克達路之處,而欲計畫瀝青路,必須於此路盤不同之點,大加考慮,方不致徒勞而無實效.日本於此,則先將土坯路面鏨去數吋,更加以相當輾壓後,乃於其上築造六吋乃至十二吋之混凝土層以作基礎.我國各都市財政困難,於土坯路上一躍而欲造瀝青路,行之實艱,宜應其交通量之多寡及道路之重要程度,先築造馬克達路或混凝土路,待交通量增加,財力亦有餘裕之時,乃於其上增設瀝青層,則行之較易,亦順時之適宜計畫也.

　(三) 美國諸都市之板層瀝青路 (Sheet asphalt pavement)　歐洲諸都市則以鋪木路爲最優秀,而於美國諸都市則以板層瀝青路爲最發達,此蓋較之鋪木路其工費爲廉,兼以近來汽車量急激增加,瀝青鋪路之效果,愈覺顯著.而對於汽車中最富於破壞力之運貨汽車之衝擊力,板鋪瀝青之抵抗強度,則較瀝青混凝土路爲良故也.

　近年瀝青鋪路混合材之配合,瀝青 (Bitumen) 之研究,及由温度之影響而得增加路面抵抗力之研究,俱有長足之進步.余意對於我國現在及將來各種車輛之路面破壞力,板層瀝青路實較之他種瀝青鋪路爲最有效,故於此略述美國一般對於板層瀝青鋪路之施工方法,以供留心斯道者之參考.

　1. 美國板層瀝青路之現狀　紐約市布魯克林(Brooklyn)區之道路總面積約 1480 萬方公尺,而板層瀝青路之面積約占 1060 萬方公尺,實達其全面積之 70 % 以上觀其瀝青混凝土路之面積,則僅占其全面積之0.6%.據該區技師長斯密特(Schmidt) 氏之談,則謂此實因瀝青混凝土路不能負擔該區之交通量故也.又滿哈坦(Manhattan) 區之板層瀝青路之面積,占同區鋪路總面積之 57 % 以上,而瀝青混凝土路則極少,據同區技師馬格勒革 (Mac-gregor) 氏之談,則謂現在及將來俱有專採用板層瀝青之方針.其他如華盛

頓 (Washington), 菲列得爾菲亞 (Philadelphia) 二都市之板層瀝青路俱占其鋪路全面積之50％以上,而瀝青混凝土路殆等於零.故現在都市街路鋪裝,以板層瀝青爲最適宜,當非謬誤.日本東京,大阪,神戶等處,近來亦多採用板層瀝青,實亦根據於此也.

　2. 板層瀝青路之規格說明書(Specification)　　參照下列圖表.

　3. 板層瀝青路之構造及施工之最近傾向.

　ε. 砂 (Sand)　　板層瀝青使用之砂之細度,以紐約市滿哈坦區及布魯克林區使用者,較他市從來使用者爲細.卽同區使用之砂,大部分爲四十眼篩及八十眼篩通過之砂,而填充此砂與砂間空隙之填隙材 (Filler),其量最小爲12％,最大達於20％,此蓋因紐約市交通頻繁,不得不有此構造緻密之板層瀝青以補其路面之強度也.日本大阪市所用之砂,四十眼通過八十眼篩殘留之量爲35％,八十眼篩通過二百眼篩殘留之量爲25％,亦占全量之大部分.

　b. 填隙材 (Filler) 之量及其細度　　紐約市滿哈坦區所用之填隙材量爲12％─20％,芝加哥 (Chicago)所用之量爲10％─13％ 比華盛頓及波士頓 (Boston) 之10％,其用量顯然較大.其原因一則因滿哈坦區之砂較細,一則因使用多量之填隙材以提高板層瀝青之感溫抵抗度同時使其質緻密而有強大之耐水性.上述之填隙材之用量,及其填隙材不用石灰石粉而特用人造水泥 (Portland cement), 則爲吾人應加以注意之點也.滿哈坦區之技師馬格勒革氏謂根據旣往之成績,故不顯其價值之差,卽今後之填隙材亦限於用人造水泥云.（當時之價格人造水泥 每美噸爲十五金元,石粉每美噸爲五金元）. 近來更加注意於填隙材之細度,從前規定,二百眼篩通過者爲65％─70％,而最近坎拿大(Canada) 諸市之規定,石粉中二百眼篩通過量定爲80％以上,一百眼篩通過量定爲95％以上,較前規定更爲嚴格.日本道路研究會之規定,填隙材之用量爲10─20％,大阪市用量爲16％,東京市用量

芝 加 哥	華 盛 頓	波 士 頓
天然固體瀝青，石油瀝青．	天然固體瀝青	天然固體瀝青
1：3：6 水泥混凝土厚六吋	1：3：7 水泥混凝土厚六吋	1：3：6 水泥混凝土厚六吋
1.5 吋		1.5 吋
2.0 吋	1.5 吋	1.5 吋
十眼篩通過 25—35% 瀝青量 4— 7%	一吋四分一篩通過 5—15% 十眼篩殘留 50—80% 瀝青針入度	碎石直徑四分之一吋乃至一吋
碎石及砂加熱溫度930°C 以上． 163°C 以下．	碎石及砂加熱溫度 177°C	碎石，砂及瀝青之加熱溫度 135° —177°C
四眼篩過通 0— 4% 十 ” 8—20% 四十 ” 20—50% 八十 ” 18—36% 二百 ” 11.5—15% 瀝青量 10—13% 針入度三十度以上	四十眼篩殘留 15%以上 八十眼篩通過 25%以上 一百眼篩通過 10%以上 瀝青量 9—13% 針入度 40—70	八眼篩通過 0— 5% 十眼 ” 2—12% 二十 ” 4—12% 三十 ” 4—20% 四十 ” 4—25% 五十 ” 4—35% 八十 ” 10—35% 二百 ” 10%以上 瀝青量 10—12% 針入度 45—65
人造水泥或石粉俱用，若用 石粉則不加熱．	使用人造水泥及石粉，俱不 加熱．	限用人造水泥，二百眼通過 量75%以上，不加熱．
砂 149°C 最高 190°C 瀝青最高 166°C	砂及瀝青俱 149°C	砂及瀝之加熱溫度 135°C—177°C
街路之最低溫度 110—138°C	運到街路時之最低溫度 121—177°C	運到街路時之最低溫度爲 121°C
94°C—163°C		121°C—149°C
最初用輕壓路機，後用每街 幅一吋 200 磅之壓路機．	最初 2.5—5.0 噸之壓路機， 後用十噸以上之壓路機．	最初用手壓路機（hand roller）， 後用七噸以上之壓路機．
		比重 2.2 以上

都　　　市	紐約滿哈坦	紐約布魯克林
使用瀝青種類	天然產固體或液體瀝青，石油瀝青.	天然產固體或液體瀝青，石油瀝青.
基　　　礎	1:3:6 水泥混凝土厚六吋	1:3:6 水泥混凝土厚六吋
中間層厚	1.5 吋	1.0 吋
表 面 層 厚	1.5 吋	2.0 吋
中間層之配合	一 吋 篩 殘 留　　4%以下 一 吋 篩 通 過 〉25—50% 二分之一吋篩殘留 〉20—45% 二分之一吋篩通過 二 十 眼 篩 殘 留 〉25—40% 十 眼 篩 通 過 瀝 青 量　　5— 8% 瀝 青 針 入 度　30—60%	一吋四分一篩通過 〉0— 5% 一 吋 篩 殘 留 一 吋 篩 通 過 〉30—55% 一 四 分 一吋篩殘留 二分之一吋篩通過 〉20—45% 八 眼 篩 殘 留 八 眼 篩 通 過 〉20—35% 瀝 青 量　　4— 7% 瀝 青 針 厚 度　49—70%
中間層之混合	碎石及砂加熱溫度188℃以下. 瀝青加熱溫度149℃—177°.	碎石及砂加熱溫度163 C 以下. 瀝青加熱溫度149℃—163℃.
表 面 層 之 配 合	十 眼 篩 殘 留　　0 十 眼 篩 通 過 〉10—35% 四 十 眼 篩 殘 留 四 十 眼 篩 通 過 〉20—55% 八 十 眼 篩 殘 留 八 十 眼 篩 通 過 〉13—30% 二 百 眼 篩 殘 留 二 百 眼 篩 通 過 12—20% 瀝 青 量　9—12.5% （不得有 0.5% 以上之增減） 針 入 度　35—45度 （不得有五度以上之增減）	八 眼 篩 通 過 〉0 十 眼 篩 殘 留 八 十 眼 篩 通 過 〉0 四 十 眼 篩 殘 留 十 眼 篩 通 過 〉10—35% 四 十 眼 篩 殘 留 八 十 眼 篩 通 過 〉12—30% 二 百 眼 篩 殘 留 二 百 眼 篩 通 過 12—20% 瀝 青 量　10—12.5% 針 入 度　35—45
填 隙 材	限用人造水泥,163℃之加熱.	使用石灰石粉,二百眼篩通過量 66% 以上,混合前不加熱.
砂及瀝青之加熱溫度	砂204℃以下，瀝青177℃以下.	砂　163℃　最高 191℃ 瀝青 149℃　最高 177℃
表層配合之溫度 加熱設備處(Plant)之最高溫度	特立尼達瀝青　177℃ 麥西哥瀝青　163℃ 加利囑尼亞瀝青　157℃	特立尼達瀝青　177℃ 麥西哥瀝青　163℃ 加利囑尼亞瀝青　155℃
運到鋪裝之街路時之最低溫度	特立尼達瀝青　146℃ 麥西哥瀝青　132℃ 加利囑尼亞瀝青　127℃	特立尼特瀝青　146℃ 麥西哥瀝青　132℃ 加利囑尼亞瀝青　127℃
中間層之溫度	運到街路時之溫度 107°—163℃	運到街路時之溫度 93℃—163℃
壓 路 機	壓路機之重量每街幅一吋200 磅	最初使用 2.5 噸之輕壓路機,後用十噸以上之壓路機.
完工後路面之密度	空隙 (void) 7% 以下	

為15％,多用石粉.

　　c. 輾壓　　當板層瀝青敷設之初,其混合材極不安定,易於移動,輾壓困難,最初宜用極輕壓路機(Roller)(二噸乃至五噸)輾壓之;使疏鬆之板層瀝青稍結着後,乃以十噸以上之壓路機輾壓之,方能收良果,故在工事中必須備此二種壓路機也.而其輾壓之方向,若街路狹小,縱橫輾壓不可能之時,一般採用圓弧形輾壓法(Circular rolling).先將敷法設之板層瀝青面,向街路之方向,施行一回縱輾壓之後,自街路之一側向他側作圓弧形之輾壓,圓弧形輾壓終了後.再重行縱方向之輾壓.如此數回交互行之.此法雖狹小街路亦能充分行其輾壓,卽路牙(Curb)附近輾壓困難之處,亦有能完全實行其輾壓之長處,紐約,大阪諸市專用此法,實此故也.

　　d. 中間層(Binder Course)之厚度　　中間層之先決問題,當先研究有設置此層之必要與否.據布魯克林區技師長斯密特氏之經驗,則謂設置中間層之目的,乃於凹凸不平之基礎路上,設置板層瀝青,勢必先將其凹凸處使之平坦,故先於此基礎路上設置中間層以達此目的.至云謀表面板層瀝青層與基礎混凝土層之密着良好,則已屬於第二之效果.故中間層之厚度不在大,能達其使基礎層平坦足矣.又據同氏之經驗,謂於交通量頻繁之街路,則無設中間層之必要,反此而於交通量開散之處,則以插入中間層為佳.其理由乃交通開散之地,無使表面層中所發生之內部應力(Internal stress)廣布於路面之載重,故若有表面層與基礎層間之柔軟接觸,卽中間層,因之有相互之融通,而得略防其龜裂之發生.反之若交通量賴繁之時,表面層與基礎層間縱無柔軟接觸以作傳播內部應力之媒介,頻繁之交通量卽載重自身能使此等內部應力廣播於瀝青路面,故設置中間層之有無必要乃以交通量之多寡為標準考察一般設置之中間層之厚度有為一吋者,有為 1¼吋者,其厚度之差,乃根據上述之理由也.布魯克林區則屬於前,滿哈坦區則屬於後,兩者相差之又一理由,則在前者所用為開餘中間層(Open binder),

後者所用爲密閉中間層 (Closed binder) 故也.密閉與開罅之別,則爲密閉所用之水泥較開罅爲多.而對于砂與碎石,密閉中間層所用亦較嚴格也.（參照前規格說明書,滿哈坦之中間層與表面層之厚度各爲1.5吋,布魯克林區之中間層爲1.0吋,表面層爲2.0吋,中表兩層之總厚度,則兩區俱3.0吋也).

　　e. 路牙 (Curb) 附近之施工　　路牙附近約一呎卽與側溝 (Side ditch) 相當之處,於板層瀝靑之上,更薄塗瀝靑水泥 (Asphalt cement),使之富於防水性.此法不僅於板層瀝靑路爲然,卽對于其他之瀝靑路而無特種側溝之設備時,求最適當之施設也.至接觸於板層瀝靑面之路牙及其他構造物如人孔 (Man-hole),排水孔等　,亦須薄塗瀝靑,以完成兩者之密箸而努力於防水.又當施工板層瀝靑面與路牙接觸之處時,輾壓困難,故每以厚約一吋,寬約三吋,長約六吋之木板鋪於其面,打之使固,同時施行圓弧形輾壓,則更有效也.

　　（四）粘土瀝靑鋪路　　近來美國之數都市,於街路鋪裝粘土或石粉與瀝靑之混合物,稱爲國民鋪路 (National pavement)。此法乃由1911年顧勃克 (M. A. Poke) 氏之掘鑿舊日道路,於其上撒布瀝靑類之粘結材以構成鋪路之法,漸次進化而成.其法先掘鑿舊有路盤,而以掘起之卵石雜土砂篩之,粒之大者更以碎石機粉碎之,加以瀝靑類之粘結材而鋪設之.其目的在於極微細之無機粉末中加以瀝靑類,使之硬結,故比利用舊來路盤之掘鑿土砂而更有便宜之時,則以粘土代用之.

　　觀察粘土瀝靑路之實狀,不發現如板層瀝靑路之磨滅狀態,因含較多量瀝靑,故呈極柔軟之外觀.雖較滑,而無使馬匹等滑倒之滑度,且於冬期掘鑿路面之一部而更以之嵌入於同處時,能完全修復殆不能判別,夏期亦不生波狀.又無因溫度變化而生龜裂事,此則因混入之石砂,皆極微細,由溫度變化所生之應力 (Stress) 能平等分布於路面之故也.茲將鋪設工法分述於后.

　　1. 若於混凝土基礎上,則平均敷設粘土瀝靑之混合材三吋厚,輾壓之使

成二吋,若於馬克達基礎上鋪設時,則平均敷設 $2\frac{1}{4}$ 吋厚,輾壓之使成 $1\frac{1}{4}$ 吋厚,但於前者則無設中間層之必要,而於後者,則須設約一吋厚之中間層.

2. 比重雖隨所用之骨材（Aggregate 卽粘土石砂等）而有不同,大概則在 1.85—2.15 之間.竣工後之路面比重與試驗體（加混合材2）瓦於直徑一吋之圓筒內,而加以 2000 磅之壓力之試驗體）之比重之差,常常在 0.35 以下.

3. 粘土瀝青混合材之溫度愈高,則於鋪設工事場中之處置愈便,無論如何,其溫度當在 140°C 以上,夏期則雖 170°C 以上之加熱亦非難事,一般以 155°C—160°C 爲最適當.

4. 壓路機之重量,最初宜用約三噸之輕壓路機,後用八噸乃至十噸之壓路機以竣其工爲最良,且務必用圓形車輪邊之壓路機.

5. 粘土瀝青混合材之冷却速度,較板層瀝青爲速,故施工務必從速,方有良好結果.

6. 混合材之比例: 粘土類 80—85 %　　瀝青水泥 15—20 %

7. 瀝青水泥當合於次之規格　　針入度當在 75—100 % 度之間適當定之.伸張度 75 糎以上.

8. 粘土類之配合

200眼篩通過			80 —100 %
80	,,	200眼篩殘留	0 — 60 %
40	,,	80 ,,	0 — 30 %
20	,,	40 ,,	0 — 15 %
		10 ,,	0

9. 從竣工後之路面切取之試驗體　　須於24小時內不吸水,茲將考察鋪設粘土瀝青路之美國數都市之成績以資參考.

a. 東阿倫治 (Eastorange) 市 1919年以來鋪設十餘哩,至今其成績頗良,其狀態類似板層瀝青路.

b. 新哈文 (New haven) 市至今日敷設之面積約五萬方公尺, 1918 年敷

設之路,至 1925 年尚無修理之必要,與板層瀝青路同樣良好,工費則較板層瀝青路稍高也.

其他敷設之都市尚不少,其成績俱頗良好,在美國都市,與板層瀝青路同屬於最高級之鋪裝法,近來頗引起技術家之注意.但於美國,因其工費較板層瀝青稍高,故一般未見敷設.於我國寒温變遷較大,產生粘土,而砂礫難得之都市,對于此種鋪裝法,甚可利用也.

(五) 英國之柏油馬克達路 (Tar Macadam pavement)　約八十年前,英國以柏油爲水結馬克達路之粘結材 (Binder),稱之爲柏油馬克達路,其成績亦有相當可觀者,故至今都市之郊外道路,或都市內交通開散之區,多見築者.柏油馬克達不過水結馬克達之變形,其碎石之大小與水結馬克達無差.施工簡單,材料價廉,其耐久力雖小,以之爲一種簡易鋪裝,亦大有考慮之價值.我國各都市,現皆急于造路,然以其現狀,欲一躍而計費恆久鋪裝之板層瀝青路,粘土瀝青路,則困於財政支絀,舉之爲艱,且除二三大都市外,亦無卽刻計費恆久鋪裝之必要.順時應勢,則先以築造馬克達路爲當.將來交通量增加,力財可能之時,卽以之爲恆久鋪裝之基礎.然對于此馬克達路,若不加以何種防塵埃之鋪裝,則塵埃滿天,爲害非淺,亦非文明都市之所許.若短期間內於此馬克達路面,卽將作恆久鋪裝,則尚可忍,若長期間內亦聽其放置,實不可忍也.於此可利用價廉而比較豐富之柏油或匹岐 (Pitch, 瀝青之一種,此處不譯爲瀝青,蓋與 Asphalt 區別之也). 以爲馬克達之粘結材,而施行柏油馬克達路或匹岐馬克達路,不獨可以防塵,且較之水結馬克達路則耐久力增加,養路費亦因之較少,從經濟上着想,亦有利而無害.在交通開散之時,卽此柏油馬克達已足於用,到交通頻繁之時,又可以爲恆久鋪裝之基礎 (稱爲黑色基礎 black base). 據上述之理由故柏油馬克達路實有研究之價值,兹舉其發源地之英國之鋪裝法,以資參考.

1. 基礎　於地盤上敷設三吋乃至五吋厚之煤淬等物,而更於其上鋪設

六吋乃至十吋厚之大粒碎石或鑛滓等,於此碎石或鑛滓之空隙間,更以小碎石或卵石填充之,輾壓以爲基礎.若舊有之馬克達路厚有五吋或六吋時,卽以之爲基礎,而於其上鋪設柏油馬克達層,此基礎層之施工法,須根據地質及交通量而決定之.

2. 柏油馬克達層之厚度,碎石之形狀及寸法　據英國之諸技術家如莫理斯(Moris)氏,蔓甯(Manning)氏,葛拉德味爾(Gladwell)氏,勺飛爾德(Schofield)氏,克綸普呑(Cronpton)氏等之意見,交通量輕微之街路,柏油馬克達層之厚度三吋乃至四吋已足用,若交通量頻繁之地,則必須五吋.就中葛拉德味爾氏之意見,云須以全厚之三分之一爲中間層,克綸著呑氏之意見,則云於最上層須設瀝青磨滅層(Asphalt wearing Course).

柏油馬克達層乃使用柏油與碎石或鑛滓之混合材,稱爲混合法.混合法中之柏油,粘着力不強硬化亦非迅速,使用如此之粘着材時,如於天候濕潤之英國,於其施工法則須加以考慮,於英國則有(1)在碎石場之混合設備(Plant),(2)在鋪設工事場之混合設備中而行其混合之二種方法.又布洛狄(Brodie)氏唱導之匹岐注入馬克達(Pitch grouted Macadam),亦廣被採用,稱爲注入法.此法乃以匹岐與砂之混合物注入於旣設之碎石或鑛滓面,而使之浸透於內部也.在美國有瀝青注入法,此法乃注入瀝青,而匹岐注入法則在注入匹岐與砂之混合物,此乃二者之異點也.今舉英國之一般施行柏油馬克達,及匹岐注入馬克達之鋪法於下.

3. 柏油馬克達路(Tar Macadam pavement)之施工法

a. 對于柏油馬克達路,若新設馬克達或卵石路以爲基礎,則不待論.皆以舊馬克達或卵石路爲基礎則必每隔150碼行橫斷溝渠之試掘以檢查其厚度,溝渠則先從路之中央掘起而進行於左右.

b. 柏油馬克達層之厚度,輾壓後厚三吋已足.若有三吋以上之必要時,(如於交通頻繁之地),則分爲二層以敷設之.

c. 地盤堅固,縱受地表水之灆透亦不至於軟化之地,則柏油馬克達層之厚度,合基礎之馬克達或卵石路,共厚六时以上卽可也.若地盤十分堅硬,卽爲基礎亦可時,則減少爲四时亦得.地盤地質 (如粘土地)頓弱時,則須十一时以上.

d. 路面橫斷坡度爲三十二分之一.

e. 使橫斷坡度成三十二分之一而覺困難.若基礎較薄時,則增加柏油馬克達層之厚度以調節之,切不可掘鑿基礎層.若基礎有十分之厚度時,則切取中央部敷設於兩側以調節之,此時二分之一时以下之細粒,則須節別而捨之不用.

f. 柏油馬克達之骨材,用碎石或鑛滓,其配合如下.

二时碎石 60% 一时半碎石 30%

四分之三乃至二分之一碎石 10%

但10%之四分之三以下之碎石,則以之爲填隙材,於輾壓作業中用之.若二層鋪設時,下層用二时碎石或鑛滓,上層用一时半碎石,以四分之至以下之碎石爲填隙材.

g. 碎石或鑛滓,於混合以柏油之前,須加熱乾燥之.

h. 柏油須用精製品,合格于所定之規格者.

i. 柏油須用加熱機(Heater)或鍋爐(Boiler)加熱到124°C—138°C.

j. 柏油之分量,雖依碎石之大小,混合之方法而有異,一般對于碎石一噸用 9—12 英加倫 (Gallon).

k. 鋪設柏油馬克達層後,卽刻根據縱橫坡度而行輾壓,使之平坦,但須避過度之輾壓.先用八噸壓路機輾壓之,次用十噸壓路機以竣其工,則結果良好.

l. 許交通數星期後,更以加熱到130°C之柏油,每路面六方碼,柏油一英加倫之比例塗於柏油馬克達路面.

m. 130°C 之柏油塗布後,以通過四分之一吋平方眼篩之碎石屑,卵石屑石,粗砂,及其他不含粘土之適當材料撒布於路面.

4. 匹岐注入馬克達路 (Pitch grouted Macadam) 路之施工法

a. 與柏油馬克達路,a 段同樣方法,

b. 匹岐注入馬克達層之厚度,於交通量閒散之街路,則用一層式,其厚度爲二吋乃至三吋.交通量頻繁之地,則用二層式,二層之總共厚度爲四吋乃至四吋半.

c. 與柏油馬克達路,c 段相同.

d. 與柏油馬克達路,d 段相同.

e. 骨材之配合

二吋半　　　　60%　　　　　二吋半乃至一吋四分之一……35%

四分之三乃至八分之三吋　　5%

但四分之三吋以下之碎石,則以爲填隙材,於匹岐與砂之混合物注入後撒布之.

f. 匹岐須合格于所定之規格,須特別考慮地方之溫度及其他之事情,以決定混合於匹岐中之柏油石油 (Tar oil) 之量.

g. 若碎石倘含濕氣時,切不可行匹岐之注入,碎石表面須常以帆布等被覆之以防濕氣,若碎石含有濕氣時,則須以移動式加熱及其他之方法,加熱乾燥之.

h. 一層式注入之時,若厚有二吋,則每一方碼注入匹岐 1¼ 英加倫,若厚有 2½ 吋時,則注入 1½ 英加倫,若厚有三吋時,則注入 2 英加倫,但依于所用之碎石,而注入之量,稍有不同,當常加以注意,使注入之匹岐,能適當充其間隙.

i. 骨材敷設之後,不撒水,且不加以細小之碎石而輾壓之.

j. 匹岐須加熱到華氏 300 度,砂須用加熱機加熱到華氏 400 度.上述之

匹岐與砂之混合物,稱爲形成物(Matrix).此形成物須常攪拌之以免匹岐與砂之分離.

k. 形成物注入後,則以5%之四分之三吋以下之碎石之一部,撒於表面而續行輾壓,以至于形成物硬化爲止殘留之四分之三吋以下之碎石,則于輾壓中撒布之.

l. 交通頻繁之街路,若用一層式不能收良好之結果,故分爲二層行之.二層各別行輾壓與注入,下層用二吋乃至三吋之碎石或鑛滓,注入後及輾壓中無撒布填隙材之必要.上層用一吋半之碎石,至5%之二分之一吋以下之碎石,則以爲上層之填隙材,於輾壓前及輾壓中撒布之.注入形成物於下層時,須注入到從下層碎石表面起至二分之一吋以下爲止,以謀上下層結合之良好.

m. 匹岐注入量,若碎石厚四吋時,則每一方碼注入 3¼ 英加侖厚四吋半時,則注入 4½ 英加侖.

5. 柏油馬克達使用之柏油之規格如下

a. 比重,攝氏十五度時爲1.21, (1.18以上,1.24以下).

b. 分溜,柏油須不含水分,攝氏140度以下無蒸發性分.又 220度以下之蒸發性分須在3%以下.右蒸發性分須透明.攝氏30度時,三十分間放置之,亦不生固形物質(石腦之類 Naphthalene).攝氏140度以上,300以下時之蒸發物質爲15%以上,21%以下.

c. 遊離炭素量21%以下.

6. 匹岐注入馬克達之匹岐(Pitch)及柏油石油(Tar oil)之規格如下.

（1）匹岐(Pitch)

a. 匹岐於270°C以下之蒸發分須在1.0%以下,270°C以上,315°C以下之蒸發分爲2%以上,5%以下.

b. 遊離炭素量31%以下.

（2）柏油石油（Tar oil）

 a. 20°C 時之比重 1.065 以上, 1.075 以下.

 b. 三十分間冷却於20°C亦不生固形物質.

 c. 140 C 以下之蒸發分須在 .0％以下. 140°C 以上, 270°C 以下之蒸發分須在 30％以上, 50％以下.

 合格于上述規格之匹岐及柏油石油之混合比例如次.

匹岐　　　88—90％　　　　柏油石油　　　10—12％

 上述之柏油馬克達路, 乃英國獨特之鋪裝法, 不過于舊有之水結馬克達之配合比例（最良狀態之水結馬克達路之配合比例, 大粒碎石 55—60％, 填際材之細小碎石 25—35％, 水分 5—10％）其碎石比較常用大小一樣者近時如美國之瀝青混合材配合, 以大小不同之碎石適宜配合之, 而求得空際最小之柏油馬克達路, 其成績頗良, 大有可觀者. 又粘結材乃係極軟質之柏油, 故碎石之尺寸不克使之過小. 據從來諸種之試驗, 如四分之三吋, 二分之一吋之細碎石, 雖亦使用, 但于此時則多量混入匹岐, 石粉等物質以提高柏油之硬度. 或混入瀝青之類以改良柏油之性質. 若僅使用柏油時, 則上所述之碎石尺寸, 實不能變小也.

蘇俄汽車事業之發展

 蘇俄自勵行五年計劃以來對於汽車實業異常注意. 據莫斯科傳來消息, 蘇俄國內現在剙立兩汽車廠, 自製汽車及運貨汽車. 一名莫斯科汽車廠, 就一舊廠改建, 內部添置最新式之汽車製造機械, 照目下工作情形論, 每年可造拖曳汽車及客車二萬五千輛. 一名卡伏克拖曳汽車製造廠, 常年可造拖曳汽車五萬輛. 迨將二廠出貨後, 蘇俄汽車事業當更行發展也.

中國工程學會會刊
「工程」
第 一 卷 至 第 六 卷
索 引
民 國 十 四 年 至 廿 年 止

歷屆總編輯及總務姓氏一覽

出會.

第十五條　凡本會會員有行爲損及本會名譽者經會員或仲會員五人以上署名報告,由董事部查明除名.

第三章　會務

第十六條　本會發行會刊,及定期會務報告經董事會之議決,得編印發行其他刊物.

第十七條　本會經董事會之議決,得設立各種委員會,分掌各項特殊會務.

第十八條　本會每年秋季開年會一次,其時間及地點,由上屆年會會員議定,但有必要時,得由執行部更改之.

第十九條　執行部每年應造具全年度收支報告,財產目錄,及會務總報告,於年會時提出報告之.

第五章　會費

第三八條　本會會員之會費規定如左:

(名　稱)	(入會費)	(常年會費)
會　員	十五元	六元
仲會員	十元	四元
初級會員	五元	二元
團體會員	無	五十元
名譽會員	無	無

凡會員升級時　須補足入會費

第三九條　凡會員或仲會員除繳入會費外,一次繳足會費一百元,或先繳五十元,餘數於五年內繳足者,以後得免繳常年會費.前項會費應由基金監保存,非經董事會議決,不得動用.

第四十條　每年常年會費應於該年三月底前繳齊之.

第四一條　各項會費由各地分會憑總會所發正式收條收取.入會費全數及常年會費半數應於每月月終解繳總會.常年會費之其餘半數,留存各該分會應用.

凡會員所在地未成立分會者,由總會直接收取會費.

第四二條　凡會員逾期三個月不繳會費,經兩次函催不復者,停寄其各種應得之印刷品,經三次函催不復,而復經證明所寄地址不誤者由總會執行部通告,停止其會員資格,非經董事會復審特許,不再恢復

4219

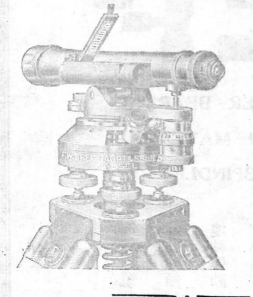

4220

二十一年三月一日

中華郵政局特准掛號認爲新聞紙類

第七卷 第一號

工 程

年會論文專號

The Journal
of
The Chinese Institute of Engineers

Vol. VII. No. 1. March 1st, 1932.

中國工程師學會發行

本會係前 中國工程學會 中華工程師學會 合併組成

4221

工程

中國工程師學會會刊

編輯：
黃　炎　（土木）
董大酉　（建築）
胡樹楫　（市政）
鄭肇經　（水利）
許應期　（電氣）
沈熊慶　（化工）

總編輯：沈　怡

總　務：徐學禹

編輯：
朱其清　（無線電）
周厚坤　（機械）
錢昌祚　（飛機）
李叔毅　（礦冶）
黃楷　（紡織）
宋學勤　（校對）

第七卷第一號目錄

（年會論文專號）

主編者：顧毓琇

中國工程師學會發行

總會地址：上海寧波路四十七號
電　話：14545
本刊價目：每冊三角全年四冊定價一元
郵　費：本埠每冊二分外埠五分國外三角六分

分售處：上海河南路商務印書館，
上海河南路民智書局，上海四門東新書局
上海徐家滙蘇新書社，南京中央大學
廣州永漢北路圖書消費社，上海生活週刊社

中國工程師學會概況

略史 本會係由前中華工程師學會及前中國工程學會合併而成。按前中華工程師會創設於民國元年，地點在廣州，發起人為我國工程界先進詹天佑氏。民國二年與上海之工學會及鐵路同人共濟會合併，改名中華工程師學會，設總會於北平。又按前中國工程學會創設於民國六年冬，地點在美國紐約。民國十一年遷設總會於上海。民國二十年八月前中華工程師學會與前中國工程學會舉行聯合年會於南京，議決本合作互助之精神，將兩會合併，改稱中國工程師學會。設總會於上海。分會遍設上海，南京，北平，天津，瀋陽，青島，濟南，杭州，歐洲，美國等處。現共有會員二千餘人。

宗旨 聯絡工程界同志，協力發展中國工程事業，並研究促進各項工程學術。

組織 總會設董事會及執行部。董事會由董事十五人及會長副會長組織之。其職權為議決本會進行方針，審核預決算，審查會員資格及決議執行部不能解決之重大事務。執行部由會長，副會長，總幹事，會計幹事，文書幹事，事務幹事及總編輯組織之，辦理日常會務。另設基金監二人，保管本會基金及其他特種捐款。會長，副會長，董事，基金監，由全體會員通信選舉之。總幹事，文書幹事，會計幹事，事務幹事及總編輯由董事會選舉之。

會員 本會會員分「會員」，「仲會員」，「初級會員」，「團體會員」，及「名譽會員」五種。入會資格規定如下：

名　　稱	工程經驗	負責辦理工程
會　　員	五　年	三　年
仲會員	四　年	一　年
初級會員	二　年	——

會費 本會會員之會費規定如下。

名　　稱	入會費	常年會費
會　　員	$ 15	$ 6
仲會員	$ 10	$ 4
初級會員	$ 5	$ 2
團體會員	——	$ 50
名譽會員	——	——

會務 本會會務略舉如下：

(1) 發行「工程」季刊，「工程週刊」，及工程叢書。

(2) 參加國際工程學術會議，最著者如一九三○年在東京舉行之萬國工業會議，及一九三一年在柏林舉行之世界動力會議。

(3) 編訂工程名詞。已出版者有土木，機械，航空，染織化學，無線電，電機，汽車，道路等草案九種。

(4) 設立工程材料試驗所，地點在上海市中心區域。

(5) 設立科學咨詢處，以便各界關於科學上之咨詢。

(6) 設立職業介紹委員會，為各界介紹相當建設人才。

(7) 在國內重要地點舉行年會，同時公開講演，以促進社會對於工程事業之認識。(餘略)

年會論文委員會啓事一

二十年年會承林平一,鏡昌祚,胡博淵,劉樹杞諸先生,負責徵集土木,機械,礦冶,化工各組論文,無任感謝。

宣讀論文時,裘維裕,顏德慶,陳懋解,李熙謀,楊毅,胡庶華,王崇植,貝壽同諸先生,慨允分別擔任各組主席及幹事,尤為欣幸。

論文委員會更願竭誠向供給論文諸會友致敬,蓋此四十篇論文之數,實已打開本會年會論文之新紀錄。深望以後逐年增加,而與我國建設事業更同作長足之進展也。

年會論文委員會啓事二

本屆年會論文,除大部分已在本期發表外,尚有若干篇,因全文業已在他號披露,或因原稿係英文,將另刊單行本,或因附圖係藍晒紙,非加重繪,無法付印。茲特將各該論文題目及著者姓名開列如下:

周琦,五萬伏高壓試驗機之構造及應用(見電工二卷四期)

楊耀德,高壓絕綠試驗之結果(見電工二卷四期)

郁秉堅,風力發電之研究(見電工二卷六期)

陳體榮,中國之電信事業(見電工二卷五期)

李熙謀,浙江省有電話事業之概況(見電工二卷四期)

孔祥鵝,乾電池製造及其試驗(見電工二卷四期)

惲基乾—楊簡初,國民會議議場之電氣設備(見電工二卷四期)

鮑國寶,首都電廠新發電所設計概要(見電工二卷六期)

惲震—陳中熙,General Layout of the Electrical Transmission System of Capital Electricity works

顧賦琇,Asynchronous Operation of Synchronous Machines (見電工二卷四期)

周玉坤,The New Telephone System of Hangchow (見電工二卷三期)

胡瑞鱗,The Design of the Toll Telephone Network for the Province of Chekiang (見電工二卷四期

趙曾玨,A Proposed Scheme of Radio Telegraphic Link for Wire Telephone and Vice Versa (見電工二卷六期)

胡光鸗,Secrecoder

4225

編輯部爲徵求投稿啓事

　　本期承前中國工程學會「工程」季刊之後,仍稱第七卷第一號,內容力求刷新。如蒙本會同人,以平日研究所得;工程界同志,以服務經驗;暨各省市建設機關,以實際工作狀況;撰成有系統之報告,惠擲本刊,毋任歡迎。投稿簡單附後:

一　本刊登載之稿，槪以中文爲限。原稿如係西文，應請譯成中文投寄。

二　投寄之稿，或自撰，或翻譯，其文體，文言白話不拘。

三　投寄之稿，望繕寫清楚，並加新式標點符號，能依本刊行格繕寫者尤佳。如有附圖，必須用黑墨水繪在白紙上。

四　投寄譯稿，並請附寄原本。如原本不便附寄，請將原文題目，原著者姓名，出版日及地點，詳細敍明。

五　稿末請註明姓名，字，住址，以便通信。

六　投寄之稿，不論揭載與否，原稿槪不檢還。惟長篇在五千字以上者，如未揭載，得因預先聲明，並附寄郵費，寄還原稿。

七　投寄之稿，俟揭載後，酌酬本刊。其尤有價值之稿，從優議酬。

八　投寄之稿，經揭載後，其著作權爲本刊所有。

九　投寄之稿，編輯部得酌量增刪之。但投稿人不願他人增刪者，可於投稿時豫先聲明。

十　投稿者請寄上海寧波路四十七號中國工程師學會「工程」編輯部收。

紀念詹天佑先生

中華民國二十年八月前中華工程師學會與
前中國工程學會合併紀念

公諱天佑廣東南海縣人。清同治十一年奏派赴美留學,光緒四年入耶路大學學習土木及鐵路工程專科,七年畢業囘國。派往福州船政局練習,旋改派往揚威兵輪操練。南皮張文襄器公之才,聘充博學館,水陸師學堂教習,兼測繪海圖,凡七載。十四年新會伍廷芳總理津榆鐵路,調公充工程司,是爲公辦理鐵路工程發軔之始。由是而津蘆,而榆關內外,而萍醴,而新易,先後凡十載,或充工程司,或充幫辦,或充參議,成績卓著三十一年充京張鐵路會辦,兼總工程司。三十四年充總辦,仍兼總工程司。斯路工

詹天佑先生 1861—1919

艱且鉅,公創造經營,不遺餘力。宣統元年,全路大工告成,中外欽服。其間復經郵傳部奏以本部丞參候補,仍接辦展修張綏路工。學部奏以出洋留學專門囘國著有成績,保列第一,特授工科進士出身。

二年九月郵傳部奏派廣東粵漢鐵路總理。民國元年七月任命爲粵漢鐵路會辦。十二月任命爲漢粵川鐵路會辦。二年六月簡任交通部技監。三年六月任命爲漢粵川鐵路督辦。斯路起武漢而達川粵，範圍至廣，旋值歐戰事起，工程進行，頓受影響，每引以爲憾。四年三月因京綏路張同一段告成，傳令嘉獎，旌創始之功也。五年十二月香港大學特授公法學博士學位。公宅心公正，淸勤耐勞，視國事如已務，治事有定時，嚴寒盛暑，不改其常。體素強，七年秋患痢，久之始愈，然精力漸衰，而處理路務，猶不敢稍自暇逸，蓋天性然也。八年一月，協約國有共同管理我國鐵路之議，交通部以匪公莫屬，派赴海參崴哈爾濱等處爲技術部之中國代表。公以事關國際，毅然扶病首途，歷哈爾濱海參崴等處。該地苦寒，春常雨雪，公每日蒞會，馳聘道途，勞頓萬狀，兢兢業業，惟懼國家之權利，或有稍失，而心力亦交瘁矣。公生平愛才如命，宏獎後進，邁於古人。壬癸之交，念國是初定，人才無所附麗，創中華工程師學會以爲培養之基，工業學子，羣相來附，蔚成大觀。民國八年四月二十四日，卒於漢上，年五十有九。距公之歿十有二年，中華工程師學會與中國工程學會合併，改名中國工程師學會，並定民國元年爲創始之年，爰舉其生平事蹟之犖犖大者，略述於此，以誌景仰。

中國工程師學會宣言

按是項宣言係經民國二十年八月二十七日年會通過，

適在開會正式合併之後。（編者）

中華民國二十年八月二十六日,中華工程師學會與中國工程學會,舉行聯合年會於首都,本合作互助之精神,於二十七日決議,將兩會合併爲中國工程師學會,並議決以我國最初組織工程師團體之民國元年,爲本會創始之年,敬申旨趣,爲國人告。

總理孫中山先生有言曰:「夫革命爲非常之破壞,故不可無非常之建設以繼之。」中國今後非常之建設,實爲全民族普遍急切之要求,亦卽總理致力革命之最大目的。故其所訂建國方略中之實業計劃,特詳言之。本會同人獻身工程界有年,亦均服膺黨義,謹當秉承總理遺教,一致努力,完成實施實業計劃之使命,與達到工程學術救國之宏願。顧茲事體大,非羣策羣力,分工合作,不克獲得最大效果;且工程學術與工程事業,互相表裏,事業成功,固係研究學理之結晶,學理闡明,亦賴實施事業之經驗,二者固不可以須臾離也。故合組全國工程界之中樞團體,集中力量,以發展工程學術與事業,實爲當今之急務,而不可或緩者。

溯中華工程師學會成立於民國二年初,亦爲民元所組設之中華工程師會,工學會,鐵路同人共濟會所合併而成,以工程界先進詹天佑先生爲之長,迄今已有十九年之歷史;而中國工程學會則於民國六年發起成立,上年派遣代表出席萬國工業會議及世界動力會議,已躋於國際工程學術團體之林。二會會員以同一立場報同一志願,於數年前卽有合併之擬議,以期組織愈形周密,力

4229

量意形集中,迄於本年逐乃實現。

今後本會同人當一致努力,將前兩會固有之精神,發揚而光大之,務使本會成為中華民族工程技術之總集合,以適應訓政及憲政時期物質建設之需要,並備我國政府與民衆,平時及非常時期之驅策。此本會願引以自勉,並昭告於我國人之前者一也。

本會旣負有如是重大之使命,故其宗旨不僅在工程界同志之聯絡,尤在研究與促進工程學術,使我國亦能隨世界之進化而俱進;且不僅在適應我國環境解決本身之一切物質建設問題,尤宜對於世界上工程學術有所貢獻,以增進全世界人類之福利,此本會願引以自勉,并昭告於我國人之前者又一也。

旨趣旣定,本會同人自當黽勉以赴,藉副全國同胞之期望;惟尙有為我國人告者,工程界同志能完成其應盡之義務,固賴其自身之努力與團結,然亦多賴政府及社會之促進與扶助;如工程圖書館,工程博物館,各種工程試驗所等之設備,與一切關於工程事業重要問題之研究,均有待於政府撥款,或各界資助,以促成之,庶幾我國工程學術與事業,日益進展,而總理實業計劃,亦得於最短期間,以最經濟之方法,見諸實施,此尤本會之所馨香禱祝者也。

編輯者言

　　本刊遵照本會董事會之決議,用原有「工程」季刊名義,繼續發行,故本期乃為第七卷第一號。惟是本期之出版,在兩會正式合併之後,尚係第一次。同人等鑒於本會締造之匪易,特於卷首刊印詹天佑先生照片,以資紀念,并示不忘前賢之意。

　　本期為二十年年會論文專號,係由顧毓琇君主編。原定二十一年一月出版,嗣因兩會合併,新舊職員忙於交替,無暇他顧,致逾出版日期,殊不得已,以後仍當按期出版,以慰讀者之望。

　　輓近吾國學者每喜用西文著述文章,已成積重難返之勢,固因我國科學名詞尚不完全,但不可謂非學術界之奇恥。至於今日國內一般大學及專門學校所用之課本,仍為西文原板書。長此以往,我國學術何日始得獨立,誠令人不能無疑。本刊力薄,於此未必有匡正之方,但願從自身做起,對於以後在本刊登載之稿件。規定祗以中文為限,此次年會論文中有英文稿件多篇,另刊單行本,並未附入本期,即是此意。

　　二十年年會中有主張將本刊改為月刊者,用意甚是。惟目前季刊稿件,已時時感覺缺乏,改成月刊,實際上殊有困難。嘗見歐美各種專門雜誌,從無稿件竭蹶之患,亦從不見編輯之東揖西求。而在我國,則無不以徵求稿件,為任編輯者之一大苦事,即在以往之本刊,亦不免有此等情形。欲救此弊,擬先從提高本刊學術上之地位着手,對於文字內容,格外注意,寧缺毋濫。苟本刊之地位,得以由

此更形增高,預料會內外同志自動投稿者,必將日益加多。因普通投稿心理,亦樂於在有聲譽及有價值之刊物上,登載其文字也。誠能如此,則此後由季刊改為月刊之計劃,方有實現之可能。謹懸此目的,求會內外同志之贊助。

　　前中華工程師學會發行「會報,」及前中國工程學會發行「工程」, 均有六七年之歷史,賴歷屆編輯諸君子之努力,得以成績斐然,聲譽日隆。茲者兩會合倂,會刊亦合而為一,人才經濟,意見集中,則此後之本刊將成為我國工程界之代表刊物,亦屬不言而喻。值茲國難日亟,民生凋敝之際,應如何謀所以輔助建設,指導實業,闡揚學術,方不負社會之期望,此則有待於今後之努力者也。(怡)

隴海鐵路潼關穿城山洞

淩 鴻 勛

隴海鐵路潼四段工程局長兼總工程師
並主辦靈潼段工程

隴海鐵路自汜水以西山巒起伏,觀音堂至陝州一段工程尤難。其間峽石驛山洞(隴海第四號)爲本路最長山洞。(1779.58公尺)亦卽我國國有鐵路最長山洞。靈寶至潼關一段山洞十座中,則以本問題之潼關第十七號洞爲最長。(1080公尺)亦卽本路第二長度之山洞。以工程言,本無若何艱難,或新鮮計劃足以紀述。茲篇之作,祇藉以見隴海西路施工情形之一班,且以其穿城而過,在過去路工中所不多見者也。

隴海鐵路展築之近狀

隴海鐵路自民十五通車至河南靈寶後,(距公里計算起點之鄭州286公里,距海州東大浦站826公里)其靈寶至潼關七十二公里一段之繼續工事,初受經濟影響,繼因軍事阻誤,迄未完成。民十九多間,隴海綫上軍事結束,十二月起復繼續工作。現計至二十年七月底止,此段土工,涵洞均已完成,山洞十座中,除潼關城外第十六號洞尚有一小部分未竣,本問題之第十七號洞正在施工外,其餘八座均已完工。五月間由靈寶開始架橋鋪軌,茲工程車已至閿鄉縣,(距靈寶29公里,距潼關43公里)閿鄉以西因橋尚多,架設需時,約俟十一月中可鋪軌達潼關東門。惟潼關車站係在西門外,茲先在東門後溝設立臨時車站,爲暫時之計,俾通車至此,卽可先行營業。至於通達西門大站,尚有待於本問題之穿城山洞也。

自中央政府歷屆會議議決促成隴海鐵路,所有潼關至西安一段之展築自不可緩。鐵道部因尚未能照案接管俄庚,發行公債,特先按月由部墊撥二萬餘元,爲土方之用。潼關至華陰以西一段二十四公里土方已於七月一日動工。今靈潼一段較難之路工行將告竣,祇餘此較長之潼城山洞,此難關一過,將來直達西安及通至寶雞多屬坦途,而此潼城山洞之急於完成,自可知矣。

潼關地勢與黃河河道

潼關城北枕黃河,南拱羣山,地在陝境,爲入陝第一門戶。(第一圖)城東約二公里有關曰第一關,即爲豫秦交界處。其下爲本路

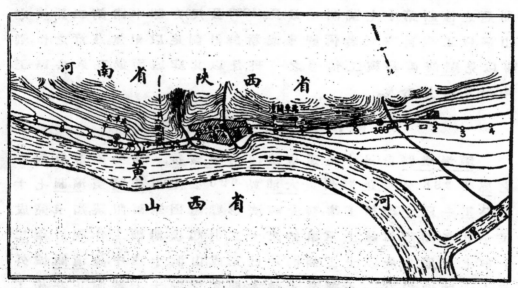

第一圖 潼關形勢

第十六號山洞所穿過,(長 909.10 公尺)城北遙對河之北岸曰鳳陵渡,爲晉陝交通要津。潼城離渭河口約八公里。黃河自匯合渭河後,經潼關轉而東流。水流因轉向關係,冲擊之勢大,潼城適當其衝。城之西北部分較爲平坦,爲市廛及民居所在,城之東南則直築於羣山之上(第二圖)。城東西長祇二公里半;南北寬祇一公里。此地

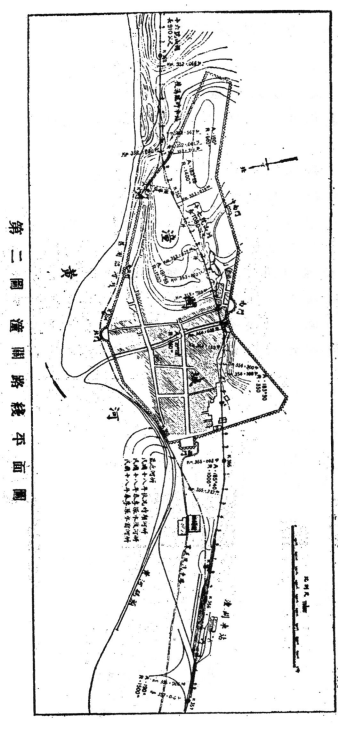

第二圖　潼關路線平面圖

為昔日軍事防守之重地，商業上亦以處於黃渭之交；有高屋建瓴之便，為百貨所集。祇以地方山河兩阻，市廛湫隘，城市建設頗難發展。居民約祇萬人。加以西北連年荐饑，復豪戰事，地方情形頗見困苦也。

黃河為一廣闊而淺之河道，河底為沙質，冬季水量甚少，水道亦或南或北，漫無一定。夏季七月後山洪驟發，衝刷兩岸之力甚大。靈潼一段沿河而行，函關閿底盤各處皆靠近黃河閿鄉縣城外有昔時所築極堅固之石壩，以為縣治之防衞。潼關為黃河轉向東行之處，衝刷之力至大，沿河一帶城垣建築至為堅固，城外復有護堤。關寨所及，潼關未嘗受河之危害，然河岸今已逼近城垣矣。

路綫經過潼關城之研究

潼關爲本路必經之地,其地逼狹而阻於山河,旣如上述,路綫之選擇,難得滿意。計路綫設計所須顧慮之點如下:

1. 黃河雖淺,而航運仍通,故路綫必須與水運有聯絡,同時又不至受河之危害。

2. 潼城平地旣少,市廛偏窄,路綫經過務須對於城市侵害最小,卽柝讓民房之數,務須減少。

3. 爲早日通達潼關以西起見,工期務須取其較短者。

4. 建築費及維持費務取其輕

根據以上原則,若路綫繞城南而行,不獨繞越羣山,山洞及土方之費至大,且遠隔河岸,不能與水道運輸聯絡(第一圖), 山地亦無適宜之車站地點.西門外西關一帶地較平坦,且靠近黃河與通西安公路,爲惟一之車站地位。其始爲省費及便利計,曾擬一沿城北之

第十七號洞東口之橋墩

由十六號洞西口向潼關城西望

綫(第二圖), 自出十六號洞後西行,再穿一小洞, (舊第十七號)然後沿城外之北而達西關。此綫對於潼市侵害最小。惟城垣外舊有之護堤建築雖頗固,而地位太低,夏季恐有水淹之患。加以城垣之建築出入凹凸不齊,路綫須取緩和之曲綫,所有護堤及土方之費亦頗大。至於黃河之河道,近年來常覺南移,本路於民國十八年春間曾測定此沿河綫,其時黃河河岸距綫尚遠,近年則河水巳返臨城下,前測之綫一小部分巳沒於水,此綫已再無築路之可能。又曾測一綫沿城垣之南而行, (在城內,此綫在圖上未註明)雖有城垣之保障,無何水之危害,然所過須拆讓民房太多,爲事實上所不可能。故決放棄沿河兩北綫,而採用穿城綫。此綫在城之東門之南,卽穿過城下而入,至城之中部近南門處,復出地面,沿城南山腳而行,在西門之南出城而達西關(第二圖)。 此綫所過之山洞長 1080 公尺,而所經南門一帶市屋較疏,且多破陋,對於市面之侵害尚屬有限。此綫建築費或較鉅,然爲一勞永逸計,自以此綫爲宜。

第十七號洞設計大槪

第十七號山洞在潼關東門外穿城下而入,先有一小段之直線,次有一 1400 公尺半徑之曲線,再次有長 350 公尺之直線,此直線約位於全洞之中間,再次有一 1500 公尺半徑之曲線,復有一段之直線,而達西洞口。全洞長度爲 1080 公尺。路線之採定係爲入洞及出洞之便利起見。全洞由東至西上千分之五之坡,其縱截面如第三圖。

本路鄭洛一段共有山洞十一座,觀陝一段共有山洞五座。觀陝段中之第四號硤石山洞長 1779.58 公尺爲本路現時最長之洞。靈洞段有山洞十座,而以此第十七號爲最長。(觀音堂以西山洞號數另從第一號起計。靈潼段本有山洞十二座,其中第十及第十一兩座今以便道代之,此兩山洞當可不築。) 關於本路山洞工程,本路靈潼總段第一分段工程司李儼氏曾爲文載於二十年四月

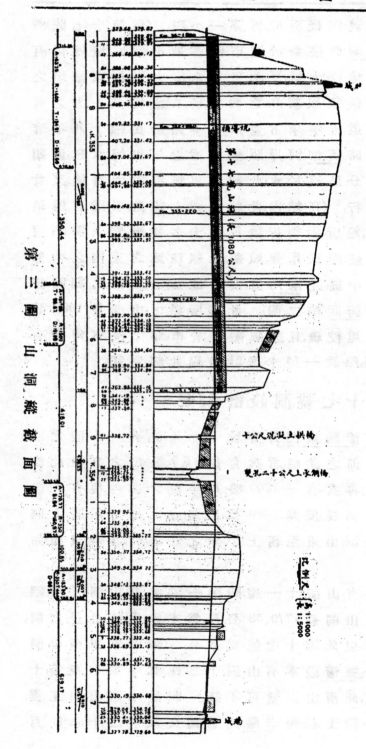

第三圖 山洞縱截面圖

第六卷第二號之中國工程學會會刊，題為"隴海鐵路隧道之過去及現在。"所有本路山洞工程言之頗詳。第十七號洞所穿之山純為堅實之粘土質，與本路多數山洞相同。故第十七號洞所採用之橫截面亦與靈潼段他洞一式。第四圖係示洞身標準橫截面之適用於結實地層者，其土方面積為35.062平方公尺。砌衣厚0.38公尺，面積為6,796平方公尺。在土質不結實之處，主管工程司得以情形報告於總段工程司，依需要之程度，採用加厚之砌衣（第五圖）。所有規定之加厚度如第五圖，其土方面積及砌衣面積各如下：

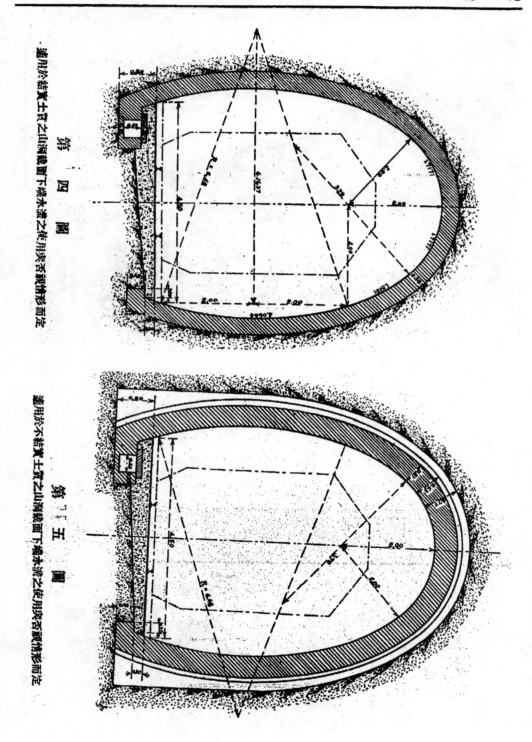

第四圖

適用於結實土質之山洞截面下稀水準之使用與否視情形而定

第五圖

適用於不結實土質之山洞截面下稀水準之使用與否視情形而定

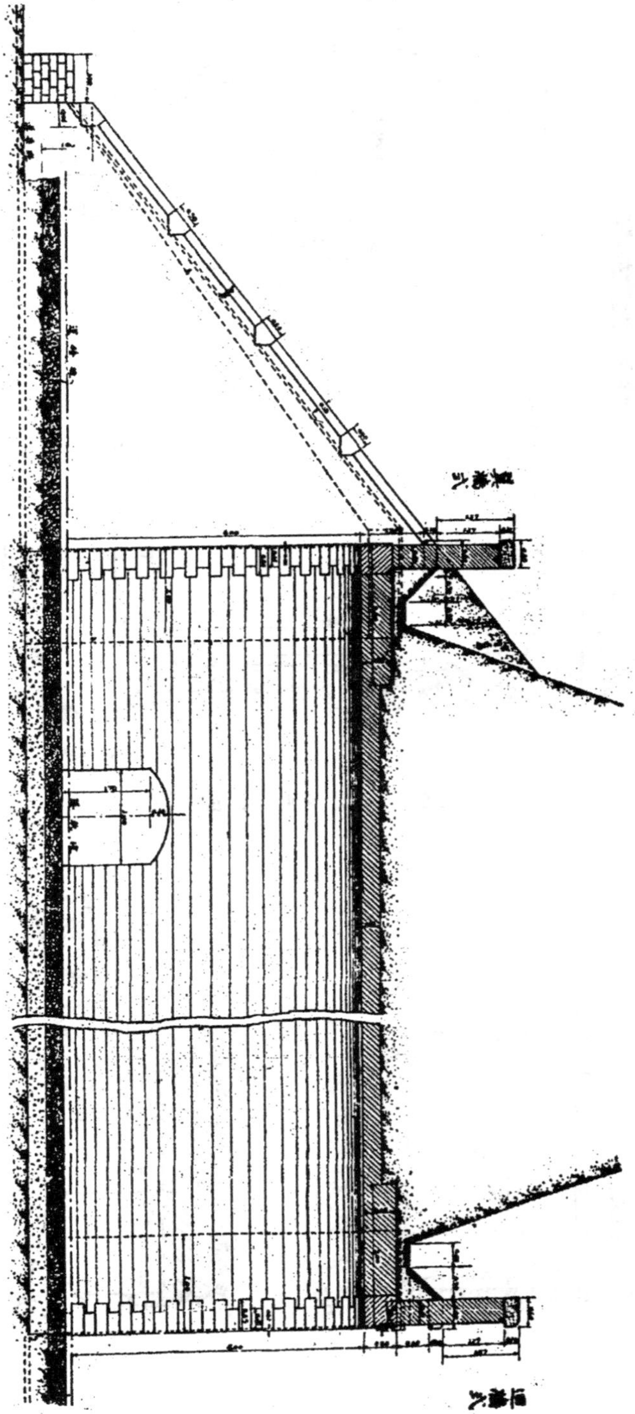

第 六 圖　山 洞 之 縱 截 面

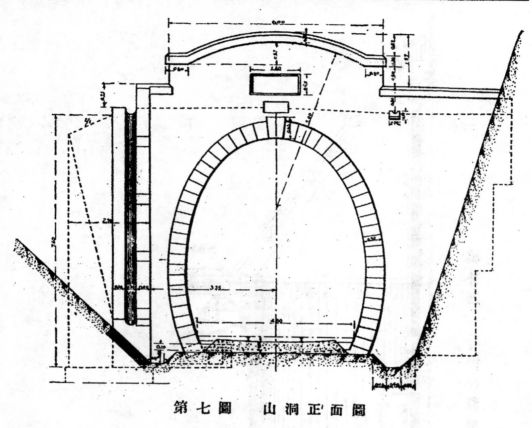

第 七 圖　　山洞正面圖

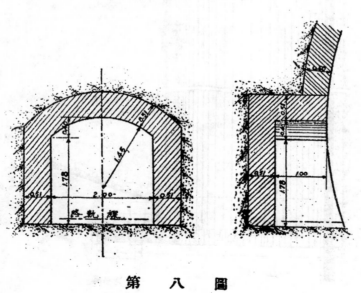

第　八　圖

砌衣厚度	坑面積	砌衣面積
0.51公尺	37.370平方公尺	9.104平方公尺
0.63　,,	39.547　　,,	11.281　　,,
0.77　,,	43.222　　,,	14.956　　,,

山洞之在曲線上者,其淨空本須依曲線之曲度而增大。本路所規定者有兩種,一爲用於350公尺半徑之彎道,一爲用於1000公尺半徑之彎道。第十七號洞彎道之半徑一爲1400公尺,一爲1500公尺,皆甚緩和,洞內淨空無加大之必要,概與直線上之截面一樣。

第六圖爲規定之洞口縱截面圖,分示洞口翼牆與迴牆兩式,依地形之情形採用之。第七圖爲洞口正面圖。第八圖示洞內之躲避處。此種設置在山洞每邊距離每50公尺建築一處,且使左右相錯,爲躲避之用。

施工計畫

本洞施工之程序就橫截面言略如第九圖,先開導坑(1),次及(2),(2),然後砌拱頂(3),(3),拱頂旣砌好,卽向下開土(4),然後砌兩牆(5),(5),及洞底(6)。

導坑面積較小,祇容工人及運土鐵車之出入。蓋面積小則打進速,打進速即可速與通風井或對向開掘之導坑相通,以利洞內空氣之流通,且面積小則打進時雖中綫小有出入,亦易於打通後校正也。導坑之面積旣小,故從一方向直綫打進,如無人

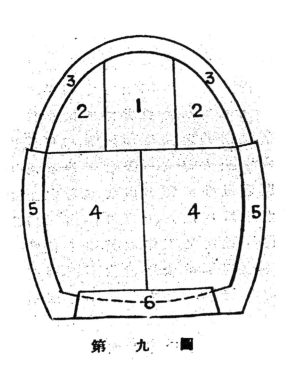

第　九　圖

工通氣之設備,其深度約以300公尺爲限。再進則空氣太惡濁,工作更遲緩。(本洞因係經過土層,故全用人工開鑿,不用火藥,否則此深度更須減少,或須將導坑擴大。) 故此深度每爲通風井或橫導坑地位之所由決定。本洞長1080公尺,若祇從兩洞口對向開鑿,耗時太多。現因靈潼段不久通車,潼西亦已動工,故此洞工事以時間爲較重要。現所規定之施工計畫,係在洞綫 D E 兩處(第十圖)各

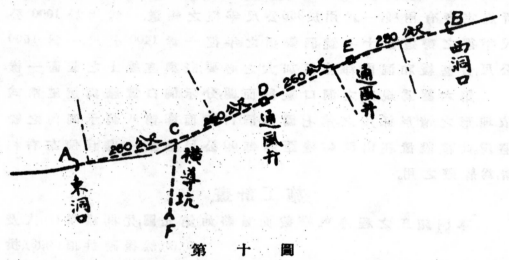

第　十　圖

鑿一通風井通至洞頂,爲施工時及將來通車時流通空氣之用。並於 C 點起鑿一橫導坑 F C,長約200公尺。導坑土方之開鑿,照包工所開價目,爲每立方公尺銀一元九角。而通風井之開掘,則因泥土須向上運送之故,照合同工價係依井之深度而遞加,約每深五公尺加價一次。通風井 D 本身內之土方每立方公尺平均約爲四元五角,E 井約爲三元五角。若從通風井內運出山洞本身之土,則每立方公尺約在六元以上,較之導坑內之運土價目高出三倍以上。故通風井之開鑿原係爲洞內通風便於工作起見,並不預備用以運出山洞內之土。惟遇必要時,或因導坑太深,發生困難,則亦可以藉通風井出土,從導坑對方進行挖鑿以助之,非必要時則不用以出土也。

　　第十圖所示 C D E 各點約將全洞平均分爲四段,每段之長

均在300公尺之下。至於橫道坑ＣＥ之作用，除通風外，係因東洞口自Ａ以東山坡陡斜，路綫夾於兩山之間，其間復有一後澗臨時車站，所有ＡＤ一段洞內多量之土，無處可以堆放。惟此段距黃河較近，故由ＡＤ段上擇Ｃ點起，開一橫導坑，穿城而出，達於黃河岸上之Ｆ。此處可以堆土，ＣＤ段上多量之土完全可由此而出，卽ＡＣ一部分之土亦可由此而出。否則向西洞口出土爲程太長，向通風井出土爲費又貴。此橫導坑高2.20公尺，下闊2.20公尺，上闊1.50公尺，可容工人與鐵車出入。所有開鑿橫導坑之費，係照洞內挖土單價每立方公尺$1.90計算。雖多此千餘元之費用，然較之從通風井出土則省多矣。

　　導坑旣通，卽依第九圖取去(2)(2)之土，並隨卽進行砌拱頂工作。本洞係規定用三和土磚砌頂，磚在洞外先爲製成，經過二十一日然後使用，三和土之成分爲本路之Ｄ式，係用石子二立方公尺，砂一立方公尺，和洋灰兩桶，共合成二立方公尺之三和土。至於灰漿亦係本路所沿用之Ｄ式，卽用一立方公尺之淨沙，混合兩桶洋灰而成。上述之三和土成分並適用於洞內之兩牆，及洞底。拱頂砌畢，所有拱頂上部與挖土隔空之處，卽用原挖下之土填滿而椿實之。在冬季洞外溫度低降，不宜製磚時，卽不用磚砌而用混合三和土。拱頂上下兩部均用木板作模，俟三和土乾實後，將上部木板取

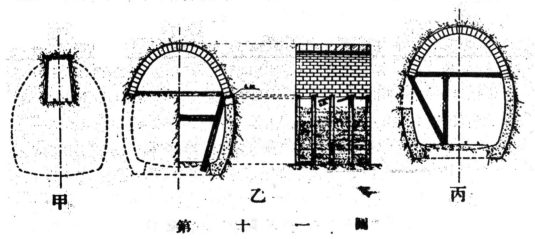

甲　　　　　　乙　　　　　　　　　丙

第　十　一　圖

去,所有與挖土隔空之處,亦用土填滿築實之。拱頂及兩旁牆壁之建築時,洞內木架之支撐如第十一圖之甲,乙,丙。

　　山洞工程所需之材料如石子沙等,皆可就近取得。木料皆由包工自備,其主要木料皆須由鄭州西運。洋灰約需八千餘桶,因本路與唐山啓新洋灰公司早年定有供給洋灰之合同,概由路局自行購備,交給包工應用。價格詳後工款預算。

工期預算

　　十七號山洞旣須早日完工,俾得早通西關大站,故於施工工期,不得不緊爲佈留。茲於DE兩處開鑿通風井以利通風,復鑿橫導坑以利洞內泥土之輸送。包工方面對於各種工作之能力平均計算通風井每日約可開二公尺深,導坑及橫導坑則每日可達八公尺。依此計畫,則兩通風井,一橫導坑,及由A至C及由B至E兩導坑(第十圖),均可於三十五日至四十日同時完工。此初步工作完畢,洞內之通風問題與出土問題解決,卽可依第九圖所示之程序,順序進行。一面續開(2)(2)之土方,一面卽可以砌拱頂。拱頂工作每日平均可做四公尺。拱頂進行時,圖內(4)部分之土卽可隨拱頂之完成而開掘,而砌兩旁牆壁(5)(5),及洞底(6)之工作,亦可隨之進行。預計砌兩旁牆壁每日可做六公尺,洞底三和土工每日約可做十六公尺,所有全部工期計算預定可於九個月竣工。

　　山洞工作除兩通風井外,其他與天時尚無多大關係。兩洞口離洞外平地尚高,無雨水浸入之患。三和土工作在洞內卽多季亦無甚困難。所有砌拱頂之三和土磚,遇冬季時或須代以混合三和土。至於山洞內之土質就沿河附近一帶地勢而論,當屬於劃一之黃粘土,至多有結實或鬆軟之分,斷不虞遇有岩石或流沙或泉水等障礙。苟能盡乎人事,則此洞可如期完成。計此項工事,連同山洞以外潼城一帶之土方橋梁,於二十年四月廣告招標,五月十六日在鄭州開標。因工事較爲重大,特呈請鐵道部審核。六月五日鐵道

部電令交集成公司承辦,遂於六月六日簽訂合同。因招集工人及運輸材料之困難,於七月下旬方正式開工。預計廿一年四月底可以完工。

工款估算

　　本洞工事在開投之前先照原定計畫計算各項工程之數量,估定單價,然後使投包者就估定之數量開列單價。惟路局聲明所估數量祇係約數,路局得依工事進行情形而增減之,將來就實際之數量按照所開之單價計算工值。此洞係與洞外所有在潼城內之土方橋梁等一同包出,惟山洞部分之價值約居全部工程五分之三。茲將關於山洞部分之各項工程數量,路局估價,及包工所開單價,分別列表比較如下:

十七號山洞工價比較表

項　　目	數　量	路局估價		包工開價	
		單　價	總　價	單　價	總　價
1. 山洞內挖土	43500m³	$ 2.00	$ 87000	$ 1.90	$ 82650
2. 通風井內挖土(甲)	300m³	4.00	1200	4.50	1350
3. 通風井內挖土(乙)	240m³	3.00	720	3.50	840
4. 洋灰磚砌拱頂	3350m³	19.80	66330	18.80	62980
5. D號三和土	7580m³	13.80	104604	13.20	100056
6. 山洞內砌工加價	10930m³	1.80	19674	1.30	14209
7. C號三和土	300m³	12.00	3600	11.40	3420
8. 灣形木板	8800m²	2.00	17600	1.80	15840
9. 每方三和土石子運一千公尺加價	11230m³	0.60	6738	0.60	6738
10. 每方三和土沙子運一千公尺加價	5615m³	0.60	3369	0.60	3369
合　共			$310835		$292452

依上表本路估價山洞部分為310835元,外加十分之一之意外費共約為342000元包工開價為292452元,外加十分之一共

約爲 3 2 2 0 0 0 元。此項十分之一係包括意外費及臨時增加工程
之費。以洞長 1080 公尺計算,平均每公尺約爲 298 元,核與靈潼本
段其他山洞在兩年內完成者之工價相似。靈潼段其他已成之洞
與此洞土質相似,而在民國十八年完成,可以結束計算工值之平
均費用如下:一

山洞號數	山洞長度	建築費用	平均每公尺費用
6	90.50公尺	$ 26,955.56	$ 297.85
7	621.20	163,684.56	263.50
8	90.30	33,320.16	369.00
9	107.40	37,943.66	353.30
12	622.60	181,997.38	292.31
15	395.00	95,320.15	241.31

　　本路洋灰向與唐山啓新公司訂有合同,每噸六桶,在唐山交
貨,定價 $23.20。由路自備車輛運至工次,或由海道運至本路大浦,
裝車運達工次。對於包工規定在陝州工程材料廠點交,每噸計價
$31.00。將來計算用灰多少,按桶在包工開價內扣除。他日路軌向
前鋪設,材料可直向前用火車輸送至工次,或較近工次時,則運費
之計算再行規定。此次十七號洞所需之洋灰,全係由塘沽裝船運
至大浦:從前運費每噸祇需洋六元左右,連同其他費用核向包工
所扣之價比較甚近,惟近來輪船運費屢增,且塘沽大浦間無定班
之輪船,故此次裝運洋灰每噸運費十元,在大浦起卸費在外。連同
由唐山至塘沽運費每噸 $1.27,及其他起卸水險等雜費,每噸至
本路大浦約爲 $36.86,每桶計 $6.14。較之所扣包工之價每噸多
$5.86,八千餘桶計超過七千餘元。此數尚在上列建築費之外。又本
路因建築新工,購用材料,向係免稅。本年初因財部定有洋灰特稅
當地統稅局必須路局按每桶六角完納,迭由路局呈請鐵道部與
財政部交涉,迄未有完滿結果。苟不能豁免,則此後路工經費負擔
將更重矣。

附　述

以上所述施工計畫,工期預算,及工款預算,皆係一種預定之情形。現在開工不久,所有施工計畫容有若干之變更,將來此洞完工後,當再爲文詳敍經過以資比較。

此項工程之得標者爲集成公司。集成公司在本路曾包過其他山洞及土方橋墩工程多起,頗有經驗。按照合同,包工須於正式奉令開工日期起九個月內完工,若延期一日,罰銀二百元,若早一日,獎銀一百元。其每月付款之方法,係由路局於每月二十五日會同包工將該月所做工程及工上所存材料製成工帳,經局核對後,於次月十五日至二十日在鄭州發給九成,餘一成留作保固款。包工並應於訂立合同時繳納押款洋一萬二千元,以爲履行合同之保證。此項押款至應扣保固款項足與該款相抵時先行發還,其保固款則於臨時收方一個月後,如包工方面無合同內所列各項責任問題,卽發還一半,其餘一半則俟全部工程臨時驗收後一年期滿畢辦清方後一個月發還之。

此項工程之工款連同潼關城內一切橋梁土方及城外車站一切購地建築設備共約需七十萬元。(鋼橋,鋼軌,枕木,水櫃,已購備不在內)此款全部由鐵道部發給,於開工時先撥到十五萬元,其餘分月具領。

討　論

李書田 —— 照圖上山洞內兩彎道半徑均甚長且係反向似乎兩洞口之間聯以直線於路線方向無大變更曷不用直栈而用兩曲栈

淩鴻勛 —— 此完全係爲兩洞口之地勢起見蓋兩洞口外之坡均甚急峭若將兩洞口之方向略爲移動將增加土方不少且兩洞門之建築亦將更費

顏德慶 —— 內地包工每多不喜利用新方法與機械仍墨守舊規如昔年京綏鐵路之八達嶺山洞其長度與此山洞相仿亦開兩個通風井當時包工亦不肯利用機械方法以出土此山洞之情形將毋同

淩鴻勛 —— 內地包工確偏重人工認為無用機械之必要且以內地運輸機械不便燃料配件供給困難工匠不熟習種種情形於時間及經濟均覺不可靠至於開洞時之空氣問題則本路昔日路有風箱風管之設備於必要時亦得用之以促進工作

李書田 —— 聞此段路工係用鋼枕但山洞內濕氣較重對於鋼枕有無妨害曷不用普通之道碴軌道而在山洞內為一永久之路基不用軌枕似覺較善

淩鴻勛 —— 本段工事因得比庚款購料故一部分係用鋼枕嗣以價格太高故其餘都購枕木而將鋼枕悉用於山洞內及急坡彎道之處其餘平路直路則用枕木隴海西路氣候甚為乾爽雖洞內自較洞外為差但於鋼枕尚覺無甚妨害洞內用鋼枕則路軌較為穩定於修養方面亦省事至於永久之路基本路尚未試過

薩福均 —— 請問向洞內開鑿時曲綫部分如何測量

淩鴻勛 —— 法係用弦長三十公尺之矢距 Middle Ordinate 為準譬如在1400公尺半徑之彎道上30公尺之矢距應為 8 公分因在彎道之起點 p 起先引長直綫15公尺至 a 再15公尺至 b 依式算出 ac 及 bd 之距而定 cd 二點之所在因彎道半徑甚大故 pd 之距應亦為30公尺如此可作一覆核並可覆核 c 處之矢距是否為 8

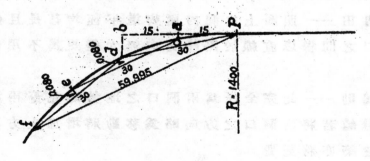

公分cd二點既得即可由 c 點與 a 點偏 8 公分之處向前測一30
公尺之弦而得 e 點再由 a 點與 e 點偏 8 公分之處向前測一30
公尺之弦而得 f 點如此類推爲縝密起見測兩次30公尺弦後再
量Pf之距是否與算得之數相符及覆核此 Pf 弦棧之矢距是否與
算得之數相符此法雖較簡率然在此等工事頗覺適用而滿意

　　連　　濬 —— 洞內如遇有水量則排水方法如何

　　淩鴻勛 —— 黃河沿岸一帶土質甚爲平均按以本段各洞之
已往經驗則此洞內當不至發現積水且此洞兩洞口離地甚高不
虞雨水之侵入如發現有水即於洞下旁建一水溝惟此洞大約無
須

　　林　　平 —— 洞之拱頂係依受若干壓力計算

　　淩鴻勛 —— 洞之拱頂三和土砌磚之厚薄係視土質之結實
或鬆浮而異如係石質山洞則拱頂無須建築本路於結實土層者
其拱頂之厚爲0.38公尺如土層鬆軟則依其程度增爲0.51, 0.63,
0.77 公尺不等

蒙古灌溉事業之研究

周 鎮 倫
建 設 委 員 會

熱察外蒙幅員遼闊,人烟稀少,土地荒涼,求水利者,恆以水量不多,利于何有爲憂。然以水利家之觀察,如用科學方法,實施灌溉工程,則石田成沃土,瘠壤易變膏腴,獲利多寡,視工程設計經濟與否爲轉移;工程設計經濟與否,視有無準確資料與充分研究爲依歸。兩蒙遠處邊陲,氣候亢燥,農田水利,悉賴天時。畢國之人,莫不知興辦灌溉,爲當今之急務,解決民食之先鞭,徒今以缺乏水利資料,未能從事設計,實爲可惜。計劃資料,苟能得自實地調查,按區勘測,則將來研究始有可憑並非有地卽可耕種,耕種卽可生產;有水卽可灌溉,灌溉卽可獲利也。亦非以甲處灌溉情形,與乙處灌溉情形有一二相同之點,卽可由比較而假設。由假設而遂決定甲乙兩處灌溉所用之工費,與所獲之利益完全相類似也。蓋氣候之變遷,土性之各異,水質之不同,地面之高低,農產物之種類,需水量之多寡,暨人事物料之相差,均有連帶之關係,影響于農產者甚大。若不詳細考慮,研究入微,貿然以一部分之事實具灌溉之可能,遽認爲有興辦之價值,鮮有不失敗者。今日兩蒙水利雖無整個計劃,而各種事實,有待調查勘測後研究者實繁。今將研究步驟,略述于下,或可勉供他日之參考也歟!

一. 氣候之研究

(甲)氣候 兩蒙位于中國北部,具大陸性之氣候,溫度高低,每日各處不同;卽同在一處,相差亦甚懸殊。故研究各地每日每月氣

溫之變遷,農作期間最高溫度之周率,與農作物生長,及農作期長短之關係,最爲重要。

(乙)蒸發量　蒸發量之多少,視溫度之高低而定,故每月蒸發量與同在一月內平均溫度,及農田需水量之關係,當有切實之研究。

(丙)雨量及雪量　兩蒙氣候乾燥,每年雨量,僅在八英寸與二十英寸之間,不足農田灌溉之用,可以想見。惟各地每年之雨量,農作期間之雨量,逐月雨量之分配,十年或二十年最小雨量之周率,繼續五年或十年最小雨量之周率,對于氣溫蒸發量,農田需水量之關係,每年雪量之統計,雪融時期與農作期之關係,雪融後水量之供給與儲蓄,俱應一一研究。

(丁)風向及風力　熱察兩省爲風多雨少之區,外蒙沙風激烈,尤見乾燥。惟風有含水蒸氣與不含水蒸氣二種,(外蒙境內自西南吹來之風,當含有水蒸氣)。故風之方向,與蒸發量及溉田應需水量,均有極大之關係。至于風力之大小,更宜詳細研究,而後始知各種農作物,能否安全生長於泥中,有無砂壓之患宋王公沂遼使旅行記有云:「所種皆從隴上,蓋虞吹砂壓。」可見蒙古砂壓之害,自古卽然;故宜有防止之法。

二. 土質之研究

兩蒙地土據蒙古地誌所載,有粘質壤土,砂質壤土,砂土,及黃土四種。不毛之地,非僅爲土中缺少水分所致,而與土中所含之化學成分,亦有極大之關係,故土中所含石灰,鹹鹵淡化物,以及其他化學要素,均宜分析而出,以定土地之肥瘠,土中罅隙暨滲透率,亦宜決定。庶溉田需水量,幹支各渠之容量,農作物之種類,均可推測而知。至于各地地土,孰宜墾植,孰不宜墾植,孰宜種稻,孰宜植麥,亦可經土質研究後以定之。

三. 水源水質之研究

(甲)水源　蒙古水源,除河流湖澤外,尚有春季雪融之水,鑿井

鑿泉所得之水,惟水量足資灌溉與否,是則有待于研究。溉田之水
取諸河流者,應知該河每年平均最小之流量,農作期間可得之水
量,十年或二十年最小流量之周率,流量與雨量之關係。取諸湖澤
者,應知是否因地勢窪下泉潴而成,如烏布薩等;或以沙漠乾燥,河
流乾涸而成,若察罕胡爾罕鄂倫等。取諸泉水者,應注意于山巔山
麓或近山三四十里之平地,無論砂石泥土,有無出水小孔,或盛夏
不乾隆冬不凍之地面,而定真泉之所在。取諸井水者,應知鑿井處
地層之構造,地中最低之水面,每井水量之多少,取諸雪融之水者,
如雪融之水量供過于求,應如何設法潴蓄,以備旱荒之用,凡此皆
為研究水源必要之步驟也。溉田之水源,其水面如較灌溉地面低
下者,引導之法,尤須詳細研究,務求導水灌田,得可償失。否則非工
費浩大,即為不可能之工程,雖水量充足,耕地甚多,又何益哉。

　　(乙)水質　水源既定,水質須知,蓋河水有清濁,湖水有鹹淡。河
水清,則支渠橫切面宜狹而深,以防水草之生長;濁,則渠宜淺而闊,
最合于平地或少坡度之處。且濁水所含細泥,一經沉澱,即有減少
各渠滲透損失,及改良土地之功能。湖水淡,宜于灌溉;鹹,則不宜溉
田。故興辦灌溉水源水量固宜竭力研究,而水質尤宜澈底明瞭。

四.　地面高低之研究

　　完成地形測量,決定地面高低,而後幹支各渠水流之方向,水
面相當之坡度,農田灌溉之區域,(自然灌溉區域或機械灌溉區
域),水源與農田高低之相差,距離之遠近,均可研究而得。如係新
墾之區,夷土丘,填溝壑,所有整地工費,亦可預為概估,庶灌溉事業
是否可能,或有得不償失之弊,皆可決定。

五.　農作期及農作物需水量之研究

　　內蒙地方農作物之種類甚多。大小麥在四月初旬播種;大豆,
高粱,粟,玉蜀黍等,則在四月下旬降雨後播種;蕎麥,芝麻,小豆,綠豆
等,六月初旬播種。各物發芽,生育,孕穗,及出穗時間,雖各有不同,而
成熟時間則均在八月上旬與十月下旬之間。外蒙既未開墾,故農

作期之長短,尚待調查。至農產物之需水量,各物不同,(如稻性喜濕,麥性喜乾。) 發芽生育期間之需水量,亦皆懸殊,(例如發芽時期水量過多,種子即腐。生育時期則需水量甚多。) 故農作期與水量多寡之關係,農產物需水量與可得之水量,溉田面積及幹支各渠容積之關係,均宜妥爲研究。

六. 農產物之研究

蒙古人民專事畜牧,故其物產亦以家畜爲大宗。農作物有粳米,粟豆,大麥,小麥,油麥,蕎麥,玉蜀黍,胡麻,高粱等,且有「蘇離草」出于沙漠,運入北平,製造夏帽,潔白可觀。農產物之種類,與氣候,土質,地形,恆有密切之關係,務經詳細研究,栽種始爲適宜。蒙人既以畜收爲生活,自以牧草爲最重,但有水始有草,有草始有畜。易言之,水草之區,始爲畜牧之地。然牧草生長,悉賴天時,故水涸草枯,亦無畜牧,蒙人之游牧,即坐是因。又游牧不若定收,其理至顯,而欲定收,則非在牧草生長之區,引水灌溉不可。果能行此,則清流不竭,綠草常存,牲畜繁滋,牧民有定矣,其爲利不亦大哉!

七. 選擇種子與改良農具之研究

農作物收穫增減原因雖多,而種子優劣,農具精粗,實有重要之關係,故有田耕種,有水溉田,尤須研究種子之選擇,農具之改良。蒙古人民既乏農耕知識,播種收穫,皆極簡單,農具設備,尤爲粗笨。雖內蒙開拓地方,使用農具,若耕,犂,耙,鋤等,有四五十種之多,近年又復提倡西式耕犂,惜宣傳已久,未之實行,因之費用多而生產少。興辦灌溉,而不注意及此,其計畫未可謂爲周全也。

八. 肥料之研究

沿熱省之西喇木倫河老哈河及大凌河之兩岸,雖有數處爲河水冲積而成,地顏肥沃,而在外蒙一帶,則多礫石砂土,若僅恃水灌溉,農作物之生產量,決不甚多,故非施用肥料不爲功。施肥之多寡,視各地之土質與已耕或新墾之地而定。石灰燐化物蕈尿等,皆可用作肥料,惟在內蒙地方,則以「煤土肥料」與「堆積肥料」

兩種最為普通,燒土肥料者,置黍麥等稈及雜草于一處,上掩以土,火而焚之,卽成肥田灰粉。堆積肥料者,以人畜糞尿稾糞垃圾,堆于一處,卽可充作肥料。將來蒙古地方實施灌漑後,如欲農作物增加生產量,當于一定之農事試驗區域內,漑以相等之水量,施以各種肥料及不同之分量,然後比較生產之多寡,權衡收入之盈虧,亦為研究蒙古灌漑問題所宜注意之點也。

九. 防止害蟲之研究

農作豐歉,雖因天候之順否,地土之肥瘠,種子之佳劣,農民之勤惰,及水量之充缺,而害蟲之關係亦甚鉅。外蒙氣候嚴寒,冰霜凜烈,昆蟲生殖,本屬甚稀。熱察二省,或有蝗蟲為災,雖所見不常,要不可不有防止之法。普通防止害蟲,其法有三: (一)收買害蟲; (二)每歲秋收後,焚燬稻根; (三)夜間用燈誘殺。以上三法,孰為有效,自當依照各種情形,妥為決定。蓋害蟲不除,雖有農田水利,亦無益也。

十. 電動力之研究

兩蒙天然河流,大者固多,入多卽涸者亦不少。灌漑用水,自必由湖井汲取,以補不足。惟由湖井汲水,蒙人恆用轆轤,法窳效微,自難適用。若用機械取水,效力固大,但機械之原動力,在今日兩蒙境內,由何取給,應當首先研究。原動力之供給,有蒸氣,電氣,柴油,汽油,及氣壓機等。宜用何種最為經濟,預先知灌田之面積,每秒應汲之水量,機械應有之馬力。並宜研究各地電力之供給,譬如有瀑布處,利用水力;有煤爐處,利用蒸氣是也。電動力旣定,灌漑高地,每英畝尺水所用之馬力,與每小時之費用,俱可估算。精知機械灌漑,是否有可能性,並究竟有無利益。

上述各項研究,僅舉其犖犖大者而言。實則關于灌漑應行研究之事,尚不止此。至農事方面各種研究,本非水利範圍內事,徒以其與灌漑有密切之關係,因簡述之,詳細研究,仍俟異日農事專家之進行焉。將來果能以調查勘測所得,按步研究,研究之後,按步設計,設計之後,按步實施,井井有條,事事合理化,他日灌漑實施,必能

獲生產之厚利,得民衆之歡心,即招資集股,行見事輕而易舉矣。

　　凡在荒蕪之區,興辦灌漑,必自開墾着始,此人所共知者。歷來蒙古墾務,概歸墾務局主管,招人墾植,辦理有年,然而利終不興,地仍荒蕪者何也辦法必有未盡善,管理必有未盡周也!今後如欲發展墾務,實施灌漑,非將舊法改良,不足以收成效,蒙人性近牧畜,不知農耕改良之法,惟有: (一)在可耕之地,由政府向蒙人購地數畝,先行開墾,繼辦一模範灌漑場,以觀成效。(二)招墾之權,直接歸于蒙人。領墾者,國內民衆皆可。(三)習于農耕者前往領墾,耕種之後,每年按地畝成數,納租于蒙人。(四)在蒙古主要灌漑區域,設立水利與農業學校,訓練蒙民耕種,授以灌漑技能。果能行此數者,保其地主之權,示以灌漑利益,不難使其化嫉視為親善,改牧畜為農耕也。是以研究蒙古灌漑問題,農田水利固應深知,而人事方面亦屬不容稍忽,否則雖調查甚精細,研究甚透澈,計劃甚周詳,而以民風習俗素與內地不同之蒙古,一旦使之更弦易轍,改牧為耕,其不發生誤會大起糾紛者幾希。果如是也,則墾地開墾,尚不可能,又焉望工程之建築,灌漑之實施,生產之盈餘者!

上海市中心區建設上之一困難

黃　炎

上海濬浦局工程師

上海市政中心,經市政府及各專門家悉心計劃,盡善盡美,進行建設,不遺餘力。今作者所目爲困難者,非人事的,學術的,經濟的,而爲天然的困難,卽地勢之卑下是也。其於將來之建築,前途之發展,以及若干專門問題,有密切之關係。謹舉一得之愚,以供研究。

　　地位　市中心區域在淞滬鐵路以東,黃浦江以西之間。北至閘殷路,南至翔殷路,東至預定路線,西至淞滬路,約七千餘畝之地,如附圖。

　　地勢　沿黃浦兩岸之地,係泥沙積澱而成,一望平坦,高與黃浦江潮大汎漲水齊。今市中心區域,亦屬如是,地卑水多,遍植水稻。沿浦舊有長堤一道名衣周塘,經盧永祥改造馬路,現名軍工路。市中心區地高出吳淞水平起點約十三英呎至十四呎之間。軍工路高出吳淞水平約二十尺,故能捍衛內地,

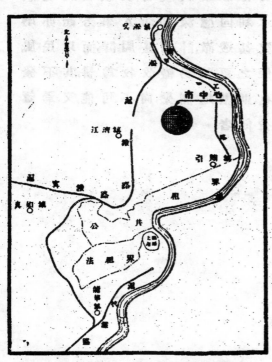

上海市中心區域地位圖

防禦大潮。

潮水　黃浦江最高潮水,在吳淞為一八‧二呎。在上海為一五‧五呎,市中心在二者之間。惟如此高度,數十年僅一次也。全年日常高潮,吳淞為十三呎,上海為十二呎,一年內潮水浸沒之時間,以百分計之如下。

潮　位（呎）	吳淞 %	上海 %
15'	0.01	
14'	0.46	0.02
13'	2.15	0.64
12'	5.43	2.75
11'	11.17	7.00
10'	19.44	15.05
9'	28.93	25.13
8'	39.35	36.79
7'	50.34	50.08
6'	61.76	64.67
5'	74.03	81.32
4'	85.83	93.75
3'	95.94	99.72
2'	99.67	100.00
1'	99.99	
0'	100.00	

照上表凡高出水平起點十三呎之地,在吳淞者每年有2.51%的時間,在上海者有0.64%的時間為高潮所淹。今市中心之地不過十三四呎,其不能免於潮淹可知。地勢之卑下既如是,後患不難想見。

水災　目下長江流域均患水災,首都亦沉淹積潦中,新市中心雖不至若是之甚,而如七月間閘北街衢積水歷數日不退之情形,必將屢見不鮮,且或甚焉。

道路　道路常被水浸,基礎不固,路面易損,雖費無數金錢,難臻完善,修理之費,因之增高。

排泄　地勢既低,溝渠幾無斜度,水量排泄,不能通暢。大雨之後,苟值潮漲,積水盈街,詎不可厭。

衛生　污垢易積,蚊蠅滋生,居處卑濕,疾病蔓延,而糞污之處置,尤為一難題。閘北南市空隙之地,每以垃圾填塞,作者與友人經營一廠,大門前空地亦用此法填高,滿地垃圾,經熱氣之薰蒸,臭味難堪,而蒼蠅之從垃圾中產生者,何止數千百萬。利用垃圾之故智,既可行於閘北,亦可行於將來之市中心,此無他,地勢卑下使然也。

解決方法　根本着手,宜於未建設以前,將地填高,永免水患,

造屋填基,雖下愚亦深知之,是以不少廠家公司,每興建築,先填地基如剪淞橋之閘北新水廠,如高昌廟江南造船廠西首基地,如日暉港之滬杭路貨站等處,均經填高,以超出最高漲潮一尺半為度,則水災可以永免。且填高基地,必須於建設以前為之,不然則受累無窮。例如上海公共租界以中區為最繁盛,而地勢亦最卑。外灘福州路一帶,每年必有數次水沒,蓋因當初發展最早,逐漸興築於卑地之上,其後積重難返,至今尚承其弊。其他發展較晚之區,如楊樹浦路,如靜安寺路等處,均先後填高,一勞永逸,殷鑒不遠。

　　填土　如是廣大之區域,欲填高之,非有大量之泥土不可。為今之計,惟有利用黃浦江中沙泥之一途。

　　經費　填基之費每方(卽一百立方呎)土需大洋一元。一畝之地,計七十二方六,若填高七呎,需洋五百元。此項費用,自應歸領地者承担,可於領地時加徵。譬如領價低地每畝二千元,高地則增至二千五百元,費少利大,無有不樂從者。

　　高度　然則須填至若何高度,為最適當?曰:至少須與軍工路等高。曾憶衣周塘改築軍工路時,居民父老堅持路面之高,必照舊塘,不得減削分毫,蓋必如是方能免水患也。今市中心區在軍工路以內,為便利排洩計,能再高一二呎尤佳。軍工路現高約二十呎,已如前述,則新市中心應在二十呎以上。

　　上海市中心,為最新的建設,水災為目下最普遍的禍患,由水災而慮及新建設,或不失為及時之談歟?

雨量與農業

劉 增 冕

山東建設廳氣象測候所

洪範庶徵『曰雨曰暘,……五者來備,各以其敍,庶草蕃廡。』
爾雅稱:『甘雨時降,萬物以嘉。』是雨之降也,必有節,必以時,則美
其名曰甘霖,曰膏雨,曰瀧霂。否則曰暴雨,曰驟雨,曰霢溓。顧降雨雖
係大造,要人定勝天,須謀補救,而後可裕農收,可以利民生。爰就濟
南附近歷年雨量統計比較,以研究其與農業之關係。

說明一.民國八年一月,至十四年十二月,根據順直水利委員會在
　　　洛口所設雨量站實測。洛密邇濟南,故雨量數尙可用,洛口
　　　站雨量器上口距地面一尺。

二.民國十五年,根據齊魯大學天文台在南圩子外所設雨量
　　站實測。

三.魯建廳民十七在泰安成立,即令魯建設局設站測雨。民十
　　八移濟南自行施測,民十七至二十年各數根據建廳實測。

四.民國十五年一月至民國二十年五月,並參考濟南日傾測
　　所在商埠經四緯七雨量站實測無誤。

五.雨量以公厘(mm)爲單位。

六.〇.〇無雨量。

七.缺測者以一爲記。

4261

（表一）　濟南雨量歷年統計表

年別＼月別	1	2	3	4	5	6	7	8	9	10	11	12	全年總雨量	二十四小時最大量發生日期	二十四小時最大量
民國八年	—	—	9.9	10.2	24.6	77.5	67.6	81.0	5.6	7.6	11.0	4.5	(299.5)	29—8	56.8
九年	6.6	25.1	7.2	2.1	—	9.8	148.3	120.5	111.0	0.0	6.7	10.2	(447.5)	16—7	49.8
十年	6.8	9.9	10.9	12.0	12.8	51.4	328.6	275.5	64.5	15.8	6.0	2.8	817.0	18—7	108.7
十一年	3.2	0.0	0.0	20.0	24.4	51.2	205.2	68.6	48.6	0.0	0.0	0.7	421.9	16—7	73.2
十二年	11.2	7.1	21.4	16.0	54.8	79.0	170.2	144.0	24.4	47.8	0.0	0.0	575.9	23—7	73.6
十三年	0.0	0.0	0.0	22.9	14.6	32.5	242.0	24.9	10.5	53.5	0.0	0.0	400.9	6—7	64.8
十四年	0.0	0.0	0.0	0.0	49.0	82.3	117.8	61.2	0.0	0.0	0.0	0.0	310.3	31—7	45.2
十五年	9.2	12.8	8.5	13.7	11.1	6.6	311.9	150.0	35.2	28.7	63.2	11.5	682.4		
十六年	39.8	6.8	9.9	20.6	14.5	23.7	60.6	60.4	39.5	71.6	14.1	10.1	371.5		
十七年	21.1	0.5	8.4	36.9	1.2	133.2	184.0	288.0	27.2	0.9	33.6	16.3	751.3		
十八年	10.5	7.7	2.1	39.4	22.3	39.4	245.5	249.7	2.2	22.2	0.0	73.3	714.3		
十九年	2.0	28.7	18.4	6.5	50.0	24.8	203.8	336.7	35.5	54.7	4.1	3.5	768.7		
二十年	4.9	0.7	8.4	9.6	62.2										
歷年月平均	9.6	8.3	8.1	16.2	28.5	48.4	190.5	157.7	35.3	25.2	11.6	11.1	360.1		
各月對年之百分比％	2	2	2	3	5	8	34	28	6	5	3	2	100		
總計	六、七、八三個月雨量佔全年十分之七														

(表二)　　濟南市洛口落雨日數記載表(徐匯台記載)

年別＼月別	1	2	3	4	5	6	7	8	9	10	11	12	總數
民國八年	—	—	2	2	5	5	11	4	1	1	1	1	(33)
九年	1	6	3	3	—	2	6	9	9	0	2	3	(44)
十年	1	1	3	5	4	3	8	15	3	4	1	1	49
十一年	1	0	0	1	2	2	8	5	1	0	0	1	21
十二年	2	2	3	2	2	4	5	5	2	2	0	0	29
十三年	0	0	0	2	2	3	9	2	1	1	0	0	20
十四年	0	0	0	0	3	6	4	4	0	0	0	0	17
平均數目	0.8	1.5	1.6	2.1	3.0	3.6	7.3	6.3	2.4	1.1	0.6	0.9	31.2

全年降雨日數爲31.2天,佔全年11.7%,而晴佔88.3%,足徵濟南無霖雨之苦。

(表三)　　農禾灌溉深度標準表
深度爲公厘(mm),月分爲陽歷

月別／節氣／禾別	1	2	3	4	5	6	7	8	9	10	11	12	水量共深
	小寒大寒	立春雨水	驚蟄春分	清明穀雨	立夏小滿	芒種夏至	小暑大暑	立秋處暑	白露秋分	寒露霜降	立冬小雪	大雪冬至	
春禾				種植65.		65.	65.	65.					260
夏禾					種植130.	130.	65.						325.
冬禾	今年月		發芽65.	130.				種植65.去年月					260.

　如小麥等種於秋後者,為冬禾。玉米,穀子,高粱等種於夏季者,為夏禾。旱穀旱稻等種於春季者,為春禾。

　冬季蒸發量小,故毋庸多施灌溉。夏季蒸發量大,故日需灌溉以補雨水之不足。

(表四)　　穀農二年輪作表(濟南滕嶧一帶)

第　　一　　年			第　　二　　年			
四月 清明穀雨	八月 立秋處暑	九月 白露秋分	四月 小滿	五月 芒種	九月 白露	三月至翌年十月
高粱種	高粱穫	小麥種	小麥穫	穀子種	穀子穫	地休閒

(表五)　　穀農一年輪作表

五月 芒種	九月 白露同時	小滿至翌年四月
菸草穀子種	菸穀小麥穫種	麥穫

（表六）　農禾需水量表

作物名稱	平均需水率 mm	種　植　期	收　穫　期	備　　考
黍	293	陽歷　六月七日	陽　歷　八月廿四日	
粟	310	六月七日	八月廿四日	約　數
高　粱	322	四月六日	八月十日	
玉　米	368			
小　麥	483	九月八日	翌　年　六月七日	
大　麥	523	九月一日	，，，，五月六日	
蕎　麥	578	六月七日	同　年　九月八日	
蒸　麥	597			
黑　麥	685			
水　稻	710	四月六日	八月廿二日	
糖　蘿蔔	397	六月六日	十月廿三日	
馬鈴薯（早）	636	四月六日	六月廿一日	
，，（晚）	636	八月十五日	十月廿二日	
陸　地　棉	646	四月七日	九月廿一日	

（表七）　濟南麥禾獲得雨量歷年統計表
（表內數字俱爲mm）

年別＼項別	六,七,八,三個月雨量總數	除六,七,八,三個月餘月雨量數	一至五月雨量總數	九,十,十一,十二月雨量總數	麥穫雨量
民國八年	223.1	73.4	44.7		
九年	278.6	168.9	41.0	28.7	九年麥穫雨量69.7
十年	675.5	141.5	52.4	127.9	十年　，，180.3
十一年	325.0	96.7	47.6	89.0	十一年　，，136.7

接（表　七）

十二年	393.2	182.7	110.5	49.3	十二年,,	159.8
十三年	299.4	101.5	37.5	72.2	十三年,,	109.7
十四年	261.3	49.0	49.0	64.0	十四年,,	113.0
十五年	468.5	213.9	55.3	0	十五年,,	55.3
十六年	144.7	226.8	91.6	58.6	十六年,,	250.2
十七年	605.2	146.1	68.1	135.2	十七年,,	203.3
十八年	534.6	179.7	82.0	78.0	十八年,,	160.0
十九年	565.3	203.4	105.6	97.7	十九年,,	203.3
二十年			85.8	97.8	二十年,,	183.6

　　上列數表,覽第一表知濟南歷年各月雨量之情形;第二表爲降雨日數;第三表爲穀禾各期灌漑標準深度;第四第五表爲輪作情形舉例;第六表爲農禾需水量數。各禾不具論,茲就小麥論之:

　　照第六表小麥需水率爲483公釐,綜觀第七表麥禾歷年所得雨量數,均小於此數,欲謀稔收,勢必須灌漑以補足之。第三表冬禾260公釐爲其約數。憶昔作者嘗馳車兗濟一帶,汶阜寧滋諸邑,盛行俥水灌田,(現新舊式水車並用,均係畜力),見夫施灌漑者,麥禾芃芃,其不漑者,奄奄就槁,一隴之隔,暵潤判然。時方初夏,行至汶邑,途遇大雨滂沱,行李淋漓,縣尹章錫銘勞之於野,笑稱爲戴雨李靖,農民得歌大有,余途以灌漑足勝天工對。至縣署,章尹即草勸民灌漑五言行一首,印佈民衆,冀利民生。增訂作統計表至此,忽憶舊事,遂輟管誌之。蓋考驗雨量係屬觀測氣象範圍,要知天時實與農事攸關,未可忽視。建設會內政部,一再通令全國,設雨量站,測驗雨量氣候,用意良深。至某禾需水若干?雨量霑足否?或本地雨量宜否藝某種?灌漑水量須設計至何數?綜覽以上數表,知所釐定矣。

　　至於旱澇應如何謀補救,農產應如何謀增益,自有水利學,灌

溉學專書。拙著水利梗要書中，及關於此項灌溉排洩淤肥等工程，已擇要闡述，非本篇所能盡。

廣州中山紀念堂碑落成

廣州市中山紀念堂紀念碑，係近年來偉大之建築物，規模宏壯，洵與首都中山陵墓之工程，交相輝映。此項工程為故建築師呂彥直君所設計。當籌備之時，由委員會遍徵國內外藝術界圖案，應者甚衆。以呂君擬作悉，本宋代宮殿建築法式之成規，發揚東方固有之物質文明，表彰中國藝術之高皇典麗，觀瞻宏雅，樸而不華，參以新式工程，實開近代建築學術之新紀錄，得膺首獎，由委員會聘任為建築師。呂君以同時負有中山陵墓工程任務，不遑兼顧，陳明由該所黃檀甫君為之代表。呂君旋於十八年春積勞病故，隨由李錦沛建築師繼之，本其遺墨，完成是項工程，於二十年國慶紀念日舉行開幕儀式。按中山紀念堂位於廣州市觀音山麓，為前總統府舊址，後因兵燹，燬成廢基，緣拓地百畝，與粵秀公園通聯。堂之式為八角形，垂三民五權之象。會場內可容座位五千，以備舉行大會之用。承造者為上海馥記營造廠，計自十七年三月十日動工，十八年一月行奠基禮，迄於二十年九月，閱時三載有半，而後告成。紀念碑位於觀音山。距堂址約三百尺，有石級可登。碑高一百三十尺，計分十五層。建造者為廣東宏益建築廠，十七年一月開工，十九年十一月完成。綜計是項紀念堂及紀念碑工程，需費約在一百五十萬元左右云。

治水學術之研究

林平一

導淮委員會

治水之法有四:曰節制,曰疏導,曰宣濬,曰隄防是也,節制者,殺水之勢,因而制之之謂也,疏導者,釃河之流,因而瀉之之謂也。宣濬者,去河之淤,因而深之之謂也。隄防者,抑河之暴,因而扼之之謂也。四法之用,必須群審河流之大勢,然後統籌全局,斟酌措置,以期盡收全功,而得一勞永逸之效焉。

河流大勢,可分爲五:曰河源,曰上游,曰中游,曰下游,曰河口是也。

河源。 山間有泉湧出,匯流成溪,是謂河源。溪水流行山谷,傾斜陡峻,大雨之時,山洪暴發,水流湍急,激衝之力甚大,足以挾帶山間之泥沙,石礫推移而下,追達山口;流入原野,傾斜驟減,水力微弱,則隨水流之泥沙石礫次第沉澱,上塞溪道,下礙河流,逐漸遞降,遂爲中下游之大患,故各河之河源亦不可以無治也。治理之法約有下列數端:

(一)培植森林,掩護土壤。 山谷森林茂密,能阻水積流,使滲入土壤暫爲涵蓄。故在暴雨之時,能減雨水傾潟之勢,抵抗流速冲刷之力,並保護山坡泥沙,不使流入溪中,關於水利上之功用甚大。而久旱之際,能延長水源,供給灌溉,卽日用與農事上,亦可得莫大之利益也。至森林所產之木材,可供建築之用,誠一舉而數善備焉。

(二)改良有妨水利之開墾。 山鄉田畝缺乏,農民侵佔溪谷漲灘,而收種植之利,孰知大水暴發,溪道宣洩不易,卽成氾濫,溪旁兩

為患矣。

　　(三)建築留沙壩。　溪谷中之沙礫石塊,若次第被水冲入川河之中,為害殊甚。宜於山口以上,分為若干階段,每段築一留沙壩,以阻沙石之直下。新築之壩,截阻之效力甚大。即壩內被石塊及較大之沙礫墊滿之後,則各壩以上,每段水面之傾斜,亦較未築壩時為平坦,故除細微之沙粒外,餘皆不至隨水溜而移動矣。每段壩之距離,當視溪谷斜度之大小,而伸縮之。壩之建築,或用石料砌成如隄如壁,或用木材編合如欄如柵,須求堅固耐久,隨各地材料之便利者用之為上。

　　(四)建設容沙池。　溪水挾沙較少者,可擇相當低窪寬廣之處,築為容沙池。引溪水流灌其中,自上口入,由下口出,則山間挾帶而來之泥沙悉行沈澱于池中,而下口流出再入溪中之水較為清澈矣。一池滿後再築一池。墊滿之處,即可利用為種植之地焉。

　　上游。　泉水匯而成溪,眾水匯而成川,故川必在溪之下。又水流不息者謂之川,溪水有乾涸之時,而河流則不然,故川即河之上游也。上游地勢雖較溪谷稍為平坦,惟水性仍屬急湍,溜勢猛烈。大雨之際,有一日而可暴漲數丈者,故旱潦水量之差度甚大。即大水時期之流量,較枯水時期之流量,有大至數百倍以上者。若河槽不能消容大水之量,即有冲沒田野毀壞廬舍之虞。治理之法,宜加以節制,即建築節水池,及廣培森林等是也。蓋用節制則大水之量可減,而枯水之量可增。祛水之害,享水之利,莫善於此。若用宣瀉,則不獨不能收上游之治功,益且增中下游之患,而莫可收拾矣。

　　中游。　河水出山,漫流平地,蜿蜒曲折之處,謂之中游。中游所在,地平土鬆,灌域廣袤,水量大增,流勢紆緩,每多淤塞之患。一經汎

漲,出山之水奔騰而下,橫流四溢,氾濫墝壙。治理之法,或疏導,或宣濬,或堤防,或三者並用,或祇取其一,應各隨地而異,擇其切適而施之,不可拘泥一法,致有鑿枘之弊焉。大抵岸低而設防,河塞則施濬,若有支岐可出,則宜採疏導,以分其水勢可也。

下游。　河距出山之處較遠,而又下聯河口者謂之下游。下游所在,灌域益廣,滙流益衆,地勢愈平,水勢愈緩,淤墊滯塞,溜不暢行,且因下游地低水高,多設堤防,水汛盛漲,一時不能洩瀉,遂有潰決之險,則兩岸之村廬田舍,悉被湮沒矣。下游地勢平坦,土多沃壤,固爲全河水利最盛之區,然亦卽水患最厲之鄉,故治下游之水,尤較上中游爲重要也。治理之法,大致與中游相同,但因工款所限,不得不專採堤防之制。蓋以築堤遏水,爲功易見,濬河去水,成效難收,實則隄防有不測之險,何如宣濬之能保安全而無虞哉。

河口。　全河水流歸宿之處,謂之河口。河口有三種:(一)海洋口,如黃河之歸渤海與揚子江之歸東海是也。(二)湖澤口,如湘水之入洞庭,與淮河之入洪澤是也。(三)交會口,如渭河之會黃,與漢水之會江是也。河口之在湖澤,及與其他川河交會者,亦每多盛漲氾濫沈澱淤積之弊,固宜隨時濬治,以暢其流。卽河口之在海洋者,泥沙自上中下三游挾帶而來,遂被海潮抵拒,是爲停積之最終點。故非積成沙礁,卽造成三角洲,尤須疏鑿深廣,以便河流與潮水吐納之門戶,而利海舶巨艦出入之孔道也。

總之,治水之道,要在以流域爲單位,然後可以統籌大局,詳審全勢。河源,河口,以及上中下三游,皆不可偏施治法,而治下游尤較上中游爲急要。蓋下游爲全河之尾閭,尾閭不通,胸腹皆病,潰決漫溢,莫不由此。是以欲治水患,必先擴達海之道。禹貢治水,始於海口。朱子云:「治水先從低處下手,」斯得治水之要領矣。然則上中二游可棄而不治乎?曰,非也。夫水之所以爲患者,實由于河之漲與塞耳。若上游來水孔多,下游宣洩不及,則漲。上游溜急挾沙,下游水緩停沙,則塞。故欲去漲與塞之患,非僅專治下游所能奏功者也,必須

兼顧河源與上中二游,方克收效耳。是以河源與上游,宜有節宣之功用,則沙阻水積,來源不驟;中下游應具吐納之容量,則流暢勢弱,波瀉無滯,庶全河無氾濫之虞矣。

博山模範窰業廠成立

博山窰業,原料種類既多,質亦優良,惜其墨守舊法,以致出品粗陋,不能與舶品爭衡,良爲可惜。山東省政府有見及此,乃議決設立模範窰業廠,以便從事改良。自二十年四月開始籌備,假博山舊玻璃公司爲廠址。徒以該公司廠房廢置既久,房多塌漏,修葺補苴,頗費時間。所有以前之鍋爐水管烟突礦磨等物,均年久日深,散失破毀,不堪言狀。自開始籌備以來,可用者加以修理,不可用者從事拆卸。其餘製磁上應用之機輪球磨及漏泥機等,均從新製造。所用窰爐,係倒焰式窰,共有二座,每座可裝口徑三寸六分大之湯碗三千餘件。又由唐山購到大球磨一台,漏泥機一台,吸泥石水一台,成坯機輪十四台,粘土三角爪壓出機一件,及由濟南訂購球磨二台,作匣鉢機輪三台,攪泥機二台,足蹬製模機輪一台。關於其他修理機械,安裝零件等項工作,均由大陸博益祥兩鐵廠承辦。刻動力機已安裝就緒,成坯機行將完工,不久卽將採掘原料,動工製造。所用原料,以礦商朱炳崑礦中所產之磁土爲主。將來若能配料適當,製造得法,燒到火候,其出品不難與江西普通磁器相毗美。所有繪畫燒窰成坯各項工人,均向唐山窰廠聘雇熟手。行見博山窰業,將由此廠發達改良,大見進步云。

中國電氣事業發展程序之研究

惲　震

　　計劃中國電氣事業之發展,頗易流入空泛浮誇,不能取得企業家及社會之注意。蓋中國資本如此缺乏,交通如此破碎,地方如此不安靖,忽有人焉,倡言於衆,謂中國應於若干年內增加發電機量數千百萬瓩,誰則信之。以發電量之大小計,美國為世界第一,(一九三〇年統計三千一百萬瓩發電 125×10^9 KWH)以每人用電多少計,挪威為世界第一,(一九三〇年統計每人每年通扯用電三千五百度)中國對此二者,固為望塵莫及,若以較低標準之東鄰日本為模範,以人口為比例作發展電氣事業之張本,其結果仍將失之太奢,而不切於事實。今日懷抱促進中國電業之宏願者,在政府方面則有建設委員會,在社會方面則有民營電業聯合會,建委會在其『工作計劃概要』中,已有發展程序之數目字發表。民電方面則尚未有具體計劃,足供吾人參考,此等計劃,類似空談,然其程序則極有研究之價值,今試先就建委會之計劃論之。

　　建委會之計劃分四期,每期五年,全國分六區,曰東南,西南,江河上游,長江下游,黃河下游,華北。其總表如下:

(一)東南區	廣東	312,600瓩	(水力 35 %)
	福建	108,600瓩	(水力 60 %)
	江西	129,800瓩	(水力 35 %)
(二)西南區	湖南	190,000瓩	(水力 35 %)
	廣西	150,000瓩	(水力 65 %)

	雲南	85.000瓩	(水力 80 %)
	貴州	85.000瓩	(水力 75 %)
(三)江河上游區	湖北	370.000瓩	(水力 65 %)
	四川	270.000瓩	(水力 65 %)
	陝西	106.000瓩	(水力 25 %)
	山西	235.000瓩	(水力 35 %)
	甘肅,青海	72.000瓩	(水力 25 %)
(四)長江下游區	江蘇	588.000瓩	(全部熱力)
	浙江	400.000瓩	(水力 20 %)
	安徽	238.000瓩	(水力 15 %)
(五)黃河下游區	河北	468.000瓩	(水力 8 %)
	山東	215.000瓩	(全部熱力)
	河南	140.000瓩	(全部熱力)
(六)華北區	遼寧	390.000瓩	(全部熱力)
	吉林	190.000瓩	(水力 30 %)
	黑龍江	100.000瓩	(全部熱力)
	熱河,察哈爾	110.000瓩	(全部熱力)
	綏遠,寧夏	80.000瓩	(全部熱力)
	蒙古,新疆	30.000瓩	(全部熱力)

共計 5.063.000瓩(內水力 1.258.000瓩,合全部 25 %)
約需資本洋 3.000.000.000 元(高壓輸電線在內)

　　二十年後,中國電氣公用事業由五十二萬瓩發展至五百萬瓩,以目下情勢度之,似爲甚奢之願,然其數字僅與今日之法國相埒。苟以人口爲比例,則必發展至一千八百萬瓩,始可與今日之日本相比。故以二十年得五百萬瓩,決爲十分穩健之估計。遠東時報記者對於建委會之計劃,曾有批評,曰中國內亂苟能早日停止,則此等計劃,不必待二十年卽可實現,反之,若內亂不止,則此龐大之計劃,終歸於紙上空談而已。此言當爲任何人所不能否認者也。

　　德國及英國於最近一年中,均有實業調查團來華。其報告中關於電氣事業之批評,均堪注意。德人對於中國電廠管理之不善,深致遺憾,而於電業之整個前途,則頗抱樂觀。英人對於中國之電業前途,無甚表示,言外仍若不勝其懷疑者。中國電業,目下由政府主持提倡發展,頗引起中外企業家之誤會,其意若謂電氣事業不應由政府包辦,仍應招請中外商人投資。其實中國政府決不欲包辦,亦不能包辦。將來電業投資,大多數當然仍賴商業公司之組織,國營電業祇佔極小之成數。此時政府之所以取積極干涉政策者,一則因外國經濟壓迫勢力太大,政府必須早為之備,二則因國內多數電廠管理太腐敗,力量太分散,政府必須負責監督,三則因將來電氣網之聯絡,週率電壓之標準,水力之發展,必須有政府之力量總其成。基此三因,政府對於此方在萌芽之電氣事業,乃不得不加以注意。外人於此,固無怪乎其不易了解,獨我中國民營電廠,若復漫不與以同情及合作,祇知以攻擊為事,則真可異矣。

　　遠東時報記者,對於建委會發展揚子江下游電業計劃未將洋商上海電力公司包括計算在電氣網之內,深致疑異,以為有十六萬瓩,不可謂小。如此電廠,不可謂不好,中國人反不願與之合作,是何所見之不廣。關於此點,作者應請國人注意,中國電氣事業連工廠自發電者計算,不滿百萬瓩,而其操於外國人手中者過半數。單就上海電力公司一廠而論,其機量已超過江蘇全省(連上海市)民營官營電廠合併機量之兩倍而有餘。而該公司猶復挾其租界之威勢,不向中國政府註冊,不問營業區域之範圍,儘力擴張,了無限制。如此情況,我方將如何而與之合作。故將來電氣網之應否與彼聯絡,第一須視中國人本身能否努力自強,能否與外人分庭抗禮,第二須視該公司日後能否降心就範。若中國人不爭氣,則彼之勢力將直入內地,更無所謂聯絡。來日方長,拭目俟之可也。

　　二十年之期限,純為便於敘述及計算之假定。以余觀之,商戰事從此不作,鐵道依次完成,則二十年之期至少可以縮短五年。五

百萬瓩中,已成之廠約可利用五十萬瓩,其餘四百五十萬瓩尙待建設。水力估計爲一百二十五萬瓩,其餘三百二十五萬瓩,當皆爲熱力。水力來源爲長江,黃河,吉林鏡泊湖瀑布,雲貴二省瀑布,西江,東江,北江,閩江,贛江,湘水,沅水,漢水,嘉陵江,岷江,烏江,盤江,錢塘江,甌江,永定河,松花江,諸河之上游急灘,及其他瀑布等。凡此諸水力所在地,雖經初步視察,均屬信而可徵,然其歷年水文紀錄及詳細測量,除極少數已開始工作外,餘均一無憑藉。又水力之所在,往往與市場相隔甚遠,經濟之運輸,非俟有鉅量之電力及甚高之電壓不可。故水力發展,必待熱力電廠發展至相當程度,始有希望。惟吾人苟欲十年後享其果,今日必先種其子,此各處水力測量之所以急不容緩者也。

在此各大河流瀑布舉行測量及水文記錄之時,其爲量較小,離市場較近,發展較易獲利之小河流及小瀑布水力,儘可先行舉辦。如此不僅可以節省燃料,減輕成本,(成本之是否減輕,須視各處情形而定,往往水力成本有高於熱力者,) 卽對於工程人員工匠之熟習,經驗之增積,將來鉅大工程之預備,均有甚大之利益,而爲吾人所不可忽者。目下除雲南昆明,四川瀘州,福建永春,三處水力廠外,已在籌備進行者,有吉林松花江上游之造紙廠,貴州省城附近南民河電燈廠二處。其略具計劃,規模較大,而尙在測量中者,則有廣東英德之翁江,又浙江蘭谿之錢塘江二處。今人動輒侈談水力,謂中國有無盡藏之水流容量,可以取之不竭,不知中國水力地點,均屬離市太遠,十年內之建設,勢必仍賴煤力爲之先驅,此不可不明辨也。

其次余欲鄭重提出者,乃爲今後之發展,必將以現在電力集中之各城市爲中心點,循序向四周外綫推進,決不能憑空於一指定之區域設一大電廠或一電氣網,便可使荒蕪立變繁華。蓋電氣與其他商品不同,必有一度之需求,始有一度之生產,雖多備發電量亦足以引起企業之興味,然其中相互之關係甚多,非僅一方面

所可操制。茲將中國各電力重心地點依其大小列舉如下表,以供研究:

(一)上海(大小八廠)	211.000瓩
(二)撫順瀋陽(二廠)	102.000
(三)大連(三廠同一管理)	35.000
(四)天津(三廠)	27.100
(五)北平(三廠)	23.800
(六)廣州(一廠)	22.700
(七)蘇錫常(三廠)	20.800
(八)九龍(一廠)	19.500
(九)武漢三鎮(五廠)	16.700
(十)青島(一廠)	10.000
(十一)哈爾濱(二廠同一管理)	8.950
(十二)杭州(一廠)	7.000
(十三)南京	6.000
十三處共計	511.050瓩

以上所舉電廠,均係電氣公用事業。如撫順發電廠,北平電車公司,及浦口機廠,亦屬兼營對外供電,故並列之。至如開灤礦務局之發電廠,及青島上海各紗廠之發電廠,其容量雖有可觀,因與售電營業無關,故不入本表。撫順,大連,九龍,雖均在英日帝國宰制之下,與我國幾不發生關係,然土地主權仍在我而不在彼,吾人盱衡電業全局,決不能放棄此三處,以為非我所有,即可不談也。

細閱上表,最觸目驚心者,厥惟首列三廠,皆為外人所設。我國自設之廠,與彼大小懸殊。上海電力公司十六萬一千瓩,撫順煤礦發電廠九萬二千瓩,大連南滿電氣會社三萬五千瓩,其規模之宏大,管理之完善,均為中國電廠所不及。天津三廠,一屬於比商,一屬於英工部局,一屬於日租界而我國人無與焉。目下尚有收回之可能,而為中國政府人民所不可忽視者,惟天津比商電車電燈公司

及靑島之膠澳電氣公司。靑島公司之股權百分之五十四屬於華商,而華股東反成傀儡,事權全落日人之手。其營業權尙有十一二年,滿限我國卽可備價收回。中國廠家,以廣州爲最大。(在增加六千瓩新機後)北平電燈公司及上海閘北公司次之。上海華商公司及漢口旣濟公司又次之。諸廠辦理均未能盡善,而廣州竊電之風尤甚,公司聲稱電度損失在六成以上。北平及上海閘北負債均屬過鉅,發電成本遂亦因之增高。若論管理之得當,及設備之適宜,則較小電廠如浦東電廠,吳興電氣公司,蘇州電氣廠,及戚墅堰電廠,尙可爲庸中俊俊也。

　　目下尙無所謂電氣網。惟電氣網之組織,爲必然之趨勢。廠家中雖有誤會以爲電氣網卽侵略工具者,不久自可冰釋。現在電廠之聯絡供電,以多濟寡者,如上海電力公司之於閘北,上海華商之於浦東,戚墅堰之於武進,撫順之於瀋陽,北平電車之於北平電燈,皆已習爲故常,不以爲異。不經濟者少發電,經濟者多發電,此爲顚撲不破之理,而亦電氣網之最重要之理由也。就余個人之所見及,以下七項當爲最近數年內應有之發展:

(一)北平電廠與天津電廠,以十萬伏高壓線相聯絡,增加雙方發電量,並加築平津高速率電氣鐵道。

(二)以瀋陽爲中心,增加發電量,加設輸電線,以達四周縣治,與撫順電廠競爭營業。

(三)以漢口爲中心,四圍發展,使武漢三鎭連成一片,益臻繁榮漢陽鐵廠機力亦可利用聯絡。

(四)以杭州上海無錫南京爲四基點,分別增加發電量,擴充輸電線,沿京滬杭鐵道各廠加入合作,使太湖流域一帶區域儘量電化,成一模範電氣網。

(五)以廣州爲中心,東南聯九龍,北取翁江水力,西通三水江門,輸電線用十萬伏。

(六)各地電氣公司盡力改善發電配電現狀,並設法擴充。

(七)各地小電廠仍可繼續增加,惟須注意燃料來源及設廠地點是否適當。

總之,建設事業不可揠苗助長,亦不可因循坐誤。假如時局安定,宇內昇平,進行建設固宜加倍努力,萬一戰爭及飢饉仍不能絕跡,吾人亦斷不可因此灰心進取,仍須持之以堅忍,步步為營,不忘前路,則革命建設方有希望。余於結束本文之前,尚有以下三點,敢為中國電業界貢一得之愚者:

(一)目下五十週波之週率,不僅在各電廠中佔多數,且已經建委會定為標準。電壓方面,各方亦有標準化之傾向。此後電業發展,深望各廠能尊重法令,舉國皆歸一致。

(二)營業區域近來常有紛爭,其故皆因忽視註冊手續所致。國內電廠五百餘,而註冊者不及四分之一,以後聯絡供電之廠數增多,此種問題,將更不易解決。故地方政府及社會方面,均應設法取締不註冊之電廠。

(三)上海天津瀋陽三處之地方政府及商民廠家,均為抵禦侵略之前線軍隊,亟宜消除成見,盡力集中人才資本,整頓內部效法他山,以為對抗或收回之準備。此外更須牢記,此三地者,乃我國南北之電力重心,負前線戰鬥之責任,斷不可懈怠職守,輕易放棄陣地,以貽後日無窮之憂也。(完)

電機工程上絕緣材料之研究摘要

周仁齋

秦王島柳江煤礦鐵路有限公司

（一） 雲石

雲石 (marble) 為電機工程上之一種天然的絕緣材料,為一種單純的水成岩,可是有時在火成岩附近發現。

雲石容納潮濕性極大,如果浸入水中二十四小時,差不多要增加 $\frac{1}{4}$ %。耐熱性亦不高。如果溫度繼續超過100℃以上就會破裂。感彎力每平方公分由一百二十公斤至三百公斤。牠的透電性質,因為牠係一種天然產品,沒有固定一樣的,牠的主要用途,為發電廠中之配電板,除卻盡了配電板作用以外,因為牠的光澤晶瑩,可以使管理者得很多快感。現在牠已經做了電壓100000V之配電板。因為牠的性質的原故,德工程師限制如下。

(一)石板未磨光之面,應塗適當之油漆一層,以防潮濕。

(二)礦山井下之石板如雲石,璃石,等,只限于油內應用。

故製造配電板時,後面應塗油漆一層。一切鑽成之孔內,亦應塗油漆。

在戰艦上因為放炮時船體之震動,常致碎裂,故禁止使用。商船上小配電板則常用之。

歐戰前因其價格過高,戰時又以封鎖關係,故有企圖用石膏,明礬,雲母粉,璃石粉,水泥等製造人造雲石,惜以材料強度太弱容納潮濕性太大,故至今尚未成功。

（二） 雲母

4279

雲母(Mica)為極貴重的絕緣材料。中世紀的鍊金術家卽注重他。為一種雙層結晶體,分割之可得無數之薄片,因此得到千層紙的名號。硬度在二.一至二.五之間,比重為二.七六至三.一。熱漲係數 = 0.000003 , 所以冷熱均受不到影響。用之於電機工程上者有三種:

第一種為 Mus howit, 係一種鉀鋁二矽酸鹽 (Kalium-Aluminium-Doppel-Silikat,)發微紅色,白色或者綠色,有時亦帶褐色,有時透純淨明,有時帶紅色或黑色斑點,並帶條紋。熱至 600—650℃ 時卽變白色。

第二種為Phlogopit 為一種極複雜之鉀鎂鋁鐵二矽酸鹽 (Kalium-Magnesium-Aluminium-Eisen-Doppel-Silikat)結晶水較第一種為少,而耐熱力極高。熱至 600—650℃ 時,感不到甚麼。而耐熱力儘可到900—1000° C。顏色如琥珀,黃的,紅的,純淨透明的,以至微紅的。故高熱之器具均喜用之。

最次為Biotit,化學成分更複雜。於電機工程上沒有特別需要,顏色發暗,甚至全黑。隔電性質,變化異常,時有錯誤之弊。

至美國所產的,品質極優,更純淨而透明,他們叫做 home mica 或 domestic mica 只供全美國工業之用。

(三) 石棉

石棉(Asbestus)歷史最古,羅馬之墓地內,發現他的織造品。他在高溫度下的材料性質 Dr. Bayer 曾經試驗,以純粹白色石棉之織物在 300℃ 時為最佳。可是青色石棉,若兩次加熱,則其強度約減百分之二十,容納潮濕性極高。

電機上及開關上防火物都用石棉紙板、做胎。用他製造保險塞(fuse plug)成績甚佳。如果用洋灰作粘料,做成石棉青石(asbestus slate)可為耐火及隔電之建築材料。有一種特別絕緣材料叫做 (gummon, Amberoin)的卽係石棉纖維加上石腦油(Asphalt)瀝青(pitch)及人造樹脂造成的。其材料強度極高,且耐熱性極大,如果加上彈性橡皮(Caoutchouc)則造成所謂之 Vulcanized Asbestin 絕緣材料。

（四）　木材

木材爲絕緣材料之一,隨處可以取得。當用電壓65及100V時,都喜歡用牠。然終以容納潮濕性太大,且易於燃燒,故用高壓時日受排斥。然電機工程上終不失爲重要材料。因爲容納潮濕性太大,德工程師會對用木材有限制:

『凡木材及纖維材料(fibre)如做絕緣材料,應在油內及適當絕緣物內浸過,方得應用』。

安裝電線時普通用木板做墊,因恐發生短流而致火險。德工程師會亦禁止使用。卽爲電氣鐵道之目的而應用時,德工程師會亦有下列之規定:

『在電氣鐵道上爲使乘客無虞起見,在電車上所裝置之絕緣電線,應間接的裝於木材上。卽使木板爲墊,同樣用途者,亦同樣辦理。』

木材雖以上述原因,用途頗爲限制。然經過油類之浸透,在電機製造上,仍保留相當之地位。油開關及油冷變壓器上,尚有用之爲絕緣材料。卽在透平發電機上之旋轉子線包,也用牠做填料。

（五）　雲母製成品類

卽Micanite,暫譯作雲母紙。第一因爲雲母價格太高,第二因爲雲母尺寸從沒有逾三百公分的緣故,所以竭力將雲母用人工方法擴大。其法係將雲母剖成薄片,用一種膠質黏於紙,洋紗或絲綢上,再用機壓成需要之尺寸。牠的性質當與雲母同,而因膠質的關係,其耐熱性稍減。

（六）　橡皮類

橡皮種類甚多,普通分爲橡皮(Rubber)彈性橡皮(gutta percha 及 Balatao guttapercha) 的比阻爲 400×10^6 Megohm。Werner Siemens 實發現其可塑形特性,爲製電線之絕緣材料。1843 年 Faraday 氏證明其絕性。1847 年西門子則用以製 Berlin-glass beeren 間電報線了。至 1849 年歐洲大陸至英國之海底電線,用以爲銅線之包皮。今則用爲製

電線之重要材料。普通電線上之橡皮，多加硫質，惟硫與銅接觸，則發生硫化銅。故紫銅線上需鍍錫以防護之。

（七）　陶瓷類

在電機工程上，陶瓷類的絕緣材料，第一種當推瓷器 (Porcelain。磁器的成分為陶土，長石，石英。大概分成軟硬兩類，用之于電機工程者僅為硬磁。第二種當推玻璃，因為 Glass 普通的意義，係融化以後，以不結晶形式(Amorphous)而凝成之材料。如德之學者歸併于陶瓷類。

（甲）　瓷器

第一種成分為陶土或高嶺土熔點在 1600—1800°C，第二種為長石其熔點約 1200°C，第三種為石英其熔點為 1700°—1800° 而燒時之溫度在 1350°—1450°C，故恆未全熔。用之作瓷瓶(Insulator) 始于1850年間之 Werner Siemens 銅線置于頸縫之上，其形狀至奇異。經過多少專家研究，始於 1858 年始造成雙衣瓷瓶(double Petticoat Insulators) 到現在瓷瓶之樣式，已達數千種以上。Pin-type Insulators, 能負担之電壓已達88,000V。而普通情形電壓在 66,000V 以上，均用一種所謂 Suspension Insulator。

（乙）　玻璃

玻璃做絕緣材料，實甚限制。其主要用途為X光線器具及真空管與 Condenser。美國有用玻璃做瓷瓶者，然以其易脆與不能抵抗冷熱之急劇變化，日就淘汰。

（八）　纖維類

紙為纖維類絕緣材料，製造發電機馬達變壓器等殆為極重要之材料。尤其在電纜工程上，用量極多。牠的隔電強度 Schwaiger 氏用 0.46公厘厚之紙，在試驗以前，置於 10 % 及約 100 % 之相對濕度下二十四小時。置於 10 % 濕度之下的透過電壓為 5700 V，而置於 95 %，則 1800 V，僅及前數三分之一。故製成優良之絕緣材料，須用天然的或人造的膠類，油類浸透，使不受大氣之影響。所以浸透，

材料,實決定絕緣紙隔電之程度。

(九) 膠類

膠類在電機工程上爲絕緣接合劑,上述各種固體絕緣材料,均須賴之。種類極多,天然膠類有限,最重要爲石蠟(paraffin)虫膠(Shellac) Bakelite"Cellon"-laCo. 其性質能耐潮濕酸鹹。其表面阻力及體積阻力亦大。

(十)　油類

植物油類以亞麻仁油爲最有用,以製造絕緣之油布油紙。係由亞麻仁子壓搾濾清而成,爲帶脂質之黄色油,比重約0.93。熱130℃時便沸騰而起分離。普通可以繼續加熱至100℃, 最高可加至230℃至 250° C, 至 350° C 時便燃燒。至耐高熱之石棉紙時,德人近有利用中國之桐油的,其法尚祕而不詳。礦物油類以供變壓器及開關爲大宗 Asphalt 用爲高等絕緣膠類之原料,及電纜接頭盒內填料之原料。礦物油類用之於變壓器及開關內者,其隔電強度爲100KV/cm比重在 20℃ 時不得小于 0.85 或大于0.95。其燃燒點須在145℃ 以上。亞麻仁油隔電強度每公厘爲8000V。

結論

絕緣材料在電機工程上,其重要不亞於金屬電線之傳電體。德國從事這種材料的工人,竟達六萬人,德工程師會復設專門委員會分組研究,計包含非橡皮壓成之絕緣材料,外面及粘著材料,天然石類及其代用品,陶瓷類,橡皮類,纖維類,及浸透與石棉材料,膠類,油類各組,蓋深知此後電機的效率和經用,純賴于絕緣材料之進化。本文只就表面略加陳述而巳。

對於國內電話事業之商榷

楊叔荄　顧谷桐

（1）　概論

　　玆自電話發明五十餘年來,歐美人士,孳孳於斯業者,本不自滿足之心志,日謀事業之改進。試驗室中,會集羣彥,深思而廣求,一旦有成,必推陳出新,以裨益社會。如是積日累月,猛進無疆,使目今之電話效用,無遠不及,雖隔重洋,交談不啻一室。四海一家,洵稱巧奪天工者矣。

　　美國電話事業,其發達更爲世界各國冠。作者目濡耳染,深佩其事業之偉大,應用之普遍,我國確有可資借鏡之處。惟美國經營已數十年,我國建設事業,亦非一蹴而能成功。分段工作,分期完成,亦須先有系統之規劃,始無雜亂之謬誤。電信交通於國家,譬如血脈於人身,所重要者,在乎聯絡。若各不相謀,必致如脈絡之不能貫通,障礙叢生。爰建議建設之初,須先會議,確定建設方針,俾求事事合於需要,將來收臂指之效。

（2）　會議制建議

　　美國電話,均歸民營。美國電報電話公司,(A.T. and T. Co.)堪推巨擘。該公司包括倍耳試驗所(Bell Laboratories),西方電汽公司 (Western Electric Co.)及諸多倍耳電話公司, (Bell Telephone Co.), 供給全美國電話百分之七十三。其長途電話方面,發明創作,更爲全球所宗仰。其內部組織,約分三部,發明改良,集中於倍耳試驗所製造配合,歸西方電汽公司,裝置後實用,乃由倍耳電話公司司其營業。雖科學進

化,時有興替,然大體方針,必先確定。嘗之市內電話,必預測二十年社會之進步,規定何地用磁石式,何地改共電式,何地改自働式俾可按序而進。其於長途電話,則按營業之發達,計劃何段用明綫,何段改用架空電纜,何段改用地下電纜,以便逐漸施工。更於全美國選定長途八大彙接點,一百四十七小彙接點,二千五百七十六長途轉接局,俾各地用戶,得長距離通話。無論東隅西陲,至多經四次之轉接,而路綫上損耗,亦限在二十二旁倍(D. B.)之內,足徵設計之煞費苦心。一言蔽之,則政策出於一貫,工程實施乃精密詳盡,無往不宜也。

我國歷年政局不定,電話事業,瞠乎人後。目下能急起直追,正可借助他山,迎頭銳進,採其所長,坐獲科學最新之效能。惟欲謀遠大計劃,端在集思廣益。我國雖不能如美國電報電話公司之集中組織,亦當合全國之力量,謀共同之需要。博採周諮,共趨正鵠,使地方之事業,成爲全國建設之基本。將來聯絡貫通,痛癢所關,而經濟材力,得用於最確當之途,不致疊床架屋,鑿枘不相入,此則有待於會議制之採用。

我國市內電話,分民營國營兩類,界限分明,素不相爲謀。在此建設時期,實有互相聯絡,共圖改進擴大之必要。目今通話範圍,雖屬有限,將來發達,須謀通聯四海而無阻。故攷慮未來之情形,一切設備須精求,種種問題宜研究。且當今機件未能自造,人工機與自働機,悉仰給於外人之秋,不能有試驗所如倍耳之發明創作。對於使用效力之增高,環境之適應,至少當有確切之見解。鑒別外洋之文化,選用於國內,使建設之進行,不入於岐途,非舉行會議,不可得各種之商榷。

長途電話之建設,近年來風起雲湧,自屬建設之好現象,加惠民生,良非淺尠。惟大綱計劃未立,各自爲政,卽爲局部計之效力已高,爲全國計未必能盡善。苟能詢謀僉同,而確定全國計劃,於彙接點及支幹綫,均有根據,於路綫設備及材料,均有標準,通力合作,雖

累寸積尺而成之，將來亦能一氣呵成，互相實通。否則祇圖目前，隨後再謀連合，勢必互謀救濟，削足以就履，實非建設經濟之道，此又為會議計劃時統籌全局不可一日緩也。會議告成，計劃確立，各事有遵循，建設能確當，謀及遠大，造福將來，關係之互，無待乎言矣。

（3）　市內電話商榷

美人對於電話，已為家庭之必需，市廛用戶之繁密，更不必論。如芝加角一埠，人口有三百卅萬，電話有壹百萬，人口與電話，幾為一與三之比。普通城市，亦頗多一與十之比者。攷其發展營業方針，可歸納於二點。即推廣用戶之合用雙線，及工程實施之講求，使用戶常覺話務之滿意，而日感電話之需要。

我國電話營業，頗多注重月費收入，而輕忽話務上改良者。用戶多非怨之辭，營業亦難求發達。至於外線工程，更多不注重基本工作。嘗有敷設未數年，而桿線已失其常態，障礙頻仍。材料損失，用戶之責難，自在意中。爰就在美聞見所及，擬提建設之商榷者如下：

（a）提倡用戶合用雙線制

用戶合用雙線，振鈴不相紛擾，話費可以減低，營業可以激增。話局用戶，兩蒙其益，美國成效早已卓著，我國亦宜倣用。建設之經濟，事半而功倍。增進話局之收入，擴大用戶之範圍，無待加高用戶之話費，而獲利多矣。

（b）講求外線工作

美國桿木，現正提倡應用克利沙（Creosote）浸養全桿，得延長壽命一倍，使可經四十餘年之用，至鎮線一項，已摒棄不用，緣其易於銹蝕，傳電不良。夫建築時成本減輕，固屬重要，然稍一疎慮，為永久計，即覺用鎮線之得不償失。觀美國各電話公司，植桿之深度，電纜及明線之安設，均準規矩而行之，故其工作精良，平日更能善事維持，及逢內部機件更換時，外部線路無須澈底更張。我國情形，以各地範圍之大小，官商辦管理之不同，注重外線工作者固亦有之。而以目前苟安為計者，恐亦不在少數凡事業發展，端賴經濟，而外線

關於經濟之出入,至重且大,實有不可忽視者。

(c)採用疊複式路綫支配(Lap and Multiple Distribution)

美國於市內電話,早盡量減少明綫,多用電纜,尤多用十對及十五對分枝接頭箱,直接分配用戶。如是電纜經過之區域,沿途盡量分枝。每對綫在各分枝箱複疊之次數,視需要程度而定。故電纜內銅綫,於遠近左右之應用,可謂盡伸縮之能事。我國習慣,皆於適當地點,用較大接頭箱,將電纜綫分出,復用明綫轉接,以便分配於用戶。綫路移用之效力,不如遠甚。若採用疊複式支配,根本減省轉接明綫,間接減少明綫發生之障礙。而最要者,在電纜電綫得完全移用於所經過區域,獲到最高之效力。更若與電燈事業合作,則懸電纜於電燈桿,美國亦已成慣例。省用桿木,經濟之道,而路政之美觀猶其餘事。

(4) 長途電話商榷

眞空管之發明,實關電信事業之新紀元。應用眞空管轉電器,(Vacuum Tube Repeater),使建設經費大形減省。目下美國,更推廣長途電纜之應用。長綫路亦用十九號銅綫通話,自紐約至芝加角中間綫路,已用電纜,沿途安裝轉電器及載量圈。(Loading Coils)。對於架空綫路,更得因用眞空管而盡量採用載波傳送。其新設計,棄用幻通綫路(Phantom Circuits)。改換綫距,(The spacing between insulators),於每對綫上,加用載波電訊三路,使二十對銅綫上,可有電話路七十,電報路八十之多,較之舊有之電話路五十四,電報路八十,增多不少。

以言其營業,近數年來長途通話異常發達,已爲美國各地電話事業收入之大宗。攷美國電報電話公司 1928 年比較 1929 年紀錄,紐約芝加角通話次數幾超兩倍,紐約舊金山通話,且超四倍。觀其業務之發達,由於設備之改良。蓋 1925 年統計,平均長途接綫手續時間爲 6.9 分,至 1928 年,則爲 2.6 分。機件改進,至堪驚人。

我國幅員,與美國相彷彿,然情勢各異,設計當亦不能強同。全國之聯絡,自非一日之功,進行亦較爲困難。惟大綱計劃,苟能早定,

按步驟而行之,日後當收水到渠成之効,長途電話最新設計,尚非急需。酌酌情勢,對於工程設計,覺有可商榷者如下。

(a)長途電話綫上加用電報

我國有綫電報事業,有五十餘年之歷史,成績斐然。近年來受各國科學猛進之影響,及無綫電傳遞之競爭,頗有落伍之感。有綫電話在美國,已有相當發展,故無綫電難以爭長。睽之我國情形,有綫電報大部桿綫,將近更換時期,而無綫電事業方興未艾。今同在建設時期,惟有增用長途電話之副業。(即指電報利用長途話綫。而美國有此名稱),以謀有綫電報之發展。

報話綫路合用,在美已非一日,我國尚少採用。今謀建設長途電話之時,即應及時利用合組機件(Composite Set),附加電報。每對話綫上,加通電報路。斯則長途電話完成之日,即電報改良之時。蒼有桿綫,雖逐漸廢棄,電報之通訊,不生阻礙。既爲副業,報費低廉,普惠民生,發達營業,効莫大焉。

(b)電話載波制

美國新C式載波制,在同一對綫,除原有通話路外,可加增電話路三。近年來極力擴充,1928年底,應用載波者,約達二十三萬路里(Channel Miles)。話費減低,營業發展,應用載波,寶有以促成之。惟多路式載波制,機件之繁複,載波交叉(Transpositions)之改換,隔電子之改良,載波轉電器之配置,價值奇昂,方今中國長途電話事業幼稚,發展尚須年月,採用未免過早。如遇二三百哩之綫路,話務繁增,營業發達時,能應用單路D式載波制。即一對綫於尋常通話外,多一載波話路。則用比較經濟之代價,而可謀話務之發展。於原有之幻通綫制,並不發生關礙。且機件有移用各地之便利,可適應營業之盛衰,而隨時增減話路。

(C)電報載波制

美國高週率載波(Carrier Frequency)電報,爲壹對綫於通話之用外,可有十條高週率載波報路,兩條直電流報路,近年來應用之普

週率載波（Voice Frequency）電報通用於電纜內銅綫，壹對綫亦可得十二條單向載波報路。惟兩種均屬精細之設備，非週路遙報忙，添綫路則所費不貲。不改革則營業損失，利用載波制，乃得相當之利益。若國內報務正在改進之時期，人民對於電報，尙多存不得巳而用之感想，則不妨暫緩採用，祇作爲設計建設時之一種參攷，遙爲將來之計可也。

（5）　製造設計

電信建設，需用機件與材料，事事仰給外人，則利權外溢。若必待自造而自用，則建設計劃，祇得停滯，不免因噎廢食。爲今之計，於規定進行外，製造設計，實覺刻不容緩。首宜自謀製造者，爲銅綫，其次爲機件。

市內長途電話應用之範圍，雖値歷年時局之不靖，發展不可謂不速。每年用銅綫總量，合全國計之，其數可觀。試攷其來源，不運自歐美，必來自東瀛。預料將來銅綫電纜之應用，必日益增加。諺云「逝者已矣，來者可追」。爲挽囘利權而謀抵制外貨計，惟有自造一法。設計之步序擬第一步爲裸銅綫，第二步爲橡皮絕綫銅綫，第三步電纜。循序而進，輕而易舉。若更推而廣之，電燈電車電力種種事業，莫不有所仰賴。自造成功，可塞無窮之漏巵。

我國人工低廉，製造機件成本之輕，自意中事。然一則專利權有關係，再則科學與日俱進，製造不能守成規。故大規模機件製造，有與外人謀合作之必要。茲事體大，必相機而行。目下須研究者，爲修理與出新工作，化無用爲有用。遇某地電話範圍推廣，改換新機時，舊機卽有出路，可適用於次等城市，亦無形中增進建設事業也。

（6）　結論

我國方言，各地不同，相隔稍遠，宛如異國。在海外遇遠省同鄉，常用英語，方能領會深感痛心。將來交通擴充便利，全國長途通話，深信有潛移默化之效果，普通國語，自能通行全國，豈不快事。人之習性，多交接，少隔膜，增進友誼，鞏固團結。和平之永久，事業之發達，

均有賴於交通之便利。此所以各國均著意進行,不遺餘力,而我國尤不能不兼程圖進者。

建設電信事業,所重要者,端在實際工作。計劃易,實施難。僅謀一時之通話易,兼圖將來之利益難。稿謂一桿一綫,基本工程,實不容忽視。美國電報電話公司之工作,事事有規矩,不絲毫苟且,實大可作法。國內建設範圍日益廣,需用工人日益多,對於綫路電纜兩項,實有與工人切實訓練之必要。否則恐失之毫釐,差以千里。若基本工作,合法堅固,實於無形中增高建設之效力多多。

當此建設時代,參證歐美,謀全國之開發,福國利民,實利賴之。惟百廢待興,事有先後,實施宜謀合理化,所望秉軸諸公,酌酌緩急,謀事業之集合,與民力之相符若惟高遠是務,雖亦為國家大計,然每使事業過剩,恐生難乎為繼之嘆。

作者自審學識經驗之不足,所論亦不敢云盡善。惟略有所見,不能已於言。芻蕘之獻,聊貢建設諸君子採擇云爾。

野戰砲之新研究

莊　權

軍政部兵工署

當十九世紀最後十數年,歐洲各國輕砲隊中猶以統一式砲為其主體。自德國採用榴霰彈砲後,輕砲隊中統一式主體砲之原則無形推翻。自此而後,添造新式各砲之需求,至歐戰爆發之時,益覺其迫切不可緩。故歐戰期內,在輕砲中絡續發現各種新砲,如步兵砲,防禦戰車砲,防空砲,山砲等等有若春筍怒發,勢不可遏。而砲類零亂,亦至此為尤甚。

砲之種類旣驟增,各種軍火及其附件,在後方之聯絡供給上亦驟形繁雜。同時訓練與指揮及製造方面,均感困難。歐戰告終之後,各方遂覺有重加研究之必要。其研究之問題,要不外乎下列二項:

(一)　輕砲種類是否可以減少?

(二)　另造一種砲式,兼備野砲與野戰榴彈砲及防空砲之功效。

目前對于二項問題之進行,其步趨亦各不同。如改造普通式野砲以合防空之用,蓋將來戰爭決非平日備有之防空砲,能禦空中之襲擊。而法國赫爾氏(Herr)主張野砲不用開脚式,平射角度限制至二十度,則重量減輕,製造簡易。李梅何(Rimailho)氏主張所有野砲,祇具昂角,以轉盤為砲架,俾平射角度可至三百六十度。其射擊指揮之用具及隨從士兵,則以另備之觀測車載之。與李氏主張相同者,為英人洛赫氏(Loch)洛氏謂輕砲隊而具有指揮防空能力

則砲架必須用轉盤式。此轉盤式之砲架,於一九二三年在Saint Char-
mond 已經試造成功,共有轉盤二個,以一載重車載運之。砲之口徑
爲七‧五公分,昂度七十,平射度三百六十。並謂此砲最宜輕砲隊
之運用。美國去年在 Water town 亦造成相似之砲一尊。

　　綜觀各國研究野砲之趨向,或以舊改新,以求急合乎兼用。或
減輕重量,以利乎運輸。或舍其重量,而廣其用途。而適合乎將來之
需求與否,今猶未能遽加判定。所謂將來砲類是否可以減少,另造
新砲是否能兼備各砲性能可作統一式者,蓋須以下列各點,能否
鎔冶於一砲之上,爲其準衡。

　　(一)戰場上各種遊動目標,如戰車,鋼甲車,及牽引車之砲兵,載
重車之步兵,與夫騎兵及飛機等,風馳電掣,追逐奔騰,斷非現在野
戰砲所能周旋其間,以謀應付。其原因不僅在砲筒與砲架之構造,
而在射擊指揮用具之欠完備。現在砲兵射擊計算各要素之方法,
於遊標射擊,甚覺遲慢費時,故射擊指揮之用具,須根本改革,以圖
增高射擊命中率。

　　(二)現在野砲或用馬輓,或用牽引車拖曳,其速率若過二十四
公里,則砲架易壞。社會上所用之一般載重車,其速率已遠過此數,
故砲架運動,不論其在大道或在原野,其速率至少與載重車相等。
砲架勢必依據新條件研究製造,以增加其運動性。

　　(三)砲上必備有高射設置,以便隨時轟射飛機。

　　(四)砲之重量須竭力減輕,或由砲之本體上,或由其輪座上設
法,以助長其運動性能,則凡步兵師團所到之處,砲亦可以隨往。

　　(五)砲門開闔須具自動之機械結構,以增其速發數量。

　　(六)射程須合現在最新之野砲,約一萬五千公尺左右。

　　凡此六大要點,爲研究將來野砲最切要之問題,殆無疑義。蓋
將來砲類之統系,與砲兵師團之組織,胥於是以決定。其影響所及,
誠至深且鉅。故歐美各國莫不孜孜研究,以期其成,現在各國新出
之野砲,在彈道上,結構上,均有相當之優點,如射程加大,平射角及

俯昂角增大範圍,軸輪加用彈簧,減少震盪,提高運動性能,並可曲
射與直射,命中精度有增加至一倍以上者,固還非十餘年前之野
砲所能與之比擬。然其進步各點,都屬局部改良,仍不足以解決整
個問題。所謂砲類是否可以減少,或另製砲式,彙備各種性能是也。
而環觀大勢所趨,現在所謂新式者,乃為過渡時之流產品。其完成
之結晶品,當在數年之後,其地或在美國。美國於野砲素極研究,尤
極努力於整個問題,茲略述如下。

　　美國試造新式野砲七‧五公分口徑,彈重約六‧八公斤,初
速約六百六十三,射程可達壹萬三千公尺。砲之全重為二千六百
三十一公斤,用牽引車拖運。砲架軸內裝滾珠,架輪用橡皮,其氣胎
保護甚妥,釘針不能侵入,若遇沙地或泥地,可用雙輻橡皮,以增加
着地面積。據拜納斯氏(Barnes)之研究,謂此試造之砲架橡皮輪,地
面所受壓力僅0.486kg/cm²,而法國七‧五公分野砲地面所受壓力
為0.964kg/cm²,故其地面運動性較現在一般砲架為佳。

　　此砲備有兩種射擊方法其一,當拖運之際,一分鐘內可以裝
妥射擊,平轉方向至九十度,昂度可至八十度。砲架用槓桿托住,俾
射擊時之退駐力直達於地面上,使其機件免受過分之震動。其二,
若遇飛機來襲時,立即拆去軸輪及槓桿等物,在四分鐘內裝妥,開
始高射。

　　在此試造之砲架上,射擊指揮用具之佈置,殊為新穎,當攻擊
陸地遊標時,則用週視望遠鏡,角度器,及精密計算機。當間接射擊
時,用總測器,均可遠隔操縱。每尊砲上備有方向針,其上下左右由
射擊司令處用電操縱,以指示士兵,遵照方向,移動砲位。若欲攻擊
空中遊標,用立體測遠器,測高器等。砲位方向,可以隨時更易。用電
指揮所需電壓,約三十伏而次。惟遠隔操縱信管測合機,尚在研究
中云。全部指揮用具之設置,增加其速射數量,每分鐘至二十五發。
從前一切傳達命令之誤會,得以免除,使用亦殊簡易,故訓練時間
亦極短縮。鮑梯氏(Bauthier)謂此砲以戰術上論,殊覺優越,實為近代

最佳之野戰砲云云。總之，此試造之砲，於結構上，運用上，究屬如何，迄未詳細露佈，吾人無從詳定。容或尚有缺點，須待研究改良。然野戰砲之發展及其趨重之所在，不難瞭然也。

隴海鐵路靈潼段通車

隴海西路之靈潼段新工，建築歷時近七載，用款達九百萬元，中間因軍事影響，致全段中途完全停頓，不克繼續進行者，幾經三次，方克於二十年年終，粗具觀成。現時所定通車終點，因潼關穿城山洞工程浩大，須本年四月間方克完工，故尚不能逕達關西正式車站，暫以潼關東關外之後溝臨時車站為止。至各站設備及沿線防護散修工程，現尚在繼續進行之中。該段雖尚未可言全部完工，但行車既已跨達陝境，在我國從無鐵路線之陝西版圖上，於本年得占有一公里長之鐵路，未始非一可以大書特書之事。而同時潼西方面，亦在開始建築之中，將來穿過陝境，展達甘新，正以此一公里長路線為發軔。久感山川險阻之關中民眾，對此當更有甚於一般人之企望者。況西北幅員遼闊，赤地千里，森林蔽日，礦藏豐饒，隨處可以開發，徒以交通不便，無人顧問。茲靈潼段告成，由京至潼，約為一千三百公里，車行四十小時可達，將來於西北之開發，當有莫大關係云。

完成龍烟公司鍊鐵事業之計劃

胡 博 淵

一. 龍烟鐵鑛之歷史資本及鑛量

民國七年,歐戰方酣,需鐵孔般,鐵價高漲,爲從前所未有,業此者率皆利市三倍。又以漢冶萍本溪湖及鞍山等重要鐵鑛公司,其經濟權皆操於日人之手,而純粹爲國人興辦之鋼鐵廠,則尙缺如。政府及國民,鑒於鐵價之劇增,深信於彼時創辦鋼鐵廠,當爲千載一時之良好機會。於是龍烟鐵鑛公司,遂應運以生。公司之組織,爲官商合辦股份有限公司,各出股本二百五十萬元。官股由農商部及交通部分認,一次交足;商股就商方陸續募足。公司最初擬採河北龍關縣龎家堡之鐵鑛,定名爲龍關鐵鑛公司。嗣又於宣化附近,發現烟筒山鐵鑛,遂改組爲龍烟鐵鑛公司,計領有龍關縣境內之龎家堡辛窰兩鑛區,懷來縣境內之馬略口鑛區,及宣化縣境內之烟筒山鑛區,共計四處。鑛床夾雜於二十公尺厚之泥扳石與砂石層之間,其上下爲石英質砂岩石及燧石質灰石岩。宣龍區域鐵鑛,可分魚鱗形及腎形兩種,含鐵自百分之四十至六十,鑛量估計,約有一萬萬噸。我國除奉天弓天嶺與河北灤縣貧質鐵鑛外,其鐵之集中,鑛量之豐富,當推龍烟爲第一。去年地質調查所在熱河灤平又發現一豐美之鐵鑛,已由前農鑛部劃定爲保留區,將來亦可併入於龍烟鑛區內。龍烟公司之鍊鐵廠,則設於北平西郊之石景山地方。製鐵須用焦炭,其煉焦之煤,原計劃係取給於平漢路線之六河溝井陘等煤鑛。用北平附近之齋堂煤鑛,亦發現可煉焦之煤層,

4295

將來可與平漢路之煤攙合煉焦門頭溝至齋堂東之板橋，約六十華里，已經煤鑛公司自敷設有正軌鐵道一條。俟板橋至齋堂一段完竣後，即可就近輸送煤斤。至製鐵需用之石灰石，則取諸離煉廠二十華里之將軍嶺。

二.　龍烟鑛廠之形勢及位置

龍烟公司先着手開採宣化烟筒山鐵鑛，一切鑛場設備，均已完竣。由宣化至水磨經平綏路，築有正軌支線十七里，又自水磨至鑛場經公司，築有輕便鐵路，以便運送鑛石。嗣又着手經營煉廠及石灰鑛。龍烟煉廠則設在平西三十里之石景山，地勢平坦，廠址寬廣，居永定河畔，水源不絕，有平綏線之平門支路，經過其北。公司自造支線，直貫廠內。石灰鑛則在距石景山二十里之將軍嶺，公司從三家店車站築有正軌鐵道可以直達將軍嶺之鑛場，一切佈置，亦均就緒。煉廠與鐵鑛場，雖相離約百英里，然運輸殊屬便捷。縱觀上述鑛廠形勢，以平綏平漢北窩爲運輸之樞紐，交通自屬便利，原料之來源甚富，製品出口又屬靈捷。今因經費缺乏，致陷於停頓，殊爲可惜。苟能增加資本，積極開辦，嗣後再加以擴充，自不難成爲北方鋼鐵事業之巨擘，以供建設事業原料，挽回漏巵，此誠國內惟一最有希望之鋼鐵廠。總理實業計劃第六部，頗注意於北方煤鐵事業，而欲開發山西煤鐵。今在國庫未充之時，若先就巳具雛形之龍烟煉廠入手整理，揆時度勢，既係遵循總理之計劃，亦復輕而易舉，想亦注意建設事業之當局，所樂爲贊許者也。

三.　龍烟廠鑛巳有之設備

龍烟公司巳完成之設備，計有鑛廠三處，即烟筒山鐵鑛場，石景山煉廠，及將軍嶺次石鑛場是也。烟筒山鐵鑛沿山皆係露頭鐵鑛，挖出後，由輕便鐵路運至水磨堆存。從水磨至平綏路宣化站，巳築有正軌支線，可直接將鑛砂轉運至煉廠。烟筒山鑛場築有斜坡數重，接續下運鑛石，此外並有機器修理房，木工房，打鐵房，化驗室，轉運處，辦公室，寄宿舍，苗圃等一切設施，均屬完備。工人住房寬大，

可容工人二千名。鑛山附近植有樹木,可供鑛內支柱之用。民國八年正式開採,每日出砂七百噸,全年共出鐵砂十五萬噸。石景山煉廠除辦公室及職員宿舍等外,築有二百五十噸新式化鐵爐一座,(將來可增加至三百噸能率),熱風爐四座,係改良二道式。鍋爐房一所,內有維克司式鍋爐五座,每座馬力五百匹,蒸汽壓力可達二百磅,另附加熱設備,蒸汽可達一百六十五度以上,設備均已完竣。機力房一所,內有 20"×30" 那波引擎兩座,與二百五十基羅瓦特發電機兩座,直接相連。復有印媽索而倫特環轉打風機兩座,專備送風至化鐵爐煉鐵之用。又小空氣壓榨機一座,及凝水機水塔等。以上機力房之設備,大致均已就緒。另有洋灰高橋一座,上置正軌鐵路兩道,外來原料,由火車運至橋上,即倒卸兩傍地面。橋下有圓拱洋灰隧道,計長三百二十尺,寬十六尺,高與地平。鑛石原料,即由洋灰隧道頂門,放入道內,裝車經窄軌鐵道,拖至爐傍斜橋下,倒入鐵斗,絞至爐頂,傾入爐內。離廠二里許之永定河畔,建有抽水房一所,內有電力抽水機兩座,每座每天能抽水至二百五十萬加倫。所抽之水,即引入廠內大蓄水池。池之容量,為六千萬加倫。水中所含泥沙,在此池內沉澱。近機力房處,有九十尺高之鋼製水塔一座,旁有一小洋灰蓄水池,及化學淨水廠,抽水房等。大蓄水池內澄清之水,流入小洋灰蓄水池內,再抽至塔上,以供化鐵爐及他處之用。廠內有大機器修理房一所,其機械已運存廠中,尚未安置,他如材料廠,車頭房,臨時修理廠,木工廠,鐵工廠,均皆建設完備。將軍嶺灰石鑛塢,離煉廠二十里,有正軌鐵路可以直達。其由石景山至三家店,係租用平綏路之平門支線。其由三家店至軍莊,係公司自敷之路線,隧道橋樑,均皆完備。公司備有小火車頭兩輛,可以往來輸送灰石。鑛內建有公事房,寄宿舍。公司並可兼營燒灰,運煤,及包售石渣等事業。

四. 龍煙煉廠完成之計劃

龍煙公司除煙筒山將軍嶺兩鑛塢已經完成外,其石景山煉

廠建築工程,亦均告竣。惟各處水管,因經費關係,尚未裝置。此項水管工程,如各項材料運齊到廠後,約三四個月,即可裝安。假定各鑛廠同時工作,而鐵路車輛又不缺乏,每天由平漢路運煤六百噸,由平綏路運鑛石五百噸到廠,一面在廠地用土法煉焦,則廠內有三四個月之原料儲蓄,即可開爐出鐵。惟吾國生鐵銷路有限,若僅售生鐵,勢非輸出外洋不可。對內既失可貴之原料,對外又難與印度生鐵競爭,殊非計之得者。為吾國鋼鐵業前途計,應於石景山煉廠內,添設製鋼廠,以一部分生鐵出售,以一部分生鐵煉鋼,銷場既暢,獲利亦極有把握。茲按民國十七年海關進出口貨物報告,除各項機器不計外,進口各種鋼料,計六十三萬零一百五十六噸,價值銀四千八百三十二萬四千六百十一關兩。其數量可為分列如下:

十七年

種　　類	數量(噸)	價格(關平兩)
建築鋼材	117.771	6.813.225
鋼軌	114.783	7.232.429
鋼板	52.618	3.679.861
馬口鐵	49.438	7.680.543
瓦紋白鐵片	32.476	4.674.126
竹節鋼	5.335	433.452
生鐵	22.477	753.418
其他各項鋼鐵	233.258	17.057.557
總計	630.156	48.324.611

觀上表所載,如僅就鋼軌,鋼板,建築鋼材三種計之,已有二十八萬五千餘噸,而竹節鋼及其他小型鋼材,亦有二十四萬餘噸。龍烟現有化鐵爐一座,每年可產生鐵八萬噸。以四萬噸出售,供各處翻砂之用,銷路當能暢旺。以其餘四萬噸,專用於煉鋼,即每日可煉鋼一百五十噸,先就小型鋼料,如圓條,方條,扁條,小角鋼及銷路最廣之貨品製造,則市場確定,獲利可操左券。故欲龍烟煉廠之完成

須於原有之二百五十噸化鐵爐外，添建一百五十噸之製鋼廠及
副產物煉焦爐，而後公司對於製成貨品，可以不受競爭影響，易於
獲利也。

五. 完成煉廠之資本預算

(一)完成化鐵爐出鐵之預算：

　(甲)石景山煉鐵廠開爐前，應需之特別工程費用，如裝置鐵水管
　　及取水設備，完成機力房水塔，安裝大機器，修理廠房，油漆各
　　項爐座房屋，補鋪廠內鐵道，購囘火車頭，大吊車，裝置傳送電
　　力設備，購置應用材料等，以及修理煙筒山鑛場，將軍嶺鑛場，
　　暨軍三鐵路，至少約洋式百萬元。

　(乙)開爐化鐵時，應儲存三個月鑛石，煤，炭原料，及預備流動資本，
　　約共需洋式百萬元。

(二)增設製鋼廠之預算：

　(甲)煉鋼爐　建造五十噸鹼性馬丁煉鋼爐三座，連房屋，煤氣爐，
　　吊車，裝料車，鑄鋼場，提鋼錠機等，預算需美金壹百萬元。

　(乙)軋鋼錠廠 Blooming Mill　Cogging Mill連房屋，烘鋼錠爐，吊車，水
　　力，剪刀，汽爐房，原動力房，地滾等設備，預算需美金五十萬元。

　(丙)軋大型鋼料廠 Rolling Mill　連房屋，重熱爐汽爐房，原動力房，
　　地滾，熱鋸，剪刀，吊車，完成檯等設備，預算需美金八十萬元。

　(丁)軋小型鋼料廠 Bar Mill　連房屋，重熱爐汽爐房，原動力房，地
　　滾，熱鋸，吊車，完成檯等設備，預算需美金四十萬元。

　(戊)此外須附設修理滾軸廠，及擴充機器修理廠，電機廠等，預算
　　需美金四十萬元。

　　總共需美金三百一十萬元，合國幣一千四百萬元。

(三)增設副產物煉焦爐之預算：煉廠如添設副產物煉焦爐，可得良
　　好焦炭以煉鐵。其副產物如煤氣可以用於製鋼廠，以省燃料；又
　　黑油肥料汽油等可以出售。

　(甲)每日煉焦三百五十噸，(每日煉鐵二百五十噸以用焦一.二

成計共需淨焦三百噸)建副產物鍊焦爐二十五座,(每座每日鍊焦十五噸)連吸收副產物全廠設備在內,預算需美金一百萬元。

合國幣四百五十萬元。

綜(一)(二)(三)項計之,共需洋式千式百五十萬元。

六. 製品成本之預算

(一)焦炭成本:

用平漢路沿線之煤,運至石景山鍊焦,平均每噸洗淨煤作價洋八元。(連運費在內)每噸焦應需煤一‧五噸,合洋十二元,外加鍊費如左:

工資	一元八角
材料	二元二角(連吸收副產物應需之材料在內)。
修理費	一元
雜費	一元
折舊	一元

合爲七元,連洗淨煤十二元,卽焦炭成本,每噸合洋十九元。

按照每日用煤五百噸,除煤氣不計外,預算所得副產物如左:

黑油	十四噸	每噸價五十元
肥料	四噸半	每噸價一百四十元
汽油	四噸	每噸價二百元

卽每日所得副產物,共值洋式千一百三十元。

(二)生鐵成本:

每噸生鐵需製造成本如下:

鐵鑛	$ 8.00
石灰石	$ 1.50
焦炭	$22.80
錳鑛	$ 1.60
鍊廠用費	$ 6.00

　　　　總 管 理 處 管 理 費　　　　　$ 2.00

　　　　　　共 計　　　　　　　　$ 41.90

　　　　外 加 折 舊 每 噸 $3 即　　　$ 44.90

(三)鋼材成本:

　　　　鋼 錠 每 噸 洋　　　　　　$ 60.00

　　　　大 型 鋼 料 每 噸 洋　　　　$ 81.00

　　　　加 入 折 舊 每 噸 五 元 共 洋　$ 86.00

　　　　小 型 鋼 材 每 噸 洋　　　　$108.00

　　　　加 入 折 舊 每 噸 四 元 共 洋　$112.00

七. 售品餘利之預算

　　每年出售翻砂生鐵四萬噸,市價作為七十元。計每年可盈餘洋一百萬元。

　　每年出售完成鋼料伍萬噸,市價作為一百五十五元。計每年可盈餘洋式百八十萬元。

　　此外再加入煉焦副產物,每日餘利洋式千一百三十元,每年可盈餘洋七十七萬元。

　　總計每年可盈餘洋四百伍十七萬元。

　　前後所用資本總數作為三千萬元,即每年可分配利息一分五厘二毫。

八. 將來擴充計劃

　　龍烟鐵鑛公司將來須擴充至每年製造鋼料三十五萬噸之能力,適足供應現在全國需要鋼料之半數,俾成華北惟一之大鋼鐵廠。本此計劃將來擴充時,須興辦下列數事:

(一)添造五百噸化鐵爐一座。

(二)添建副產物鍊焦爐。

(三)增加碱性馬丁鍊鋼爐,並添建闆和爐,與倒焰煉鋼爐。

(四)增加軋鋼廠能力,添建鋼軌廠,鋼板廠,白鐵片廠,暨大建築鋼材廠。

(五)增加原動力廠之能力。

(六)與齋堂煤礦公司合辦採煤事業。

齋堂煤礦在河北宛平縣屬,蘊藏煤量,分烟煤,無烟煤兩種,皆極豐富。民國七年,商人呈請開採。經前農商部核定該礦為官商合辦之公司。先築門頭溝,至齋堂之鐵路名曰門齋鐵路。歷時數載,僅成門頭溝至板橋一段,計長六十里,而款已盡。齋堂居崇山之中,運輸困難,需先將板橋至齋堂一段鐵路完成,(約六十餘里)始可積極着手採煤工作。預計完成門齋鐵路需款約三百萬元。將來龍烟如與齋堂公司合辦採煤事業,以所採之烟煤供龍烟煉焦之用,則製鐵成本當減輕不少。門齋鐵路完成後,齋堂煤礦每日可採煤二千五百噸。

龍烟煉廠完全擴充後,其製造鋼鐵成本,較六項所預算者當仍減輕。

九. 結論

總之,龍烟公司實為中國最有希望之製鐵公司。此時任其廢棄,殊為可惜。是宜由各方協助,以完成之。照完成預算,共須增加資本式千二百五十萬元;而其中開爐製造生鐵之預算,則僅需四百萬元。此時可先舉辦出鐵工作,而同時籌備製鋼事業,分別緩急,次第舉行,庶幾易奏成功也。

擴充陝北石油礦之工程私議

趙 國 賓

(一) 緒言

石油之需要,在現在之中國,猛躍飛進,入口年值海關八千萬兩。反觀吾國所產,統計不過二三萬元而已。然而吾國產油區域不為不廣。新興之乾溜取油,將來在中國自佔重要工業地位。固非此間應討論之範圍;可以直接取油者熱河淩源縣,黑龍江臚賓縣,遼寧撫順之油頁岩外,當然為新疆,四川,貴州,陝西之石油礦。茲數處之石油工業,其具有根基者,仍以陝西為最。蓋新疆僻居西陲,交通不便;四川石油為火鹽之副產,量本不多;貴州新發見,其究竟如何,吾人知之甚鮮。若陝西則較近中原,經中外專家迭次探驗,而延長官廠已有二十餘年之成績,陝西含油面積又甚廣袤,故為發展中國石油工業,舍以此為起點外,更無較捷之徑。本文立論,卽根據斯項理由以求邦人君子之洛鐘也。

(二) 陝北地質概觀

陝北地質,在民國初年中美合辦之時,經美技師定為石炭紀含油岩層,總厚達六千三百尺。後經著者研究並參以王竹泉君綏德以北之觀察,確知陝北地層時代,應屬於侏羅紀,而含油之陝西系則更限之於下侏羅紀,其厚不過五六百尺耳。至於石炭紀之分佈,則在渭北百里之處焉,陝北並未之見。美技師之推算,或係就陝北之西部,包括上中侏羅紀及其更上之岩層,而總計之者也,殊不可靠。

下侏羅紀或陝西系含油地層之出露,東自延川延長宜川黃河西岸起,西抵安塞膚施甘泉鄜縣中部甘肅邊界止,北達河套,南迄宜君同官幾佔全陝之半。已知之石油露頭,其卓著者,由岩石裂罅瀘出,已達四十餘處。分佈於上畢各縣。其岩石多係砂岩,岩色自草褐以至灰白,西部附近上層間有猪肝色灰砂岩,岩質甚硬緻,油層附近則稍鬆散。從鑽井而知本系夾有薄煤三層,出露於延長延川清澗一帶者,厚不及半寸。惟在延長縣城西六十里沙灘坪,厚達尺許,夾石一層。膚施縣城東四十里白家岬者,厚可三尺,官廠採油及製煉所用之燃料,除山柴外,此二處之煤,亦為重要需品。

陝西系岩層之構造,一致自東向西傾斜,其傾角和緩,自一二度至七八度,從無傾斜十度以外者。因此之故,油層出現,東淺而西深。並因其單翼傾斜,無忽驟之褶縐,於是構造成寬廣之陝北油田油之富集因亦不易也。

(三) 陝北油泉露頭索引

漢唐之時,早已發見陝北石油泉多口;惟數千年來,一無精密

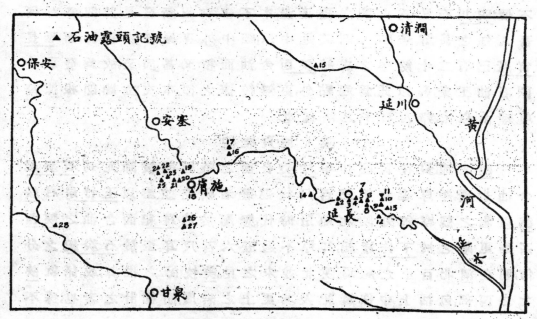

陝西石油露頭圖(一)

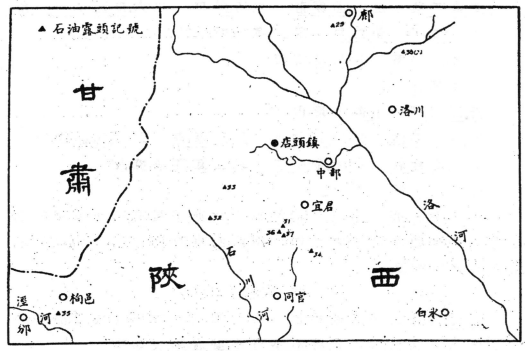

陝西石油露頭圖(二)

之調查;二缺詳細之統計,故陝北油泉露頭之多寡及位置,知者殊鮮。著者服務延長官廠時,追蹤陝北全境,調查所得,並參以中外報告列舉各露頭如下;並附以圖,以誌其方位。不過陝北黃土層厚,每逢暴雨,山水洪發,而溝底之石油露頭,被其掩沒者,當然不少;同時衝出之新泉,亦時有所聞也。故實行鑽井時,仍應詳細測探也。

一.張家灣　二.喬家石科　三.延長西泉　四.延長中泉　五.延長東泉　六.胡家川第一泉　七.烟霧溝　八.胡家川第二泉　九.管子園溝第一泉　十.管子園溝第二泉　十一.管子園溝第三泉　十二.蓼子園　十三.楚王莊　十四.奇集里
以上延長縣境內

十五.永平石油溝　以上延川縣境內

十六.卞家坪　十七.張家渠　十八.膚施　十九.南家頭　廿.周平溝　二十一.董家溝　二二.胡家溝第一泉　二三.胡家

泃第三泉　二四.潘家莊　二五.岔口　二六.口門山第一泉

二七.口門山第二泉　以上膚施縣境內

二八.沙子灣　甘泉縣境內

二九.鄜縣

卅.三川驛　中部縣境內

卅一.廣平泃　卅二.衣食村　卅三.西灣　卅四.兩莊樹堡

卅六.兩食村　卅七.金牛莊　以上宜君縣境內

卅五.栒邑縣

此外在綏德，神木，府谷，清澗數縣，近亦發見有石油露頭數處。總之，石油露頭在陝北之分佈，可謂南北東西，無處不有，是在礦業家之努力搜探耳。

(四)　陝北油井記錄

陝北油井之鑽鑿，前後已十四五眼，雖互有成功失敗；而對於陝北油區之情形，其記錄殊有不可磨滅者。列表如下：

井號	位置公尺	井深公尺	見油深度公尺	油量	油氣	附註
一	延長西門外西北150.00	110	66	民國四年以前每月三萬斤五年冬增至每月十二萬斤不久卽減逐年至每日三百斤	每隔數日衝出井口三四尺可燃	水量頗以汽機唧吸
二	一號井西北130.00	120	113	每日產油三百餘斤	微量	人力採取民八毀於變兵
三	一號井北偏東138.00	190	50	鑿井時採重油千餘斤後卽無油	無	廢井
四	延長東門外東南630.00	125	無			枯井
五	一號井東北200.00	96	91	每日產油一百五十斤		人力採取（以下三井均十四年鑿成）
六	延長西門外馬王廟	118	100		微量	
七	延長城內南城牆下	110	16 60 80			均不足採取以人力鑿成
八	二號井西125.00	120		初日出油一千餘斤近減至三四百斤	甚多	十八年鑿成

九	一號井西南六十度195.00	870	80 114	微量	微量	以下各井係中美公司所鑿
十	延長烟霧溝	625	131	微量		
十一	膚施橋兒溝	900	356 358 396	極微量稍有黑色硫黃水		
十二	中部縣店頭紅石崖	1180	87—89 313 436 444 555	436 公尺見油較多餘皆微量		
十三	店頭西南十五里	800	531	微量		
十四	宜君縣金牛莊			880 公尺稍見鹽水無油質		

前表所列各井平均鑿井費之比較,機器購買不在計算之列,官廠各井,以著者所鑿之第五號井爲代表,有如下表:

	井 深	每井費款約數元	每尺配價	機器效率	附　　　記
中美鑽井	3000尺	143000元	47.50元	新機	
官廠第五井	300尺	5000元	17.00元	殘機	查此井用費包括中途廢井深十四丈九尺者所用之款在內故尺配價較高

按右表之記錄,則此後鑿井庶有標準也。

至於官廠各井,自前清光緒三十三年出油至今,總計產原油約 6,000,000 斤,折合煤油約 2,400,000 斤副產品不在其內。其製煤程序,及出產成分,有如後列各表:

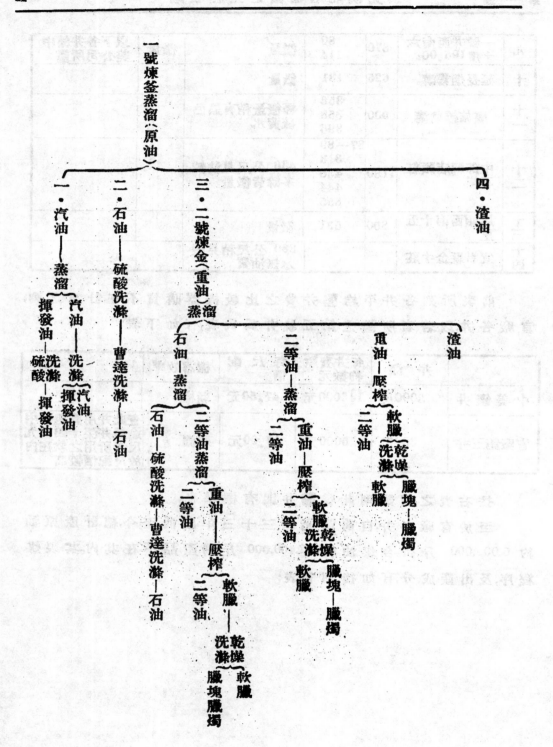

成 分 表

產　井	揮發油百度以下	燈　油二百度至三百度	重　油三百度以上	殘　渣	備　考
第 一 井	16.50	54.00	3.75	10.00	
第 一 井	10.00	44.00	35.20	10.80	
第 五 井	5.20	50.80	32.00	12.00	
人力井第一層油樣	12.00	36.00	10.00	10.00	因係油樣故含水達百分之3.2

原 油 比 量 表

第 一 井	鮑 美 表 二 十 度	比重 0.8750
第 一 井	鮑 美 表 三 十 二 度	比重 0.8640
第 五 井	鮑 美 表 十 九 度	比重 0.9401
人力井油樣	鮑 美 表 十 九 度	比重 0.9370

成 品 分 析 表

品名	閃光點	着燃點	顏色	黏　度溫度二十度水百立方公分	黏　度溫度二十度油百立方公分	比重	冷 卻 實 驗
重　油	五十度以上無光	百度以上不燃	黑 色	需時十五分鐘	需時一點二十分鐘	0.8070	十度時成糊狀
安全油	三十七度	七十八度	暗褐色	仝 上	需時三分鐘	0.8470	六度時成臟
機械油	五十度以上	八十九度	仝 上	仝 上	需時三分四十秒	0.8530	六度時成濃厚半流動體
煤　油	四十三度	六十七度	草黃色	仝 上	需時二分三十秒	0.823	
擦鎗油	五十度以上無光	百度以上不燃	紅黃色	仝 上	需時二十分鐘	0.8820	十五度時成糊狀
渣　油			黑 色			0.8400	十度糊狀
揮發油			水 白			0.7230	常溫流體
揮發油			水 白			0.7080	仝前

（五）　擴充陝北油礦工程

陝北油礦之成績已如上述。精美之產品，並不亞於美孚，荷殼。油區面積南北几達千里，東西亦四五百里。苟能疏通交通，多鑿井眼，則陝北油礦之發展，自在意料之中。官廠歷史已近卅年，根基已具，故爲發展陝北油礦，當以擴充此廠爲省事之舉。

（甲）　運道

爲實施工程便利起見，卽以官廠所在之附近，如延長，延川，膚施，爲本文理想施工之範圍。故設廠，製煉，及疏通運道諸問題，均以此爲設計之基點。查此處運道，本有水陸兩途，而必互相聯貫始克有濟。

水道　水道黃河之圪釖灘，順流而下，可達潼關。

陸道　分兩途：（一）由油區至圪釖灘；（二）由油區至西安。

（一）由油區至圪釖灘　路線長一百六十里。沿延水而下，虼蜒於河谷中，施工尙易。按八尺之寬度，坡度在十六度二十度之間，全線之土方，約圪塡共七千立方公尺，石方二萬二千立方尺，橋洞約百座，共需工十萬名，洋灰二百桶。

（二）由油區至西安　此爲陝北車行大道，近被山水衝壞，修理後，卽可通車。全線長一千另五十里，應修築者，土路佔二百五十里，石路約二百里。築成汽車倘可通行無阻。

（乙）　選井

就已知之地質情形，計劃鑿井地點；初步工程先定爲延長區，延川區膚施區。俟此三區內井工有效後，再分途向南北擴充。井眼位置，根據前舉油泉露頭以爲嚮導，分紀如下：

（一）延長區　五十眼

（二）膚施區　四十眼

（三）延川區　十眼

（丙）　擇機

按百眼油井工程所需機械，在鑿井方面，鍋爐及引擎，須購十

座,鑿井用具設備十套。井工旣成,採取石油,則柴油引擎五十座,二吋唧油鐵管十二萬尺,木製唧油桿十二萬尺及附件,唧油機二百具,與其他唧油所需機件,及油槽等爲必須設備之品。夫旣採油矣,則製煉,洗滌之所需,尤不能不早爲計及,故下列各件,尤宜設置:

一號煉釜	三十五坐
二號煉釜	五十座
硫酸洗油槽	三十五座
曹達洗油甕	五百五十座
儲油槽	十座
壓臘機	五十座
製臘機及附件	一百座
揮發油煉釜	十座

以如此之大量產品,則採取與製煉之聯絡,自必以敷設鐵管系統爲急要。更爲便利運輸起見,煉廠設於吃針灘,則鐵管之敷設,屬不可緩之事實。

(六)　投資總計與經費分配

前項擴充工程,總計需用資本約二百一十二萬元,而宣廠之折舊,不在其內。此二百一十二萬元之投資用途,計:

鑿井工程費	1.000.000元
採取設備工程	270.000元
製煉設備工程	300.000元
鐵管系統工程	400.000元
開劈道路	150.000元

(七)　經營新井及紅利頂計

全部工程告竣,以五十眼爲產油井,其餘爲枯井。每井每日產量以五千斤計算,其產油年齡,定爲最小之半年,則每日總產原油量爲二十五萬斤,折合石油十一萬二千斤,及柴油約四萬斤,與若干副產品。油在當地之售價,上數折值洋一萬六千八百元,半年總

產量之總值,僅石油一項,已達三百萬元。設若每井產量增加,壽命延長,則收入當更可觀。而柴油及副產品之值價,已足以維持廠用而有餘。故按上列指數計算,即成半年之後,即可獲得八十萬元之紅利。設若繼續鑽鑿,井眼增加,產量亦增,則紅利之大,更可期待。

開封成立煉硝廠

　　軍政部兵工署以國內所用硝磺,均購自各國,金錢外溢,殊可驚人。而國內直魯豫各省,暨黃河兩岸,產硝甚豐,該地鄉人括土採取,煮成毛硝,供醃臘及製紙皺之用。倘煉硝廠成立,用科學方法,將毛硝煉製,可作化學工業用品。故為提倡國貨,挽回利權起見,特在開封南門外已停之兵工局舊址,籌備煉硝廠,用科學方法,製硝煉磺。曾委定鄭鴻雲為該廠廠長,自籌備以來,一切漸告就緒,現已於二十年十一月二日起正式開工製煉云。

浙江螢石礬石兩鑛業之考察及改進管見

宋 雪 友

浙江省鑛產,自經前農商部地質調查所,中央研究院地質研究所,浙江鑛產調查委員會,兩廣地質調查所及浙江鑛產調查所之工作,實存情形,大體明暸。計鑛床百十餘處,金,銅,鐵,鉛,銻,鋅,鉬,釩,硫鐵,筆鉛,弗石,煤,重晶石,礬石,十四類。就中以螢石鑛之產出,礬石鑛之提煉,最饒興味,亦較爲順利而有成效。用就著者關于此兩鑛業考察之所得,及改進管見述之,尙盼列位有以教之。

螢石鑛業

螢石,含高度之氟化鈣,通稱氟石,以多綠色,故有呼之爲綠石頭者,但終以名之爲螢石爲正,於冶業,理化工業,磨琢業,用途顏廣。浙省臨安,吳與,金華,義烏,武義,永康,浦江,常山,江山,龍游,諸暨,新昌,嵊縣,寧海,象山,各縣屬產之。鑛床類皆現於流紋岩中,如帶走,連續不斷,如藕橫,中生節隔,此就露頭之形狀言。徵以各處鑛床探掘之情况,則上廣下狹,露頭寬及丈深二三丈而滅,一也。浮鋪泥中,不數尺而盡,二也。鑛非不深,徒有其形,如新昌之白龍潭,由山腰至山脚,垂數十丈,探之不過貳百噸,三也。至鑛床深至百尺,而尙未變者,有金華之大公山及武義之石龍岡兩處,僅見也。故全浙螢石鑛量,殊未易確定。下表所列,踏查時以每平方公尺四百五十磅鑛石計算,自覺其尙能代表浙江之螢石也。

縣份	鑛(公噸)量
臨安	40,700
吳興	5,500
金華	25,000
義烏	60,000
武義	48,000
永康	4,300
浦江	4,000
常山	2,000
江山	5,000
龍游	4,700
諸暨	50,000
新昌	69,000
嵊縣	61,400
寧海	17,000
象山	14,000
共計	410,600

年　份	每英噸售價(元)
民　十	15.715
民十一	15.477
民十二	14.635
民十三	14.359
民十四	14.305
民十五	15.857
民十六	16.774
民十七	16.774
民十八	16.885
民十九	15.708

鑛質以金華產者為較佳,巨晶堅緻,色彩如爐火之純清,氟化鈣達百分之九十八以上,而矽質微,新嵊兩縣所產次之,含氟化鈣百分之九十五左右。其餘大都含百分之八十左右。最低有含氟化鈣六十分左右者。

螢石鑛業始於民國六年,最初每年產銷五百噸左右,售價約二十元一噸。八九兩年無產銷。民十以後四年間,共產一萬兩千餘噸,其銷額約萬噸左右。十五至十九年每年平均約八千噸,謂年可產三萬噸者,非實情也。茲將上海浙江硴石同業公會所開民十至民十九各年,浙江硴石(卽螢石)每英噸平均售價列於下。

按民十至民十五年間,螢石成分氟化鈣,足百分之八十以上者,售價一律。後此數年,九十分以上弗化鈣鑛石,依成分之高下,昂一元至五元不等。去年以來,高成分鑛石,售價自二十元至三十元不一,若巨晶堅緻,可供雕琢用途者,值百金一噸,其成分在氟化鈣八十分左右者,

賤至十一元。高貨出產少,供不應求,低貨則礦商不願賤價售脫,可謂已絕鮮市場矣。考浙省礬石產出之豐,不獨在中國稱最,即遠東方面亦然,徒以銷路什九仰給於日本,致該礦礦商尚未能得其應得之利益。是宜於國內及歐美方面,廣開銷路,由政府指導其途徑。同時於該礦探採化驗方面,予以儘量之護導,使礦商能得較多之獲益也。國內不乏冶煉廠,兵工廠,理化各工廠,應如何採用礬石為原料。美國坎拿大,德國,捷克,比利斯,瑞典,均年需輸入大宗礬石,又應如何將吾人之所產供給之,據倫敦帝國國產局之礦務統計,美國出產螢石最富,需要亦最多,每年仍需由英國及其附屬地輸入五萬噸弱。其餘所列歐州各國亦多仰給英國之供給嘗考英國螢石之來源,大都為選礦冶礦之副產品,只宜於冶化工業。故歐美雕琢業,儀器業,用螢石,仰賴於遠東貝加爾地方之所產,是其市場浙省螢石大有插足之餘地,誠應急起而圖之。

礬石礦業

浙江礬石礦床位於平陽縣屬之礬山街及苦湖一帶。分佈之廣,遠東方面,首屈一指,中央研究院地質研究所曾估計其儲量達二千餘兆噸,誠非過甚。附近並有福建福鼎之同種礦床,尤宜加以注意。而礬石為苛性肥料之製造,不難應用化,誠將大有造於吾國也。礦山可分為礬山區與苦湖區,前者處縣南百二十里後者處縣西南亦百二十里,礦床均位於山地,作弧形西凸,兩共計約壹萬公尺,平均廣約五百公尺,平均厚約一百五十公尺。以二・六五比重計算,約藏量二千四百餘兆噸,內含礬石平均約五成,應可得明礬千餘兆噸,值七萬餘兆元。即以現在提取方法只四成左右而言,亦可得八百餘兆噸,較之世界著名之意大利多耳法礬石礦量,誠不多讓。

礦床地質,尚不複雜。礬山區礦除其南為石英斑岩外,幾全部為流紋岩與凝灰岩所包圍。苦湖區除西北苦湖山係花崗斑岩與石英斑岩之侵入,及西南沙陽北首現輝綠岩外,幾全為流紋岩所

漓漫。礦層走向沿弧由北而南,幾一致東向傾斜。礦床似係流紋岩凝灰岩變質而成綠附近既有富於硫素酸性岩之侵入,而礬石又間有與黃鐵礦共生,同時流紋岩亦含鉛鉀,加之礬石化凝灰岩之角礫狀態,仍在在可辨。

　礦質方面,請暫置礬化未透之岩石不論,顏色以深暗,灰綠,烏紫,微紅黃爲較多,斷裂成介殼狀與石屑狀,及局部之微晶體,有時並有針狀富於脂肪光澤之微晶體,成分爲SiO_2 Al_2O_3 Fe_2O_3 FeO MgO CaO Na_2O K_2O H_2O SO_3平均含明礬石約百分之八九十。餘爲矽酸礦質,赤鐵礦,及高嶺土之類,

　採礦方法,見苗進取,有露天掘兩處。餘爲不規則之坑道採掘,坑道曲折上下,有深達里餘者,寬五六尺至丈餘不等,高如之。坑口有高低,天然通風。採取礦石,有時以黑藥補鎚鑿之不足坑內用油燈,殊礙衞生。礬窰距坑口三五里不等,凡三十餘處,高約五丈,深如之。闊二丈六尺左右,以石築成。頂置大鍋,備蒸發明礬溶液之用。窰前有口約五尺方,裝卸礦石及燃料出入處也。礦石綠窰壁疊置,惟間大木塊一層,供助燃之用,中部則爲燃燒之地,每二十四小時裝卸一次。平均每窰容量約礬石十五噸左右。

　提取明礬法取燒過之礬石,浸水數分鐘後,搗碎之,再浸桶內,然後更番取出溶液,加入清水者凡三日,留渣滓第二次用,將溶液蒸發至相當濃度,取置圓土坑內使結晶。上層結成質純之清礬,下層結成夾泥之土礬,民國十七年以前,年產二十餘萬包,(每包約百斤)。此後均在三十萬包以上,約合一萬七千餘噸。當地市價分三等,平均每包二元五角左右,約合四十元一噸。故年產值約七十萬元左右,什九銷外,以其地屬沿海,出口之處不一,惟大都運至永嘉轉申莊。故民國十九年甌海關明礬出口萬噸以上,其由福建福鼎縣屬之前歧海口轉申港各莊者,佔少數。由永嘉轉申稅捐運脚各項共約十七元一噸,由前歧轉申者約二十二元運港者約二十八元。提製成本每包當在壹元左右。若能改良方法,增高明礬提取

成數,並利用其中不溶水鋁素,是不難以較低或同樣之成本,得較多之礬品也。蓋礬石以塊烘燒,其性之透,不若以粉之易,不經濟一也。而研粉一碾機可,一麥磨亦勉可,罏爐用直接火,未採用反射爐,溫度未能一致,易使礬石分化,硫養三逸去,亦非所宜,二也。反射爐造價雖較高,要係一勞久逸之計,且如此則其第二步搗碎工作可省三也。燒烙已透之品,假爲粉末,則可加以硫酸,使其中之高嶺土或有他不溶解之鋁土礬化,吾人並可得硫酸鋁,所費硫酸有限,誠一舉而兩得,四也。此外烘烤溫度之調節,浸水溶化時之加熱,結晶液濃度之規定,土礬之精提,加藥品於溶液以袪其鐵質等等,似皆與該業前途之發展,甚有利益。至其具體改良法,擬將鑛研成細粉而烘烤改用反射爐,所用溫度規定八百度左右,燒烤後取出,以含每千立方公糎三四百公盤之硫酸三硫酸液,徐徐和之,並每噸加炭酸鈉或硝酸鈉少許,而全體以蒸氣與空氣機械的攪擾之,以促進其化學作用。經三四小時後,加水溶解之,而以蒸氣維持溶液溫度,常爲攝氏八十度,加入漂白粉,每噸一二磅,時時傾瀘,時時測驗,使濃度常爲三十五度 Be。四晝夜後,遜送結晶,所用器具,與硫酸接觸者,均須襯以鉛皮,其結晶用之圓土坑,應改爲可以折卸之廣口木桶,使明礬及硫酸鋏取出較便。如此辦法,可以一成之硫酸,得三倍之硫酸鋁,而明礬提出之成數亦增高,且出品亦可較前精良。

4317

衣被物體應用材料之取給問題

戴 濟

人類以下之動物僅能構巢穴。製作器皿惟人能之。人類與其他各種動物最大之區別,卽在製作,其製作物之最重要者,莫若屋宇几案,舟車,橋梁,飛機,軍械。考其材料,不外土,木,金,漆。前三者爲製作前必備之材料,後者爲製作後之完成劑,亦卽物體之衣被,所以防崩敗腐鏽也。

鐵苗經採冶成鋼鐵,經機械成舟車,橋梁,飛機,軍械。受空氣潮氣之浸淫而生鏽,成散沙式之鐵苗,不便收集,無由囘爐冶鑄,故冶金與生鏽爲相反之工作。

水氣炭養經光化成纖維,木材之要素也。從造林迄伐木,迨夫形成棟梁,舟車,几案,橋梁,飛機,軍械。其所費人工幾何,一旦受日光潮氣之侵淫,腐化涅泯,仍爲目不能辨之水氣炭養,破壞之顯例也。

水泥三合土,鋼骨美材也。建爲橋梁屋宇,堅比南山之石,然經水氣之侵淫,遂寒而凍,漲裂隨之。潮氣,空氣,更由微孔裂紋直達鋼骨,因鏽而漲,裂紋益大,終於土崩瓦解,亦建設上之缺憾也。

衣被物體,卽所以避免天然界之摧殘。漆膜一層,無異鋼鐵土木與空氣潮氣間之絕緣體,是爲護膜。

本篇首以分類法,綜論衣被物體應用之各項原料,繼論供需兩方應如何密切聯絡,以謀製造上及供給上之合理化,庶幾合格之護膜,得以劃一之代價,滿足工程上之需求。作者有厚望焉。

A(1)「三酸」Acids, 硫酸,硝酸,除各地兵工廠有少量出產外,國

人自營之商辦酸廠,僅上海天原一家。只造鹽酸。

（2）「硼酸」Acid Boric, 硼砂尚有土貨,硼酸多舶品。

（3）「工用石炭酸」Acid Carbolic Crude 國內無煤膏工業,故無論蒸溜或人工品,均仰給舶來。

（4）「煤膏酸」Tar Acid 狀況同（3）。

（5）「油酸」Acid Oleic 蒙古尚肉食,脂肪每多過剩,價至賤,迄今無人利用。現皆求之重洋。

（6）「脂酸」Acid Stearic 狀況同。（5）

（7）「碱」Alkalies 鉅大規模之化學碱廠祇天津永利一家。

（8）「耐碱顏料」Alkali Colors 濟紅漢口黃墢頗適用。

（9）「白礬」Alum 土法製礬,將原料燒熱,投冷水中,得液蒸發結晶。此乍熱乍寒之處置,變換纖性,化剛為柔,用意同立束封,玻璃粉,石英粉,等製造。

（10）「金銀粉」Aluminium Brorze 銀粉即鋁粉,金粉即鋼鋁合金之粉末。國內電冶未興,對於合金之講求迄未注意,光耀奪目者悉隣國產。

（11）「脂酸鋁」Aluminium Palmitate Stearate Resinate 油業,皂業,尚在稚氣未除之時代。甘油脂酸均未計及。

（12）「安尼林染料」Aniline Dyes原料甚夥,祇知燒燃,未解炭化,一任六炭環質飛揚空際,或成最後之 CO_2 及 H_2O。人體物體之蔽護,悉行取給於陰丹士林,洋紅,洋綠,種種。人謂華夏盛產煤斤,誠然,惜未得利用之道,對煤有些辜負耳

（13）「錄白」Antimony White 湖南明星公司嘗以錄白,鋅白供給油漆製造業。質性不惡,色澤遠遜舶品,近來已歸停頓。國產白色顏料,僅餘佛山鉛粉為碩果,良足惜也。

（14）「白砒」Arsenic white 砒與銋同為天然漆之乾料。我國用之最早。

（15）「石棉末」Asbestine 火浣布,不灰木,纖維特短者,適於油漆

(16)「地瀝靑」Asphalt 少量入藥,石油工業未興,此項因亦落後,大宗須要仍賴舶品。

B(1)「重石」Barytes 沿平綏綫有一二處。北平老天利琺瑯廠嘗經營之。上海順昌以研細礦質。球磨。水飛,兼施頗著盛稱,大白石膏而外,似宜兼治重石,以應紙,漆,橡皮,各業之需。

(2)「黑色顏料」Blacks 墨業始於宋,礦油早經利用,惟火井祗以求鹽,未能用以製泉。今日松烟一蹶不振,墨錠墨汁悉新大陸天然氣之炭化物。溫州烟子本尚可用,無如沙粒雜質太多,研磨維艱,改進餘地孔多,惜無注意及之者。

(3)「人工重石粉」Blane Fixe 細者可過三二五篩眼,類多舶貨。

(4)「藍色顏料」Blues 國內油漆廠附設製色部者,僅二三家。政府機關,惟北平財政部印刷局附設製色組。如歐美之顏料工廠, Color Works 國內可稱絕無。

(5)「棕紅色顏料」Browns and Reds 此項天然品祗須研磨水飛乾燥便成商品,但精製手續每欠澈底,着色力超過五六倍之人工棕色迄未講求,

C(1)「鎘紅」Cadmium Red 此爲立束封廠之附產。於此銀硃被有機硃擯斥之際,無機鎘紅又有取代有機硃之勢,化工洵無止境。

(2)「鎘黃」Cadmium Yellow 亦爲立束封廠之附產。著色力與鉻黃相埒。

(3)「大白」Calcium Carbonate 乾磨品不適用,水飛品性柔潤,北平品多係電力磨細然後水飛者,蘇州品係畜力磨細,更經水飛者,上海順昌品亦係機磨水飛者。

(4)「綠化鈣」Calcium Chloride 久大永利產量頗大。

(5)「松脂酸鈣」Calcium Resinate 普通多係熔法製成者。

(6)「脂酸鈣」Calcium Stearate 是爲 Krebitz 製皂法之初步產物。

(7)「酪質」Casein 性同豆質,我國豆腐作底膜,意同近代酪質漆。

(8)「磁土」China Clry 我國產量頗豐,爲橡皮窯業油業之原料,帶酸性者爲油類精製劑。

(9)「鉻綠」Chrome Oxide 爲最安定之綠色。我國鉻苗發現無多。爲製色業原料上之缺憾。

(10)「鈷化物」Cobalt Compounds (Acitate Sulphate Linoleate Residate) 我國用鈷,首推磁業,近日油漆業,用鈷作乾劑者漸多。

(11)「銅化物」Copper Compounds (Carbonate Chloride Snlphate Oleate Oxide 酸業未興。銅鹽亦隨之不振。

D(1)「丹馬樹脂」Damar Gum 產南洋。舊時快乾白磁漆之主要原料。

(2)「網體石英」Diatomaceous Earth 爲精製油類之要劑。

(3)「乾料」Driers 鈷錳鉛之養化物,無機酸,及有機酸鹽,我國多由油漆業自給,單獨設廠製造者歐美頗多。

E(1)「甘油硬脂」Ester Gum 我國多由油漆業自給,單獨設廠製造者歐美頗多。

F(1)「廢軟片」Film Scrap 又稱 Filae 爲噴漆,及各種火棉漆之原料。

G(1)「骨膠」Bone Stock Glue 皮膠我國尚多,骨膠提煉限於藥業,大規模製造尚無所聞。

(2)「炭精」Graphite 低炭份者 40% C 適於油漆。

(3)「綠色顏料」Greens 此項我國頗能按科學方法急起直追價亦廉,僅及舶值之半。

(4)「樹脂」Gums 我國爲用樹脂造漆之先進,一切新法漆,不遇以各種天然及人工樹脂替代漆汁,藉增熟油之光澤

硬度耳。

天然漆汁和熟油,卽推光漆,天然樹脂和熟油,卽歐美假漆。人工樹脂和熟油,卽近代凡立水。火棉及人工樹脂和熟油,卽火棉漆。〔註〕分別加入稀淋劑,則塗施更便。

(5)「石膏」Gypsum 我國以少量水和石膏及生漆作底膜,堅固如石,近代底膜之製造,意不外是。

L(1)「染法代顏料」Lakes 按染布疋之法,染白色,礦質可得各色代顏料,此項我國油漆廠多自造供用,單獨設廠製造者歐美頗多。

(2)「燈烟」Jamp Black 此爲我國之老工業,惜不知改善設備,故法因循,質性粗劣,遠遜舶來。

(3)「鉛白」Lead White 我國製法,與荷蘭法相邇,間亦有用沉澱法者。

(4)「黃丹」Litharge 是爲乾料之最古者。

(5)「紅丹」Red Lead 佛山特產,油漆廠附帶製造者亦有數家,多用悶爐,熱度節制,鮮加注意,又初步黃丹,沿用濕磨法,品質無足觀。

(6)「立來封」Lithopone 以重石,烟媒,鋅礦,硫酸,爲原料。工作分(一)鋇液,(二)鋅液,(三)完成三部。

(一)重石塊每船可載三至五千噸,貨車每節載四五十噸,每噸可造立束封一噸,磨細過篩,是爲鋇料。烟煤貨車每節可載四五十噸,每十分之六噸,可造立束封一噸,半量研細爲還原劑,其他一半用作燃料。鋇料與還劑混勻,與燃料同入旋爐,燒成黑灰,每百分之七十五噸,可造立束封一噸,經浸分得鋇液,餘渣每立束封一噸,計百分之二十五噸。(二)鋅礦細砂每十分之五噸,可造立束封一噸,五十度保邁之硫酸,每半噸可造立束封一噸,二者相浸,得廢渣每立束封一噸計十分之一噸,浸液加漂白粉,繼

酸,或過錳酸鹽,去鐵,經壓濾得鐵渣,每立束封一噸計六十磅,濾液加鋅末再輕壓濾得鎘渣,每立束封一噸計二十磅爲鎘紅,鎘黃之原料,濾液卽鋅液。(三)鋇鋅兩液相值於沉澱池中,經增稠手續,過壓濾,所得實體先入乾燥室,繼入悶爐,隨卽墮入冷水激池,經濕磨過濾乾燥研細篩分,裝桶卽商品。此如日方中之白色,我國尚未着手製造,特述概要,鄰近硫,鋅,煤,三礦之製造家,幸熟籌焉。

O(1)「乾性油」Drying Oils 桐,柏,蘇,葫麻,線麻,胡桃,黃豆,阿芙蓉,均爲我國特產,並有供給鄰邦之餘力,惟提煉利用之方術,尙未能盡物性之長,舉凡火力之節制,器釜之度量,化劑之濃度,接觸之廣狹,時光之修短,設備之布置種種,均須詳加研求。

(2)「礦質油」Mineral Oils 藉稀釋之力,得平勻之膜,礦質油之大用也。陝甘新疆之蘊藏,有及早拓闢之必要。

R(1)「松脂」Rosin 此爲用蒸汽蒸溜新鮮松香或松木,取得松節油後所餘之渣,非松香也。用採漆同樣之手續,所得新鮮松香;與從松樹流出經過曝露之松香,性質上之區別,無異石油之於地瀝靑,土法松香,製皂發黑,造漆亦黯,理由不難察也。

S(1)「石英粉」Silex 細度六百或三百二十五眼,係驟熱驟冷纖性變柔磨細者,與尋常砂粒懸殊。

(2)「水玻璃」Silicate of Soda 防火漆原料,我國出品頗堪應用,

(3)「溶劑」Solvents 此近代產物多屬鍊體,兼含OH—C$<^{O}_{O}$者,溶力特強,天然氣,玉黍棒,其主要母質也。

T(1)「鐯白」Titanox Titan Titanolith 鐯白之原料,爲鐯鐵礦Ilmenite (FeO. TiO$_2$) 產印度,狀類黑砂,微具磁性,不受大氣作用堆集露天無傷也。納耐酸磚砌面之作用釜中,加六十保邁硫酸而攪拌之,成棕黃色砂塊,易吸潮氣,但不具酸性,

爲硫酸鐵,硫酸鐟,石英,及作用未完原料之混合體,倘不即時繼續製造,儲藏較長時期亦不妨事,若加水浸分,可得硫酸鐵,及硫酸鐟之混合液,及等於原重百分之十至三十之鐟鐵礦,(可送至作用釜中,繼續提鍊。)洗液稍含鐟質,可繼續用於浸分,浸液中之三價鐵須加鐵還原,使成二價,纔將實體雜質分去,清液每立約含養化四價鐟百五十瓦,鐵百二十五瓦,硫酸五百瓦。更用冷激法,使硫酸二價鐵結晶,使每立清液之含鐵量減至二十五瓦,行旋分法得濾液。然後以適當之溫度濃度水化硫酸鐟,得粗鐟白,收復之硫酸,可蒸濃應用。粗鐟白經乾燥烘烤。投冷水中變其纖性,更行乾燥研細,乃成商品。

又法以電爐熱淡氣鐟鐵礦及炭,得淡化鐟Ti_2N_2。每一份加水二十份硝酸鈉一份硫酸一份半。於攝氏八十度攪拌二十四小時,得白色養化鐟,從濾液中,可收復硫酸錏,及玄明粉。

Z(1)「鋅白」Zinc Oxide 立東封,鐟白,雖可單用,終欠堅強,鋅白雖亦可單用,病在日久變脆,救濟之道,在乎缺點互消長處乃現,混合用之,乃得佳果,長沙有官礦局煉鋅有年,鋅白之製,數年前有明星公司首創於水口山,後因兵事,礦砂缺乏,遂致停頓,良足惜也。

(2)「棉脂液」Zellulac 此爲人工硬脂,火棉,及稀劑之混合液,製造油漆者,祇須研入顏料,便得成品。噴刷烘浸均宜,原料上之革命先鋒也。

(3)「棉漆基」Zellulace Base 以染法將火棉着色,和入適量研劑成漿狀,用時祇須加入,棉脂液,以達適當凝度。

以上各種之母質爲空氣,煤,石油,木棉,玉黍,天然氣,硫黃,鹽,五金,植物油,此項基本原料,我國異常豐裕,然而機製護膜,每年貨品全値不過二百萬元,咎在人力有所未盡,

無可諱言矣。嘗考施展人力之方法,莫要於專長制勝,分工合作,非有專長,不能分工,非實行分工,無以精益求精,以養成專長,今日之世界一專長制勝之世界,亦一分工合作之世界,一部實業演進史,可以專長分工四字概括之。國人通病,作事之初,樣樣要做,旣而樣樣似是而非,一無足觀,終於樣樣不做,究其心理,起手往往看事太易,一遇困阻,銳氣頓銷,最後則流於消極束手不前。試察世界名廠之專長,分類極細,範圍極密,同爲機械工廠,做磨者不做篩,同爲顏料工廠,做鉛白者不兼銀朱,同爲油廠,煉石油者不榨桐蔴,足見實業之成功,絕非偶然,尤非邀幸,其始也須認定一門,始終不移,傾全力以赴之,奠定堅固基礎,而昌明光大之。方有最後之勝利也。

就國內舊有工業言,與機製護膜業有關者爲:——

(一)「桐油榨」　較近之進步,爲採用折光鏡以分別足度合格與否,並利用桐子廢渣爲燃料,更從灰中浸取炭酸鉀,機榨迄未計及,卽手動水力壓機亦未選用,較之國外之用新式安特生螺旋榨者,功效甯可以道里計。植桐區域近頗擴大,最有成效者爲杭桐,機榨及化學精製再加注意,當更有可觀也。

(二)「柏油作」　皮油又稱柏油,向爲蠟炬業之原料,近頗輸出國外,供化裝品製造之原料,籽油又稱清油亦曰柏子油,向用爲桐油之着假品,質近葫蔴,倘能以機械壓榨或浸收,異日用途正未可量。

(三)「荳油榨」　用手動螺旋榨者居多,間有用水力壓機者,用浸收或安特生螺旋榨者絕無,榨自黃豆者質佳色清,黃黑雜榨者色質俱劣。

(四)「雜油榨」　是項包括胡桃,蘇子,葫蔴,線蔴,茶子,阿芙蓉子,等油,產量均微,全倚人力,沿用舊法非整個革新,無以

應大宗須求。

(五)「石油業」　陝中有官韆局,願加提煉,藉供本省用。甘肅新彊等省,則貨棄於地,迄未開拓,坐視發勤燃料,闕漆稀劑,仰給鄰邦,誠邦家之羞也。

(六)「墨業」　向以利用有機體製窒稱於世,但故法因沿,品質粗劣,難與舶貨較,而川中火井祇以熬鹽未能着手於天然氣烟之製造,是誠墨業之責任,未宜專以美國烟子造墨錠,墨汁,為目前之得計。印刷墨尤關重要,文化宣揚端賴乎是,今者新聞墨,三色墨,不分鉛石膠版均屬舶品墨業應亟加籌劃負責努力。

(七)「銀硃業」賽會常獲獎章,增益祖國榮譽,但不可不注意人造硃之研求,法國人造絲天然絲並重,日本意大利亦莫不然,故能新舊並榮,各適其用,祖國天然絲業,未能注意及此,今日備嘗人造品之壓迫,此銀硃業之前車鑑也。

(八)「鉛粉業」　我國鉛白,紅丹,黃丹,等品均臻上乘,惜規模太小,機械代人力一事迄未計及,自立束封鐝白粉,出現。鉛粉之用新法產出者,且不免受重大之打擊,土法之少量產物固宜一落千丈。但顏料以鉛為基料者甚多,或旁及他種製造,或兼究鋅,鐟,皆鉛粉業當務之急。

(九)「煤焦業」　劣煤經炭化成佳塊,放射之烟,藏有多量色素,藥餌原料,倘能將舊有煉焦經驗,加以科學整理採用相當機械,色素,藥餌,工業可接踵興起,倘能將煤塊所缺少之輕氣,加以補充,黑塊可成白油,德意志能以黑煤化汽油,我獨不能,非不能也,是不為也。

(十)「棉業」　衣被斯民,厥功至偉,但農業尚未升堂入室,纖維每不及外種之修長整潔,紡紗廠不得已仍取給國外,人造絲,火棉,漆等,皆倚棉而立。今日棉業之責任,除改良棉種外,尚須着手變質棉之請求。一面天然絲倚角為唇

齒之相輔,供衣被之須,一面以變質棉造人工革,以補獸革之缺乏,一面以變質棉供軍火,以固國防,一面以變質棉造塗料,防銹遏腐保衛物體,前途遠大之棉業,幸注意焉。

(十一)「堆肥業」　與其取之於糞矢何若取給於天空,硫酸,空氣,硝酸,應由全民爲堆肥業設計解決,三酸充裕,民食國防同時得所,有餘則彙惠染料製造業,人工革業,火棉漆業,人體物體悉沾其賜。

(十二)「天然漆業」　蜀漆丹青,著稱史册。採集,曬晒,提煉,從未假手機械,配合亦持人工,調漆之光油,亦係小鍋直接火製造,盆以漆之本性,宜深躇之色,遇白粉亦變黑,顏色之鮮明,種類之齊全,每不能與人工品比權論力。今日舶品充斥,天然漆業受重大之打擊,補救之法,就管見所及,莫善於彙造人工漆,祇須運用化工常識。爲人工樹脂或代替品之研求,一切不難迎刃而解,一面以天然漆供美術及特殊用品,價高質良,初不妨事,一面以人工品供日常之須,價廉彩麗,一舉兩得,相輔不悖,今日之要圖也。

(十三)「雨衣雨具業」　雨傘,雨布,雨鞋,與近代之漆布,雨衣,膠履,以化工眼光察之,皆爲一種負有防潮劑之纖維,油氈布瓦并屬是類,應歸納於一廠,放大規模從事,本化學制劑,用機械塗施,方能達到價廉物美之實際,今日市品價誠廉矣。奈不持久何。

(十四)「銅鐵錫業」　以雲白銅之經驗研究合金,以鑄鼎之經驗研究翻砂,以煉劍之經驗研究煉鋼,以塘錫之經驗研究馬口鐵白鉛鐵,造成各式器具機械,百業實利賴之,不止護膜業也。

(十五)「塘磁業」　以塘磁面盆之經驗,進而研求化工,用塘磁鍋釜,百業實利賴之,不止護膜業也。

（十六）「缸甏業」　以製缸經驗,進而研究化工,用耐酸器皿,耐火玻璃等品,百業實利賴之,不止護膜業也。

　　倘得上述十六業各抒專長,分工合作,形成未來之機製護膜業,以永土木鋼鐵制作物之壽命,裨益民生,固屬駕輕就熟,各地地質調查所,礦務局,建設廳,研究院等,隨時供獻調查報告,研究心得,以新法,新料,新機,爲未來之護膜業作柱石,尤爲成功之要件,而留學歸國之專家,亦宜供獻新計劃,新見聞,俾邦人君子,採擇興辦,庶幾物體之衣被取材有自,民阜國富,此其始基歟。

暫定標準砂之物理的性質

陸 志 鴻
中央大學工學院副教授

水門汀之強度試驗中,須用砂依一定比例混合成膠泥(Mortar)由此膠泥之強度可判別水門汀之優劣。但砂之性質對於膠泥強度影響極大,例如砂中混雜之雲母,泥,植物質,砂粒形狀與其粗細,含孔率(Percentage of void)等皆有關係。故試驗水門汀時,不得不用一定性質之標準砂,以免除諸影響,英美德法日等國各就自己國內選定性質恆常之一種較純粹之砂,定為標準砂。我國目下尚未選定,遠購外國之標準砂以供試驗,太為煩費,著者爰暫推定安徽滁州砂中篩洗後之砂以為暫定標準砂。倘有他種較優之砂可選定者,深願捨此以從之也。

標準砂之選定以天然河砂為最佳;蓋人工碎成之砂粒,因粉碎時之衝擊,已有多數細裂痕之存在,膠泥強度因此而減,若海岸之砂,過於細粒,不純物多,亦不適用,滁河中所產之沙,色淡黃,雲母絕少,粒形狹長,粗粒較多。著者就南京購得滁州砂一方許,試驗其物理性質如下。但試驗方法依照 A.S.T.M. 之標準方法。

比重=2.62

單位重(Unit wt.)=100 lbs per cu ft

含孔率=38.8%

篩析 (sieve analysis) 結果

篩 號 數 (sieve No.)	不通過之重量	不通過之百分率(%)
¼	0.38	3.56
¼—No.10	1.50	13.27
No.10—20	2.51	22.20
No.20—30	2.52	22.30
No.30—40	1.50	13.25
No.40—50	1.52	13.44
No.50—80	1.02	9.01
No.80—100	0.25	2.20
No.100—200	0.06	0.51
No.200以下	0.03	0.26
總　　計	11.29	100.00

今暫定標準砂即將此滁州砂用No.20及30兩種篩,篩得其20至30 Mesh 間之部分,再用水洗滌數次,晒乾後,復用上篩篩過之而得。色黃,性質恆常,膠泥強度,可近於外國之標準砂之成績。茲將此暫定標準砂與美國 Ottawa 河標準砂(No.20—30) 相比較其結果如下。

比　　　　　重

暫停標準砂　　　2.634

美國標準砂　　　2.668

單　位　重

暫定標準砂　　　92 lbs per cu ft

美國標準砂　　　104

含　孔　率

暫定標準砂　　　44.0%

美國標準砂　　　37.5%

1 : 3 膠 泥 強 度 (lbs per sq. in.)

（a）　　用塔牌水門汀比較(十二次平均結果)

暫定標準砂 N.C.13.00%				美國標準砂 N.C.10.30%				比 較(%) 暫定標準砂÷美國標準砂×100			
抗拉力		抗 壓 力		抗拉力		抗 壓 力		抗 拉 力／抗 壓 力			
1週	4週	1 週	4 週	1週	4週	1 週	4 週	1週	4週	1 週	4 週
236	318	1,289	2,262	282	409	1,849	2,712	83.7	77.7	69.7	83.4

（b）　用太山牌水門汀比較(六次平均結果)

暫定標準砂 N.C.13.00%				美國標準砂 N.C.10.30%				比 較(%) 暫定標準砂÷美國標準砂×100			
抗拉力		抗 壓 力		抗拉力		抗 壓 力		抗 拉 力／抗 壓 力			
1週	4週	1 週	4 週	1週	4週	1 週	4 週	1週	4週	1 週	4 週
228	308	1,619	2.587	286	405	2030	3657	79.7	76.0	79.7	70.7

以上塔牌與太山牌之 Neat Cement 之 N.C. 皆爲 22.7 %,故求膠泥之 N.C. 之公式 $\frac{2}{3} \cdot \frac{P}{I+S} + K$ 中, K=9.2

綜觀上之結果,暫定標準砂之膠泥強度約爲美國標準砂之膠泥強度之 70 — 80 %,其試驗方法均用 A.S.T.M. 規定方法,若用此暫定標準砂,則將來我國規定水門汀膠泥強度時,當較美國所規定者,其限度須稍低減。目下國內未發見良質之標準砂,以此種滁州砂定爲暫定標準砂,以供水門汀廠,及學校,試驗所等用,未始非合理化之一助也。

附　　錄

北甯路自製天皇式機車略述

陳　體　欽
北甯鐵路唐山機廠

　　民國二十年七月六日，北甯路唐山工廠新製之天皇式機車出廠試驗，結果完善。中外報章，交相傳譽。以為北甯試造機車，初次成功頗蒙稱許，當時曾引起社會一般人士之注意。其實北甯自製機車，遠始於民國二年。當時鑒於國外人工之高昂整個機車運輸之不便，遂自行設計，採用舶來原料，建製新車十餘年來，所製者已不下

四五十輛，即天皇式一種亦已有四輛，此次出廠者為該式之第五輛，蓋在民十三以前，北甯路未遭戰亂，所有機車車輛，秩序完好，修養工程，迄無困難，<u>唐廠</u>得有餘力製造新車。故在民十三以前，每年中均有新機車數輛出廠，近年以來車輛損壞者甚多，廠中日夜忙於修理，新車工程，難於兼顧，此次新車實為七年來之第一個。以前成績，歷時已久，非與<u>北甯路</u>有密切關係者，不能深知，此次社會上誤為試製成功，固非無因也。

　　茲將該廠歷年所造者，列表於下，以供參攷。

機車名稱	華氏式別	種　　類	製造輛數	製造年月
蒙　古　式	2－6－0	混合機車	六	二年九月
仝　　　上	2－6－0	仝　　　上	六	三年十一月
	2－6－2	調車機車	二	四年八月
蒙　古　式	2－6－0	混合機車	五	八年四月
	2－6－2	調車機車	二	九年一月
蒙　古　式	2－6－0	混合機車	三	九年十二月

仝　　　上	仝　　　上	仝　　　上	五	十年七月
天　皇　式	2—8—2	貨車機車	四	十二年一月
	2—6—2	調車機車	七	十二年十一月
天　皇　式	2—8—2	貨車機車	一	二十年七月
共　　計　　　　　四　一				

　　其在建造中者,尚有天皇式貨車機車三輛,太平洋式客車,機車二輛。

　　我國人工較賤,故採用外來原料,製造機車,其成本自較低廉。同時舟車運費,亦可低減,同一天皇式機車,民十一由美國購入者爲 $117247.66 民十二由唐廠製造者爲$78819.05兩者互較,自製者較賤 $28428.61至於人工設計等等。均較舶來者有過之無不及。以唐廠設備而言,其能力足可常製多量機車,以供國內各路應用,經濟上之節省,自非少數,惜因修理工作過忙,致無暇晷,實爲深可惋惜者也。

　　此次出廠之天皇式新車,其大致與購自包而溫公司者略無顯著區別。茲將各部主要特點,尺寸,略述如下,以供參攷。

1　汽筩　汽筩之直徑爲21寸,轉轉程爲28寸,係單漲式外汽筩而採用轉轉閥者。

2　閥,動機關　華氏閥,動機關。

3　回動機關　人力螺旋式。

4　蒸汽壓力　每方寸180磅過熱蒸汽。

5　鍋爐　磚拱管式而無燃燒室者。

6　焰管　$3^8/8$" 焰管 24,2" 焰管 159。
管長18尺

7　受熱面　火箱 146 方尺。
焰管 2095 方尺。
總數 2241 方尺。

8　過熱面積　493 方尺。

9　爐箅面積　41,4 方尺。

10　爐箅　爐箅轉動採用風力自動轉動器,爐箅面積

較大,深合於燃燒次等煤
質。

11　爐門　爐門之啓閉,亦用
風力,係採用美國佛蘭先
林公司式樣。

12　烟箱設備　烟箱內設有
自動清潔器。Self Cleaning
droise 并設有火星障,以防
火患。

13　主動輪直徑　4.6尺。

14　前轉向輪直徑。　3.15 尺。

15　後轉向輪直徑　3.7尺。

16　固定軸距　15尺。

17　總軸距　31.4 尺。

18　機車全長　40.9½尺。

19　全長　66.9⅞ 尺。

20　鍋爐中心與軌面高度
8.10 尺。

21　機車最高度　14.85 尺。

22　機車全重　70.41 噸。

23　機車上水全重　80.97 噸。

24　煤水車全重　23.40 噸。

25　煤水車容水量　5000 加
倫。

26　煤水車容煤量　8.5噸。

27　煤水車裝載時總重　53.
86 噸。

28　牽引力　35.000 磅。

29　底架　採用鈑搆架鈑厚
1¼"

至於所用原料零件。在可
能範圍之內,均係自製,最困難
者因唐廠無鑄鋼設備,故所有
鑄鋼物件,均不得不仰給於外
國;譬如頰鈑 Horn Block 及軸箱
等等,搆造簡易,製作非難徒以
不能鑄鋼故,不得不採購於外
國,否則所省者當更可觀也。

茲將須從國外定製之各
部零件,詳列於下。

(一)頰鈑

(二)軸箱

(三)輪軸

(四)輪搕

(五)後轉向架搆架

(六)轉向架中樞

(七)互鈎

(八)導板

(九)轉轆頭

(十)彈簧

(十一)焰管

(十二)過熱管

(十三)機動油潤器

(十四)氣韌設備

(十五)氣唧機

(十六)機車首燈設備

(十七)發電機

(十八)各種汽表氣表等

所用構架,則採購外來鋼飯,自行製作,鍋爐亦然,製爐所設備完善,各種鍋爐,均可自製至於閥動機關,搖桿,連桿,汽筒機鑄,鐵鑄,銅煨,鐵煨,鋼物件均係自製,毫無困難。

上述各節,爲唐廠所製天皇式機車之概略。其餘各部詳細設計,及工作方法,因限於篇幅,不能備述。

民電聯會三年來之經過

沈　嗣　芳

我國電氣事業之歷史,不過二十餘年全國發電容量,不過八十四萬餘基羅瓦德,內中各工廠自備動力,佔百分之三十七,外人經營,佔百分之三十三民營佔百分之廿五,官營佔百分之五,除工廠自備外,其餘供給一般人應用,係營業性質者,外人經營實超過官營民營總數之上。足見外人在電業上之勢力,實駕乎國人之上,亟宜官民合作,以抵抗外資之侵略。

民營電業雖在發電量中,其所佔之成分不多,然其分配之範圍,則遍於全國。二年前之調查,全國民營電廠共五百廿五家,最近當已超過五百五十家,苟均能遵守中央法令,以實行其電業合理化,對於國家統治上有甚大之影響。

我國民營電廠之發電量總數,僅二十萬基羅瓦德,其投資總數,僅六千七百餘萬元,而幅員之廣則有四千萬方里,人口之眾,則超過四萬萬以上。從目前電業之幼稚,可推知此後

發展之未有限量。以前同業故步自封，絕少聯絡。猶憶民十三年之冬，曾有全國電業聯合會之發起，其時民營電廠，僅二百餘家，法律無辦電條文，官廳無電氣專員，適值農商部召集全國實業會議，由鄧子安等提議組織，經農商部通令獎勵，惜如曇花一現，未能持久。

自國民政府奠都南京，政體既更，有主張公用事業，應由國家經營者，有主張在相當限制之下，仍得民營者，同時有一二不幸事件發生，全國同業遂呈椔杌不安之象，不謀兩合，爲集首都，有聯合請願之舉，時十八年七月間事也。奔走呼號，歷時數月，卒得中政會解釋監督之範圍，行政院二次通令，迨至是年十二月廿一日監督公用事業條例公佈後，全國同業始了解政府之意旨所在，而得安心營業。

大凡環境之壓迫愈甚，則分子之團結愈堅，全國民營電業聯合會，即於是年七月廿六日在京成立，通過簡章十五條，辦事細則三十一條，以聯絡感

情交換智識，本互助之精神，謀電業之發展爲該會宗旨。其組織法，以公司爲單位，設執行委員十三人，監察委員五人，再由執行委員中，互選常務委員五人。常務委員中互推正副主席各一人，下設總務，文書，編輯主任各一人，會計庶務一人，並酌量聘任法律，技術會計等顧問，以謀發展會務。

第一屆當選常務委員，爲漢口旣濟鎮江大照及吳興福州蘇州等五公司，代表爲汪書城郭志成沈嗣芳孫世華丁春芝。汪書城爲主席郭志成爲副主任，所可注意者，五人之中，技術人員佔二人，可見該會重視技術人員之意。初江蘇省民營電業聯合會，上海特別市公用事業聯合會，及浙江省民有電氣事業聯合會已先成立，而蘇省聯會主席郭志成實爲電業運動之先進。至是各省同業湖北廣東等省如雨後春筍，羣起組織電聯會，均隸屬於總會，此民電聯會成立之經過也。

我國電業旣極幼稚，技術上之改良，遂不容緩，該會有鑒

於此,首先組織技術委員會以各公司技術人員,爲當然委員,另聘國內外電業專家,爲名譽委員。於十八年十一月在上海開成立大會,推舉徐東仁爲委員長,孫世華爲副委員長,常務委員七人,分任書記,會計,統計,調查,交際等職,通過簡章十五條以謀電業技術之進步,及協助同業一切工作之設計爲宗旨以下列事項爲業務,(一)計劃電廠佈置線路,(二)審查機器化驗材料,(三)改良設備,減少成本,(四)統一名稱,製定標準,(五)其他關於改進電業技術事項,並爲養成電業人材起見,擬設電業學校。

欲調查全國電業,最近狀況,統計之而觀察其要點,就其觀察所得,考其利弊興廢,謀所以改良發展之道,同時求社會之指導與幫助,使一切設施,得同情之諒解,非有定期出版物不足以收其效。該會電業季刊第一期,卽於十九年四月出版,現已出至第五期。其內容除適合上述之目的外,對於調查世界各國電業狀況,介紹應用於

電業之最新學識及技術,尤三致意焉。將來並擬印行電業叢書,以備同業中職員工友及電氣用戶之用。

民營電業,以限於經濟,不克充分發展,而一般金融機關,又以頻年承百業之敝,不敢繼續投資,坐使大好實業,委疲不振而爲謀自身經濟之週轉,不得不有金融機關之設立,故有電業銀行之發起。又以電業需用材料,大半仰給外洋,操縱壟斷無所不至,以經濟物質之侵略使我國之消費者,販賣者,供其奔走,故有全國聯合電氣製造廠之發起。此二者爲目今電氣同業之要圖,尙在籌備中未成立。

我國政府向視電氣事業爲普通營業之一種,舊交通部所訂電氣事業取締規則,略而不詳,自歸建設委員會主管後,先後頒布民營電業註册規則十八條,電氣事業人檢查竊電及追贓電費規則十二條,屋內電燈線裝置規則四十五條,電氣事業電壓週率標準規則五條及電氣事業取締草案七十

五條,或未頒布前,徵求民電聯會意見,或頒布後,經民營電聯會之請求修改,均得相當之容納及改正此種事實,最足表示官民合作之精神,亦爲民電聯會對於同業最大之服務。又如由中央頒布之民營公用事業監督條例係由電聯會請願之結果,原定營業年限爲二十年,後經請求修改,得延長爲三十年,尤爲電聯會三年來在法律上所得最大之結果。

民電聯會援助同業工作有可紀者,如河南開封普臨電燈公司前被沒收,經該會請求已於本年二月十一日由省政府發還商辦。湖北新堤普新電燈公司及四川成都啓明電燈公司因營業區域,被人侵害,經該會呈請官廳嚴厲制止,恢復營業權。營業稅原定千分之二十,經該會請求減爲千分之二,其他制止竊電,調解糾紛,不下數十起。直接謀同業之福利,卽間接爲用戶謀便利,此全國同業所應深曉,亦社會人士所當諒解者也。

民電聯會三年來對於國內外學術工業團體之聯絡,國內方面如加入中國工程學會及中華工業總聯合會爲會員國外方面如派李彥士沈嗣芳費福燾周茂柏姚克文出席柏林第二屆世界動力協會,派費福燾出席萬國電業聯合會第三屆年會,派陳宗漢出席美國電業聯合會第五十四屆年會並加入萬國電業聯合會爲會員英德法瑞士等國電業聯合會,亦有相當聯絡。凡電業技術上,業務上,新學識,新方法足資我國效法者,該會均將一一介紹於我國同業,以期改良。

民電聯會成立之初,參加省分僅七省,到會公司僅二十四家最近統計,參加省分,已有湖北安徽廣東福建山東河南江西山西河北湖南四川遼寧浙江江蘇吉林黑龍江雲南十七省,直接加入總會者已有九十二家連分會會員共三百餘家,基羅瓦德總數十四萬三千餘,佔全國總數百分之七十強,各省分會會員公司,最近統計,因道遠尙未送到,然已可知該會三年來發展之一般矣。

全國電廠總容量經營性質及所有權比較圖

全國總容量836,256KW

本圖觀察要點：

2.全國總容量中營業性質者，居百分之63（包括官營民營外人營），而
各廠自備應用者，佔全國營業容量半數以上，足見工廠以電力之需
要為最廣，蒸蒸日上供不應求，電燈電熱僅消耗中之一部份耳．

2.營業性質總容量中，由外人經營者，超過官營民營之上，足見外人
之勢力，駕乎國人之上．

3.官營電業僅居全國總發電量百分之五．事實上應希望民營者努力發
展．國家倡導提攜，以抵抗外貨侵略者也

各省民營電氣發電量統計表

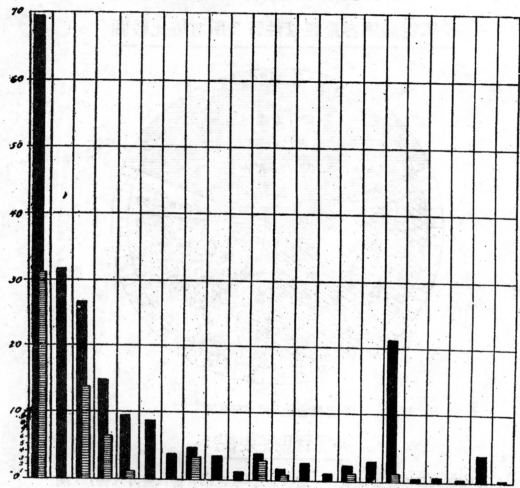

單位 1,000KW　　■ 民營營業性質　　▥ 工廠自備應用

全國民營總發電量207,028KW

加入民電聯會發電量145,812KW百分之七十強

二十一年六月一日

中華郵政局特准掛號認爲新聞紙類

第七卷 第二號

工 程

中國工程師學會會刊

THE JOURNAL OF
THE CHINESE INSTITUTE OF ENGINEERS

VOL. VII NO. 2   JUNE 1 1932

中國工程師學會發行

本會係前 中國工程學會 中華工程師學會 合併組成

工 程

中國工程師學會會刊

編輯：

黃 炎 （土 木）
嚴大酉 （建 築）
胡樹楫 （市 政）
鄭肇經 （水 利）
許應期 （電 氣）
沈熊慶 （化 工）

總編輯： 沈 怡

總 務： 徐學禹

編輯：

朱其清 （無線電）
周厚坤 （機 械）
錢昌祚 （飛 機）
李 俶 （礦 冶）
黃 燮 （紡 織）
宋學勤 （校 對）

第七卷第二號目錄

中國工程師學會發行

總會地址：上海南京路大陸商場五樓 542 號　　分售處：上海河南路商務印書館，

電　話：92582

本刊價目：每册三角全年四册定價一元

郵　費：本埠每册二分外埠五分國外三角六分

上海河南路民智書局，上海西門東新書局
上海徐家匯蘇新書社，南京中央大學
廣州永漢北路圖書淸費社，上海生活週刊社

中國工程師學會概況

略史 本會係由前中華工程師學會及前中國工程學會合併而成。按前中華工程師學會創設於民國元年，地點在廣州，發起人為我國工程界先進詹天佑氏。民國二年與上海之工學會及鐵路同人共濟會合併，改名中華工程師學會，設總會於北平。又按前中國工程學會創設於民國六年冬，地點在美國紐約。民國十一年遷設總會於上海。民國二十年八月前中華工程師學會與前中國工程學會舉行聯合年會於南京，議決本合作互助之精神，將兩會合併，改稱中國工程師學會，設總會於上海。分會遷設上海，南京，北平，天津，濟南，青島，濟南，杭州，歐洲，美國等處，現共有會員二千餘人。

宗旨 聯絡工程界同志，協力發展中國工程事業，並研究促進各項工程學術。

組織 總會設董事會及執行部。董事會由董事十五人及會長副會長組織之。其職權為議決本會進行方針，審核預決算，審查會員資格及決議執行部不能解決之重大事務。執行部由會長，副會長，總幹事，會計幹事，文書幹事，事務幹事及總編輯組織之，辦理日常會務。另設基金監二人，保管本會基金及其他特種捐款。會長，副會長，董事，基金監，由全體會員通信選舉之。總幹事，文書幹事，會計幹事，事務幹事及總編輯由董事會選舉之。

會員 本會會員分「會員」「仲會員」，(初級會員)，(團體會員)，及(名譽會員)五種，入會資格規定如下。

名稱	工程經驗	負責辦理工程
會員	五年	三年
仲會員	四年	一年
初級會員	二年	

會費 本會會員之會費規定如下。

名稱	入會費	常年會費
會員	$ 15	$ 6
仲會員	$ 10	$ 4
初級會員	$ 5	$ 2
團體會員	——	$ 50
名譽會員		

會務 本會會務略舉如下：

(1) 發行「工程」季刊，「工程週刊」，及工程叢書。

(2) 參加國際工程學術會議，最著者如一九三〇年在東京舉行之萬國工業會議，及一九三一年在柏林舉行之世界動力會議。

(8) 編訂工程名詞。已出版者有土木，機械，航空，染織，化學，無線電，電機，汽車，道路等草案九種。

(4) 設立工程材料試驗所，地點在上海市中心區域。

(5) 設立科學咨詢處，以便各界關於科學上之咨詢。

(6) 設立職業介紹委員會，為各界介紹相當建設人才。

(7) 在國內重要地點舉行年會，同時公開講演，以促進社會對於工程事業之認識。(餘略)

編輯者言

本期文字殊多佳構,如敖京基波蘭之路政一文,即係一極有價值之作。敖氏爲波蘭道路專家,此次受國際聯盟之聘,來華考察道路工程。波蘭爲戰後新興國家,近年以來,頗努力於道路建設事業,但論其國內經濟狀況,則殊不見佳,故其築路經驗,尤堪供與彼情形相同之我人,作良好之參考。如敖氏文中所云,波蘭未嘗不知柏油路爲近代最佳之道路,但因波蘭不產柏油,故寧屏棄勿用,而惟彼國所產之築路材料是尚,此其言何等發人深省。

二十年八月武漢大水,不久江北運河相繼決口。本刊對於國內如此鉅大之事變,尚未有隻字之提及,今得鄭肇經君江北運河決口及其善後問題一文,足以稍補前闕。其他如宋希尙君揚子江水災原因及整理之商確及編者舊作水災及今後中國之水利問題,亦與此次水災有關,雖已遍載國內各報章雜誌,仍選入附錄,以資參考。

按本刊發行之目的,不獨供同人學術上之研討,同時對於社會上凡與工程有關之一切重大問題,均應時時立於指導之地位,此爲本會同人對於國家社會最神聖的義務,不容稍有推諉。自上年九月日本侵我瀋陽,繼之以上海之變,凡我同人,報國有責,均應各就所能,調查研究,使向來仰給他國之原料,由本國覓得代替物;使向來不能自製之貨品,由本國發明製作法;使向來不能不精之技術,由本國人能之精之;儻於最短期間,達到自給自足之地位。同

時更節制消耗,加倍工作,使生產日增,國力日厚。本期所載文字,如張政和君之機器製紙問題,史浩然君之國內皮革供給問題,陳騮聲君之發展中國糖業計劃及發展中國酒精工業計劃,又如錢昌祚張可治二君之設立基本機器工廠計劃,均為極有價值之作。本刊今後擬盡量登載此類文字,大之可以供政府之採擇,小之可以供實業界之參考,尚望同人之加以贊助!

　　隴海鐵路工程,為近年來吾國大建設之一,故歷來本刊,對此記載特詳。本期又承凌李二君,投寄函谷關山洞及沿黃河路綫一文,益臻完備。上海市之築路徵費辦法,最為近年來國內辦理市政者所稱道,今由胡君文中,可以窺見其辦法之一斑。又本刊增闢調查一欄,本期所載為上海市及青島市之道路概况,倘有以類似之稿件及照片見惠者,不勝歡迎。(怡)

波 蘭 之 路 政

敖 京 基

波蘭市政工程部顧問國際聯盟工程團考察中國道路專員

M. S. Okęcki
Dipl.-Ing., Ing.-Constr.

晚 近 數 年,建 築 道 路,已 成 爲 世 界 各 國 各 項 經 濟 問 題 中 之 最 重 要 者。汽 車 運 輸 激 增,道 路 乃 四 通 八 達,蓋 已 成 爲 各 城 市 間 之 連 鎖 與 其 樞 紐 矣。以 上 僅 就 客 運 言,其 發 達 完 全 由 於 長 途 公 共 汽 車 交 通 之 增 加,蓋 已 有 一 部 分 之 火 車 客 運,爲 長 途 汽 車 所 取 而 代 也。貨 運 一 方 面 雖 較 客 運 爲 次,而 工 商 業 城 市 間 之 運 輸 狀 況,亦 屬 有 增 無 已。

其 次 則 汽 車 運 輸 如 何 與 水 運 及 鐵 路 運 輸 合 作 與 銜 接,亦 屬 一 極 重 要 之 問 題,此 三 種 運 輸 之 互 相 連 絡,對 於 一 國 經 濟 之 發 展,殊 有 莫 大 關 係。

證 之 下 列 統 計,可 知 汽 車 運 輸 與 波 蘭 關 係 之 重 要。1932 年 一 月 一 日 波 蘭 國 內 已 有 汽 車 40,000 輛,而 在 1928 年 僅 有 22,000 輛。1926 年 則 爲 14,000 輛,1924 年 僅 5,000 輛 耳。此 項 汽 車 之 增 加 率,以 客 車 較 爲 顯 著。如 在 1922 年,波 蘭 對 於 公 共 汽 車 之 效 用 當 一 無 所 知;而 在 1930 年,公 共 汽 車 馳 逐 於 波 蘭 各 城 市 間 之 道 路 上 者,全 年 載

客之數,達 72,000,000 人,汽車行程達 160,000,000 公里。平均每公里每人收華幣四分,各汽車公司之全年營業總額,達華幣 $100,000,000 元。公共汽車事業發展之情形,有如第一圖所示。圖中各線之疏密,係表示汽車數量之多寡。內中交通最繁之一路,每日開行客車之

數,恆在壹百輛以上。至波蘭道路之運輸與建設情形,另詳道路統
計一書,此書係波蘭市政工程部道路處每間三年之出版物,內容
甚為豐富。同時路面之厚度,（除極少數外,概為砂石路。）及車輛
交通為患路面之情形,亦皆載入第一圖內。第二圖與第三圖示19
26及 1930 年波蘭京城華沙附近道路交通密集之一斑。此項擁擠
情形,殆由汽車運輸之增加而起,但牲蓄之運輸事業,並不因此稍
受阻礙,此足以證明汽車運輸之大有造於波蘭也。

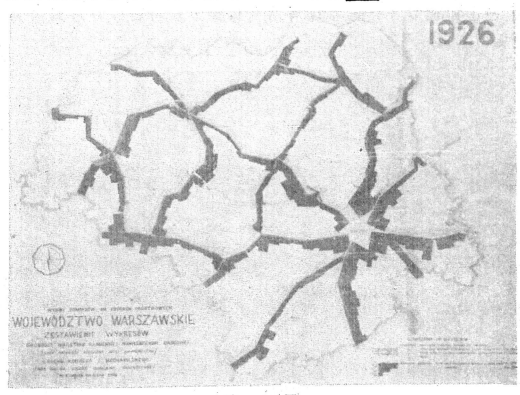

第 二 圖

行駐於波蘭道路上者,比較雖以輕儑與尋常車輛為多,而砂
石路面之損壞,已甚可觀。每年路面之消耗,平均約為二公分,如以
五萬公里計之,每年當有大宗石料,為維持車輛交通而變成灰塵
與泥沙,其損失之大,尚可計耶。

為欲應付汽車交通,此種砂石路面之損壞,事實上迫不可免,

因是而每年大宗石料,即大宗金錢之損失,亦不能免。同時汽車運輸日盛,路面之破壞亦日烈,終至政府不得不增加支出,各自治團體亦不得不耗去多量之金錢,以維護其道路,是故新築之砂石路愈多,每年之養路費亦將愈增。由此以觀,砂石路對於晚近各公路之需要,轉不如彈街路之較爲合用也。蓋彈街路一經舖築,即毋須修養,倘築法優良,即於笨重車輛之經過,亦可勝任。設交通增繁,必要時加澆柏油一批,亦無不可。根據歷來所得經驗,如有良好土質之泥土路,或石片路,甚至煤屑路,其保養方法,均較砂石路爲簡易

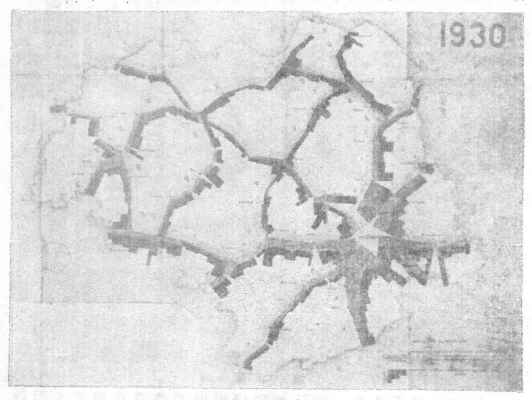

第 三 圖

而經濟。良好之路,必須從經濟上着想。由此觀之,柏油路與混凝土路,未即爲近代最佳之路也。

　　茲姑置道路之式樣與保養方法於不論,而求一適應近代運輸需要之路。當茲汽車運輸日進無已之際,恐任何國家對此問題

均不得不加以考慮,而此問題之在波蘭,則備極困難,因堅實之公路,在波蘭境內,並不普遍也。

波蘭境內公路之分布,至不平均。試以每平方公里爲標準,則波蘭西部堅實之道路,每平方公里僅佔0.2公里,中部0.1公里,東部則爲0.01公里。全國平均,每平方公里僅佔0.1公里。同時其他各國,如德國則爲0.5公里,法國爲1.0公里,以法與波蘭比較,卽可知法國全境,每平方公里之平均公路長度,乃十倍於波蘭也。每年爲養路須耗大宗石料,已如前述,而建築新路,同時復日進不已,卒至國內石料短絀,而價益昂。且築路用之石料,類須堅固耐久,非隨處可得,而在波蘭,則此項石山,均遠在邊境,且迄今猶未完全開採。如放棄已開採之石山,而用新法以開發新石山,則又非大宗金錢不可。處此環境之下,波蘭政府已開始籌劃辦一大規模之採石塲,其已開辦者爲哥司托布爾 Kostopol 之玄武岩石山,所採各種石料,年可二十萬噸。此外波蘭政府復在意別卡 Jzbica,創設一最新式之煉磚廠。該廠所出之舖路磚,含有甚強之抵抗力,年可出磚六百萬塊以上。自政府煉磚廠創立以來,其他市政機關以及私人所經營之廠,亦紛紛相繼成立。因該處關於築路材料,除向遠地購辦外,本地無由覓得,由是而發現本地富藏之黃泥與黃土,實爲製造路磚最適宜之材料。大戰以前,卽有若干地方,以此項材料建築道路,雖以戰時運輸之繁,仍能至今保持其完好狀態,且所用之維持費,亦至有限。同時各方面均努力從事於築路材料之研究,相繼作各種試驗,其唯一目的,卽如何使養路材料減少;換言之,如何使築路技術更加改良而已。目前世界各國對於砂石路之改良,最普遍之辦法,不外用各種膠黏質以固密路面。柏油路面,其尤著者也。惟波蘭則不然,因柏油非波蘭所產,故在可能範圍內,苟能不用外貨,必盡量避免,而惟以國貨築路材料是尙。凡波蘭築路工程師,對於此點,無不有共同之觀念,且經波蘭道路會議通過,作爲主要決議之一。爲利用本地煤氣工廠所出之油膠起見,道路處特試建數段之路,且將

開始逐步試驗此項材料焉。

　　關於橋樑建築,亦顧有進步可述。因近年以來,非僅因大戰破壞之橋樑,俱經重建,即各省區若干臨時性質之橋樑,亦均須依次改建。據統計所得,木質橋樑,約佔全體百分之六十以上。現已從事一大規模之計劃,將所有小橋,一律改建爲鋼骨水泥。對於大號橋樑,則增大跨度,改用大號木質花樑,而一切木橋墩,則以鋼骨水泥代之。若爲鋼質橋樑,則各項工事,無不採用新法,如用電焊以替代帽釘之接合,其一例也。

　　以言過去路政改良之結果,因預算緊縮,並不能令人滿意。但在另一方面,則所有管理公路機關之組織,以及現有公路規章之劃一,可謂已有較大之進步。其中最可令人稱道者,即對於路政工程經濟及技術上之注意。道路管理處爲此曾特別訓練無數優秀青年,使之獲得良好之技術,並逐漸養成其經驗。在服務練習期間,酬勞並不甚優,而其工作成績,殊堪令人讚美。此種優良之美德,係市政工程部特別努力所造成。因該工程部對於各工科大學之畢業學生,無不竭力羅致,且復招考各工程專門學校之學生,免費送入暑期班補習,使沃受各種築路技能。而樂於在工程界服務。

　　1926 年華沙工科大學,與市政工程部會同擬定築路實習課程一種,使此等學生,人人均有獨立從事建築十五至廿公里公路之機會。所有該生等測量期內之一切費用,均由市政工程部或自治團體供給。此種歲月磨練之生涯,使一般青年成爲公路良好之管理者。人人均有就其與趣之所好,作個別研究之機會,未來之職業,亦即於是決定。

　　波蘭道路協會之設立,遍於全國。其目的在使一般人民,俱能深切了解道路事業之重要,因非如此,其進步殊難言也。按照該會會章,其任務,不外盡量致力於波蘭公路之建設,並舉行道路會議及展覽會,並發行刊物數端。在 1928 至 1929 年波蘭道路協會曾舉行會議及道路展覽會多次,討論一切與道路有關之重要問題。下

屆道路會議將於今秋在<u>波蘭</u>舉行,會中近方編輯刊物一種,敍述關於道路工程之新發明,以及管理道路之經驗,同時且有道路全集一書出版。綜上簡略之貢獻與陳說,予願呈於中國工程界同志之前,因彼等對於其國內之重大路政問題,或能因此更感其興趣也。(梅成章譯)

江北運河決口及其善後問題

鄭 肇 經

運河爲吾國惟一南北通渠,北通平津,南達蘇杭,向以漕運得名。清代海運發達以後,運河仍不失爲貫通南北之主要水道。而江北運河則爲全運最險要之段,上自蘇魯交界之黃林莊起,下迄瓜州口止,爲承受淮沂四衆水之尾閭。在淮陰以上,名曰中運,淮陰以下,名曰裏運。中運之病在沂四,裏運之病在淮。沂四源近而流促,多在運河之磯灣一帶相衝突,邳宿四淮各縣受其災。淮源遠而流長,挾豫皖兩省山河之水,匯瀦於洪澤湖,全恃洪湖大堤爲淮揚之屏障。以廢黃河受淤,不能由故道入海,而以張福河爲其分流入運之孔道,三河壩爲其洩入高寶各湖之口門。而高寶各湖與運河之間,僅有一堤相隔,是爲西堤。西堤所留口門甚多,所以引湖水以濟運也。當伏秋六汎,運西水面高出運東地面至二丈數尺者,爲常有之事。其在水面二丈以下之運東八九縣人民,全恃一線東堤,爲其保障。運堤之重要與危險,於此可見一班。至若運河之洩水,下游則有攔江,壁虎,鳳皇,新河,東灣,金灣,土山,等壩,以次啓放,分由三江營入江。運河東堤則有新壩,車邏,南關,等壩,以次啓放,分由射陽河,新洋港,鬥龍港,王家港,竹港,等五港入海。平時各壩啓閉,均憑運河各處所設之水誌丈尺爲衡。惟歸江壩開,一遇江水高漲,則濱江洲圩多遭淹沒。歸海壩開,則運河以東縱橫各二百數十里間,均在水中。非俟霜降節後,淮源枯弱,各壩堵閉,民田無由洄出。此運河來源去委之大概情形也,

第 一 圖　高郵西堤決口雖小但水流頓洶湧(二十，十一，二)

第 二 圖　高郵儒軍樓廟巷口西堤決口鹿湖水傾瀉入運(二十，十一，十八)

第 三 圖　高郵七公殿東堤決口處河水下洩口門難塞永頭逾六尺(二十，十一，十八)

第 四 圖　高郵運河四堤峽口處河水傾寫入運堆築石堤爲堵築初步

第 五 圖　興化東門舊推繁盛地勢亦高圖為水退三四尺後之景象

第 六 圖　興化城後孤城

興化城垣高逾數丈自遭洪水以後城外民房大半隨水淹沒卽堅如城垣亦多被水冲刷殘破不堪

該村水災時達一丈〇七寸樹幹浸有水痕係水位極高時形跡

第 七 圖

興北缸顥莊附近有橋樹一顆上懸游棺一具草蓆屍卷十三個

第 八 圖　高郵護軍樓四隄北段堵口捆廂情形(二十，十一，十六)

第 九 圖　高郵七公殿決口堤下房屋被水冲毀及堵口將次合龍情形

　　民國二十年伏汛,淮泗沂同時暴漲,又值江湖頂托。雖將歸江各壩全部啟放,仍不足以消除異漲,平堤拍岸,岌岌堪虞。不得已繼續啟放歸海三壩,以資宣洩。彼時,水已漸退,不料八月二十六日晨,西北風大作,波濤洶湧,堤防潰決,全湖之水,建瓴而下,頃刻之間,運東各縣,一片汪洋,渺無涯際。此運河決口之緣由也。

　　觀測決口地點,除中運河之決口較小不計外。自高郵邵伯以

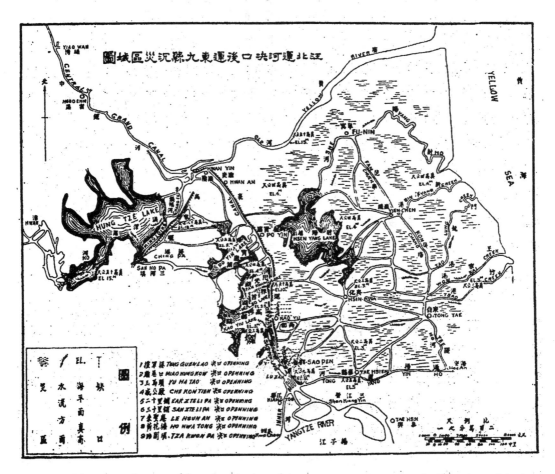

　　至江都一帶,最著之東堤決口,凡二十有七,寬八百餘丈。加以車邏新壩南關三壩之寬,已近千丈矣。夫以千丈口門,集豫皖魯三省洪水及本部雨水,一旦橫決,如銀河倒瀉,屯潴於興化,高郵,東台,泰縣,寶應,江都,鹽城,淮安,阜寧,各縣之間,以致平地積水,深可丈餘,淺亦

五六尺。淮揚全部民田,先後淹沒,其面積至五萬方里。死亡人口,數以萬計。物產損失,乃在數萬萬元以上,誠爲空前之浩刼。此運河決口後之損失情形也。

　運河堤工,西堤多爲碎石坦坡,以禦湖浪之衝擊。其東堤在平直河段內,則爲土堤。迎溜坐灣之處,所稱爲險要者,均有高厚之條石磚工,層層膠砌,下河人民乃恃爲金湯之固。今茲堤身潰決,所有險要工段之磚石,多數冲毀無遺,卽僅有存者,已陡立破殘,無復當年之完整。竊以運河工程,憑其故有之安固,而遇去年大水,其損壞已至於斯,如不立卽規復舊觀,則本年之水卽小於去年,其禍害難保不如去年之重,若更加大,下河地面,恐將爲洪澤高寶湖之替身,其禍害尙堪想像耶。此運河堤工實有立卽修復之必要也。

　夫運工之必當修復,旣如上述。但舉辦工程,首重經費。查高郵江都一帶,東堤決口中之最大者,曰擋軍樓,其次曰廟巷口,曰御馬頭,曰七公殿,曰二十里舖,曰三十里舖,曰來壐庵,曰荷花塘,曰昭關壩,曰黑魚塘,又其次則不復細列,預計依照原式,修復決口,正工及附屬壩閘各工,約需二百萬元是爲甲。又寶應汜水高郵永安江都五汜,其間東西兩堤之亟待修復者,凡九百二十餘處,約需一百五十萬元是爲乙。此外淮邳各汜之土堤閘壩及洪湖大堤之修理,約需一百萬元是爲丙。三數合計約共需四百五十萬元。惟此項工程,必按時籌齊經費,方能着手。現在已籌有的款者,截至本年一月止,尙不及全數十分之四,是甲尙不敷,遑云乙丙。況時局不靖,籌款非易,工費能否籌足,尙屬疑問。此施工之困難一。

　其次則爲時間問題。大凡土木工程,間有因籌款維艱,而期限不妨爲暫時之展緩。運河爲禦水工程,其時間有一定不易之限制。向例漲水有春伏秋三汜,春汜四月,伏秋至遲七月。今已一月中旬矣,距七月不過六個月。內除雨雪冰凍各若干時,則實行施工至多不過百日。而施工路線,自江都上湖高寶直至邳淮境內之洪湖大堤,約共八百餘里。兩岸堤工,均須修葺,一隅出險,全局皆隳。而洪湖

堤工，其關係尤為重要。以此短促時間，成此偉大工程，果能剋日舉行，不涉經費問題，已屬十分緊促。況春汛至，則農事起，夫工招致，又感困難。故此時尙恐無款不能與工，如再延期，卽滿儲金錢，要亦無能為力矣。時不可再，其危險為何如。此施工之困難二。

　　復次材料運輸與工程進行亦有聯帶之關係。查原有堤防，或為條石工，碎石工，或為磚工，或為土堤廂埽。現在決口及散修之處，如一律依照原式修復，其大宗材料，計需條石二千七百餘丈，河磚一百四十萬塊，碎石三萬方，水泥四萬桶。河磚不及製造，盡人皆知。至大宗石料水泥等物，採購已非易事。而惟一運輸水道，僅恃運河，值此冬令水涸之際，由江口上溯數百里之遙，欲求如期運到工次，恐亦十分艱難，將來停工待料，實意中事。此施工之困難三。

　　由此以觀，運河關係之重，堤工破壞之甚，加以經費時間與運輸之交感困難。則計劃施工之原則，尤宜對於款，工，時，三方，兼籌並顧。如能一勞永逸，固屬甚善。而時不我待，亦祇可急則治標。除東西兩堤之散修部份，西堤之決口，以及閘壩船塢各工，必須依照原式修築外。所有東堤決口，原為磚工，條石工者，暫以土工邊堤，加廂柴埽，以禦本年大汛。廂埽料物，就地採辦，不致困難，施工日期，亦非過促。而估計經費，則暫可節省五十萬元之譜。完工之後，應卽繼續籌辦磚工，或鋼筋水泥，分期改換埽工。似此通權達變，庶幾堤防可期永固，而運東九縣得免再遭沉淪之慘矣。

　　雖然運河全部，年久失修，東西兩堤，固屬殘缺不完，而閘壩各工，又多失其效用，其歸海各港，亦巳淤塞不暢。將來縱無如去年之洪水，恐亦有潰決之虞。按此次之修復決口，僅為局部治標之計，似宜從速通盤妥籌治本之方，分年進行，庶幾有豸。抑運河之病源，旣在淮沂四諸水，則治運之前，必先治淮沂四諸水，而治淮尤為急要。未有淮不治，而運可治。運不治而下河九縣可免沉淪之患者，幸我國人，加之意焉。（二十年一月）

函谷關山洞及沿黃河路綫

著 者

凌 鴻 勛 　隴海鐵路潼四段工程局長兼總工程司並主辦靈潼段工程

李 　儼 　隴海鐵路靈潼總段副工程司並第一分段工程司

　　隴海鐵路靈寶至潼關新築工程在全綫中爲比較困難之一段。其中設施詳見二十年四月隴海工程局所編隴海鐵路靈潼段新工紀要(二十年七月工程季刊第六卷三號)及李儼所著『隴海

函谷關及第六號山洞

鐵路隧道之過去及將來』(二十年四月工程季刊第六卷二號)又凌鴻勛所著『隴海鐵路潼關穿城山洞』(二十年八月二十六日中國工程師學會南京年會宣讀論文見工程季刊第七卷一號)其間函谷關沿河一帶工程,尤爲艱鉅。計靈寶車站以西,即爲澗河,河之西岸即爲函谷關。南倚高原,北臨黃河。其始擇綫時,本有南北兩綫之研究。南綫計畫須在靈寶南原上鑿一長約六公里之山洞。後因需費太大,而時間亦較久,對於通車營業甚見阻礙,故決於黃河

沿岸另選一北綫以代之。此北綫既沿黃河南岸而行,河岸坡度甚陡斜,不能離河太近,爲路綫之安全與土方之減省起見,當時定綫之外籍工程師擬在沿河一帶五公里以內鑿山洞七座,如第一圖。其地位及長度如下(山洞號數係自觀音堂以西起計,汴洛段山洞另編號數。又公里係自鄭州起計):

山洞號數	地點	長度
6	公里286+	90.50公尺
7	287	621.20
8	287+	90.30
9	287+	107.40
10	288	795.00
11	289	591.00
12	291	622.60

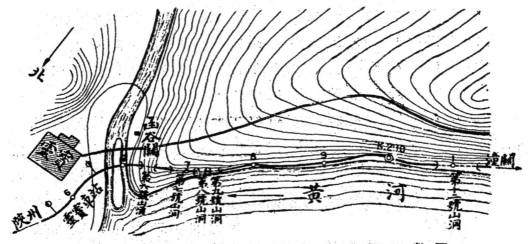

第 一 圖 函谷關一帶沿河山洞形勢圖

比例尺五萬分之一

以上各山洞於民國十四年分別動工。此段路綫既沿黃河南岸而行,該處地質係黃土而雜入多量砂礫者,黃河河身頻年移動,約束無方,在此段路綫上其寬處有達三公里者。河水挾泥沙而流,一經集聚,水流隨而彎曲。因此轉向關係,河流以每秒二公尺之速

度，發生冲擊力冲及河岸，山坡積土卽行崩塌，故在潼關則河流已逼近護堤，閺鄉城垣甚至冲去三分之二，其在函谷關一帶之冲擊力。自不能免。加以沿河南拱羣山，在雨季中羣山所收積水不及宣洩，滲入土中，歷久粘土失其粘力，因而崩墜者，亦時時而有。此種現象，在黃河舟行時甚易望見。是以路綫旣擇河岸，則對於避免河流之冲擊，及積水之侵蝕，皆不可忽視。其時外籍工程師對於黃河情況旣不諳熱，且因此段工程困難，建築山洞需費已大，於河流之改正，及積水之疏導，不復顧及。民國十五年夏季之交，山洞工程正在積極興築，忽而河水暴漲，第十一號山洞西端部分其時卽現坍塌。猶以工作不堅，冀其有法補救，後經調查研究，知爲路綫地位之不良。未幾戰事旣起，該山洞卽無形停頓，同時第十號山洞內部亦發現裂縫。尙認爲局部問題，無足爲害。迨民十七冬季北伐告成，西路復工，因欲解決該兩山洞之補救辦法，曾擬放棄第十一號山洞，由第十號山洞西口達第十二號山洞東口築一沿山腰之便道，而第十號山洞因裂痕關係，決將洞之全部向下降落，加厚山洞之弧部，另再在便道一帶修建防護工程。但此種計畫正在核定備料着手之際，而戰事復興，第十號山洞雖未至如第十一號之崩落，而仍裂縫不已。至民十八秋間戰停，再議復工，再經攷察之結果，認爲第十第十一兩山洞均無採取之可能。惟靈寶爲通達西北孔道，此段路綫問題如不及早解決，卽西北交通直接受其影響，若更採最初六公里之路綫，則時間經濟都不許可，且其已成一段廢置亦復可惜。民國十八九年間曾另行計畫十號Ａ十號Ｂ二山洞，俾選擇其一，以代原有之十號十一號兩洞。其中第十號Ｂ山洞計畫並經於二十年三月間呈送鐵道部。並爲縮短通車期間就款計工起見，擬暫於舊山洞之北沿黃河岸先築一臨時便道，此便道路線逼近黃河，萬一防護不周，隨時有影響行車之虞，故當時祇以爲短期通車之用，一面爲謀永久安全起見，擬仍築十號Ｂ山洞。(第二圖)該洞新線共長二千八百公尺，需款約一百十萬元，需時約二十個月，方可

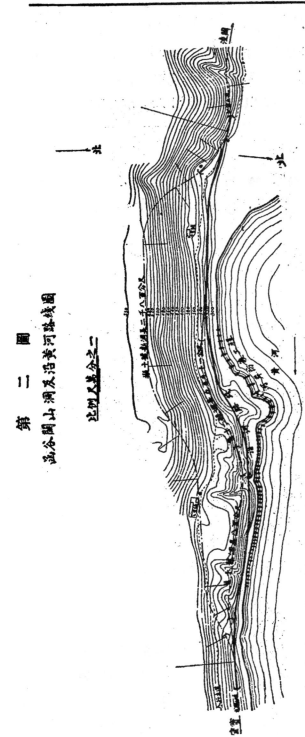

第 二 圖

函谷關山洞及沿黃河路綫圖

比例尺五萬分之一

完竣。部批以該洞於定綫方面顧堪研究,應先暫用便道,因再於便道路綫之設計再三復測,慎加研究,對於以下各點特別加以注意:—

(1) 爲早日聯絡靈潼交通起見,工期務求短縮。

(2) 建築費務取其輕。

(3) 雨季中山坡之積水務期宣洩有方,不復滲透土中。

(4) 河岸之崩塌期有相當保障,俾不復有河流改道之慮。

(5) 路綫務選擇較易修養者。

根據以上原則,若另開一新山洞,則(1)(2)兩項必無法達到,而新洞之設計倘於黃河之改流及雨水之滲透無相當設備,尚未能確保其無後患,舊十號十一號洞之前車可以借鑑。且山洞動搖至難觀察,卽能發覺,修理亦極費事,牽一髮而動全身,山洞一部動搖,則全洞是否安全,卽屬疑問。萬一發生危險,交通卽告斷絕。故對於沿河

便道之設計,雖以及早通車爲惟一之功用,然於山上流水之傾洩,特加注意。且於沿河兩公里內徧築河壩,以改變河流,不獨爲便道本身之保護,即沿河一帶之第七第八第九各山洞亦因之得以保障安全,務以建築妥善,保養得宜,可以長久使用無須再築費鉅時久之山洞爲目的。

沿河路線之計畫

舊十號十一號洞中間沿河邱陵起伏,中通羊腸小道,驟視似若無法可以着手。但經數度測量之後,覓得一綫自 Km 287+630 迄

放棄之第十號山洞東口及在工作中之沿河路綫

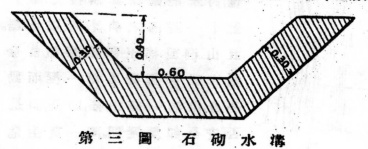

第 三 圖 石 砌 水 溝

Km 289+500,共長 1970 公尺,經行之處如第二圖所示。此段幾全屬挖土,僅有一二處爲塡土。隴海最小灣道

半徑本定爲三百五十公尺,茲爲行車安全起見,此處灣道最小半
徑定爲四百公尺。而路基上坡度亦極緩和,至多不過千分之二。路
基上有數處左右預留數公尺地位,俾河岸或山坡萬一崩塌,尚可
將路線向內或內外移動。關於雨水滲透問題,於路基南坡下築爲
石砌水溝,寬六公寸,高四公寸,厚三公寸,如第三圖。并於每二百五
十公尺處建一涵洞,以便洩水。又備八公尺至二公尺高之護牆,用
支士坡之崩墮,如第四圖。至河流之改正則於河底築爲片石水壩,
俾河流沿河岸順流,不復因轉向關係,發生冲擊河岸之事。其法則

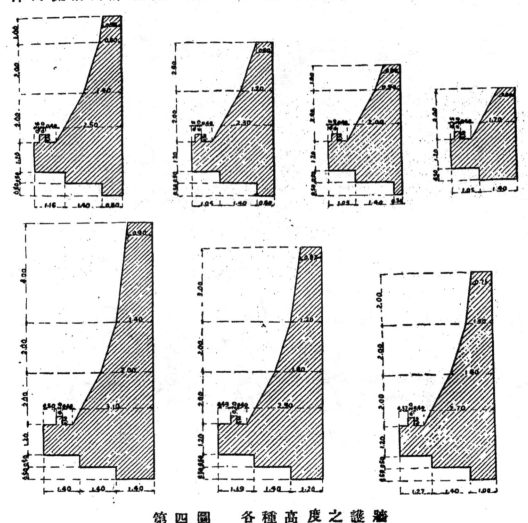

第四圖　　各種高度之護牆

向黃河流垂直相距三十公尺處,各築水壩。先選長六七公尺圓徑
二公寸之木樁,相距一公尺二寸,在乘直方向打就一列排樁。約十
餘根至三十根之譜,連以竹籬,兩旁置沈褥,厚約三公寸,寬約五公
尺,上置片石,如第五圖。此壩目的在改正河流俾於河岸之崩塌有
一相當保障,其如何實施之處,於施工時實地研究決定,

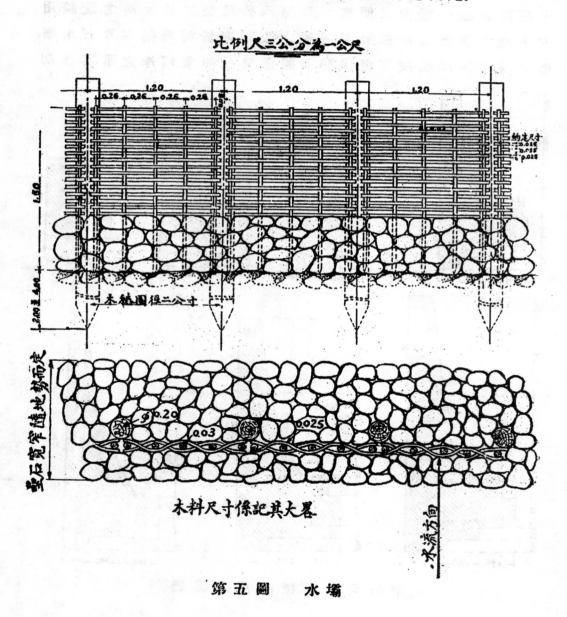

第五圖　　水壩

沿河路線工程之實施

　　沿河路線工程長 1970 公尺,全部作價約十九萬元,工期約三個月,於民國二十年二月十五日開工,由 協成公司 承包,大部分土工於同年五月十五日完成,鋪道及材料車卽於此時通過該處。前述堤壩在 Km 289+000 及 Km 289＋500 間五百公尺共費洋15,000元,其 Km 288+200及Km 289＋000 間因材料關係,於二十年十月杪尚在建築中。至第三圖所舉路基石砌水溝實施時寬窄略不一律,平均每公尺費洋九元五角,約合一立方公尺有餘。平均每二百五十公尺留一涵洞以便洩水。讓二十年夏季之經驗,深知此項水溝及堤壩至切實用。第四圖所述護牆原期節省土工,開工之後有數處未及立牆,土已崩場。且 Km 287+881,—Km 287+995 間試築一百公尺護牆,需費已及20,000元,平均每公尺二百元,所費太大。因決定將土坡改大為 4/4, 如第六圖。每十公尺高且留一寬二公尺平臺。為土坡萬一崩墮時綫和地步。依此計畫,施工後價既廉省,地位亦復寬敞。至民國二十年十二月全部完工需費亦不超過二十萬元。關於此沿河路線之設計與施工,總算盡技術上之能事。尚望他日修養得法,則此便道作為正路亦可毫無顧慮矣。茲將工程費用略舉於此以備參考:—

1. 土工	650,000m³	×	$ 0.17 =	$100,500
2. 堤壩	500m	×	30.00 =	15,000
3. 堤壩	1000m	×	30.00 =	30,000
4. 護牆	100m	×	200.00 =	20,000
5. 涵洞	8座	×	300.00 =	2,400
6. 水溝	2000m	×	9.50 =	19,000
			合共	$186,900

上海市東門路工程及實施築路徵費之經過

胡 樹 楫

一 緒言

上海市滬南區中華路及外馬路一帶,向稱繁盛之區,橫貫其間者,舊有方浜集水二路(第一圖)。方浜路(又名陸家石橋街)狹隘紆曲,最寬處不過 9.50 公尺,最狹處僅容一汽車通過,舖有電車單軌,每當電車經過時,其他車輛均壅塞於東西兩端,自民國十八年以來,又有公共汽車經過該路,原有路面寬度更無以應需要,加以路

第一圖　　未改築前之集水街方浜路(改築後情形參看第八圖)

旁房屋大都破舊不堪，其間欹斜過度，傾坍堪虞者，正復不少。故為疏導交通與整頓市容起見，該路殊有改造之必要。集水街在方浜路之南，相距咫尺，其湫隘窄陋情形不相上下，自應聯帶整理。上海市工務局於成立之初，即有整理兩路之議，迨上海市築路徵費暫行章程旣經公布，對於徵收土地，拆遷民房，有一定辦法可資遵循後，即於十七年七月着手實行。

二　計劃

按集水方浜兩路為平行之東西道路，相距僅十餘公尺，苟同時放寬，旣非必要，且中間餘地無幾，不復能供建築之用，故僅就兩路中之一，即集水街，加以拓寬，另定新路線，改名為東門路，而將方浜路縮狹至 3 公尺，作為公街（第二圖），此路線計劃之大略也。至於工程上

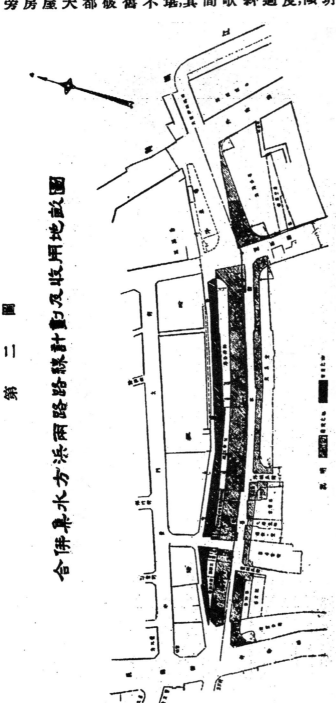

第 二 圖

合併集水方浜兩路路線計畫及收用地畝圖

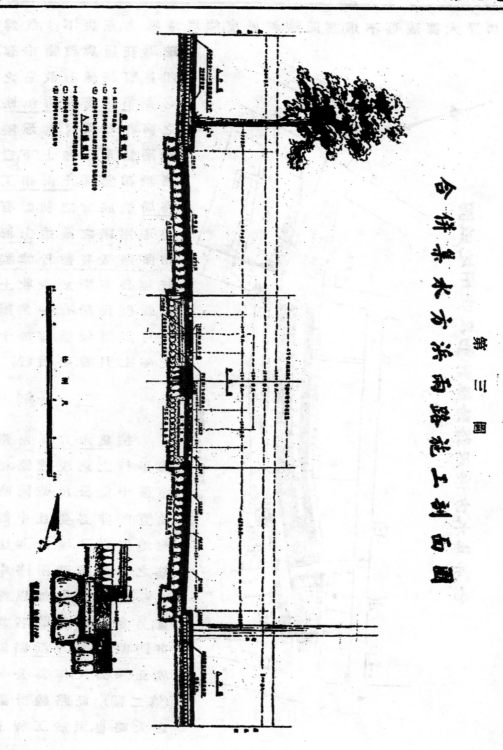

合併梁木方法兩路施工剖面圖

第 三 圖

計劃可分下列四端述之：

（一）溝渠　中華路與民國路之溝渠,為舊城廂各處下水會集之處,以前雖統由方浜路之溝管及新經排築之陸家浜路總溝以達於黃浦,終覺不敷宣洩,故趁此次新闢東門路之際,添埋溝管,通入黃浦,以減輕中華路溝渠之負担,溝管剖面為圓形,係鋼筋混凝土製,下舖混凝土底腳,直徑為60公分（2呎）,總長336公尺。為便利修理起見,全路溝管均沿車馬道之一邊埋設,蓋中間為雙軌電車道所在也。

（二）電車軌道　本市駛行電車,雖已歷有年所,而路軌之舖築殊欠完善,致兩旁路面甚易損壞,雖由電車公司隨時修補,然顧此失彼,有疲於奔命之感。此次鑒於已往之事實,對於電車軌道之舖設,力求堅固,以12公分半（5吋）石塊為下面底腳,上舖1:3:6鋼筋混凝土25公分（10吋）以支鋼軌,軌間則舖9公分（3½吋）厚之青石子,上蓋7.5公分（3吋）厚柏油沙,軌道旁則舖設大方石塊（第三圖）。

（三）車馬道及側石人行道　為適應繁重交通起見,車馬道用25公分（10吋）大石塊為底腳,路面則先用38公釐（1½吋）石子舖厚5公分（2吋）,再用25公釐（1吋）石子舖厚15公分（6吋）,均滾壓堅實,上澆柏油二次。側石為15×30公分（6″×12″）之金山石。人行道寬3公尺,用水泥板舖砌,其底腳之建築務求堅固。（第三圖）

（四）停車塲　東門路既為繁盛之區,往來車輛自屬不少,苟無適當之停車塲所,於交通上殊多妨礙。爰於外馬路裏馬路之間,就路北割出一部分空地為停車塲。其底腳為10公分（5吋）彈街片,上舖混凝土,用水泥粉光。

三　收用土地及徵費辦法

上海市工務局成立以來,對於舊有道路之整理,向採逐漸改進辦法,於市民請照營造時,按規定路線逐戶立界收讓。東門路實為整個改造之嚆矢,所有地畝之收用及給價辦法,均照上海市築

路徵費暫行章程(附錄)會同土地財政兩局辦理,每畝以五萬元計,共收用土地五畝三分,實際付出地價 50, 700 元。收到築路貼費計 42,711 元,兩抵不足僅 7,989 元。(見第一表)凡公地之劃歸私有者,亦照每畝五萬元計算收費。原有建築物之拆除,則按其現狀估計補償費。十七年十二月由市政府布告,限十八年二月十五日爲一律拆清之期。奈市民狃於舊習,多存觀望,復經一再展限,乃於是年七月杪以前次第遵辦。

　　　附錄　　上海市築路徵費暫行章程(按此項章程經於十九年一月修正公布)

第一條　本章程依據國民政府公布土地徵收法第四十七條之規定訂定之。

　(說明)按土地徵收法第四十七條載明,內政部,省政府,或特別市政府於必要時,得擬訂補充本法之單行章程,呈請國民政府備案。在此土地徵收法案已頒布,而土地增價稅尚未施行之際,特擬定此項徵費暫行章程,藉使業主所享權利與所盡義務稍得其平,而公家財力因此亦得相當之輔助。

第二條　凡因築路收用土地,俱遵照　國民政府公布之土地徵收法辦理。

第三條　本特別市因開闢或整理道路及舉辦其他附屬工程,得依據本章程之規定,向該路兩旁及附近土地之所有人或關係人徵收費用。

第四條　本章程規定徵收之費,係爲築路收用土地時付給補償金之用,遇必要時,得由市政府另徵築路工程費。

第五條　凡因築路割用兩旁土地,在原面積七成及七成以下或毫未割用者,一律按該地時價徵費三成,割用八成者,徵費二成,割用九成者,徵費一成,全部割用者免徵。

　(說明)本條規定以收用成數愈多,徵費愈少爲原則,譬如割用土地九成,則徵費一成,全部割用,則完全免徵。蓋地主之地大部分或全部被市政府劃用,將來縱使馬路築成,地價增高,地主已無利可得,故不能多徵費用。反之,若割用成數不多,或全部未被劃用,則地主題利之機會正多,則徵收費用之數僅不妨從多。例如割用土地在七成以下,一律徵收三成是也。

第六條　凡非一次整理之道路,如因翻造房屋割用土地在原面積七成及七成以下或毫未割用者,一律徵收二成。割用八成者,徵費一成。割用九成者,徵費半成,全部割用者免徵。

用土地給價徵費之比較

每畝估價	補償地價	津貼拆屋費	征收築路費	比較 應付銀元	應征銀元	備考
50000元	12097.80元		6435.00元	5662.80元		此戶房屋破舊不堪不給津貼
50000	3700.00		3000.00	700.00		同上
50000	997.60		1290.00		292.40	同上
50000	549.45		495.00	54.45		同上
50000	649.80		540.00	109.80		同上
50000	2851.40	155.36	1590.00	1416.76		
50000	1098.65	121.38	1095.00	125.03		
50000	1297.65	356.13	1845.00		291.22	
50000	2795.65	339.28	2805.00	326.93		
50000	2102.55	223.02	1965.00	360.57		
50000	22942.15	1500.35	16665.00	7787.50		
50000	37047.60	4181.76	29880.00	12249.36		
50000	7489.80	363.32	13140.00		5286.88	此戶全部畝分係 1.105 本表引用者係受益部分
50000	15543.00	723.80	7065.00	9211.80		
50000	3562.65	521.55	11745.00		7932.80	
50000	2603.80	108.90	4155.00		1442.30	此戶原址因有糾葛所計各項不能確定
50000	350.80	37.02	2430.00		842.18	
50000	5904.40	145.92	7635.00		1584.68	此戶原名古雲台今改葉壽源
50000	3499.65	150.28	385.00	3264.93		
50000	2151.10	90.65	1470.20	771.75		
50000	37814.75	2270.56	31425.00	8665.31		
50000	30138.70	1289.87	55470.00		24041.43	此戶全部畝分為4.841 本表引用者係受益部分
	198288.95	12225.25	202525.00	50700	42711	除征築路費外應付銀7989元

徵築路費又應征銀元即除去補貼各費

地位	編號	業主	丈見畝分	收用畝分	價與畝分	實存畝分	實用畝分	收用成數	徵費成數
路	1	招商局	0.429	0.341	0.099	0.087	0.242	0.564	0.3
	2	鄭蔚生	0.200	0.124	0.050	0.126	0.074	0.370	0.3
	3	顧鼎元	0.086	0.053	0.033	0.066	0.020	0.232	0.3
	4	潘正濤	0.033	0.033	0.022	0.022	0.011	0.333	0.3
	5	顧雲九	0.036	0.015	0.002	0.023	0.013	0.361	0.3
	6	秦友鶴	0.606	0.082	0.025	0.049	0.057	0.538	0.3
北	7	袁凝遠	0.073	0.052	0.030	0.051	0.022	0.301	0.3
	8	郁光裕堂	0.123	0.085	0.059	0.097	0.026	0.211	0.3
	9	湯行素堂	0.187	0.133	0.077	0.131	0.056	0.299	0.3
	10	陳世德堂	0.131	0.092	0.050	0.089	0.042	0.321	0.3
	11	馮山樂堂	1.111	0.799	0.340	0.652	0.459	0.413	0.3
	12	麋西律師	1.992	1.322	0.563	1.233	0.759	0.381	0.3
路	13	茂業公司	0.876	0.150		0.726	0.150	0.171	0.3
	14	方仰春	0.471	0.311		0.160	0.311	0.660	0.3
	15	泉漳會館	0.483	0.071		.712	0.071	0.091	0.3
	16	張欽一堂	0.277	0.052		0.225	0.052	0.188	0.3
	17	郁光裕堂	0.162	0.011		0.151	0.011	0.068	0.3
	18	葉壽源	0.509	0.118		0.391	0.118	0.232	0.3
南	19	顧純懿	0.077	0.070		0.007	0.070	0.909	0.3
	20	李承志堂	0.098	0.043		0.055	0.043	0.439	0.3
	21	天主堂	2.095	0.757		1.338	0.758	0.361	0.3
	22	招商局	3.698	0.602		3.096	0.602	0.163	0.3
各　項　總　計			13.553	5.316	1.350	9.587	3.966		

(一)比較盈負項下應付銀元卽在補償地價與拆屋貼費之和內扣除應

(一)本表係依謙本市築路征費章程而定

(說明)非一次整理之道路,於短時間內不能影響於該地段之市面,換言之,即非至全路或大部分整理完竣時,地主實無利可得,故不應多徵費用。因此規定在七成以下者僅徵費二成,以示體恤。

第七條　凡割用土地在半成以下者以未割用論。半成以上者,以一成論,餘照此類推。

第八條　凡在本特別市區內之土地,無論公有私有,均須一律按照本章程規定辦理,

(說明)公有土地似無徵費之必要,然為減輕市民負擔起見,故與私有土地均按照本章程一律辦理。

第九條　市政府於付給土地所有人或關係人補償金時,得將受補償金人應繳付市政府之費扣除,不足則由該土地所有人或關係人照數補繳於市政府。

第十條　徵費時所根據之面積,應以因築路而受益者為限,其標準由翻路之人行道內邊起,其無人行道者,由新路溝邊起,向兩勞深入各為該路規定寬度之二倍,如遇特別情形,得由主管機關呈請市政府酌量增減之。

(說明)設某甲所有之土地異常進深,若依土地之總面積計算徵收費用,則地主之損失未免太大,因距路甚遠之地,其價格并不能因築路而增高,且全面積過大,則轄用之面積雖多,而論其成數却甚少,徵費反因之而多,故須加以進深最多之限制,在此限制以外者,雖其他仍為同一業主所有,不必計入此項規定,亦為業主減少損失計也。

第十一條　本章程俟本特別市舉辦土地增價稅時即行廢止。

第十二條　本章程自特別市政府公布之日施行。

四　施工情形

本工程於十八年三月招商投標,投標人有<u>趙連起</u>,<u>沈榮記</u>,<u>裕慶公司</u>,<u>魚龍公司</u>,<u>嚴森泰</u>等數家,經市政府派員監視開標,選定<u>裕慶公司</u>為得標人,計總標價 45,999 元,因店舖之遷移與房屋之拆卸再三遷延,迨七月底方始開工。又因拆卸之舊料堆積未清,至九月中旬始能大舉進行。第一步為溝管之埋設,自<u>外馬路</u>起,向西排築,至<u>中華路</u>止,經二月閱,方告完竣。側石工程與溝管工程同時進

行,於十二月初完工。路面工程分爲二部,在電車軌道間者由華商電氣公司擔任舖築,於十月三十日動工。其餘部分由工務局舖築,於十一月五日開始,至十九年一月中旬大致完竣。惟澆舖柏油及舖築人行道等工程又閱若干時日,乃照預定計劃完成焉。茲將各項工程進行情形分述如次:

拆卸房屋之遷延時日　本工程苟能於開標後卽行開始,則春夏之交,卽可完全竣工,不經酷熱嚴寒,工程之進行當較爲順利。乃以拆屋問題遷延多日,迨天寒地凍之時,工程轉形緊張,實失却天時上之便利(拆屋情形參觀第四圖)。

第四圖　拆卸房屋

排溝工程進行之困難　方浜路疊日係就河浜填築,兩岸之石叚及木樁等,當時均未拆除,埋積地下,此次挖掘溝槽時,殊多阻礙,尤以析樁不克直入爲甚。雖經另行設法,泥土未見傾坍,而施工時已多加一層困難矣。且構槽深度,離地面在四公尺以上,水由地下上湧,積而成渠,其有礙於工程進行,亦非淺鮮。

路面工程進行之困難　華商電車公司擔任建築之路面部分,開工未幾,卽入嚴冬,底脚鋼筋混凝土部分,因天時關係進行未免稍緩,而其他路面部分又非俟電車軌道工程完竣後,無從滾壓,時間上彼此不免互相牽制。加以同時內地自來水公司掉換水管,

工程之進行多所顧慮,完工日期亦因之延長。又按照原定計劃,電車軌道中間之柏油砂路面,因天時關係須俟間春天暖時方可舖築,故暫舖小方石塊,兩旁車馬道之澆舖柏油,亦以同樣關係,當時暫行從緩,其後乃克完成。

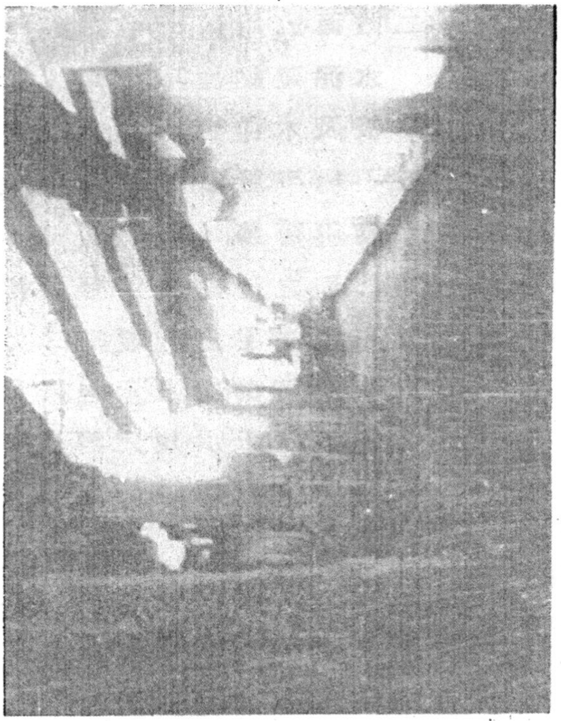

第五圖　排溝工程

五　沿路之建築物

東門路兩旁地畝分屬於業主二十餘人(參觀第二表),於該路整理時先後請照營造。所建新屋均係三層樓,惟有二所係四層樓(第六圖),其建築材料大都係鋼筋混凝土,式樣多依照上海市工務局徵求之房屋標準圖樣。該局為整理市容起見,對於新屋之高度亦加以限制,以免參差不齊之弊(第七圖),其要點如下,

(一)樓面簷口及壓簷牆

第六圖　建築中之兩旁房屋

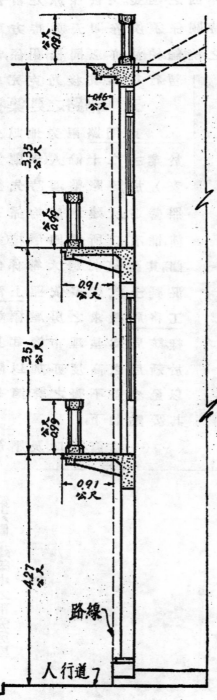

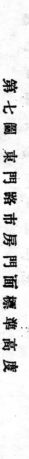

第七圖 東門路市房門面標準高度

之高度與洋台挑出之尺寸,均應依照規定標準圖樣辦理。

(二)門面或用磚砌,或以鋼骨水泥建築,惟不得用木裙板及木洋台。

(三)不論平屋頂或屋頂,俱應砌壓簷牆。

(四)門面之裝飾與洋台式樣,可由業主自行設計。

(五)建築時業主及承包人均應注意上頂規定辦法,不得與左右兩鄰參差不齊,致損觀瞻。

尤有一點,為現在上海市內尚不常見者,即聯立基礎是也。四層樓鋼骨水泥建築,因載重過重,普通底腳不克担任,路面之下復有溝管,不便打樁,故改用聯立基礎,以期穩固。

六 結論

東門路於十九年一月二十六日開放通行,車馬行人各循其道,東西往來,秩序井然。以視昔日之肩摩轂擊,時虞壅塞者,誠不啻天壤之別矣。電車道已由單軌改舖雙軌,拖掛車輛亦直達中華路,

第二表　　東門路營造工程一覽（以自西至東爲序）

數號	地位	地　主	請　照　人	工　　　程	估　　　　價
1	路北	招商局	久昌營造公司	三層市房一所	六千四百元
2	路北	鄭蔚生	龍昌桂元號	三層市房三幢	四千五百元
3	路北	顧鼎元	董靜卿	三層市房一幢	二千二百五十元
4	路北	潘正濤	潘正濤	三層市房一幢	三千五百元
5	路北	顧雲九	潘正濤		
6	路北	秦友鶴	生大錢莊	三層市房一所	三千二百元
7	路北	袁凝遠堂	袁凝遠堂	三層市房一幢	二千四百元
8	路北	郁光裕堂	郁光裕堂	三層市房二幢	五千四百元
9	路北	湯行素堂	王曜坤	四層市房一幢	九千元
10	路北	陳世德堂	陳甫同	三層市房二幢	四千八百元
11	路北	馮三樂堂	馮萬通	三層市房及醬園計七所	三萬三千五百元
12	路北	麇西律師	榮盛公司	三層市房二十三幢	四萬二千五百元
13	路南	茂業公司	福安公司	四層市房一所	八萬三千元
14	路南	方仰春	楊蟲軒	三層市房一所	九千六百元
15	路南	泉漳會館	泉漳會館	改造門面及平房頂四間	五千元
16	路南	張欽一堂	張倫記	三層市房一幢及二層住宅	一萬四千六百元
17	路南	郁光裕堂	郁光裕堂	三層市房二幢	六千三百元
18	路南	古雲台			
19	路南	顧純懿			
20	路南	李承志堂			
21	路南	天主堂	天主堂　源康號	三層市房二十九幢三層市房十幢	五萬九千二百元一萬四千元
22	路南	招商局	東寶昌經租賬房	三層市房十七幢	九萬四千四百五十元

第八圖　完工後之東門路（卽集水街方浜路改築後之狀參看第一圖）

更有廣大之停車塲，可容車數百輛，可免停候車輛之妨礙交通。從
此小東門與浦濱之間，聯絡便利，該處一帶之商業亦蒸蒸日上。上
海市施行築路徵費辦法以整理舊市區，發靱伊始，已著成效，故縷
述其經過如上，藉資主持市政者之借鏡焉。

機器製紙問題

張 政 和

本文提要　擬在浙江江西福建湖南山東等省區,設立大規模之新式木漿紙廠,以製報紙圖書印刷用紙,約需資本一千六百萬元。恢復公私立停閉之紙廠,約需費貳百萬元。及擴充現有之紙廠,採用沿江蘆葦,製造葦漿紙張。不足之數,則以各省手工紙替代,及儘量節省漏費。

吾國製紙工業,具有深長攸久之歷史,其分布區域,幾遍全國。江西之毛邊,福建之連史,安徽之宣紙,雲貴之皮紙,則尤為早負盛名者也。在閉關時代,堪以自給自足,毫無困難問題發生。洎乎晚清,歐風東漸,紙張一項,需要日廣,遂成今日洋紙充斥之現象。其輸入數值,逐年增加,以民六輸入 6,249,293 關平兩與民十五 27,678,637 關平兩相比,增至四倍以上。最近三年,復達三千萬兩,而木質紙漿,尚不在內。不特平時利權外溢,漏卮堪虞,一旦國際間發生變動,來源斷絕,影響於文化事業,至為鉅大,自應設法振興,以圖挽救者也。

考紙張種類繁多,就其用途而論,約可分為六類:(一)毛筆用紙,如毛邊,連史,宣紙等;(二)鋼筆鉛筆書畫紙,如二號紙,富士紙等;(三)新式印刷紙,如道林紙,模造紙,銅版紙,新聞紙,有光紙等;(四)包裝紙,如表古紙,牛皮紙,包紗紙等;(五)特別用紙,如鈔票紙,晒圖紙,玻璃紙,過濾紙等;(六)紙版。此六類紙張,除(一)原為國產,(五)用途較狹,(六)容易發展外,(二)(三)(四)三類,為吾國需要最切,占每年輸入額百分之九十。最近三年來,日本紙張在我國市場,努力擴充,歐美貨品,大受影響。國內新式製紙工業,自光緒十七年李鴻章創

設綸章造紙廠以來,先後繼起者,雖不下數十餘家,其中稍具規模者,如財政部造紙廠,白沙洲造紙廠,武林製紙公司,大中華盛紙版公司,灤源造紙廠,華興造紙公司,均以次停閉,現時所存者,僅有下列數廠而已。

廠　　名	地址	紙　　　　類	資　　本	產　　額
天章造紙廠	上海	有光紙　報紙　連史紙　毛邊紙	400,000兩	60,000令
龍章造紙廠	同	連史紙　毛邊紙　包皮紙	343,000兩 公積240,000	55,000件
江南製紙公司	同	連史,海月,仿宋,重貢,玉扣,毛邊	400,000元	12,000件
竟成造紙公司	同	黃紙版　包紗紙	400,000元	26,000噸 80,000令
竟成造紙公司	天津	黃紙版　灰色紙版	（總行撥） 100,000元	6,600噸
竟成造紙公司	杭州	紙版	總行撥	6,700噸
民生造紙廠	上海	連史,毛邊	100,000元	約三千餘件
利用造紙廠	無錫	連史	21,000元	25,000令

上述各廠出貨,概係毛筆用紙,間出報紙,有光紙,包紗紙等,而木漿亦仰給國外。綜計各廠每年出產總額,共約四萬七千七百餘噸,僅及日人在我國東三省所設之鴨綠江製紙株式會社,暨王子製紙株式會社兩處產量之合計數目,而資本額則相差尚遠。難與外人競爭,固無足怪。試閱海關貿易報告,最近四年洋紙輸入:十六年為 1,675,455 擔,十七年為 2,707,968 擔,十八年 2,299,735 擔,十九年 1,592,093擔,四年平均數為 1,909,563 擔,約合 113,702 噸。而國紙輸出之四年平均數,祇有 19,193 擔,約合 1,142 噸。兩者相較,竟差 112,560噸。每年木質紙漿之進口,平均尚有三百七十三噸。此後問題,卽應如何添設新廠,恢復及擴充原有公私機器紙廠,以抵補上列所差之額數耳。

一。　創設新廠

此項新設工廠,自以製造第(二)(三)類紙——卽印刷及圖書紙

一爲主,其原料則採用木材,故其設立地點,應擇出產杉松檜等樹最多之處。浙江之溫處,江西之三南,福建之西北一帶,湖南之湘沅兩江上游,山東之泰山勞山,均以產此項木材著名。將來即在上列各省交通便利之地,分別設廠。所需資本,按每日製機械木紙料卅五噸,製化學木紙料十五噸計算,至少須國幣四百萬元,共設四廠,需資本一千六百萬元。每年以三百日計,共出產紙張六萬噸。所有各地所用之報紙,雜誌,普通圖書印刷用紙,大概可以供給而無虞。

二。恢復已停閉工廠

各省機器製紙工廠,先後停辦者,已如上述,此時應由實業部分別公私性質,查明原委,設法令其趁速恢復營業。原由私人開辦者,於恢復後,政府應予以扶助,如豁免出品稅,及便利運輸等事。原由公家——中央或地方政府——設立者,籌撥資本,派定專員,負責籌劃。至此項工廠之生產能力,雖無切實統計,然依據從前紀載以及由投入之資本而推算,則山東華興造紙公司年產粉連紙包皮紙一千五百四十噸,浙江武林造紙公司年產紙版五十餘噸,嘉興大中製紙公司年產紙版五千七百餘噸,財政部造紙廠年產報紙包皮紙一萬噸,白沙洲造紙廠年產印刷紙包裝紙二千噸,連同其他各停辦之小工廠年產一萬噸,每年共有三萬四千二百餘噸。惟諡家礠財政部造紙廠所有機器,均已毀滅無存,白沙洲造紙廠亦損失過鉅,非有數百萬之資本,不易恢復。考該兩廠失敗之原因,雖屬不一,而原料缺乏,最易蒙受打擊。今欲圖謀恢復,必須於此特別注意,最好利用長江兩岸,及洞庭湖旁之蘆葦,製成紙漿,以抵補外輸入之木漿。此項方法,雖尚在江南製紙公司專利時期,但當國難期中,爲發展國產紙業計,給與該公司以相當權利,未始不可通融。至經費方面,由中央與湖北省政府協力先籌二百萬元,以爲購買機器之用。其活動資本,將來即以機器及房產抵借,以每年盈利分期償還之。

三。擴充現有紙廠

　　查江南製紙公司現擬擴充計劃，分兩期進行。第一期添招股份六十萬元，增設六十五寸製紙機器一部，製漿機兩部。第二期添招股份一百萬元，增設製紙機器二部，製造印刷用紙及包皮紙等。值茲國內需要緊急，情勢變遷之際，此項計劃，自可稍為改易，將預定之第一第二兩期進行步驟，顛倒辦理，則每年出產可一呼即萬噸。天章及龍華兩廠，規模頗大，所出印刷用紙及包皮紙，頗為社會所歡迎，且天章紙廠現應社會之需要，加增報紙產量，此後儘可從事擴充，再招添一倍之資本，則每年至少可增加一倍半之出產，約二萬噸。其他各小工廠酌量擴充。即能抵補每年輸入之紙額矣。

　　上述三種計劃，雖近於概括與簡略，然俱就事實立論，縱有不能按照預定之數量進行，則以八折計算，所差不過一萬餘噸，可以各省出產之手工製紙替代，或節省不必要及浪費紙張之消耗，果如此，將來紙料供給問題，似不至有發生若何恐慌之可能也。

日本在東三省之電信侵略

東三省之電力侵略，已於工程週刊中略述之，茲再論日本在東三省之電信侵略。

始以遠異連路國省發重，鬆一此事法途利問。涉域交業大線，我三收關放及台領設，前要重侵。交區允營，由話片成於殊，經道不廉，則電一在意路。幾鐵亦費話，項成本注線，不告電本不之，重侵略。至人取電，此打日獨礙，毫報線日，如業之無處人商。亦之無處人商。

電之年報，發話收電，架以去有均而使長自佈。設外年電，可會東途造置。電報桿底收電，異省話多。各間日而途晰，鮮如不阻。地區法均站，無沿處均於日路。戰道辦線，各線連均日路。電線期發其常與省日話。

本司主東設國電。日座公關之我。日南涉滿火我壤等切重。本滿迄鐵車京等處機於。在鐵沿線各線連均。

日本其電俄元厦今達長新京之佳也。在信之而經本客價義滬規良尤。東侵役將交在較平港一注。三省之電力侵略。

再論。費五之至發通與津所機要。費內故常直且平所機。大切項館早影器因以。

（王崇植）

國內皮革供給問題

史 浩 然

本文提要 擬設約二千個漉槽之工廠,專製漉鞣革及鉻鞣革,大部分重在漉鞣。原料乾皮,國內充足,惟藥品暫須仰給外洋。實行此項計劃,約需資本一千二百萬元。

皮革概分硬革,軟革,毛皮三種。其重要用途:硬革主用於鞋底,鞍具,囊,盒,帶,及機器調帶等;軟革主用於鞋幫,皮箱,袋,包,套,帶,以及其他革具等;毛皮主用於服裝,寢褥等。此種皮革,各視其用途,而有種種製法。皮革普通製法。除舊式油鞣法,現已不適用外,殆通用漉鞣,鉻鞣,明礬鞣三種。毛皮主用明礬鞣。革主用漉鞣,鉻鞣,或混合鞣,而尤以漉鞣最爲重要。

明礬鞣毛皮,爲中國特產,每年產額亦甚多,惟硬革軟革甚形缺乏。國內所有製革廠,規模均小,槪僅用鉻鞣,以前有四川成都製革廠,上海龍華製革廠,製漉鞣革,然均已失敗。現在漉鞣革殆完全仰給於外國。茲據十八年度海關貿易冊查得重要皮革入口數如下

鞋底皮　79939担

熟黃牛皮　8230担

各種小牛羊熟皮　1948担

皮帶皮值　1,288,949海關兩

皮貨　1,178,216張

鞋靴　93,284雙

　　據此,鞋底皮,皮帶皮,當全為澀鞣革。熟黃牛皮,小牛羊熟皮,當為軟革,有澀鞣,有鉻鞣。今試計算其需用原料乾皮幾何。

　　查鞋底皮,皮帶皮,平均以其百分之六〇為原料乾皮,則上表之鞋底皮,需原料乾皮約48,000擔,皮帶皮海關估值以每擔約五十兩計之,則帶革當約25800擔,其原料乾皮質約需19,000擔。熟黃牛皮及小牛羊熟皮,其成革與乾皮,作為重量上無大增減,約需乾皮一萬餘擔。其靴鞋每雙平均約需原料乾皮二斤,則共約需二千擔。據此除皮貨外,入口皮革以所需原料乾皮計,共約需原料皮八萬餘擔。但實際原料皮以八折作用,實共需十萬餘擔。此外尚有日人在上海及東三省等處,設有製革廠,每年製出之革,雖不得其詳,考其資本金額約共四百餘萬日金,每年需原料乾皮,當在一萬擔以上。此據平時計算,國內每年須增加鞣製約十一萬餘擔以上之原料乾皮,方足自給;而其內底革及帶革之原料皮,實已占九萬餘擔以上;即其餘軟革,仍以澀鞣者為多。觀此,當知國內宜速興辦澀鞣革廠之重要矣。

　　此後需用之方面日廣,除國內每年原產皮革外,似應增加皮革之製造量,如下列之假定數:

　　　　澀鞣硬革約需原料乾皮十一萬擔
　　　　澀鞣及鉻鞣軟革約需原料乾皮一萬擔
　　　　毛皮二百餘萬張
　　查十八年度海關貿易冊皮件出口數:
　　　　生黃牛皮　224,121擔
　　　　生水牛皮　54,497擔
　　　　已硝未硝狗皮　2,029,879張
　　　　已硝山羊皮　304,090張
　　　　未硝山羊皮　121,227擔
　　　　山羊皮毯,褥　100,692張
　　　　冲野羊皮(山羊)　259,075張

　　　已硝未硝綿羊皮　369,048 張

　　　皮衣料,皮統,皮褥,皮毯　225,504 張

　　　牛　21,152 匹

　　　綿羊　195,437 匹

　　　其他各種皮

　　據此,國內輸出之原料乾皮,及毛皮,均在應增製之皮革額數二倍以上,是原料皮之充足,絲毫不容顧慮。且毛皮為我國特產,其製法素具特長,卽鞣劑亦不須仰賴外國,所應慮及者,惟澀鞣劑及鉻鞣劑耳。

　　以鞋底皮帶皮等厚革100分中,約含澀質34.％計之,則增製之十一萬擔厚革,需澀質37,400擔,合計其餘軟澀革所需之澀質,約共需40,000擔。有效澀質,約以八折作用,則實際當共需澀膏50,000擔。普通澀材平均含澀量,以16％計之,當共需澀材312,500擔

　　以國內原有製革廠所製鉻鞣革,及應行增製之鉻鞣革,約共需原料乾皮三萬擔計之,對於浸酸脫灰後之濕裸皮100分,約用重鉻酸鉀5％,次亞硫酸鈉10％,濃鹽酸7,5％。但此種濕裸皮一擔,平均約為原料乾皮八十斤,則鉻鞣三萬擔乾皮,當需重鉻酸鉀1875擔,次亞硫酸鈉3750擔,鹽酸2812擔。（或用食鹽約6000石與硫酸約600石）

　　茲總計所要之澀鞣劑,鉻鞣劑,及整理用重要材料如左:

　　　各種澀膏50,000擔或澀材約320,000擔

　　　重鉻酸鉀約1,900擔

　　　次亞硫酸鈉約3,700擔

　　　硫酸鹽酸共約3,000擔

　　　硫化鈉約600擔

　　　羊毛脂約1,000擔

　　　葡萄糖約2,000擔

　　　牛脂約600擔

氯化鋇約 600 担

各色染料共約 300 担

其他石灰,麥粉,箆麻子油,胰皂,以及種種國內自足供
給者可不計。

具體辦法

如是欲求國內皮革自足供給,則當首先計劃者,即爲上所列
舉之物料供給。試就我國含澀植物之可用爲澀材者列舉如左:

櫟皮　櫟材　栗皮　栗材　栗斗　樺皮　櫟皮　柳皮

樅皮　柯子　五倍子　鹽膚木皮　水岡青

此種澀材含澀質最多者,爲柯子,五倍子,約含 50 % 以上。其餘
澀材含澀量,均約在 20 % 以下。而產量多者,當以櫟皮,栗斗爲最。且
櫟皮含兩種澀質,最適於多量使用,惟至今國內尚未聞有人發見
廣場之櫟樹林。在未發見大澀材林之先,計劃澀劑供給,惟有暫向
國外購入澀膏 (Quebracho extract 三成,Myrobalan extract 二成)共約三
萬担,其餘搜集國內澀材補充之。重鉻酸鉀及次亞硫酸鈉,其製造
原料,爲鉻鐵鑛及炭酸鈉與硫黃,國內宜另設立製藥廠,製各種工
業藥品否則重鉻酪鉀,次亞硫酸鈉,硫化鈉,氯化鋇等藥品,亦非購
自外洋不可。至硫酸鹽酸,則萬不能不由國內製造。其羊毛脂,葡萄
糖牛脂,染料等,亦均須預爲購入。

經費

據此計算所需之經費如左。

總購入儲用之物品

澀膏 30,000 担	$1,800,000
重鉻酸鉀 1900 担	$ 187,000
次亞硫酸鈉 3700 担	$ 100,000
硫化鈉 600 担	$ 36,000
羊毛脂 1000 担	$ 50,000
牛脂 600 担	$ 36,000

葡萄糖2000担　　　$　100,000

氯化錏600担　　　$　20,000

各色染料300担　　$　180,000

合計　　　　　　　$3,509,000

在國內購入原料之經費,以澁鞣厚革需五個月製成一次,故原料作一年兩次購入,即六個月一周轉。澁鞣軟革需二個月一次,原料費以三個月一周轉。鉻鞣革二十日製成一次,以二個月一周轉。依此計需流動經費如左。

大原料乾皮60,000担　　$4,800,000

中小原料乾皮3,000担　　$　210,000

澁材約120,000担　　　$1,000,000

石灰約半年40,000石　　$　40,000

硫酸鹽酸約一周轉期共600担　$　12,000

其他原料約一周轉期共　$　100,000

合計　　　　　　　　　$6,162,000

建築費依一周年製十一萬担原料乾皮之澁鞣厚革,與一萬担澁鞣及鉻鞣薄革,至少需澁槽,石灰槽,水槽共約三千至四千個,據此估計,約需。

建築費　　　　　$　1,000,000

設備費　　　　　$　1,000,000

總計所需之經費共約$11,162,000

平均一百個澁槽之工廠,用技師三人,配劑及化驗技佐五人,工人八十人。總計二千個澁槽,共須用技師六十人,技佐一百人,工人一萬六千人。

發展中國糖業計劃

陳 騊 聲

本文提要　南方之瓊崖,北方之東三省,可闢為產糖特區,並在上海天津等處設立大規模之製糖工廠。並將舊式糖房設法改良,擴大土法飴糖之製造。使全國對於糖之供給,不虞缺乏。

我國製糖之歷史極早,產糖之區域亦極廣。閉關時代,南方各省土產之糖,供全國消費而有餘。海禁既開,優勝劣敗,洋糖日益澎漲,土糖幾歸烏有。最近洋糖之輸入,年達一萬萬數千萬元,消糖與文化成正比例,已為不易之理,數年之後,消糖視今倍蓰,則漏卮不大可駭乎,為今之計,惟有於最短期間內,設法整理國內現有之製糖工廠,並在國內重要產糖區域設立新式工廠及模範農場。茲將各項計劃,分述如下

(一)新式製糖工廠之設立　製糖問題,原料為先,原料豐富與否,與氣候有密切之關係,吾國南宜甘蔗,北宜甜菜,人工既廉,物料又備。四川之沱江流域,廣東之潮州汕頭,福建之漳州泉州,江西之贛水上游,昔日均為重要產糖地,茲擬次第集合舊式糖房,設立甘蔗製糖工廠,規模逐漸擴大,俾能達到發展之目的。瓊崖遠處南隅,荒蕪不治,住民勤愨,氣候炎燠,較台灣實有過之,亟宜從事調查,實行開墾,將來可闢為甘蔗糖特別產區。甜菜之栽培非極寒極熱之地,悉屬適宜,我國東三省,山東,河北,河南,山西,試種甜菜,成績均頗優良。山東東三省舊有之製糖工廠,宜儘先整理,稍有成績,再謀進展之方。東三省荒地之多,甲於各省,氣候亦寒冷適中,將來可闢為

4392

甜菜糖特別產區,與南方之瓊崖,遙相對峙。每年產糖各以六億斤計,加以內地產糖二億斤,總合十四億斤,吾國糖方有獨立之望。所謂特別產糖區者,固不盡將原料直接製成白糖,爲增進製造能力,及便於暢銷起見,特別產糖區之原料,大部分可製成粗糖,以供精製之用。各省重要城鎮,如上海天津青島濟南漢口九江福州廣州汕頭等地,各按本省銷糖量,設立相當能力之精製糖工廠,卽以該二區所出之粗糖爲原料,製成精美之白糖,國內砂糖之需給,不難達到平衡之境矣。

(二)新式模範農場之創辦　吾國糖業之不發達,以農事簡陋爲主因,品種不研究,肥料不講求,灌漑及排水亦極藐視,千餘年來漫無進步。歐美日本之栽培原料也,品種則用新法育成者,肥料則用人工製造者,灌漑及排水則用機械以代人工,其他農作法亦多所改革。宜擇重要產糖區域,設立新式模範農場,實行選種深耕施肥灌漑及排水等新式農事,爲農民倡。原料問題,果能解決,則吾國糖業前途,始有望也。

(三)國內精製糖工廠之整理及設立　吾國洋糖輸入最多之處爲香港日本台灣爪哇古巴等地。香港之糖,以太古怡和兩廠所製者居多,該廠原料採用爪哇,不過加以精製手續而已。日本精製糖廠亦多購用爪哇原料糖。故吾國目前所用洋糖,雖屬英日兩國之製品,而其原料實以爪哇爲大宗,有利而不自謀,坐視他人之侵佔,可勝浩歎。亟宜繼續整理上海國民製糖公司,採用古巴爪哇原料糖,從事精製。一面並在重要城鎮設立精製糖工廠,在國內未能供給原料以前,擬先採用古巴爪哇之粗糖,庶能杜塞漏卮于萬一也。

發展中國酒精工業計劃

陳 騆 聲

本文提要　擬在南方設立甘薯製造酒精工廠十五所,北方設立高粱製造酒精工廠五所,需資本四百萬元,每廠年產酒精二十五萬英籥,總計年產額五百萬英籥,適數全國之需要。

　　酒精為製造工業之重要原料,舉凡化妝品醫藥品,胰皂,油漆,人造象牙,無烟火藥配合飲料,莫不需多量之酒精。他如供燃料,溶劑,防腐劑,及製造汽油代替品之用者,亦甚發達。數年來國內工業已漸萌芽,酒精之需要日多,舶來酒精輸入之量,與時俱進,倘不急起力追,將何以杜漏卮,故發展酒精工業,實屬刻不容緩之舉也。

　　按製造酒精之原料,最重要者有二,一糖質原料,二澱粉質原料。前者以糖蜜為主要,後者以高粱甘薯及玉蜀黍等為主要。糖蜜係製糖工廠之副產品,售價甚廉,故製造成本自較使用澱粉質原料者為低。當局有鑒及此,特設立酒精試驗工場,採用糖蜜及澱粉質原料製造酒精,以資提倡。並擬於最短期間內整理國內酒精工廠,並創設大規模酒精製造工場,俾吾國酒精達到自產自給之目的。茲分述三項計劃如下。

　　(一)澱粉質原料製造酒精工廠

　　吾國各省之薯及北方之高粱產量豐富,售價低廉,此種原料,用以製造酒精,最為適宜。查吾國每年酒精進口約五百萬英籥,茲擬於最短期間內在北方設立高粱製造酒精工場五所,每所酒精年產量以二十五萬英籥計,每年共出酒精一百二十五萬英籥。並

於甘藷出產豐富之地如蘇州等處,設立相當規模之酒精工場十五所,每所酒精年產量亦以二十五萬英鎔計,每年共出酒精三百七十五萬英鎔。南北各省,共設酒精工廠二十處,共出五百萬英鎔之酒精,國內需用之酒精,不必仰給舶來品。俟辦理稍有成效,再圖國外貿易之擴充。上述全國酒精廠所需機械建築等費約二百二十萬元(每廠十一萬元),購地費約四十萬元(每廠二萬元),共二百六十萬元,加以流通資金一百三十五萬元(每廠平均六萬七千五百元)總計不過三百九十五萬元。茲將設立每年出產酒精二十五萬英鎔之澱粉質原料製造酒精工廠預算審列下。

(一)能力　　每日用甘薯576市担或高粱200市担,可出酒精720英鎔,合180罐。每年工作340日,計244,800英鎔,合61,200罐。

(二)開辦費及流動金

甲　開辦費

(A)機械設備費　　　$ 73,260

(B)槽類設備費　　　$ 13,040

(C)建築費　　　　　$ 17,600

(D)基礎建築費　　　$ 3,000

(E)機械裝置費　　　$ 4,000

共計　　　　　　　$110,900

乙　流通資金

(一)甘薯為原料每月支出約$19,766三個月流通金計$59,298

(二)高粱為原料每月支出約$30,243,67三個月流通金計$90,731

甲乙總計

(一)甘薯為原料　　　　$170,198

(二)高粱為原料　　　　$201,631

(二)糖蜜製造酒精工場

糖蜜為製糖工廠之副產品,將來糖業發達。酒精工業亦必發達。茲擬於上海創設酒精工廠,採用該埠各糖廠所出糖蜜以充原

料,不足之量,可向<u>台灣</u> <u>爪哇</u>等處採購。將來各省興辦糖廠,亦可附設酒精工塲。每工廠每年酒精產量若以三十萬英崙計,所需機械建築等費約十萬元。茲將預算書列下:

(一)能力　每日用糖蜜(濃度八十度勃力克司)220担可出酒精882英崙合220罐每年工作三百四十日計300,000英崙 合74,800罐

(二)開辦費及流動金

甲開辦費

(A)機械設備費　$ 71,360

(B)槽類設備費　$ 13,040

(C)建築費　　　$ 12,100

(D)基礎建築費　$ 2,500

(E)機械裝置費　$ 3,500

共計　　　　　$102,500

乙流動資金　工廠支出每月$15,776,67 三個月流通資金計$47,330

甲乙總計　　　　　$149,830

(三)整理國內酒精工廠

查國內酒精製造工廠祇有<u>山東溥益製糖公司</u>之釀造工塲,規模最大,設備亦最良,每日可出酒精(96％)七千磅。該廠因連年兵禍,大受影響,不得已暫行停工,亟宜設法恢復,並兼用<u>山東</u>產高粱爲原料,俾原料供給,不至發生問題。

首都中山路五千千伏安鋼桿輸電綫工程

崔 華 東

引 言

南京自國府奠都以來,市內日臻繁榮,電氣需要與時俱增,尤以城南城中一帶商肆區域爲最,而首都電廠大部發電設備遠在下關分廠,故舊有美規一號三千千伏安輸電綫,在事實上已不敷應用,故於十九年七月起沿中山路及中正路北段裝置鋼桿與美規4/0號架空輸電綫。計長七哩,分送電力於鼓樓新街口珠寶廊龍王廟及西華門等配電區域,歷時五閱月,共費銀幣八萬餘圓。該綫輸電容量爲五千千伏安,將來可增至六千五百千伏安,茲將實際工作情況分別詳述如下。

又此篇草成後,蒙陳中熙先生加以指正,謹此誌謝。

(一)綫路之測定

(1)勘定綫路 該綫路自下關中山碼頭起,沿中山路快車道邊石之左邊二呎距離爲該綫路之地位,因此在測定手續上,除轉角及橋旁需特別測量外,其他頗爲簡省。沿中山路部份計長六哩,再由新街口廣場分至中正路北段,計長約一哩,總稱爲中山路輸送電綫。

(2)裁定樁位 普通鋼桿之桿距(Span)因受拉力及弧垂(Sag)之限制,規定二百呎。但遇特殊情形則略爲伸縮。譬如雙鋼桿間及海軍部前轉角處鋼桿之桿距均縮至一百五十呎,其他如十字街

口 或 公 署 前 亦 略 有 增 減，但 最 長 距 離，均 不 得 超 過 二 百 十 呎 之 標 準 限 度。若 過 橋 鐵 塔 間 及 鼓 樓 北 過 街 之 螺 桿 底 腳 鋼 桿 距 離，亦 有 二 百 四 十 呎 有 幾；乃 爲 特 殊 情 形。中 山 路 計 栽 普 通 鋼 桿 (Non-anchor Poles) 一 百 四 十 五 根，雙 聯 固 定 鋼 桿 (Anchor Poles) 十 五 根，雙 聯 轉 角 鋼 桿 (Corner Pole) 一 根，特 種 三 聯 鋼 桿 (Triple pole Structures) 二 座，特 種 鐵 塔 (Special tower structures) 五 座。此 項 栽 樁 工 作，於 七 月 上 旬 五 日 內 完 成。中 正 路 比 較 簡 單，計 栽 定 螺 桿 底 腳 鋼 桿 (Steel poles with anchor bolt bases) 十 七 根，雙 聯 螺 桿 底 腳 鋼 桿 (Double steel poles with anchor bolt bases) 三 根，在 九 月 中 旬 二 日 內 栽 定。其 實 測 鋼 桿 之 桿 距 及 佈 置，均 詳 第 一 圖 所 示。

(二)鋼桿及鐵塔之底腳工程

因 中 山 綫 路 觀 瞻 關 係，絕 對 不 用 板 綫，故 鋼 桿 及 鐵 塔 所 受 負 荷，較 普 通 綫 路 超 出 遠 甚。因 此 於 底 腳 工 程 之 設 備，亦 須 力 求 堅 固，其 所 有 鋼 桿 及 鐵 塔 底 腳 均 用 三 和 土 澆 成。其 水 泥 黃 砂 及 石 子 之 配 合 標 準，爲 一，三，五 之 比。又 因 所 用 水 質 混 濁，故 在 較 大 底 腳 內 均 另 置 鐵 筋。底 腳 體 積，及 工 作 程 序 約 分 述 如 下。

(1)四 十 五 呎 單 鋼 桿 底 腳　　此 種 鋼 桿 底 腳，爲 直 徑 二 十 二 吋 高 七 吋 之 圓 柱 體，上 部 復 用 瓜 子 片 形 小 石 子 澆 成 長 十 八 吋，寬 十 五 吋 高 八 吋 之 立 方 體，高 出 中 山 路 快 車 道 邊 石 面 六 吋。鋼 桿 澆 入 三 和 土 部 份 有 七 呎，高 出 邊 石 面 有 三 十 八 呎。鋼 桿 澆 入 三 和 土 部 份，本 身 卽 有 鐵 筋 作 用 (Effect of reinforcement)。每 座 三 和 土 底 腳 體 積 爲 十 九 · 五 立 方 呎，其 樣 式 如 第 二 圖 所 示。惟 在 鹽 倉 橋 海 軍 部 前 轉 角 處 單 鋼 桿 之 三 和 土 底 腳，爲 斜 形 方 錐 體，以 增 加 縱 方 面 之 強 力 (Longitudinal strength)。上 部 亦 澆 有 六 吋 高 立 方 體，總 計 其 體 積 約 佔 七 十 六 · 四 立 方 呎。其 形 式 如 第 三 圖 所 示。至 於 澆 製 程 序，則 當 桿 洞 掘 成 後。栽 下 六 呎 長 接 地 管 (Grounding pipe)，如 第 二 圖 所 示。此 時 卽 先 澆 六 吋 深 三 和 土 於 洞 底，經 過 十 數 小 時 後，便 植 立 鋼 桿，然

後澆七呎高圓柱體之三和土底脚。為防止鋼桿近地面部份銹蝕
起見,將其下半部先滿塗紅丹油粉 (Red-Lead painting)。經一二日後。
再澆高出邊石面六吋之立方體三和土,並於鋼桿及三和土密接

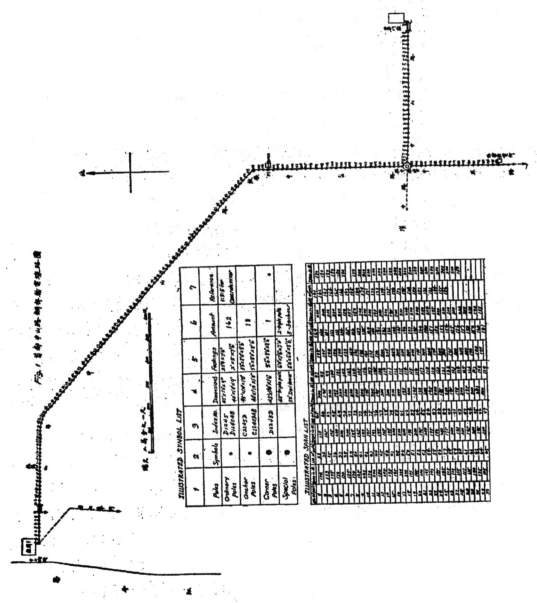

部,份砌成凸形,以免雨水停留之弊。

　（2）四十五呎雙聯固定鋼桿底脚　　此等雙聯鋼桿底脚 (Footings for anchor poles)，以每間十二根普通單鋼桿澆製一根為標準。在工作程序上，先掘成長八呎，寬三呎半，深八呎方溝，若其地勢低窪有多量水滲入時，則設法汲去，然後澆一呎深三和土，經過相當時間，使該三和土堅實後，豎立雙聯鋼桿。幷安置鐵筋，再用方柱形木(Template)澆成八十六立方呎之三和土底脚。此種底脚形式如第四圖所示。

(3)四十五呎轉角雙聯鋼桿　該轉角鋼桿底脚(Foofings for corner pole)祗有一座，植於中山路鼓樓轉角處，其底脚體積有一百零五‧四立方呎，較雙聯固定鋼桿略加擴大，形式如第五圖所示。

(4)四十呎螺桿底板鋼桿底脚　中正路及中山路鼓樓北過街地方，均栽立螺桿底板鋼桿底脚(Footings for steel poles with anchor bolt bases)，桿高四十呎，用直角鐵底板密接於直徑一时半長六呎之底脚螺絲桿上，約與地面相平，所以該桿高出路邊石面有四十呎，其底脚仍用三和土澆成，其程序分三次澆製，如前所述。全部底脚體積有二十‧七立方呎，底脚下部不用木壳，但當澆製時，除栽下一根六呎接地管外，尚需用剜洞木壳套於螺絲上，以維持正確垂直，如第六圖所示。與四十五呎普通單鋼桿之底脚，略有不同。

(5)四十呎雙聯螺桿底板鋼桿底脚　四十呎螺桿雙聯鋼桿底脚(Footings for double poles with anchor bolt bases)之體積，與四十五呎雙聯鋼桿底脚完全相等。但澆製方法，略有不同。首先掘成長八呎，寬三呎半，深八呎方溝，若低窪滲水，則設法汲去，先澆一呎深三和土，經一天後將規定之木壳放置溝內，同時將六呎長底脚螺桿放下六根，幷用六根木盒套於六根螺桿上，約與地面相平。該螺桿下部再紮以相當鐵筋，此時卽澆三和土於木壳內，至平口為止，經過一二日後待三和土十分堅實，方除去木盒。配置直角鐵底板，及豎立該種雙聯鋼桿，然後再澆長二呎八时，寬一呎十时，高一呎長方體三和土於上部，幷將沿桿部份砌成凸形，以防積水侵蝕。此種底脚式樣，如第七圖所示。

（6）特種三聯鋼桿底脚　全部輸電綫路有兩座特種三聯鋼桿(Special triple-pole structures)，一座豎在<u>下關新廠</u>前，一座豎在<u>鼓樓</u>

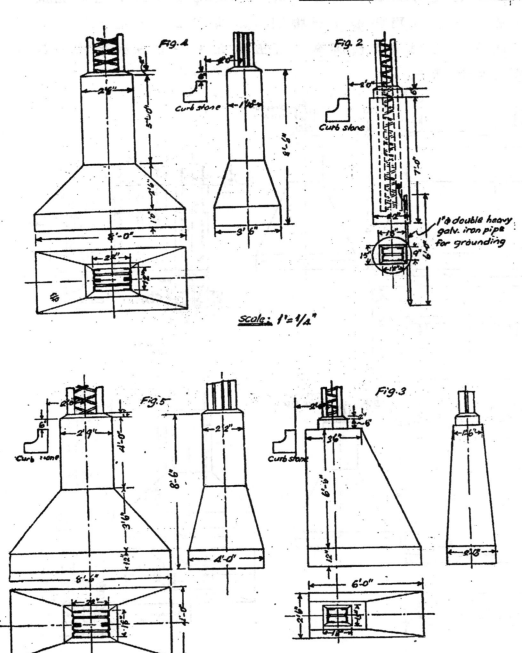

配電所前,其本身為四十五呎鋼桿加三角鐵拼成。因其須受縱橫
兩方面之拉力,其底脚需另加鐵筋,特別澆製,又為安全起見,底脚
栽有接地綫管兩根。鼓樓三聯鋼桿底脚有二百零七‧五立方呎,
下關廠前三聯鋼桿底脚有二百五十九‧一立方呎,形式如第八
第九兩圖所示。

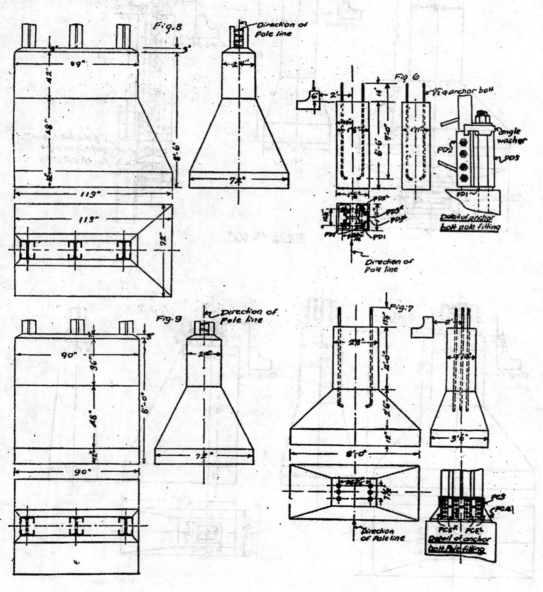

（7）特種鐵塔底脚　　中山路輸電綫特種鐵塔(Special iron towers)共有五座,計分橋旁鐵塔 (Special towers for river crossing), 鼓樓配電所後面進綫鐵塔(Lead-in tower for ku-Lou substation), 及西華門廠盡端鐵塔 (Dead end tower for Sie-Hwa Men station) 三種;其三和土底脚亦因此分爲三種。

（A）橋旁鐵塔底脚　　此種鐵塔底脚,中山橋兩旁各設一座,逸仙橋西堍設一座,共計三座。其形式體積完全相同,惟不需另置鐵筋,因爲鐵塔之地下部份,本身即有鐵筋作用。三和土體積每座有二一七‧五立方呎,形式如第十圖所示。澆製程序,首先掘成長八呎,寬六呎半,深八呎之方溝,澆一呎深三和土於溝底,埋下六呎長接地管二根,俟三和土堅實後,豎立鐵塔。其位置必使正確,塔身須垂直地面,然後滿澆三和土於塘內,底脚下部撨用較粗之石子,表面部分,則用瓜子片形小石子以便澆砌規定形式。

（B）鼓樓配電所後進綫鐵塔底脚　　鼓樓配電所後之進綫鐵塔,位於高崗,地質顏乾爽,因此於掘土工作不生困難,在澆製手續上,仍先掘成縱橫七呎深八呎之方溝,澆一呎深三和土,同時栽下

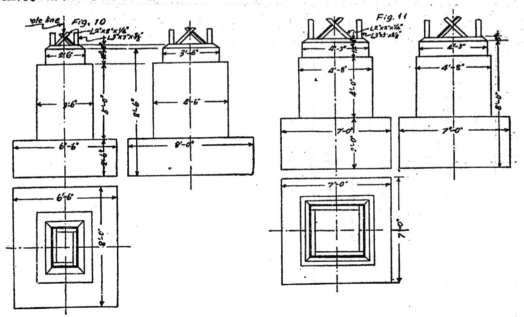

接地管二根;經過相當時間後,再用木壳澆成二百五十一‧二立
方呎之底脚。其形式如第十一圖所示。

　　(C)城廠盡端鐵塔底脚　　該鐵塔位置於西華門廠前逸仙橋
東境,中山路輸電綫自新街口東迤,卽以此爲盡端。縱方面受有導

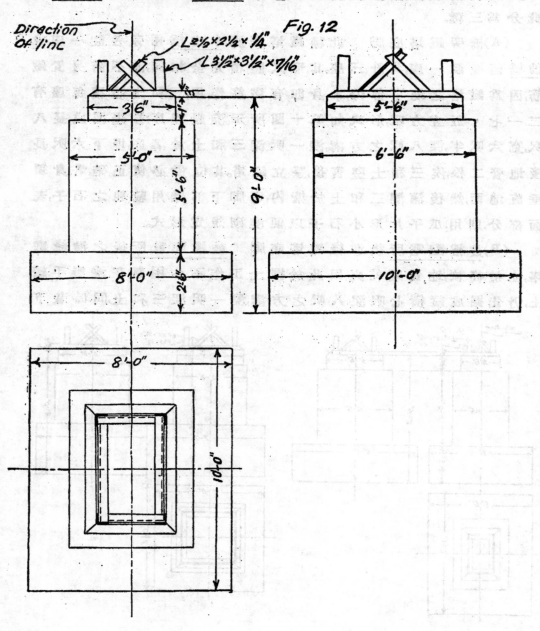

Fig. 12

綫總共拉力約七千磅。其三和土底脚有三百九十八‧三立方呎，爲全綫路中之最大底脚。用木壳澆製，方法與以前鐵塔相同，式樣如第十二圖所示。

全部鋼桿及鐵塔三和土之底脚體積在計算上有七千零五十‧五立方呎，如第一表所示，但實際因爲塘溝週圍泥土之坍落及缺陷，所澆三和土不無多用，在數量上至少有百分之五增加。所以三和土底脚之實際體積有七千四百一十‧三八立方呎。再以澆製前後散佈路旁之損失，亦有百分之十二。故石子領用實數有八十一‧五方之多，又綜計全部三和土鐵筋等底脚材料總值，爲銀幣三千六百三十元七角五分，以實澆體積計算，每百立方呎三和土底脚，約值銀幣五十元。

第一表　三和土底脚體積一覽(立方呎)

底　脚　種　類	單位體積	計算體積	實澆體積
45′普通單鋼桿	19.5×135	2632.0	2763.60
45′海軍部轉角單桿	76.2×8	609.0	639.45
45′固定雙桿	86.0×15	1290.0	1354.50
45′轉角雙桿	105.0×1	105.4	110.67
40′螺桿底板單桿	20.7×19	394.0	413.70
40′螺桿底板雙桿	86.0×3	258.0	270.90
下關三聯鋼桿	259.5×1	259.1	272.05
鼓樓進綫三聯桿	207.5×1	207.5	217.88
橋旁過河鐵塔	217.5×3	653.0	685.65
鼓樓進綫鐵塔	251.2×1	215.2	263.76
西華門廠前鐵塔	398.3×1	398.3	418.22
總　　　計	7057.5	7057.5	7410.38

(三)栽植鋼桿及豎立鐵塔

（1）栽植鋼桿手續　植立鋼桿之手續,在實際工作上,均先將洞口開好,然後植桿,再行澆製三和土底脚,故植桿工程與底脚工程乃同時進行。至於豎立鋼桿均用吊桿方法(Gin-pole method) 取兩根四十呎元木用蔴繩緊紮一端,成人字形式,豎立於洞口與線路方向成垂直。沿線路之縱方面,更以繩索對拉,以維持吊桿(亦稱把桿)之直立,又自鋼桿底端起約至二十五呎之地位(設鋼桿全長四十五呎) 以鋼絲繩紮起,應用吊一噸之葫蘆 (Snatch block),將該種鋼桿(全重約一千磅)升起,放置洞內此時將接地管密切接好,校正鋼桿部位時,當使其斷面中心落在中山路快車道邊石外二呎之直綫上,而與路邊石線垂直,如第十三圖所示。鋼桿位置旣定之後,則另取三十呎木梢二根以蔴繩及木塊緊紮於鋼桿之縱橫兩方面,作傾斜之支持。此時再由鋼桿頂部繫下線錘(Plumb) 一隻,由此移動三十呎支桿之位置,而校正鋼桿達於正確之垂直。如第十四圖所示。然後折去起重葫蘆,及人字式吊桿,而從事於澆製底脚之工作。

至於螺桿底板鋼桿(steel poles with

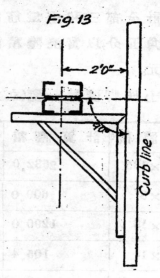

Fig. 13

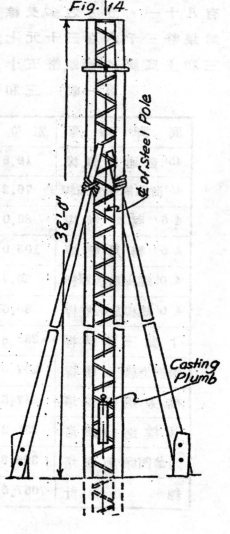

Fig. 14

anchor-bolt bases) 之豎立,與前者微有不同。當豎立四十呎單鋼桿(D 1240AB) 之前,需將巳澆成三和土底脚之平面,嚴密檢查,是否直正水平,再將平底板(Base plate PD1)套置四隻螺桿上,再以一时牛長對梢螺絲將角鐵底板 (Base angles PD-2ᴸ, PD-2ʳ, PD-3ᴸ, PD3ʳ)八塊,拼合於鋼桿底部,然後豎起套置螺桿上,再以螺帽及特種生鐵三角華司 (Cost iron washers) 旋緊,如以前第六圖所示。豎立四十呎雙聯鋼桿(C-2240 DAB) 之方法,亦與之相仿,但三角底板(PC-3, PC4, PC-5ˡ, Pc-5ʳ) 及拼接之二时螺絲門,與前稍異,其形式如以前第七圖所示。

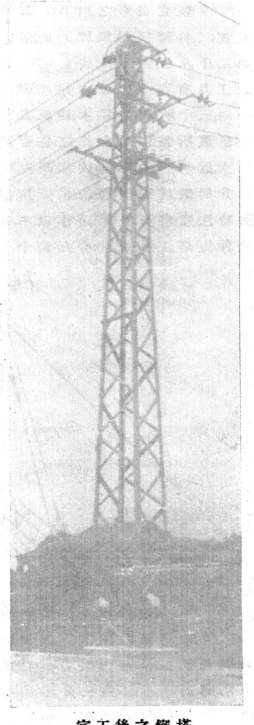

完工後之鋼桿　　　　　完工後之鐵塔

（2）豎立鐵塔之用具及其注意事項．中山路特種鐵塔計有五座，（特種三聯鋼桿同此）鐵塔本身重量有二千八百磅（橋旁），與二千八百六十八磅（鼓樓），及四千零五十磅（城廠）三種，所使用之工具有四十呎元木吊桿（Gin-pole）一副，三噸吊葫蘆（Snatch block）一副，三十呎臨時撐木四根，及起重吊車一架。當豎起時，必須注意吊葫蘆所繫鐵塔之部位，是否適當，使塔身在傾斜狀態升起而不可太近水平。致不易放落洞內。掛於吊桿上之葫蘆，其高度亦需足以升起鐵塔而無妨礙。再使用拉力（Pulling Force）必須平均穩靜，并隨時注意塔身升起動作，以不發生任何波動與不勻力量，爲必要條件。豎塔工作狀況有如第十五圖所示。

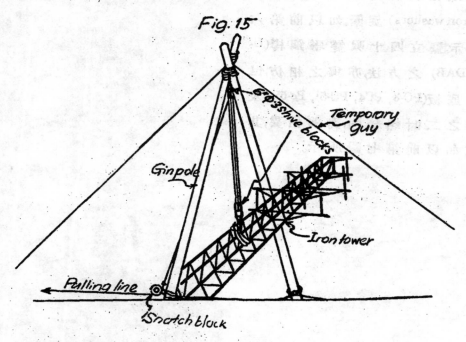

Fig. 15

（四）鋼桿及鐵塔之油漆工作

（1）桿塔油漆工作　因鋼桿及鐵塔在設計上均以最經濟之材料而能抵抗最大強力爲目的，故鋼桿之斷面厚度不過一分半，鐵塔斷面厚度，不過三分半。故此項桿塔之耐用年齡大半需視防銹設備之程度爲轉移。而防銹工作又不外乎塗加油漆，但在油漆

以前之除銹工作,亦非常重要,除銹之工具有刮刀及鋼絲刷二種,所需之消耗材料有鐵砂皮及綿紗頭二種,此項鋼桿上原來塗有黑漆一層 (Black paint), 惟經長途運輸,已剝蝕殆盡,故一律須用刮刀及鋼絲刷將污泥及銹蝕部份除去,再用二號鐵砂皮及綿紗頭將桿塔全部儘量擦光,并揩拭乾淨,以備施行初步塗料。

（2）初步紅色塗料　鋼桿及鐵塔之初步紅色塗料 (Pink Priming ready mixed paint),為數種塗料配成之混合物。內容包括百分之五十三‧五紅丹粉 (Dry genuine red lead) 百分之三十魚油 (Linseed Oil),百分之十一‧九白漆粉 (white-lead),百分之二‧四光油 (wood oil), 百分之二‧二松香水 (Mineral turpentine) 等五種原料,其中以紅丹粉及魚油為主體,白漆粉及光油之作用在增加稠度及光澤,至松香水之功效,則僅能使塗料易於乾燥 (Qnick dry) 而已。但其配合之比例,必須依照上述規定之標準,方能適當。而塗用時須用二吋輭毛漆刷塗於鋼桿或鐵塔上,方能均勻,至於天氣一層,除卻陰雨不可塗漆外,其他均不成問題。

（3）加塗灰漆　加塗防腐灰漆 (anticorrosive roof grey paint) 之工作,比較紅色塗料格外重要。塗着時必需均勻周到,倘使塗着太薄則漏透紅色,太厚則起皺紋,反為不美。其次對於角鐵間之接合部份,及桿塔與三和土底脚之密接部份,更需仔細塗到,因為此種關係,故對於油漆工匠之手藝,是否熟練,亦需予以相當之注意。

（五）鐵板及磁瓶之裝置

（1）鐵板之種類及其裝置　中山路鋼桿所裝鐵板 (Cross arms, 亦名橫担)概分單鐵板 (Single arm), 及雙鐵板 (Double Arm)二種,每種又分輸電鐵板及配電鐵板二類,輸電鐵板長三呎四吋,有磁瓶眼二隻,連桿頂磁瓶在內,形成三角形三相三綫式之綫路。配電鐵板長七呎八吋,并用角鐵撐脚二根,可裝磁瓶六隻,但轉角鋼桿上之輸電及配電鐵板均為特別加長,是為例外。至於裝置方法,當鋼桿豎立

後,電匠帶好繩索及扳鑿刀鎚等全套工具,升至桿頂,其他在下工
匠將角鐵材料緊繫繩端,然後吊至桿頂,用五分徑一吋半長之白
鐵螺絲,與鋼桿密接裝好。至此需詳細觀察,所裝螺絲是否同樣緊
密,鐵板是否水平正確。此外特種三聯鋼桿及鐵塔在豎立前,早已

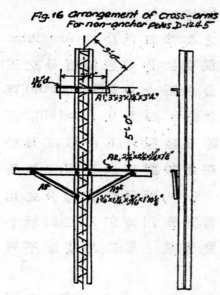

Fig. 16 Arrangement of Cross-arms
For non-anchor poles D-1245

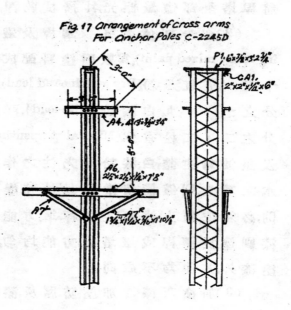

Fig. 17 Arrangement of cross arms
For Anchor poles C-2245D

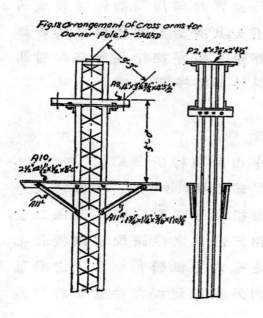

Fig. 18 Arrangement of Cross arms for
Corner Pole D-2245D

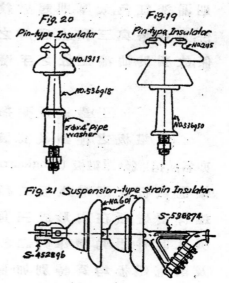

Fig. 20
Pin-type Insulator

Fig. 19
Pin-type Insulator

Fig. 21 Suspension-type Strain Insulator

將鐵板裝好,其形式亦與裝在普通鋼桿上者相同,各種鐵板之號目,大小,及裝配情形如第十六圖第十七圖第十八圖所示。

（2）中山路鋼桿所用輸電磁瓶,均爲威司汀渥斯電氣公司(Westinghouse Electric Co.)出品。裝於普通鋼桿之磁瓶標目爲二一一五號,應用電壓(Working voltage)爲二萬五千伏,所裝磁瓶脚之標目爲五三六九五〇號,如第十九圖所示。雙聯鋼桿(轉角鋼桿在內)及特種鋼桿所用磁瓶,爲兩隻吊式拉綫磁瓶(Suspension-type strain insulators)合成,標目爲六〇一號,每疊應用電壓有二萬伏,另附三角形鐵夾(T-bolt type strain clamps,s-536874)及 U形鐵鏈圈(Type-A strain clevises,s-452896) 各一只,如第二十圖所示。雙聯鋼桿及鐵塔頂部所用磁瓶爲一三一一號之高脚磁瓶,應用電壓有一萬三千五百伏,所用磁瓶脚之標目爲五三六九一八號,幷墊以二吋徑四吋長白鐵管狀華水,如第二十一圖。

普通裝置磁瓶方法,除小形磁瓶在地上與鐵板裝好外,一般較大磁瓶,均待鐵板裝置電桿上,再行與鐵板裝配。該路輸電磁瓶之裝法亦同。至於鋼桿及鐵塔上配電磁瓶(Pin-type s-8 for 4000v., No.2 for 400v.)之裝置,與普通一般法則相同,無需詳述。

(六)放綫工程

（1）拉放導綫之方法　中山路輸電綫爲美規十九根十二號裸銅電纜等於一根四個零號,每千呎重六百十五磅,每放二千呎至二千四百呎爲一段落,約合十檔至十二檔之距離。放綫程序,則先將綫盤(Reels)積起,支在木架Racks上,而可自由旋轉,再以二百呎長繩索將電纜引至桿頂,嵌入七吋徑之滑車溝內,另一端繫在運貨汽車(Truck)上,徐徐拉放,當時每根鋼桿頂部需立電匠一名,照料繩索及電纜拉放行程,有無困難及阻礙之處。此外綫盤與拖車兩方面亦需彼此呼應,方可快慢相符,動作一致而無危險。

（2）電纜之接釺　普通單根銅線之接法,不外本身扭接(Splice

joint) 及銅管扭接(Sleeve joint)二種,但在該輸電線為電纜接法(cable joint) 與前法不同,首先將電纜兩斷頭拆開吋許,幷截去中心七股,然後兩相交錯如鴿尾(Dovetail) 形狀,每二根導線自中間沿導線向兩邊緊捲至六七圈,便可截去,形式如第二十二圖所示。一般導線(鋁線除外)接成之後必需錫釬,所以該電纜接好後亦用釬錫(solding tin及釬錫膏 (solding paste) 全部澆釬,旋即用濕布浸裹,使立刻冷却,以免電纜強力之減損。

　（3）拉綫工作及拉力表之使用　當拖放電纜時應用滑車(木

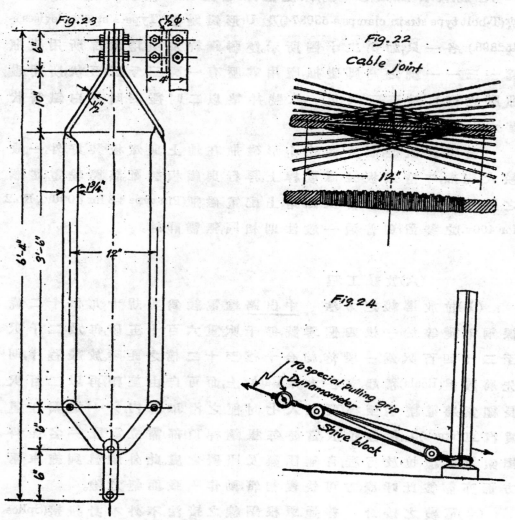

Fig. 23

Fig. 22
cable joint

Fig. 24
To special Pulling grip
Dynamometer
Shive block

質為宜)支持電纜,以免電纜磨損,而使各檔引力趨於平均,已如前節所述。但當電纜拖放至盡端後,便用特種拉綫鐵夾(Special pulling grip) 夾緊電纜一端,此種鐵夾之設計,是用平鐵 (1.75″×0.5″) 製成長六角形之方壳,一端連着雙眼鐵板,可以與鋼桿鐵板接緊,另一端裝連有槽夾板二片(Parallel jaws with groove),當夾緊時而無傷於電纜,如第二十三圖所示。在實際工作上,需用臨時板綫(Temporary guy) 將兩根盡端鋼桿反向拉緊,又當使用起重葫蘆(Shive block)緊拔電纜時,電匠需升至桿頂隨時管理拉綫之鬆緊,以便工作。另在拉綫葫蘆與拉綫鐵夾之間,裝接拉力表(Dynamometer) 一只,以量驗電纜所受之拉力 (Tension force) 及弧垂(Sag),如第二十四圖所示。

　　當電纜已拉至適當程度後,至少需再經過二小時後方行紮綫,其目的為使引力不勻之各檔電纜自行移動(Greep).而趨於平均.至於所拉引力之標準,一般以溫度昇降為轉移,但在同一溫度之下,普通鋼桿間電纜所受拉力最大,新街口雙聯鋼桿間次之,海軍部前鋼桿間更次之鼓樓進綫桿塔間最小,如第二表所示。

第二表　　銅綫拉力及溫度表

Tension Temperature Curves for No-0000 A. W. G. cold-drawn bore Copper wire for 5000K. V. A. Transmission line						
Temperature	At the curve near the Ministry of Navy		Between adjacent anchor poles at Sinchiakou		all other places	
deg.F.	lbs.	Kg.	lbs	Kg	lbs	Kg
0	880	400	890	405	1660	755
10	790	360	830	377	1510	686
20	730	332	790	360	1419	641
30	690	314	750	341	1310	595
40	650	295	710	322	1230	560

續(第二表)

50	610	277	680	309	1150	522
60	580	264	650	295	1090	495
65	565	257	640	291	1060	483
70	550	250	630	286	1030	468
75	540	245	610	277	1000	455
80	530	241	600	272	970	440
85	510	232	590	268	940	428
90	500	227	580	264	910	414
95	485	220	570	259	890	405
100	470	214	560	254	870	395
At 90°F.	span: below 125' sag:2'6"(no wind)		span: 165' sag:3'8"(no wind)		span:200' sag:3'6"(no wind) span:240' sag:5'0"(no wind)	

Tension; 1500 lbs for 240' span at 90°F.for bridge crossing 680 lbs for 100' span at 90°F for Koulou Substation

(七)銅紮綫及鐵夾頭之裝置

（1）磁瓶上導綫位置　導綫與磁瓶之連結,槪分紮綫(Wire ties)及夾頭(Clamps)兩種.中山路輸電綫均用之,普通鋼桿上磁瓶(No.2115)之紮綫,均在磁瓶旁邊(side Groove ties),惟特種鋼桿及鐵塔頂部所用高腳磁瓶(No.1311)之紮綫,則在瓶頂部(Top groove ties.)其作用祇在維持導綫不使脫開而已.

（2）紮綫之種類及方式　中山路輸電導綫爲美規四個零號,其紮綫卽爲美規二號梗銅綫,長度每根四呎六吋,其旁紮及頂紮兩種方式如第二十五圖所示.

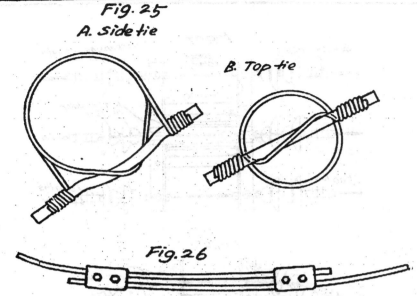

Fig. 25
A. Side tie
B. Top tie

Fig. 26

（3）鐵夾頭之裝置　　吊式拉綫磁瓶之裝置,需慎重穩當,升起時切頂不可與鋼桿或鐵塔偶然碰擊,已如前此所述。當磁瓶裝好電纜拉緊之後,即將盡端空餘三呎部份嵌入鐵夾頭之溝內(0.312"~.687" Groove of strain clamps)用丁式鉤形螺絲對鬥十分緊密,然後將拉綫設備拆除,鐵夾頭之裝置工作即告完成。但鐵夾可以分爲向上或向下兩種裝法,均以連接綫路之方式爲轉移,此層亦需事先顧及。

（八）特種鋼桿及鐵塔之綫路連接

（1）銅接頭之裝置　　中山路輸電綫鋼桿及鐵塔頂部之綫路連接,均用銅接頭(Brass-clamps)之裝置,其本身係用三吋長二吋寬半吋厚銅片合成,中間有半吋徑綫溝兩道,重約一磅半。每根電纜連接需用該種銅接頭兩副,其間距離爲一呎至一呎六吋爲限,如第二十六圖所示。此種裝置費用,不無較鉅,但將來需要拆開或更改綫路時,便感覺便利不少。

（2）雙聯鋼桿綫路之連接　　該種鋼桿綫路之連接,頗爲簡單,計用銅接頭六只將三根三相綫平行連接卽可。不過鼓樓轉角處鋼桿綫路連接略帶四十度之斜角而已。如第二十七圖及第二十

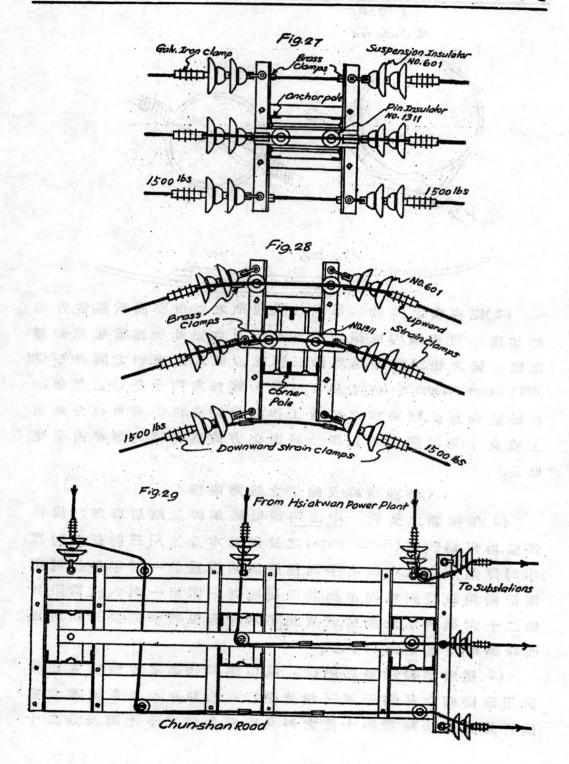

Fig.27

Galv. Iron clamp　　　　　　Suspension Insulator No.601

Brass Clamps

Anchor pole

Pin Insulator No. 1311

1500 lbs　　　　　　　　　　　　　1500 lbs

Fig. 28

NO.601

Brass Clamps　　　　　　　upward

NO.1311　　　Strain Clamps

Corner Pole

1500 lbs　　　Downward strain clamps　　　1500 lbs

Fig.29　　　From Hsiakwan Power Plant

To Substations

Chunshan Road

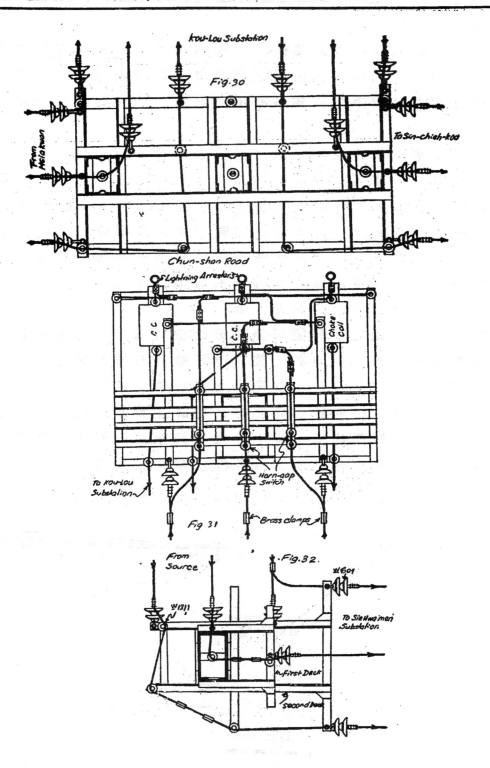

八圖所示.

（3）三聯鋼桿綫路之連接　三聯鋼桿計有<u>下關</u>與<u>鼓樓</u>兩座，<u>下關</u>廠前之三聯鋼桿爲出綫之用，<u>鼓樓</u>配電所前之三聯鋼桿爲分綫之用，其綫路連接兩座略有不同，如第二十九圖第三十圖所示。

（4）鐵塔之綫路連接　鐵塔計有五座，分爲三種，橋旁過河鐵塔三座屬於一種，其綫路連接亦最簡單，如第二十七圖所示。與雙聯鋼桿之連接方式大致相同。<u>鼓樓</u>配電所後鐵塔係一進綫鐵架，頂部有令克開關，避雷器，抑電圈等裝置，故連接綫圖亦比較複雜，如第三十一圖所示<u>西華門</u>城廠前鐵塔爲全部輸電綫之終點，幷折轉至城廠配電室者，綫路連接形式如第三十二圖所示。

（九）綫路之檢驗及計算

一般綫路當裝置完竣後，需經過充分之檢查及試驗，方可使用，此種一萬五千伏輸電綫，自然不能例外。該綫路自十九年七月十日開工，至十二月三十日竣工，當完成之際曾對於該鋼桿，鐵塔，磁瓶，導綫，紮綫，接頭及控制設備等全部工程詳細察看一遍。幷用測驗電阻器檢驗全路絕緣抵抗爲十分之三兆歐。再依照當時<u>鼓樓</u><u>珠寶廊</u>及<u>西華門</u>三處配電所容量計算綫路降壓，及綫路效率如下。

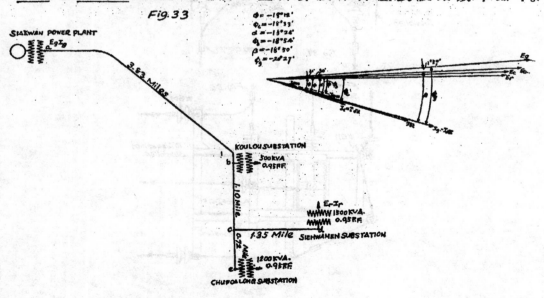

Fig.33

From the given conditions we have the line 6.28 miles long, three-phase, 60 cycles, 13200 volts between lines at receiving end, the load taken off in three parts, 500, 1200 and 1500 KVA at koulou, Chupbalong and Siehuimeng Substations respectively, all loads at 0.95 power factor lagging, the conductor is No. 0000 AWG Cable, spacing 3 feet in an equilateral triangle. Required the receiving end voltage is 13200 volts between lines at Siehuameng

For the line:	Permile	1.1 mile	1.53 mile	3.83 mile
Resistance(at122°F.) 0.289		0.318	0.390	1.107
Reactance	0.642	0.706	0.867	2.459

Impedance:　　　$Z_{1.10}=0.318+0.706j$

　　　　　　　　$Z_{1.35}=0.390+0.867j$

　　　　　　　　$Z_{3.83}=1.107+2.459j$

Then $E_c=E_r+I_rZ_{1.35}$

$E_r=\dfrac{13200}{1.732}=7620$ volts to neutral

power factor $\cos\Phi=0.95$ lagging　$\sin\Phi=0.312$

　　　　　　　$\Phi=-18°12'$

$I_r=\dfrac{1500\times1000}{3\times7620}=65.6$amp

$I_r=65.6\times.95-65.6\times.312j=62.3-20.5j$

$E_c=7620+(62.3-20.5j)(.390+0.867j)=7662+46j$

$E_c=\sqrt{7662^2+46^2}=7662$ volts to neutral $=13271$ volts between lines

$\tan\theta=\dfrac{46}{7662}=0.006$　$\theta=21'$

$\Phi_c=\Phi-\theta=-18°12'-21'=-18°33'$

$\cos 18°33'=0.948$ lagging

$\sin 18°33'=0.318$

$I_{cd}=65.6+.948-65.6\times.318j=62.2-20.9j$

$I_{1200}=\dfrac{1200\times1000}{3\times3662}=52.2$amp

$I_{1200}=52.2\times.95-52.2\times.312j=49.6-16.3j$

$I_{bc}=I_{cd}+I_{1200}=62.2+20.9j+49.6-16.3j=111.8-37.2j$

$E_b = E_c + I_{\overline{bc}} \, Z_{1.10} = 7662 + (111.8 - 37.2j)(0.318 - .706j) = 7724 - 67j$

$E_b = \sqrt{7724^2 + 67^2} = 7724'$ volts neutral

$= 13368$ volts between lines

$\tan\theta = \dfrac{67}{7724} = 0.0088, \; \theta = 30'$

$I_{\overline{bc}} = 111.8 - 37.2j$

$I_{\overline{bc}} = \sqrt{111.8^2 + 37.2^2} = 117.8$ amp

$\tan\alpha = \dfrac{-37.2}{111.8} = -0.3327, \; \alpha = -18°24'$

$\Phi_b = \alpha - \theta = -18°24' - 30' = -18°54'$

$\text{Cos } 18°54' = 0.946$

$\text{Sin } 18°54' = 0.324$

$I_{\overline{bc}} = 117.8 + 0.946 - 117.8 \times 0.324j = 111.3 - 38.2j$

$I_{500} = \dfrac{500 \times 1000}{3 \times 7724} = 21.58$ amp $\quad I_{500} = 21.58 \times .95 - 21.58 \times .312 = 20.5 - 6.7j$

$I_{ab} = I_{\overline{bc}} + I_{500} = 111.3 - 38.2j + 20.5 - 6.7j = 131.8 - 44.9j$

$E_g = E_b + I_{ab} \, Z_{3.83} = 7724 + (131.8 - 44.9j)(1.107 + 2.459j) = 7980 + 274.4j$

$Eg = \sqrt{7980^2 + 274.4^2} = 7985$ volts to neutral

$= 13830$ volts between lines

$\tan\theta = \dfrac{274.4}{7980} = 0.0344, \; \theta = 1°57'$

$I_g = P_{\overline{ab}} = 131.8 - 44.9j$

$I_g = \sqrt{131.8^2 + 44.9^2} = 139$ amp

$\tan\beta = \dfrac{-44.9}{131.8} = 0.341, \; \beta = -18°50'$

$\Phi_g = \beta - \theta = -18°50' - 1°57' = -20.47'$

$\text{Cos } \Phi_g = 0.935$ lagging

Generator kilovolt-amperes $= 3 \times 7985 \times 139 = 3330$

Generator kilowatts $= 0.935 \times 3330 = 3114$

voltage drop from generator to receiver $= \dfrac{13830 - 13200}{13830} \times 100 = 4.6\%$

Line efficiency $= \dfrac{3200 \times 0.95}{3114} \times 100 = 97.6\%$

(十)全部材料及工資統計

　　首都中山路輸電綫所用材料不下五十種，槪分爲鋼桿鐵塔，底脚等 (Table 3)，磁瓶導綫等(Table 4)，及油漆材料等(Table 5)，三大類，全部材料價值爲銀幣七萬八千二百六十七元一角四分，至於人工方面約共計大工六百六十，小工三千一百一十，除油漆工程外，均採用包工方式，總計全部工資爲銀幣三千五百十四元七角九分，約佔材料總值百分之四·七二，合計材料及工資總值爲銀幣八萬一千七百八十一元九角三分，該輸電綫自下關廠前起，經過鼓樓新街口至西華門廠止，再由新街口至珠寶廊配電所止，共長約七哩，則每哩工料價值爲銀幣一萬一千六百八十六元整，再以全路桿綫作爲二百十六檔單位 (Table 6)計算則每單位工料價值爲三百七十九元，此時所費工料已有銀幣八萬餘元，若再加新街口廣塲中正路北段及挹江門等處地下電纜工程費用計算，則該路輸電綫總值當在銀幣十萬元以上，茲將全部材料及工資價值，分析如下列五表所示

Table 3 STEEL POLES, IRON TOWERS AND FOOTING.

Article	Description	Amount	Material Cost	Labor Cost
45' Truscon steel poles	Index no. D-1245	149 pcs	$18151.060	Include Expense of contract work 216×$8.00= 1728.00 and Extra Labor $523.86
45' Truscon steel poles	Index no. C-2245D	15 pcs	3508.253	
45' Truscon steel poles	Index no. D-2245D	1 pcs	290.065	
40' Truscon steel poles	Index no. D-1240AB Including anchor bolts and bases	21 pcs	3024.441	
40' Truscon steel poles	Index no. C-2240D AB Including anchor bolts and bases	3 pcs	766.125	
3'4" Top pin cross arms	RSJTC3036	162 sets	953.046	
7'8" six pin cross arms including brace angles	RSLDC5206	162 sets	2143·581	
3'4" special double cross arms including supports	For anchor poles	18 sets	270.180	

Table 3 continued

Article	Description	Amount	Material cost	Labor cost
7'8" six pin cross arms including brace angles	RSLD5206	sets 21	$ 276.864	
4'5¼" special double cross arms including supports	For corner pole	set 1	16.227	
8' special cross arms including brace angles	RSLDC5206	set 1	13.184	
cast iron angle washers -------	For 40' poles with anchor bolts and bases	sets 19	21.850	
53' special iron towers	2800lbs in weight	tows 3	854.540	
53' Dead end tower	4050 lbs in weight	tow 1	405.000	
52' Out door structure	2868 lbs in weight	tow 1	284.600	
Portland cement	Quite dry	Bls 280.75	1253.750	
Clean sharp sand	washed	100cuft 66.33	746.150	
Crushed stone	1" × 1½" cubic	100cuft 78.80	862.5+5	
Stone slabs	¼" — ¾" cubic	100cuft 5.65	77.100	
Iron members	½" square in section	catty 134.50	14.257	
Iron members	¾" square in section	catty 1418.35	105.345	
Grounding pipes	6' — 0" long with connecting wire	pcs. 200.00	571.600	
Total sum($36871.632)			$34619.772	$2251.860

Table 4 INSULATORS CONDUCTORS AND AUXILIARIES

Article	Description	Amount	Material cost	Labor cost
Pin-type porcelain insulators	W No. 2115	pcs 500	2517.500	Expense of contract work216 × 4 = $864.00
Insulator pins	W No. 536950	pcs 500	1295.500	
Pin-type porcelain insulators	W No. 1311	pcs 85	128.350	

Table 4 continued

Insulator pins	W No. 536918	85 pcs	95.200	
Suspension type porcelain insu'ators	W No. 601	408 pcs	3533.128	
Strain clamps	T-bolt-type	204 pcs	1700.708	
Strain clevis	Type-A	204 pcs	287.436	
Cold-drawn bare copper wire	19_{12} # AWG stranded	65427.61 lbs	31863.246	
Annealed bare copper wire	#2 AWG	491 lb.	284.289	
Brass clamps		200 pcs	360.000	
Iron pipes	$1\frac{1}{4}''$ dia galvanized	2 pcs	12.680	
Tin solder		60 lbs	34.800	
Soldering paste		6 Tins	81.000	
Galvanized iron wire	$\frac{1}{8}$ # AWG	700 lbs	77.000	
Charcoal		8 Hampers	12.400	
Total sum (43144.389) $			42280.389 $	864.000 $

Table 5 PAINTINGS

Article	Description	Amount	Material cost in $	Labor cost in $
Dry genuine red lead	28 lbs per tin	40.6 tins	479.08	Expensed in 700 unskilled labors
Linseed oil	50 lbs per tin	13 tins	335.40	
White lead	28 lbs per tin	9 tins	36.00	
Mineral tupentine	36 lbs per tin	1 tin	6.00	
Wood oil		42.6 catty	17.00	
Navy gray varnish	56 lbs per tin	22 tins	439.00	
Emery cloth	For dust removing	16.5 dozens	19.80	
Waste yorn	For dust removing	132 lbs	34.32	
Total sum (1765.91 $)			1366.98	398.93

Table LIST OF UNITS

Poles and towers		No. of units
A. Chung-Shan Road		
1. ordinary poles	143×1	143
2. poles with anchor-bolt bases	2×1	2
3. anchor poles	15×2	30
4. corner pole	1×2	2
5. iron towers	5×2	10
6. triple-poles	2×3	6
B. Chung Cheng Road		
7. Poles with anchor-bolt bases	17×1	17
8. anchor poles with anchor-bolt bases	3×2	6
Total No. of units		216

Table 7 ANALYSIS OF COST OF MATERIAL AND LABOR

Item		Cost in $
Total No. of units	216	
Total length in milage	7	
Total length in kilometer	11.25	
Cost of material		78267.14
Cost of labor		3514.79
Total cost		81781.93
Cost per unit		379.00
Cost per milage		11686.00
Cost per kilometer		7270.00

設立基本機器工廠計劃

錢 昌 祚　張 可 治

本文提要　擬就各種機器之性質及其應用,分設基本機器工廠
九所,共需資本九千餘萬元,或先辦中央機器廠一所,資本二千萬
元。其目的,在求主要機器之能自給

查機器之為物,不能直接應用,而只能間接用以生產他種能
供直接應用之物品。譬如槍炮廠所需要之銑床,車床,來復線車床
等,子彈廠所需要之軋片機,衝床,裝藥機等;化學工廠所需要之蒸
溜器,壓搾器等;交通事業所需要之汽車,輪船,火車,飛機等;建築事
業所需要之挖泥機,滾路機,軋石機,造磚機,造水泥機,切石機,木工
機器等;紡織工業所需要之紡紗機,織布機等;礦冶工業所需要之
採礦機,探礦機,冶爐等;以及其他各種事業所需要之原動機及工
具等,莫不賴機器廠以製成之。故機器者,乃各種工業之母也。目下
吾國各種工業,尚在幼稚萌芽時代,其機器之精密偉大者,多向外
洋定購,簡易者則間或自製,然而此只為一種過渡之辦法耳。一旦
國家有事,各港口或有被封鎖之可能,機器之來源勢必斷絕,其危
險不亦大乎,且一國所用機器之優劣,足以代表該國工業進步之
程度,吾國若不能自製機器,則必永遠不能與列強競爭也。用特建
議設立若干基本機器工廠,以樹各業之基礎,而為全國各工廠之
後盾。茲因各種機器之性質頗有不同,故擬分類製造而成立九種
工廠如下:

　　一.大工具機器廠　專製車床,鉋床,鑽床,鎲床,銑床,磨床,鋸床,

衝床,氣鎚,及傳動裝置等,各件完全自造,惟鋼珠軸承除外,約暫需資本五百萬元。

二.小工具度量衡器及儀器廠　專製車刀,鑽頭,銑刀,校準器,螺絲,公螺絲,母螺絲,鉗,卡鉗,鋼尺,角度尺,各種度量器及儀器等,各件完全自造,約暫需資本二百萬元。

三.原動機廠　專製蒸汽機,蒸汽透平,汽鍋,冷凝器,喂煤機低壓唧機,高壓唧機,省煤器,瓦斯機,瓦斯發生器,火油機,柴油機,冷冰機等。此廠應有大小兩所,以五百馬力爲分界點。各件除鋼珠軸承,着火裝置,及非金屬品外,餘均完全自造。小廠資本約暫需三百萬元,大廠資本約暫需二千萬元。

四.汽車廠　專製普通汽車,長途汽車,運貨汽車,兩輪汽車,飛機及汽油船等,除鋼珠軸承,噴油器,着火裝置,車胎,玻璃,須向外購配,餘均自造。約暫需資本二千萬元。

五.笨重機器廠　專製礦車,起重機,鑽礦機,選礦機,冶爐軋車,鼓風機,水力機械,軋石機,壓路機,化學機器等,各件完全自造,約暫需資本三百萬元。

六.機關車廠　專製大小各種火車頭,約暫需資本三千萬元,各件完全自造。惟壓力表,水準表,吸水機,催滑裝置等零件除外。

七.紡織機器廠　專製紡紗機,織布機,印花機,絲織機,毛織機,等,約暫需資本五百萬元,各件完全自製,惟鋼珠軸承除外。

八.糧食機器廠　專製磨粉機,軋油機,輾米機,罐頭機器等,約暫需資本二百萬元,各件完全自造,惟鋼珠軸承除外。

九.鋼珠軸承廠　專造鋼珠及鋼條軸承,以供給全國之機器業,約需資本一百萬元。

以上九廠之創辦,在常人視之,必以爲過于迂緩,而不能救急,然以機械工程師之眼光觀之,則此九廠者,實乃根本之圖。所以奠吾國機械工業之基礎,而促進其他各種工業之發展者,卽在此也。

反之,吾人若欲趨易避難以救目前之急,則上述九廠,亦可暫

時緩辦,而先辦一中央機器廠,其資本可暫定爲二千萬元專製各
種鋼鑄件,麻鐵鑄件,白口鐵鑄件,強力生鐵鑄件,青銅鑄件,鉛鑄件,
各種鋼鐵銅鉛之焈件,以及各種精密工具,以應各方面機器上較
重要之需要,然此只爲一種救急之辦法,而爲長治久安計,吾人終
認爲應採用第一策也。

　　至于機械工業所需要之人才,則其物色也,實較其他各種工
業爲難.因機器廠之管理者設計者以及工匠人等,莫不需要專門
之知識或技能,而非短時間所可訓練成功者,故應及早設立機器
專門學校,並派遣學生赴國外實習,對于實際工作,應極端注意,庶
於任事時,說得到做得到,而無手不應心之弊也。

　　若夫機器廠所需要之設備,則無非大小各種金工工具及母
機,其所需之材料,則無非鋼鐵銅鉛等.前者可暫向外洋定購,後者
胥由國內各礦冶工廠充分供給。

　　以上九廠,規模頗大,其所製出品;又不如他種工廠出品之單
純,故其設計,實不可草率將事,而必須確知機器廠與全國整個的
工業計劃之關係,及各種工業關于機器上之需要後,始可決定一
種具體的辦法,故本篇只列舉各廠之名,而未詳述各廠之辦法,非
畏難也,實有所待耳。

孔窩混凝土 Le béton Cellulaire

M. A. Mesnager原著　盧毓駿譯

世知『混凝土』與『鋼骨混凝土』爲近代建築材料之冠，富強力，耐久用，而經濟。惟因其善傳熱，傳冷，傳音，未始非美中不足。

近自『孔窩混凝土』出世，絕熱絕音之材料，始告成功。孔窩混凝土者，卽中含無數形若蜂窩之混凝土也，爲丹工程師 M. Frick Christian Bayer 所發明。法以飽蓄氣體之泡沫，調於適量之水泥或膠泥而成。此種泡沫所含氣體，毫無化學作用，對於混凝土並不發生影響。且其氣體經短時間，卽行蒸發無遺，而留極均勻之細孔，如第一圖所示。若增加水泥或膠泥之量，而不增減泡沫之量，則氣孔之數雖相同，而氣孔壁則較厚。是故若遞減水泥或膠泥之分量，可得各種密度不同之混凝土，其性質亦隨之不同。孔窩混凝土之重量，每立方公尺自一百公斤至二千二百公斤，但以每立方公尺重二百公斤至千二百公斤者爲最合實用。密度倘爲0.1，不能供工業

第 一 圖

上之用，在1.2以上者，則非絕對不傳熱不傳音之物體矣。

孔窩混凝土不傳熱不傳音之程度，係隨其密度而異。密度減小，則不傳熱不傳音之程度增加，但其工作應力則反而減小。此種混凝土不受水或濕氣之侵蝕，且吸水性甚微。水之侵入，均非由毛

細管現象,不過表面之潤濕而已。經許多次之試驗,而知孔窩混凝土爲不凍裂材料,其工作應力,隨凝固之時日而增大。又此種混凝土,雖經屢次之受熱,至攝氏一百五十度,而不破壞。卽受熱至攝氏一千度,亦不變異,且克保其傳熱不傳音之特性。

今爲舉應用之實例:

(一)應用爲隔離材料之孔窩混凝土,其密度應自0.2至0.5如第二及第三兩圖爲濾油焗爐,內敷十公分厚之孔窩混凝土,燒熱至

第 二 圖　　　　　　　　　　第 三 圖

攝氏一百五十度,而焗爐上部之溫度,僅爲攝氏二十七度。

第四圖爲儲藏安息油(Benzine)之油池。池及其精濾管均係用孔窩混凝土製成。第五圖爲十二層樓之造冰廠,用孔窩混凝土爲堵壁,以維持冰凍。甚至如某市之供給熱氣,亦用孔窩混凝土製成之管子,安設地下,傳輸溫水至數公里以外(第六圖)。

(二)應用爲建築材料之孔窩混凝土,其密度應自0.5至1.2其性質且遠勝磚石等一般材料。

第 四 圖

第 五 圖

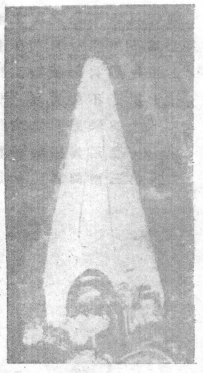

第 六 圖

第 七 圖

此種混凝土之施工法一如通常之混凝土。可用木模,可加鋼骨。苟採用此項材料建築房屋尤有多溫夏涼之妙。醫院與學校之樓頂或墻壁用之,可免傳音。茲略舉數例。如第七圖爲住宅,第八圖爲機器廠,第九圖爲飛機場。由是而觀,孔窩混凝土之功用,實駕混

凝土與鋼骨混凝土而上之,其將爲工程界利賴之材料也,尚何疑哉!

第 八 圖

第 九 圖

載貨汽車加掛拖車之商榷

胡 嵩 嶽

上海交通大學教授

近數年來國道省道及市內馬路之興築,成績斐然。載客載貨汽車之增加,遂亦因之一日千里。各長途汽車公司兼營貨運者,及大都市中大公司大工廠等多巳購置載貨汽車,便利貨運,節省時間,成效彰著人多樂道。但實際上對於使用載貨汽車之眞實經濟與維護方法,則尙乏深邃之研究。

長途汽車公司或工廠公司之管理載貨汽車者,對於汽車工程苟有經驗,則無不知貨車載貨之重量與汽車壽命有極大之關係,多能謹守規定載重之限制,不使超過。在上海有工部局工程處之取締,每輛貨車上均須載明空車重量,規定負荷重量,及車貨總量,故少有多載之弊。其在內地則每不顧貨車規定載重量之限制,任意裝載。其意以爲貨車開行一次,所費有定數,倘能多載貨物,則可多得純利。殊不知汽車本身載重過量機件各部所受力量超過其設計原數,致易損壞而促短其壽命。故在載貨時雖可多載以得目前之微利而結果則修理費用增加,使用年限減短,極不經濟。但欲得汽車載貨之最大經濟,則非設法使其能多載貨物不可。然則如何始可使其載重超過規定之載重量,而不致損害汽車之各部機件,曰,有加掛拖車之一法。

按市上通行之上等優良運貨汽車,無不裝有極大工率之發動機,以便駛行於一切不平之泥路或爬登險陡之高坡。尋常汽車行駛於深沙泥路上時所需之工率,較駛行於地瀝青土路上時,約

4432

大過十倍。是以駛行裕如於沙泥路上之運貨汽車,若祇用以行於
地瀝青土路上時,多有極大之過剩工率。卽使其駛行於尋常堅硬
路上或登不十分險陡之坡度時,亦不過僅用到發動機之工率一
部份耳。

　吾國江南與北方黃河流域多爲高原平壤,將來國道築成自
少崗巒之障礙。而各大都市若上海,南京,天津,漢口,杭州市內馬路
均屬平坦,非若青島街市依山開築,到處有坡者可比。故利用汽車
之過剩工率以加掛拖車之一法,與辦汽車業者實不可不加以注
意與研究。

　此過剩之工率。乃爲一切載貨汽車在其規定載重能量外,所
產生之工率或稱之爲拖桿挽力(Draw-bar Pull)。倘加掛拖車於汽車
之後則此項挽力可以充量利用,而使貨車每次運輸之載貨量數
增加矣。

　大概普通載貨汽車負荷至其規定載重量(Rated Capacity)時,可
產生照其載重量數一半之拖桿挽力。譬如三噸重載貨汽車卽可
發生 3000 磅之拖桿挽力。拖曳一噸重之貨物,所需之拖桿挽力,視
路面之光糙而異(參看附表一)。在磚砌之街道上,約需 50 磅。在鄉
間堅硬泥路上,則需 150 磅。平均有 250 磅之拖桿挽力,卽可拖曳
載重一噸之附掛拖車。故三噸重之貨車,除其本身可載重三噸外
尚可加掛多輛拖車於其後也。

　吾人現須研究者卽是如何計算汽車所發生之可能利用的
拖桿挽力。按汽車發動機所產生之平均迴轉力。(Average Torque) 可
由下列之公式以求得之;

$$T = \frac{B.M.E.P. \times A. \times L \times N}{12 \times 4\pi} \quad\text{......................(1)}$$

表一　　路面阻力表(Road Resistance)

道 路 種 類	路面阻力，每磅…噸
地 瀝 清 路(Asphalt)	20
平 滑 之 磚 砌 路(Smooth Brick)	25至35
普 通 劣 磚 路(Ordinary Poor Brick)	35至60
乾 硬 泥 路(Hard dry clay road)	50
硬 碎 石 路(Hard gravel road)	50
軟 麥 坎 當 路(Soft Macadam)	75
普通鄉間泥路(Ordinary country clay road)	100
普通鄉間沙路(Ordinary country sand road)	150
3 吋 深 沙 路(Sand 3″ Deep)	275至300
附註：以上一切路面阻力均就裝置橡皮輪胎之載貨汽車與拖車爲標準計算	

T ＝ 平均迴轉力,磅呎

B. M. E. P.＝ 平均實際有效壓力 (Average Mean Effective Pressure),

　　　平 方 吋………磅

A ＝ 活塞面積(Piston Area)平方吋

L ＝ 活塞行程(Stroke)吋

N ＝ 汽缸數目(Cylinder No.)

美 國 汽 車 工 程 學 會(Society of Automobile Engineers, U.S.A.)擬定計算汽車馬力率 (Rated Horse Power)之公式 (S.A.E. Formula) 時,當假定汽車汽缸發生之實際平均有效壓力爲每平方吋 90 磅。但此數乃用於新機者,吾人苟假設汽車已經駛用多時,汽缸壓縮 Compression 必不如原初設計之大,則有效壓力當亦較低。故爲愼重計。不妨假定實際平均有效壓力爲每平方寸 80 磅。試以之代入上列公式(1)則得,

$$T = \frac{80ALN}{48\pi} = \cdot 53 \, A \, L \, N \cdots\cdots(2)$$

或

　　　平均迴轉力 ＝ ·535× 活塞行程容積 × 汽缸數目…(3)

發動機軸上之迴轉力由傳動機關傳達後輪軸。倘已知傳動

機關之總齒輪比(Total Gear Ratio)及後輪之直徑(Diameter of Rear Wheel)，則可依下列之公式(4)以求出在後輪着地處之挽力(Tractive Force)，

$$F = \frac{T \times R \times 12}{W} \cdots\cdots\cdots\cdots (4)$$

F ＝ 挽 力 (Tractive force) 磅

T ＝ 平均迴轉力(Average torque) 磅呎

R ＝ 總齒輪比 (Total gear ratio)

W ＝ 後輪直徑 (Diameter of rear wheel) 吋

　　關於汽車車盤之各項尺寸如上述之汽缸數目活塞行程容積,後輪直徑,總齒輪比等等,均可於購置汽車時向汽車之製造者或經理者詢明。

　　今試以最近市上通行之新式福特載貨汽車(Model A A Ford 1¼ ton Truck 為例,計算其挽力。該車之情形如下:

汽缸數目	4	
汽缸直徑	3⅞吋	
活塞面積	11.792平方吋	
活塞行程	4¼吋	
後輪直徑	30吋	
總齒輪比	(由發動機軸至後輪軸)	
	普通	特別*
高速排擋	5.11	7.5
中速排擋	9.45	13.9
低速排擋	15.95	23.41
倒退	19.15	28.11

*特別乃指附加玉而(Dual High)傳動機關者而言

平均迴轉力 ＝ ·53 × 11.792 × 4¼ × 4

　　　　　　＝106 25 磅呎

在普通車盤低速排擋時,

$$總挽力 = \frac{106.25 \times 15.95 \times 21}{30}$$

$$= 677.87 \text{ 磅}$$

在特別車盤低速排擋時,

$$總挽力 = \frac{106.25 \times 23.14 \times 12}{30}$$

$$= 994.9 \text{ 磅}$$

在特別車盤高速排擋時

$$總挽力 = \frac{106.25 \times 7.5 \times 12}{30}$$

$$= 318.75 \text{ 磅}$$

　　凡汽車駛行於坡度上時,不但須有挽力以勝路面阻力,尚須有多裕之挽力以使車輛本身昇高坡度所具之直立高度。試觀附圖一

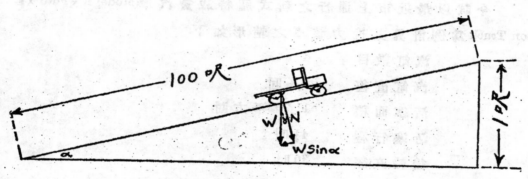

附圖一

　　在坡度上時車輛之重量W可分析之爲兩力:N與路面垂直及 $W \sin\alpha$ 與路面平行。N力與路面所生之抵抗力(Reaction)成平衡,故車輛上坡時須有與 $W \sin\alpha$ 成比例之挽力方能上升。α角與α'角相等,故可知此種挽力與坡度之關係。一噸重 2000 磅,以之爲W。坡度在百分之一時 $\sin\alpha = \frac{1}{100}$ 故每噸載重在每百分之一坡度上所須之挽力爲 $\frac{1}{100} \times 2000 = 20$ 磅

　　設以福特載貨汽車駛行於普通劣磚路上。此路大部平坦,其中僅有一處有一百分之七之坡度。由附表一中,吾人可求知普通劣磚路面阻力爲每噸35磅至60磅。設以最高數60磅計算,則在百分之七坡度上時所須之總挽力爲每噸 $60 + (7 \times 20) = 200$ 磅。此處吾

人未將空氣阻力(Air Resistance)算入。蓋照電車學專家A.H. Armstrong 氏之電車列車總阻力公式中,空氣阻力乃與速度之方程及受風面積成正比例者如下

$$空氣阻力 = \frac{0.002}{W} V^2 a \left(1 \times \frac{n-1}{10} \right) \cdots\cdots\cdots(5)$$

W = 列車之重量,磅

V^2 = 車之速率,每點鐘⋯⋯⋯哩

a = 前輪軸上面之受風面積,平方呎

n = 列車中之車輛數

載貨汽車之速率大都不高。且車輛愈重,速率愈低。尋常每點鐘不過12或13哩。其受風面積亦無火車或電車之大。普通不過15平方呎。若以 $1\frac{1}{2}$ 噸新式福特載貨汽車加掛一載重 1 噸之拖車之列車計算,其總重量約為 $4\frac{1}{2}$ 噸。則

$$空氣阻力 = \frac{0.002}{4.5} \times 12^2 \times 15 \left(1 + \frac{2.1}{10} \right) = 1.056 磅$$

此數極微。且列車之總量愈大,速率愈小,而此阻力則亦愈微 故此項阻力自不妨從略不計也。

在加有丟而傳動機關之新式福特汽車低速排擋時,其總挽力前已算知為994.9磅。若以上面求知在百分之七坡度劣磚路上所須之總挽力每噸200磅除之,則得

$$\frac{994.9}{200} = 4.97噸$$

此即表示是車能曳重 4.97噸而當不致使發動機過量負荷 (Overload)。

上面設喻之列車總重量為 $4\frac{1}{2}$ 噸,小於 4.97噸。故在此種情形之下,拖車大可利用。若在平坦路上時,所須之挽力僅為 $4\frac{1}{2} \times 60 = 270$ 磅,在直接傳動卽高速排擋時總挽力已知為318.75 磅,故此列車,可以用高速駛行如意而尚有48.75磅之剩餘挽力也。

在上述之路面與坡度情形之下,若用普通不加丟而傳動機關之車盤則無論其在上坡或在平坦路上駛行均不適用。是以在選購汽車時,其車有兩種齒輪比者當取其較大者之一種。

由上述之種種,可知一切汽車均有加掛拖車之可能。而拖車在運輸上實尚有若干利益。第一拖車搆造簡單成本不若汽車之巨,而日常之固定開支 (Fixed Charge) 亦均較汽車為小故雖備而不用,其損失亦屬有限,若貨物額量驟增,即可隨時加掛,以減運輸之擁擠而使每噸哩之運費減輕,其理明甚。

如以載貨汽車作短距離之運輸或運輸體積笨大而不十分沉重之貨品,則加掛拖車尤為合宜。蓋距離愈短則運輸之次數必多。但每次所需之裝貨卸貨之手續時間總是固定不易。運輸次數愈多,則此裝卸時間將佔運輸時間之重要部份。故欲求增加運輸效率則非求減少裝卸時間之躭擱不可。若使用拖車,則可留拖車在兩端裝卸而使汽車本身不息在途往來。如祇備拖車一輛,則可一面裝卸汽車上之貨物一面使汽車單行一趟。待其下次將拖車加掛拖去。如此可每隔一趟加汽車一次。倘備拖車三輛則可在運輸終點每端各留拖車一輛而以餘一拖車在途往來,如是輪流不息,則最為經濟。運輸之效率,可至其極矣。

此文僅就載貨汽車加掛拖車之可能與經濟探論。至於拖車應如何搆造,加掛拖車與單行汽車費用之實地比較等等,均為重要問題,當再陸續調查研究另文貢獻。

附錄:

表一所列路面阻力乃取自 Troy Wagon Works 之小冊中,為最近市上通用者。但照 E.B. Mc Cormick 教授所編之各家試驗結果路面阻力表中所列微有出入其表之一部份如下,以備參考。

路　面　之　種　別	路面阻力每噸……磅
乾燥硬土(Earth, packed dry)	100
鬆　　　沙(Sand-loose)	320
良好石子(Gravel-good)	51
鬆 石 子(Gravel loose)	147
普通麥坎當(Macadam-average)	46

接前表

路　面　之　種　別	路面阻力每噸……磅
地瀝清片(Sheet Asphalt)	38
地瀝清混凝土(Asphaltic Concrete)	40
新煉磚(Vitrified brick-new)	56
良好木塊(Wood block-good)	33

廣州香港間之長途電話

　　民國二十年之我國電訊事業,當認廣州香港間之長途電話敷設成功,爲一大事.此項工程,自一月十七日勤工至八月十日完工,約二百天,九月一日正式通話,由廣東政府主席林雲陔氏,與香港總督 Sir William Peel, 舉行通話典禮,復傳遞電報照相,及試驗打字電報機,成績均佳.

　　粵港長途電話工程,係由中國電氣公司承辦,一切材料係美國 Standard Telephone & Cable Co. 製造.全路用地線過香港九龍間之海峽用水線,此亦開我國長途電話之創例,因沿途地方不十分平靖,恐遭剪斷之虞,保護困難,不得不埋在地下也.廣州香港間空中距離爲137公里,惟電話線則長194公里,因路線大部份沿廣九鐵路,依山勢曲折,起伏甚多.埋線最高之處高出海面計 120公尺.

　　地線共20對,成10組,即有20號實線路,及10號虛線路,故同時可有30號接通講話.電纜係乾心式,用鉛皮包,外用鋼條纏繞作護甲.過海之水線,及有數處過河之水線,則用鋼絲纏繞作護甲,以防鐵錨或鐵篙之損害.地線大部份即埋在地下0.6公尺之土中,市內則用洋灰地線管.九龍至香港一段水線長 1.93 公里,中間並無接頭.全線工程及設備總計在二百萬元以上.

　　放線工程分四項,先掘溝,次放線,次接線頭,後試驗.由萬國電報電話公司派工程師 Burnett 君主其事,工人共150人,則在本地招募,加以訓練者.放線用火車裝載電纜,工作多在夜間,因避免日間行車也.過河則僱民船載電纜放下,石龍河面最闊,達1000公尺.　　　　　　（張濟翔）

附　　錄

水災與今後中國之水利問題

沈　怡

今者國人於痛定思痛之餘，紛紛談水災善後問題，固屬目前之急，但余意善後關鍵，還須國內有長時期之和平。蓋嚴格論之，此次水災純係二十年來內爭之結果，並非偶然之事。讀者試思，苟無內爭，各地水利，何至廢棄若此，各地水利，苟不如此廢棄，縱遇水災，何至如此次之束手無策。夫立國於二十世紀，而猶年年鬧水災，此在世界各國，本屬罕見之事，吾國猶以文明國自居者，不可不思有以雪此恥也。

余嘗發願研究黃河史料，爲黃河作一年表，以明其治亂之跡，因稍稍讀各種志書，及吾國水利舊籍，而得一極堪注意之事實，即水利興廢與歷代治亂之關係，實相互爲因果是也。

例如唐代二百八十八年河患三十二次，平均每九年有河患一次；元代一百零八年河患九十一次，平均每一年餘有河患一次。唐元二代之政治，初不必由他方面比較，卽此已可得其大概。蓋國家太平，當局者乃有餘力顧及水利，而水利益興，否則終年擾攘，雖有此心，亦無此力。由是以觀，民國以來，水患之多，其原因能謂非由於內爭得乎，故欲去水患，惟有求國家之長保太平，庶幾建設事業可以順序進行，如是而水利不興，水災仍迭出如今日者，其誰信之。

此次水災，政府雖不能防範於事先，然不可不努力補救於事後，而所謂事後之補救者，又不在一時之救災，而在今後災變之防止。防止今後水災之道無他，惟在平時之興修水利而已。語曰：「前車之覆，後車之鑒。」又曰：「往者不可追，來者猶可及。」其此之謂乎。

此次大水，據報紙記載，以

4440

揚子江流域爲最烈,次則江北一帶,水災亦不小.查揚子江向係著名有利無害之河流,但證諸近年情形,則大不然.卽以漢口至吳淞一段而論,每值多春之季,水勢淤淺,吃水稍深之輪舶,往往祇達蕪湖爲止,蕪湖以上,卽須改用駁船,其受病之深,已非一朝一夕。至如此次武漢之大水,則更屬駭人聽聞.考其原因,不外近年水利不修,幹支日就淤淺,諸湖受水之區,其洲渚復被私人紛紛侵佔,以致水無所容,橫決爲災。加以本年(二十年)七八月間,各地雨量之多,面積之廣,異乎尋常;上游又無森林及相當工事,水勢急流直下,奔騰氾濫,莫可抵禦.武漢三鎮適當江漢之衝,支幹同時並漲,縱隄防如何堅固,恐在此種情形之下,大水仍可漫隄而過,況其本身原甚薄弱者耶!按揚子江中流一段,湖澤甚多,如洞庭鄱陽諸湖,平日皆湖面浩闊,河流縱橫.每遇江水盛漲,則瀦水湖中,水勢得以減殺;水落,復將積存之水,漸漸瀉出,使水源不虞枯寂,故其水量之增減,每隨江水之漲落爲轉移,不啻揚子江之天然蓄水池,向日揚子江之得免氾濫,此其最大原因。惜自前清末年以來,各省紛紛設沙田局,不問水道之影響何若,專以發部照,賣水地爲能事,其工作旣與水利機關各不相謀,目的又完全相反,如是而欲求水災之不作,誠有難言者矣!夫治水之事,如醫病然,必須詳細審察,非可臆度.故如何治理今後之揚子江,當非目前數言所能決.惟就原則立論,則揚子江本身及所有支流,必須分別加以疏浚;沿江江岸與隄防,必須分別加以修理與保護;平日蓄水諸湖,必須恢復其固有之功能,換言之,卽侵佔之地,無論是否合法取得,凡與治理計劃相抵觸者,均應盡還諸水。此外則沙田局之事務,應移歸主管之水利機關辦理,以期工作之不相矛盾,後者不獨於治理揚子江爲然,任何地方具有此等情形者,均有設法糾正之必要也。

　　此次水災發生以後,曾有人提及昔日張季直先生之一

言,其意若謂導淮苟無成,將來武漢必有陸沉之一日。不幸今日其言竟驗,不可謂非巧事,於是有歎息於淮水之未能早治者。又有人以爲導淮之議,倡之巳久,入江入海,聚訟紛紜,亦非一日,苟照最近導淮委員會所定計劃,則係偏重入江,今江水爲患若此,若再益以淮水,詎非變本加厲,然則由此次水災經驗,尚可及其未導,令人對於該計劃充分研究考量,未始非一大幸事,以余意度之,張季直先生倘有此語,當係指導淮入海而言,意謂淮不入海,必入於江,一旦江淮並漲,江水受淮頂托,其勢必大,則武漢危矣。然以余所知,此次武漢大水,並不足爲淮水罪,而導淮入江之舉,倘巳見諸事實,則此次南京一帶,當不致如今日之湮水,卽江北方面之水災,亦不致如今日之甚,是則余所敢斷言。此言驟聞之似不成理,實則淮水不導則其大部份之洪水量,舍入江外,別無其他消納之路;及其旣導,則洪澤湖旣可蓄淮河洪水之一部份,入海又分去一部份,如是

則大水時入江之水量,反可遠遜於往日。今人不加細察,聞導淮計劃,主張先整理入江之路,卽紛紛以爲不可,不知入江之路縱不整理,淮水固日日入江,毫無限制,甚且入江之量佔淮水之極大部份,今日淮水之爲患,其故卽在此。姑謂導淮入江,必須反對,然則不導而入江,未聞有人加以注意,寧非怪事。或曰,此所以主張導淮入海也。余意導淮入海,在工程上固無不可,所欲研究者,是否經濟,是否爲今日國力之所能勝耳。按導淮委員會計劃,本於導淮入江以外,兼籌入海,並利用洪澤湖爲攔洪水庫,以限制大水時淮水之入江流量,使長江之洪水位,不致因此感受影響。倘以上理想,事實上均能一一實現,則該計劃非特不宜因此次大水而受搖動,且將因此而更有速謀實現之必要。

雖然,導淮豈易言哉!導淮而置黃河於不顧,是直與不導等耳!余於二年前嘗草導淮與治黃一文,載諸各報,歷述黃淮關係之密切,及黃河現狀之危

險,以爲今日不欲導淮則已,欲導淮必先治黃,未有黃不治而淮可以苟安者也。惟是蘇皖人士,平素有一極錯誤之見解,即誤以爲黃河自咸豐五年北行奪濟入海以後,不復有南侵之可能。山陽丁顯,似曾一度爲此說。惟據余推測,丁顯爲主張導淮最力之一人,當時目視黃河北去,認爲此乃導淮惟一之良機。但河淮合流時肇禍之烈,沿淮人士記憶尙新,苟不設法消滅其心理上之疑懼,則導淮之阻力正復不少,以是有意發爲黃河北去不復南來之說,此蓋丁顯之故弄狡獪。以丁氏之聰明才識,寧不知黃河侵淮之頻,旣能北行於前,何不可南返於後,今人不察,尙有信以爲眞者,詎不大可欺乎!當明淸之世,河淮合流,治河者若陳瑄潘季馴劉大夏靳輔輩,或築高堰,或建太行堤,或創束水堤於雲梯關外,茲數人者,見非不廣,謀非不周,乃一旦河水北決,全功盡廢。則今日縱欲埋頭言導淮,卽令淮固得導,安能保黃河之不南侵。蓋自黃河北行奪濟入海,濟之受病,已與以前奪淮時淮之受病相等,近年決口之事,往往發生於山東一帶,足證尾閭之不暢已達極點。長此以往,尾閭愈不暢,水愈無去路,其勢必橫決,則咸豐五年銅瓦廂之往事,難免不重演於今日。吾但願吾言之弗中,否則將來爲患之烈,決不在此次大水之下。吾非好作危言,殷鑒俱在,欲諱不能。獨不解舉國人士,何以對於其他河流尙知注意,獨於黃河則如此漠視,其將待發生而後言治乎!誠非吾所忍知矣!彼應聘來華之水利專家如費禮門,如方修斯,如美國紅十字會工程團,其來也,均爲導淮,但讀其報告,則字裏行間莫不視治黃較導淮爲尤急。費禮門於其所著之治淮計劃書中有曰:「著者始終以拯救中國大患之黃河,爲胸次惟一之事。」美國紅十字會工程團導淮報告中,則有下列之聲明曰:「黃淮兩水之復行合倂,或爲事實上能有之事。若然,則所有工程,將悉被其毀棄。因此之故,工程團深以此次報告者於黃淮之關係,不詳加

研究,則尚不得稱爲完全。」最
近導淮委員會顧問德人方修
斯教授,在其所著報告中,亦有
「與導淮關係最密切者,厥惟
黃河問題。黃河若復決而南,則
導淮將全功盡棄」之語。嗟乎
黃河若南決,其勢必挾淮水以
入江,豈僅導淮將全功盡棄,卽
今後治理揚子江及其他一切
水災善後問題,亦將愈趨複雜。
心所謂危,不敢弗盡。願國人之
關心水利者,於奔走救災之餘,
一覽敎之!(二十年九月)

揚子江水災原因
及整理之商榷

宋　希　尙

一.水災之原因

　　(1)氣候關係　雨雪之多
寡。與氣候有關。各地之氣候,於
若干時期,每發生略具反常之
象,而造成大水大旱之年。此種
氣候變異原因,極爲複雜。如大
陸,海洋,寒帶,冰地,高山,積雪,及
沙漠,森林區域等,時以太陽地
球多有特殊變動;若地震,或火
山爆裂,地軸傾斜度數之變更,

太陽內部黑點之增減,以及其
他原因,各區內所得之光熱,地
氣因受直接或間接之關係,而
有多寡之不同,途使其水汽蒸
發量驟增驟減,因之空氣內部
所含水份及冷熱度,發生劇變。
影響所及,雲之聚散,風之起息,
均能隨之而生變化,氣候亦因
之反常。且輒因一區之變化,而
起他區之影響,是故氣候風雲,
變幻無定,其視氣候風雲爲轉
移之雨雪量,途亦不能無多寡
之時。況風雲雨雪,又有互相生
剋之能力,彼此又多一度複雜
之變遷,因此各地所受之光熱
地氣,復稍起局部之變異。各地
氣候,除四季應有之變更外,以
此種種遠因近故,烏得而無反
常之時乎?於是亢旱之區,反多
甘霖,鮮雪之鄉,忽見飛絮,塞暑
不隨季變,惠風不以時行。據報
載馬蘭遏羅及新加坡等地,位
居熱帶,向爲多雨之鄉,今歲雨
期驟形銳減;英屬印度以北一
帶,及中國之西陲,素稱亢旱之
區,今夏反常,霖雨時需;閩粵兩
省,從前數十年間,絕鮮降雪之
訊,而去冬均以盛雪聞。揚子江

發原地及其流域所經,尚在溫帶區內,氣候溫和,而去冬亦驟降巨量大雪,平原聚堆數尺,山地積累尤多。加之沿江各地,長期霑雨,積水先盈,支流湖泊之水,同時匯注入江,乃使江流不克容納,以致泛濫成災。氣候與災害之成因,于此可益明其癥結。又據上海天文台之測驗報告,謂歷年夏季揚子江一帶,向有數度大風,天空之水汽散消,大地之雨量斯鮮。但去年風雨變遷,飄忽莫測,今歲陰寒天氣,為期特長,時屆盛夏,未覺酷暑,向有大風邏未吹臨,行序失孚,雨量乃巨,造成亙古未有之奇災,未始非氣候反常之所致。幸

氣候變異,可由氣象測驗而預知其大概,使治水防災,得盡人力而為綱繆之準備,則測驗氣候一事,實為水利工作中所不可忽視也!

（2）雨量過巨　查揚子江流域,今夏同時霑雨連綿,積月勿舒,支幹並漲,沿江霑漫,益以過巨之雨量,急納於有限之江河,烏得不泛漲而成災!證諸沿江各地七月份之雨量紀錄(參觀第一表),及江漢淮流域七八月間二次大雨期內,被雨各地每次所獲雨量記載(參觀第二表),益見今年雨區之遼廣及雨量之宏暴。今先就七月份雨量言之:

(第一表)二十年七月份沿江各雨量測站雨量總數表

雨　量　站		雨量數	附　　　　　　　　　記
省　名	地　名	公　　厘	
江　蘇	南　京	664.8公厘	
安　徽	安　慶	200.0	二十年一月至六月共計有八百公厘雨及至七月底已達一千公厘
江　西	九　江	407.9	

接(第一表)

湖　北	漢　口	538.8	
	禹觀山	402.7	
	宜　昌	355.6	
湖　南	岳　州	364.96	
	王　村	505.4	
四　川	成　都	2.29	
	敍　府	167.4	

(第二表)二十年七八月間江漢淮流域各雨量測站三次大雨雨量表

各雨量測站名稱　雨量起訖日		七月七日至十日　四天	七月二十二日至二十六日　五天	八月三日至七日　五天	附　記
雲　南	東　川	6吋		4吋	揚子江流域
貴　州	貴　陽	7吋	2吋半		同　前
四　川	重　慶	3吋	1吋		同　前
	成　都		3吋	9吋	同　前
	敍　府		3吋	4吋	同　前
湖　南	長　沙		8吋		同　前
	岳　州		7吋		同　前
	王　村			14吋	同　前

接 （第二表）

湖 北	宜 昌		3吋半	8吋半	同　　前
	漢 口		6吋半		同　　前
江 蘇	鎮 江		9吋		同　　前
	上 海		6吋半		同　　前
陝 西	興 安		2吋	2吋	漢 水 流 域
安 徽	六 安		12吋	5吋	淮 水 流 域
	亳 州			8吋半	同　　前
	蚌 埠			4吋半	同　　前

由第一表所示,在七月一月之期,而南京一帶所降雨量,竟達664.8公厘,位居第一;次爲漢口王村均過500公厘;其他各處尚多在三四百公厘之間。又如安慶,在十九年全年之雨量,不過900公厘;而今年一月至六月,已有800公厘之多;及至七月份,其雨量數已積至1000公厘.在此短期之內,各處同有如此巨量之雨水,實爲近百數十年來所罕遇也。就第一表三次大雨雨量言之:自第一次大雨期——自七月七日起——漢口江水位始見漸漲;至第二次大雨期後,因漢口以上第一次雨期各雨區之雨水,已先灌滿各處湖河,而漸轉注入江,流抵漢口,繼以第二次大雨,各地來量旣增,故於七月二十九日,卽雨後之第三日,已高達海關水尺之50.1呎標記,與前淸同治十年大水(卽一八七〇年)八月間,漢口江水位之最高紀錄50.5呎相差無幾.然苟無八月上旬之第三次大雨繼續發現,則沿江一帶,或可免橫溢之慮,奈不幸第三次雨期卿接而來,旣與第二次相距僅七日,且雨區幅員相仿,雨期日數相同(均爲五日),則其雨量之多,爲患之烈,益可想見,武漢地勢本屬鍋底,上下游各地雨水,同時匯注入江之量又宏,以有限之江床,納過量之來水,於是上游患洪流之壅滯,下游感宣洩之不

暢,此時欲求防免漫溢之患,潰決之災,其可得乎!再就漢口一區而研究之,如依據漢口以上江漢流域之面積,及其第三次雨期各地雨量之紀錄,計算其由雨水之最大流量,即在雨期內最大雨量之一天,每秒所降之雨水量,約有三千五百萬立方秒呎,惟此日之前後數天,每秒所降雨量雖較稍減,但亦甚巨。此大量之雨水,除一小部份滲入地內及被蒸發外,所餘之水,如無湖泊支河及各低窪與漫溢之處,暫可存留,而任其迴注入江,則壅滯漢口水位,勢必日見抬高矣。緣漢口揚子江流量,當江水高平江邊堤頂時,約僅有二百萬立方秒呎,且在第一二兩次大雨之後,漢口江水位已屬漲高,加以第三次雨期之雨量,較江水流量幾大十七倍有半,匯集漢口,此所以八月十九日江水水位,竟達海關水尺之53.6呎標記。同時漢口江水流量,亦增達二千八百萬立方秒呎,造成空前之新記錄。影響所及,贛皖蘇境,沿江堤防,同罹漫淹,潰決之災,由是可知。今夏中部各地大水為災,此過巨之雨量,實為最大之原因也!

（3）湖泊侵占　與水爭地,古有明誡,天然湖泊,尤應保持,然後可獲停瀦之效,而收緩洪之功。查歷年揚子江水災之較輕于黃河及其他河道者,實因有洞庭湖鄱陽湖兩天然湖泊之足以儲蓄盛漲之水量,藉以容納一時之橫流。所謂兩湖者,揚子江天錫之寶也,洵非虛譽。而今則代久年淹,已感淤淺之患,彼占此侵,更有縮狹之弊。以致兩湖僅受湖南江西本省之水,已感盈溢。如益以揚子江之洪潦,其勢惟有泛濫而已。從表面觀之,侵占湖田,足以增進農產之面積,似有裨于國計民生,然欲就止渴,得不償失,而圖一時之小利,以遺百世之禍患,尤不足取。試觀武漢今年之慘災,誰為為之,孰令致之,成災之原因,此最足為慨惜者也!

（4）沙洲淤塞　查揚子江自漢口以下,本有八大處之沙洲,梗塞江中,近三年以來,又有湖廣沙得勝洲糧洲等之新發現。大江之有沙洲,亦猶人身之

有瘤贅,揚子江水道整委會所擬吳淞漢口間之水道整理計畫,即以濬治崇文洲等十一處沙洲爲急務,非僅爲便利航運而已,亦冀確定江槽藉以暢洩洪水。蓋民國十五年間,該會曾經派員調查江西全省水災,在當時漢口之水位,恰與江岸齊平(48呎),而九江街道之水,已深沒脛乃本年九江之水,較諸十五年僅高四寸,而漢口所增水位,竟達五尺有奇(53.6呎)。雖馬華堤之潰決,及鄱陽湖之灌注,當然可減少九江之水位,但較之漢口水位相差之數,似不應如是之多。推厥原因,當由九江以上,新現各沙洲如湖廣沙及江家洲等,不免阻礙洪流,以致水面抬高,梗阻壅滯,響影實大。

二.治標

(1)修復原堤　綜上所述,揚子江水災之重要原因,已可明其梗略。善後之策,自當以修復潰決之隄防爲急務。際此冬春水位枯落之時,正宜補苴罅漏,從事修復,蓋轉瞬夏汛復臨,洪流重屆,前車之覆,後車之鑒。查沿江重要堤防之急待修理

者據調查所得,若蘄湖南岸堤約長40公里,蘄湖北岸堤40公里,廣濟堤30公里,馬華堤140公里,張公堤20公里,黃圻冶堤75公里,小軍山堤15公里,赤磯山馬鞍山堤55公里,城陵磯監利堤110公里,共合長度約520公里,均爲關係較鉅之地,災情較重之區。亟宜組織測量隊,前往測勘,務于最短時間,完成測務。然後本其所得之成果,規定修復之計畫,如各堤之應如何加高,如何增厚,何處應行改道,擬具標準斷面,切實施工,此項修堤工作,必須全盤策畫,由此次實施所得之教訓,而作一勞永逸之大計也。

(2)亟施工賑　災區十六省,災黎七千餘萬,失業之衆,流離之慘,雖全國上下奔走呼號,竭盡恤災急難之方,亦恐嗷嗷待哺者,駢肩疊踵,未必普濟周全。即使辦理縝密,殊無遺漏,而醵資籌賑,亦豈能作不斷之施與。況其安家立業之鄉,勞力謀生之地,避風躱雨之廬,已被洪流掃盪,根本無存,區區涓滴之款,固難助其恢復摧傷之元氣。

所以在各省被災區域內,亟當以工代賑,撫輯流亡。何處應修堤防,何地宜施疏濬,通盤籌畫,分別利用,俾災民化爲工人.若雜以農賑,則由工而農,必易恢復其原狀。况在鄉土被災之區,必能于驚痛之餘,不辭勞瘁,工作效率,定較其他僱用者爲優。江淮河運,皆屬被災區域。以工代賑,洵亦治標之一途也。

三.治本

(1)束水歸泓　揚子江自吳淞至漢口間年來發現沙洲,其最關重要者,竟有崇文洲等十一處之多。江床漸次淤塞,宣洩因以不暢,非但星羅碁布,妨礙航行,即言橫梗支欄,殊足增加水位。若湖廣沙之正流不順,江家洲之南北分泓,未始不足影響于此次武漢之巨災,況漢淞間爲民物富庶之中心,航運頻繁之要道。豈可長此坐視而不整理乎!故揚子江水道整委會所擬漢口吳淞間之整理計畫,既經政府核定,亟宜指撥的款,早日實施,俾各沙洲依次整理,束水歸泓,規定唯一之水道,維持較巨之水深,水量既增,排

洪之功効亦著矣。(詳見揚子江水道整理委員會出版之揚子江漢口吳淞間之整理計畫草案)

(2)水庫研求　查揚子江發原青海,蜿蜒流經六千餘公里之長程,沿途匯納八省湖河之來水,浩浩滔滔,下注東海,惜久而失治,淤澱漸見,水患頻聞,大小湖泊,均乏停滯效能。小水之時,無以接濟江流之不足,而利航運灌溉;大水之年,無以分納洪水之來量,而備綏洪防災。觀乎美國之密西西比河以原有天然湖泊之不足,在其上游,已用人工另築蓄水池六,今復於防災工程內,添建人工蓄水池五,逐段防護,以人工補天然之不足。今爲揚子江計,鑒於今年之水災,不獨天然湖泊之容量,固宜安籌根本保存之策,即人造水庫,亦應擇地規畫。蓋揚子江之發源,位居高原上游,所經漢川一帶,多係山區,此段江底之傾斜度,每哩傾降一呎,固較中游爲大,平時水流湍急,如逢積雪消融之際,雨後山洪暴發之時,來量既宏,流勢更猛,然

為兩岸高山所挾,尚鮮為災。惟山坡墾植,雨後挾沙帶泥,狂瀉直下,奔注中游,及出巫峽,流抵湘鄂,地勢漸趨平坦,流率頓形減削,所含泥沙,次第沉澱,漢口附近,已見淤灘,當其南納洞庭湖水,北匯漢水,來量驟增,江流因之壅滯。又以武漢一帶,向稱低窪,江漢並漲之際,勢必洪水為災。自此流入贛皖,先後有鄱陽湖巢湖之水來匯,復溢之以皖水,流量更巨。且以蕪湖一帶,已受潮汐影響,加之新舊沙洲,縱橫漲攔,均足有礙宣洩,遂致贛皖兩省,水患頻仍。蘇境因江面逐漸展寬,雖沙洲隱伏,宣洩尚易,故下游沿江一帶,水災較輕。綜觀上述,可知揚子江之中游,湘鄂贛皖四省水患之癥結,多在漢水及洞庭鄱陽兩湖。而洞庭湖今年據海關水位記載,於九天中增高四呎,當八月十日水漲十時,其水量為四百萬萬立方呎。如此一天所漲之水,苟無洞庭湖為之蓄納,而順游下注,則水位之在岳州,當在增高六英呎左右,其影響於漢口,又將何如耶?故欲謀減除各部

之水災,應先就其受害之處,研求根本治理之方。整理兩湖,建築水庫,實為刻不容緩。茲就所見,述其概要如后:

(一)洞庭湖自藕池松滋先後決口,江水因上游墾植,挾沙帶泥倒灌之後,淤澱激增。復經遜清置局設廳,放領新舊淤灘,開墾以來,湖面日蹙,該湖本身,已感不敷容納,湘省澧沅資湘各河之洪水來量,乃復益之由松滋太平口藕池口及調弦四路之江洪內灌,伏汛時期,為害所及,非僅增湘省水患,且病武岳一段江流。故整理洞庭湖蓄水之量,以維持天然湖泊,嚴禁放墾,以杜與水爭田之弊;一面擇四路之一,設置調節之閘,以為蓄洩之樞紐。至容納江水之多寡,及排洩入江流量,須視江湖水位情形,加以研究而規定之。務使江水退落之時,逐將該湖蓄水放洩,在涸水時期,又能接濟中游江流之不足,以盡蓄水湖泊之能事。

(二)揚子江在四川省內,有岷沱渠涪烏嘉陵江及赤水河等先後來匯,平時流量已宏。每

屆山洪暴發之際，兼以雪水融化，江流急增，致易成災。故揚子江上游之人工水庫，亟宜擇地添建，以減洞庭湖現負之責。該庫地點，須在滇川山區一帶，勘擇一合式之山峪，規定為蓄水之水庫，其蓄水量，以能納蓄自該庫上至發源地一段洪水雪水總量之一部份，期使減少下注之流量，而備該庫以下之江流，能容納各處來匯之河水。及至冬春水小時期，逐將該庫存水放洩，以濟中下游之不足，而維護其航運。

（三）漢水上游，有支流二，當山洪暴發時，來量既宏，水勢亦猛，及流注揚子江之時，每值江水高漲之際，頓使武漢一帶，水位激增，今年武漢水災之較甚，亦原因之一也。故漢水之人工水庫，亦應建築。該庫位置，當在襄陽一帶，勘擇一相當山區而建設之。至下游一段宜將兩岸堤岸距離放寬，俾兩堤之間，當盛漲之時，亦可利用接收洪水，並為宣洩之道。

（四）鄱陽湖自放墾以來，其淤狹情形，雖無洞庭湖之甚，然亦有相似之處，對於贛省修贛旴信各河之洪水來量，已感不敷容納。據揚子江水道整委會之年報，究其歷年之流量曲綫，湖口從來小於九江，即江流未能瀦蓄于鄱陽湖之明證，而每屆九江流量低減，湖口反增加特多，以此可知江流稍落，湖水猛求宣洩入江，目下之鄱陽湖，僅足為贛省一省之水庫而已。應將匯注各河，統籌分別疏濬，增加各該蓄水容量，同時整理該湖，使能納蓄贛境各河之洪水量，一面擇相當之處，設置調節之閘，以與江相呼應。如是贛省水患，可冀減少，皖境江堤，得慶安瀾矣。

（3）造林禁墾　造林山地，植樹堤圩，湖泊淤灘，嚴禁放墾，支幹坡岸，制止耕種，一則調和空氣水份，減少雨量雪量之特殊變異，一則免除與水爭地之弊，維持蓄水之容量，故造林禁墾，均屬治本防災之工作。試先就造林而言，如法國之南境，在十九世紀中葉前，山洪暴發之時，每多酷烈之水災，迨至1841年，經舒赫氏發表根本治法注重

培植森林,繼之有孟德氏創議,挽救水災惟有急施造林,法政府乃竭意經營,水災果獲漸減,其阿勒伯上下兩省人民,至今尚受其益。民國十五年山西水災奇重,據美工程司之視察報告,認為與森林之斫伐有關。今歲揚子江中之大水為災,經由揚子江水道整委會派員實地查勘,據報在鄂境之堤工,多被冲刷漫潰,惟自白螺磯至新堤一段江堤,遍植樹林,曾因數處堤面較低,江水已漫越而內灌,然其堤身尚能保全,鮮被冲刷,且免漫潰之患。徵諸中外遠近之事實,益見造林防災之效能。為今之計,應在江漢之發源地,及其上游山區,興造森林,並於匯注揚子江及洞庭鄱陽兩湖之各大河所經之山區,及沿江童禿之山,均宜培植林木。蓋山區之森林,在積雪消融或陣雨時期,頗能減少流水之傾瀉,並易添入土壤,暫為涵蓄於地下,阻水積流,克盡緩洪之責,阻礙山坡泥沙,不使隨流下泄,致增支幹挾沙之量,減其下游淤澱之機,在久旱之年,能延長水源,供給灌溉,維持種植。至堤圩之叢樹,大水泛濫時,頗能殺減急溜冲刷之力,並可防止堤身潰決之災。惟栽木造林,見効需時,所植樹苗,決非短時間能使鬱茂成林,栽植之初,既需善加培養,修剪以時,使易長發,並應嚴禁人民私行隨意斫伐,以供燃料,而礙林事。成林之後,亦宜妥為保護,防止林火。免受損失,如是十數年後,必可收相當之成效也。至禁墾湖田及沿江坡田一事,關係極為重要,蓋全流域內沿江天然湖泊,既已感覺不多,而其功用為儲積水量,調劑蓄納,應由官民雙方隨時維護。查近數十年來,各水道因鮮疏浚,而湖河之灘地又公然放墾為田,與水爭地,潦患自增,如洞庭湖西北兩部,鄂南湖區,皖境各湖,及鄱陽湖東-南部份,因放領淺灘,築圩開墾,致湖身日蹙,淤塞日甚,及至大水時,勢難克盡停瀦之職,非僅釀成局部之災,且足危及江流。湘之澧沅資湘,贛之修贛旴信,及漢水等諸流域,亦因兩岸灘坡,多被侵佔,加之底槽淤塞,河身淺狹,每至

汎漲時期，反增阻礙洪流，發生壅滯，害及湖江。今後防災之計，一面宜先從禁墾入手，凡沿江湖泊及灘地，應一律嚴禁再有放領支河坡岸。除禁墾外，並須制止一切侵占河面之建築物，一面即須注意湖泊淤積之所由而減除之，查揚子江本身，巫峽以西一帶，四圍崇山峻嶺，江流紆迴其間，沿途臨江山坡，近年亦多被占，一經墾鬆，泥土即易流瀉沖刷入江，隨流而下，遇經湖泊，因以沉澱。故禁墾之根本在防淤，而防淤方法，對于禁墾沿江山坡，甚關重要也。由此觀之，湖田沙田之處置，在在與水利計畫有關，實宜由水利機關主持監督，以利統籌也。（此文作於民國二十年，文中今年字樣，俱係指二十年而言）

本會總會會所遷移通告

本會總會會所已於五月一日移至上海

南京路大陸商場五樓五百四十二號辦

公電話號碼92582特此通告

調　查

上海市道路概况

二十年六月

道路系統

　　往昔市內道路之興築,每將原有小路拓寬或將浜基填築。因小路之轉折與浜流之屈曲,故所成之路,類都窄狹,曲折,間斷,而漫無統系.上海市工務局成立以來,鑒於交通運輸之日趨殷繁,苟仍令其凌亂迂曲而不加整理,甚非適合時宜之道。爰本城市設計原則,參酌現狀,先規劃全市幹道系統俾各市鄉區聯絡貫通。次規劃各區道路系統,如市中心區,滬南區,閘北區,滬西區,吳淞鎮道路系統,均已陸續公布。其他如浦東沿浦各區,及引翔江灣等區道路系統等,亦已在規劃之中。除建築方法,隨時隨地察酌需要加以改良外,其佈置形式,棋整式與蛛網式並用,期與各區鐵路碼頭等盡量聯絡;而一方面

於市中心新市區,並規定充分之空地與園林,以為市民游憩之資。

道路工程統計

　　道路之系統旣立,卽據以定工作之程序,何者應興,何者應革,如建設新市區,與整理舊市區,並顧兼籌,不遺餘力。惟為財力所限,未能突飛猛進,祇能分別緩急,次第進行。茲將已成新路與改築之路,以及平時修養各路情形,逐一分述之。

(一)新闢道路

　　按上海市工務局成立以前.(卽民國十六年七月以前,)市區內原有道路長度為209.11公里(363里) 四年來(截止二十年六月底止)新築道路長度為56.02公里(97.26里,)與舊有者併計,共為265.13公里 (460.26里)至新築道路分配於各路之比較如下。

路　　　名	長度(公尺)	寬　(公尺)	百　分　率
*中 山 南 路	12864	27	22.9%
中 山 北 路	2334	25	4.2%
三 民 路 五 權 路	3380	60	5.9%
其 美 路	5015	35	9.0%
淞 滬 路	2635	30	4.7%
浦 東 路	15940	30	28.5%
水 電 路	3325	18.3	6.0%
陸 家 浜 路	1707	24.4	3.0%
**東 門 路	336	18.0	0.6%
桃 浦 西 路	1750	15	3.1%
其 他	6734		12.1%

*參看第一圖　　**參看第二圖

(二)改築道路

舊市區之整理,往往以人烟稠密,屋宇櫛比,縱有實施計畫,急切每不易更張。但上海市工務局持以毅力,輔以恆心,除因自動翻造房屋,照路線收讓之路面,加以改建者不計外,四年來(截止二十年六月底止)共改成道路長度爲65.44公里(約115里)。其分配於各道路之比較如下。

（1）中山路兵工廠舊觀　（2）兵工築路　（3）今日之中山路

第　一　圖

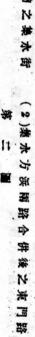

（1）以前之柴水衡　　（2）柴水方浜兩路合併後之東門路

第　三　圖

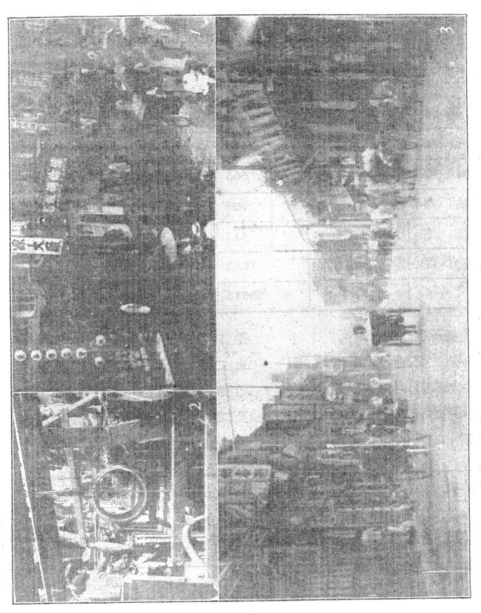

第 三 圖

（1）漢山路昔日積水狀況　（2）排濬工程　（3）今日之漢山路

路　　　名	改築後之路面	長度公尺	百　分　率	註　　備
民 國 路	柏 油 路	2521	3.9%	
中 華 路	柏 油 路	628	0.9%	改築未全
寶 山 路	柏 油 路	1231	1.9%	參看第三圖
大 統 路	柏 油 路	671	1.0%	
中 興 路	小 方 石 路	610	0.9%	改築未全
光 復 路	小 方 石 路	539	0.8%	改築未全
大 林 路	柏 油 路	555	0.8%	
車 站 路	柏 油 路	800	1.2%	
烏 鎮 路	小 方 石 路	442	0.7%	
謹 記 路	柏 油 路	1829	2.8%	
其 他		55614	85.1%	

養路工程

市內之交通日繁,卽路面之破壞力亦日甚,重以各水電煤氣公司進行地下新工程,必須將完固之路面掘損,日常修養工作斯日益繁劇。四年來(截止二十年六月底止)各區修繕道路方數共為3,060,147平方公尺。其分配於各年度及各種道路之比較如左。

道路種類	方數(方公尺)	百分率
柏 油	486,402	15.9%
砂 石	196,755	6.4%
彈 街	703,855	2.3%
煤 屑	1,612,896	52.7%
泥 土	60,239	2.0%

年　　度	方數(方公尺)	百分率
十 六 年	374,060	12.2%
十 七 年	468,678	15.3%
十 八 年	761,904	25.0%
十 九 年	1,455,505	47.5%

建築法大要

上海市之道路,總長二六一公里餘,以煤屑路為最多,緣其價廉而工省也。其以石塊舖築之路面,曰小方石路。以石片舖砌者,曰彈街路。以石子分層舖築,而灌澆黃泥者,曰砂石路。同為石子分層舖築,而灌注柏油者,曰灌柏油路。砂石路乾燥後,加以平整而澆舖柏油者,曰柏油面砂石路。以上二者通稱柏油路。如以石粉混和水泥柏油砂而舖築者,曰柏油砂路。如用同上物料,加入石子混和而舖築者,曰柏油石子路。後二者以其價昂,現僅用於橋面。茲將本市各種道路長度(截止二十年六月底止)列表於左,以資比較。

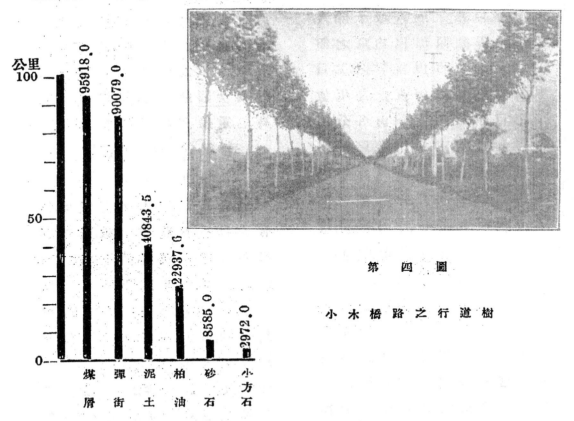

公里

第 四 圖

小 木 橋 路 之 行 道 樹

以上各種路面,為事實上之需要,乃不得不加築底基。其以碎磚舖築者,曰三和土底基。以大石塊舖築者,曰大石塊底

基。以水泥混凝土舖築者,曰水泥底基。上海市各道路以用碎磚及大石塊底基者較多。

工作分配與設備

上海市道路工程,除因時間關係,用投標方法遴選包工承造外,係均由常工自做。現共有路工一千零七十五名(截至廿年六月底止),以事務分,則有柏油工,彈街工,煤屑工,機工,雜工等。以路工五人或十餘人為一班,班設領班以約束之。領班之上,設工目以統馭之。工目之上,設監工以稽查之。是項監工,工目,領班,工人,統由各分區區管理員統率指導,隸屬於各區道路工程管理處。現為事務上指揮便利起見,除計劃與新工工程另在工務局第三科,設專股辦理外。計分滬南,閘北,引翔,洋涇四區,以辦理之。

欲求工程之完固與優美,工人以外,工具實為一大要素。除零星工具不計外,其為壓路用之滾路機現已有七輛,最小者重六噸,最大者重十二噸。為轉運材料用之卡車,計共有廿四輛,最大者重三噸半,最小者

重一噸半。石滾筒共有三十四具。年來業務日繁,上述主要工具,已屬不敷應用,仍當分別緩急,量財力之所及,逐一添置焉。

行道樹

上海市為使都市美化起見,除前述特別規定之園林與空地外,年來於各路均廣植行道樹。如小木橋路,(第四圖),大木橋路,西體育會路,翔殷路等,雖屬新植,均已蔚然可觀。現計有行道樹二萬四千四百四十五珠,(截止廿年六月底止),分為法國梧桐,楓楊,洋槐,柳,榆,烏柏,重陽烏柏,槐,梧桐等種。

青島市道路概況

十九年七月

青島在德人租借以前,僅有漁村三五,莊鎮十數,運輸利器,亦祇騾車及獨輪小車二種,康莊大道,固非需要,峙嶇土路已足應用矣。厥後德人來青,規劃路線,市道與村道並進,縱橫幹線,相繼築成,網形支路,依次敷設。其設計大要,以青島市及李村二地為中心,而築成放射線之道路網。其施工方法,則採用歐洲標準制度,而因地制宜,

以應需要。當時道路類別,就性質言,約可分爲:市內道路,要塞道路,森林道路,及村道四種,各依車輛通過之多寡而定建築修養之方法,要皆寬廣平坦,足應當時之需要。民三之季,德日交惡,鏖戰數月,市內外道路破壞大牛。日人入靑,分期修復,幷以市外道路不敷應用,增築展寬,頗靡鉅資。十二年春,日人將靑島交還吾國,道路行政,歷由工程事務所及工務局主管,與築翻修,不遺餘力。根據十九年七月調查,靑島全市有柏油路三十八公里,沙石路三百四十二公里,小方石塊三公里。數量雖頗可觀,然年來市內人口激增,市區須逐漸擴張,道路之積極興修,猶爲當務之急也。

　靑島地質多沙石,少泥土,故興築新路,以沙石路,最爲經濟,以卽可就地取材也。顧沙石路面在車輛繁多之區,最易損壞;又靑島雨量不富,久晴之後,道上塵沙撲面,尤爲行道所苦;故市區道路悉做柏油路面,不徒可減修養費用,亦所以增行道者之安適也。其經過山坡者,坡度陡驟,沙石及柏油路面,俱不相宜,一則路面易爲山水冲壞,修養頻繁,一則路面太滑,不利車輛行馳。於此修築小方石塊路面,最爲適當。現市內山坡道路,尚多仍德日之舊,舖沙石路面者,一俟經費稍裕,當卽陸續改建也。

　靑島當德日佔據時代,運輸重物,多藉獨輪小車。車重輪窄,所過之處,路面深陷成槽。德人鑒之,特舖長石一行於道側,專供小車通過之用,謂之「車輪石」。所用石料,悉取自嶗山,長一公尺,寬牛之,厚二十公分;質美價廉,堪供久用。越後市內雙輪運貨大車漸見通行,向之「單行車輪石」,至是幾失其效用,乃於市內要衢,加舖一行,以應需要。當吾國接收靑島市時,全市共有「單行車輪石」十四萬餘公尺「雙行車輪石」八萬餘公尺。接收以後,陸續添舖雙行者,約五萬公尺。年來所有新修各路,莫不設有雙行車輪石,其應舖而尙未舖者,約十八萬餘公尺,現正審度各路交通之繁簡,以定逐步修舖之先

後也。

市內道路兩旁。設人行道以利步行,寬自二公呎。至五公尺。其在商業繁盛之區,人行道大率用洋灰三和土做面,整齊光潔,極易修養;間有以柏油做面者,亦具良好成績;其餘俱係沙石面子。建築費用雖低,修養費用却大,其在山坡上者,尤難維持。每當大雨之際,沙土為急流冲刷,順流而下,或則停留路上,積為沙邱,或則流入雨水斗內,雨水溝管為之壅塞修養之繁,莫此為甚。工務局為根本解決起見,乃自十九年起。定逐步改修人行道之計,并訂定修築人行道征費規則。規劃工事,由工務局督促進行。建築經費,由人民與公家共同負擔。其有居戶自願出資修築門前人行道者,但須不背工務局規定,卽可進行。有此規定,青島人行道之全部改善,可按日而計矣。

青島全市現分道路工區五處,分掌道路修養之責,其在市內者,為第一第二工區,以上海江蘇龍口金口等路為分界線。其餘三區,全在市外。第三區

以李村為中心,轄地最廣。其西滄口四方一帶為第四工區。其東嶗山九水一帶為第五工區。五工區共轄道路三百餘條。約共長三百八十三公里。面積共計不下三百萬平方公尺。其中沙石路面最多,約佔百分之九十;油路次之,約佔百分之九;三和土路及小方石塊路最少,二者不過佔百分之一而已。五工區各設主任一人。監工工頭各數人,長工各數十人,臨時工人無定額。視工程之繁簡隨時招僱。市外三區之工役,多由村民任之。蓋自德人修理村道,就地征役,僅橋梁溝渠等重要工程,由工程局派工包修,搬運材料,照給工價。此外所需人工,由村民按地畝攤派,不給工資,每日僅發銅元二三枚為吸烟費。日人仍之,改為凡整個道路工程,悉由公家招包承辦,其餘修養工作,除農忙時間外,仍由村民擔任。其工役較重者,略給工資,每修路亘二公尺,給銀一角四分。吾國接收後,凡鉅大工作,仍招包興築。挑運沙土,間用民役。較小工作,則由工區人員,督率

民夫修理，不給工價。似此鄉民擔負略爲加重，然路成以後，鄉民受直接之利益，故亦樂於爲公家効力也。

築路機器，以碾車最爲重要。現工務局有蒸汽碾五具，石碾三十餘具，分配各工區。蒸汽碾重十五噸者二具，十二噸者一具，十噸者一具，五噸者一具，歸各工區隨時調用。靑島包工，無有備汽碾者，與築新路，應用汽碾之際，輒向工務局借用。石碾以重二三噸者爲多，大率用以碾平路基，及壓平塡補路面，在鄉間三工區，應用較繁。

修柏油路面，需熔化柏油機器，用巨熱溶化固體柏油爲流質，然後塗之路面。現工務局有是項熔化機十八具，分撥第一二工區應用。夏令數月爲一年中修築油路最適宜之時期，以夏季天氣炎熱，油易熔化，需煤少，而費用省也。柏油路面修補工作，現亦頗繁。因年來市內房屋建築，極形發達。車輛裝運材料，往往失之過重。道路之未備車輪石者，或當大車交軌易轍之地，較易損壞。補救之法，一

宜由公家取締過窄車輪，一宜導誘車匠改良車輪做法。前雖有取締之計，於事實上尙未有顯著之成効。

靑島市外道路跨越河道者甚多，所有橋梁，除少數用鐵筋三和土造成者外，餘多橫穿河床，以條石作面，於石下酌留空洞，使河底伏流得以通過。七八月間，大雨過後，山洪越橋而過，橋不礙水，故水亦不能毀橋。條石普通長一公尺左右，寬五十公分，厚二十公分。橋身上下流，護以三和土坡，藉以減少逆水阻力。此種橋梁，俗名河底橋，乃德人因地制宜之計也。年來李村河海泊河上諸河底橋，因建築年久，上流積沙太多，橋面反低於沙面，往往細雨過後，山水下流，向之可以在橋洞通過者，今亦泛瀾橋面，於行道甚爲不便。現擬分期修理，或則增寬橋面，使與道路寬度相同；或則抬高橋身，增設橋洞，使河水不致泛流橋面；或則添加標石，增置橋欄，使行道者易於辨認。凡此種種，均須於冬季雨最稀少時，方克依次進行也。

青島各種道路價格比較表 十九年七月

路面種類	建　　築　　方　　法	每平方公尺工料費	備　　攷
柏油路	路基刨平碾實後舖七公分石子十公分厚三公分石子五公分厚用汽碾分別壓實柏油面分兩層敷設第一層每平方公尺路面用柏油約六鎊第二層每平方公尺用油約四鎊每數油一次上舖黃沙一層用小火碾碾壓	0.90元	
小方石塊路	先將路基刨平碾實舖黃沙五公分厘小方石塊卽舖于沙上石塊長二十公分寬十五公分高十八公分	2.40元	
混凝土路	路基刨平後做13.6混凝土七公分厚及一公分厚之1.2洋灰砂面子	1.40元	此項路面大都係人行道面
沙石路	先將路基刨平壓實舖七公分石子十公分厚三公分石子五公分厚分別碾壓結實上舖黃沙約二公分厚碾壓時隨時洒水	0.40元	
沙土路	將地面刨平後舖黃沙一層用石碾壓實	0.20元	

附註　表內所列價格,係就普通情形之道路而言。若路經山邱,低窪之地,有巨量之開掘或熱土者,價格當較表內所列者爲高

中國接收後翻修道路工程表

工程年度	翻　　修　　工　　程			新修車輪石公里數
	原有路之種類	翻修路之種類	長度(公里)	
十二年	石　子　路	柏　油　路	1.595	1.508
		石　子　路	40.581	
十三年		柏　油　路	2.348	9.839
		石　子　路	11.502	
十四年		石　子　路	2.974	0.598
十五年		柏　油　路	5.423	2.292

接前表

		石　子　路	10.065	
十六年		柏　油　路	0.588	8.514
十七年		柏　油　路	5.858	0.782
十八年		柏　油　路	6.307	

總理陵墓及陵園工程

　　總理陵墓工程自民國十四年四月起始籌備,依照總理遺志,擇地鍾山之陽,選定呂彥直建築師之圖案,於十五年總理逝世紀念日奠基,工程分三部進行,第一第二兩部,即陵墓,祭堂,平台,石階,圍牆,石坡,墓道,路基等,於十八年奉安時已完成,第三部碑亭,陵門,牌坊,墓道,衞士室等,於二十年十月完成,先後歷六載有餘,最初主持者為孫中山先生葬事籌備委員會,十八年七月改組為總理陵園管理委員會。

　　第一部陵園工程,由上海姚新記營造廠承辦,於十五年一月十五日開工,承包合同造價共為 443,000 兩,第二部工程由新金記康號營造廠承辦,於十六年十一月二十四日開工,承包合同造價共為 268,084 兩,第三部工程由上海馥記營造廠承造,於十八年八月底開工,承包合同造價為 419,706 兩,此外墓道工程,由新金記康號承辦者,合同造價為 76,870 兩,由馥記承辦者,合同造價為66,000兩,總計陵墓工程費至二十年六月止,共支二百二十餘萬元。　　　　　(夏光宇)

首都鐵路輪渡工程

　　京滬津浦兩路橫隔大江,致下關浦口近在對岸,可望而不可卽,行旅往來,貨物起卸,展轉費時,極不經濟,

　　總理建國方略,擬在長江下面穿一隧道,以鐵路聯結之。昔年交通部曾廣徵國內外各工程專家之意見,主張不一,有擬建築浮橋者;有擬將輪渡船面裝置可以升降之鐵架,上舖軌道,按水面之漲落,使於江岸之路軌銜接,俾便裝卸者;有擬建築船塢,利用水閘,使輪渡得起落平穩者;有擬在兩邊江岸建築固定坡道,裝置有輪之木架路軌,聯以活動跳板,隨江水之高度,配置木架之地位,使輪渡靠岸時得平穩通車者;尚有其他各種方法,大都倣照各國計劃之先例,理論甚是。惟考歷年紀載,長江水位漲落相差73公尺之多,鐵道部為求經濟適當之辦法起見,擬具活動式橋樑計劃,卽於兩岸擇適宜地點,建築活動式橋樑四孔,每孔長45.7公尺聯以6.1公尺長之跳板,使可隨江水升降,俾合適當之坡度(最大之坡度係2%),輪渡停泊時,卽與橋端之跳板接軌,車輛得上下自如。至升降機件之設備,係位置於橋墩之上部,其總機則置於近船之橋墩上,每座橋墩上裝螺絲軸二根,其螺絲毋與橋梁相聯,使用電力旋轉螺絲,則繩樑卽能升降。渡輪計長110公尺,寬17公尺,吃水3.66公尺。船面舖軌道三股,能荷載40噸貨車21輛,或客車12輛,另載機車一輛,以備調度之用。輪渡行駛速率每小時約22.2公里(12海里)。

　　建築經費共計約 $144,000 合 $800,000 全部橋墩基礎工程自十九年十二月一日開工迄今,其已完成者,係下關方面三座,浦口方面三座;其尚在進行中者,共四座。現浦口方面利用國府工賑會工人,挖掘土方,下關方面正從事第一號橋墩工程。至於橋梁輪渡各項工程,已經英庚款董事會通過,由倫敦購料委員會簽訂合約,預計橋梁今年七月交貨,渡船於十一月可到京。現兩路局已將江岸至車站岔道佈置,計劃就緒,預備接軌矣。

二十一年九月一日

第七卷 第三號

工 程

中國工程師學會會刊

中國工程師學會發行

本會係前 中國工程學會 中華工程師學會 合併組成

工程

中國工程師學會會刊

編輯：
黃　炎　（土木）
董大酉　（建築）
胡樹楫　（市政）
鄭肇經　（水利）
許應期　（電氣）
沈熊慶　（化工）

總編輯：沈　怡

總　務：徐學禹

編輯：
朱其清　（無線電）
周厚坤　（機械）
錢昌祚　（飛機）
李　儼　（礦冶）
黃　爐　（紡織）
宋學勤　（校對）

第七卷第三號目錄

中國工程師學會發行

總會地址：上海南京路大陸商場五樓 542 號　　分售處：上海河南路商務印書館

電　話：92582　　　　　　　　　　　　　　　上海河南路民智書局上海四門東新書局

本刊價目：每冊三角全年四冊定價一元　　　　　上海徐家匯蘇新書社南京中央大學

郵　費：本埠每冊二分外埠五分國外三角六分　　廣州永漢北路團書消費社上海生活週刊社

中國工程師學會概況

略史 本會係由前中華工程師學會及前中國工程學會合併而成。按前中華工程師學會創設於民國元年，地點在廣州，發起人爲我國工程界先進詹天佑氏。民國二年與上海之工學會及鐵路同人共濟會合併，改名中華工程師學會，設總會於北平。又按前中國工程學會創設於民國六年冬，地點在美國紐約。民國十一年遷設總會於上海。民國二十年八月前中華工程師學會與前中國工程學會舉行聯合年會於南京，議決本合作互助之精神，將兩會合併，改稱中國工程師學會，設總會於上海。分會遷設上海，南京，北平，天津，漢口，青島，濟南，杭州，歐洲，美國等處，現共有會員二千餘人。

宗旨 聯絡工程界同志，協力發展中國工程事業，並研究促進各項工程學術。

組織 會設董事會及執行部。董事會由董事十五人及會長副會長組織之。其職權爲議決本會進行方針，審核預決算，審查會員資格及決議執行部不能解决之重大事務。執行部由會長，副會長，總幹事，會計幹事，文書幹事，事務幹事及總編輯組織之，辦理日常會務。另設基金監二人，保管本會基金及其他特種捐款。會長，副會長，董事，基金監由全體會員通信選舉之。總幹事，文書幹事，會計幹事，事務幹事及總編輯由董事會選舉之。

會員 本會會員分「會員」「仲會員」，（初級會員），（團體會員），及（名譽會員）五種，入會資格規定如上。

名　　稱	工程經驗	負責辦理工程
會　員	五　年	三　年
仲會員	四　年	一　年
初級會員	二　年	

會費 本會會員之會費規定如下

名　　稱	入　會　費	常年會費
會　員	$ 15	$ 6
仲會員	$ 10	$ 4
初級會員	$ 5	$ 2
團體會員	——	$ 50
名譽會員	——	——

會務 本會會務略舉如下：

(1) 發行「工程」季刊「工程週刊」及工程叢書。

(2) 參加國際工程學術會議，最著者如一九三〇年在東京舉行之萬國工業會議，及一九三一年在柏林舉行之世界動力會議。

(3) 編訂工程名詞已出版者有土木，機械，航空，染織，化學，無線電，電機，汽車，道路等草案九種。

(4) 設立工程材料試驗所，地點在上海市中心區域。

(5) 設立科學咨詢處，以便各界關於科學上之咨詢。

(6) 設立職業介紹委員會，爲各界介紹相當建設人才。

(7) 在國內各要地點舉行年會，同時公開講演，以促進社會對於工程事業之認識。（餘略）

編 輯 者 言

　　近來投稿本刊者日多,內容均精采異常,幾有美不勝收之概。編者對於投稿諸君之熱誠協助,無論公私方面,均應十分表示感謝。目前對於準期出版,及力求印刷與裝訂之精美二層,已可謂分別做到,文字內容,逐期均有進步,此皆可以欣慰之事。

　　華台爾博士中國所需要於工程者一文,洋洋萬餘言,語重心長,切中時要。博士為當代工程界鉅子,對於鐵構橋樑,尤有巨大供獻,其學問,殊無待編者之費詞介紹。博士先後來我國凡三次,其平日思想言論,堪稱「中國之友」,讀者於此文,不難體會得之。原著係英文,因繙譯費時,故至本期始得刊出,此不得不向博士道歉者也。

　　白郎都氏前任浙江水利局總工程師,向在奧國從事治水工作,富有經驗,本期所載白氏民國二十年之長江水災一文,根據上年大水情形,對於洪水位作種種推測與研究,至為可貴,堪供治水者之參考。

　　孫寶墀君所著土壓力兩種理論的一致,其文字價值,讀者自能辨識,但有不可不介紹者,為孫君致編者之一函,其言曰:『日前讀工程七卷一號編輯者言,主張以中文撰稿,實獲我心。竊嘗讀小說最後一課述普法之戰,德佔阿色思,柏林政府嚴令各校改用德文,某校一教員,授最後一課法文時,慷慨陳辭,聲淚俱下,闔班嗚咽,讀不成聲。其與祖國文字依戀不捨之情之景,令人有生離死別之

感焉！工程學術固無國界，亦不應有國界，然國難當前，中文彌覺可珍。拙著土壓力兩種理論的一致原爲英文，今特譯成中文，送登會刊，並擬不登外國刊物。若作者道人未道之自信爲不虛，使人知其來歷乃在中國，藉以表區區愛國之心，幸孰甚焉』！孫君誠可謂有心之人哉！

　　本期所載華台爾中國所需要於工程者，又李特中國之礦業經濟問題及古力治首都建設餘談諸文，均係本會美國分會所徵集，藉供發行建設討論集之用。嗣因種種關係，未能早日問世，現決計改由本刊擇要登載，以供同好。尚有數文，將於下期刊出。

　　廣州中山紀念堂工程，用款一百十餘萬兩，爲國內近代大建築之一。本刊現已分別徵得該堂之「工程設計」「建築設計」及「施工實況」文字三篇，均由躬與其事者，親自撰作，將陸續在本刊發表。各該文內容之可貴，可由本期所載李馮二君合作之廣州中山紀念堂工程設計一文中覘之。

　　民國二十年江北運河出險，災情之鉅，視同年武漢大水猶過之。當時決口原因，雖屬不一，而二十年八月二十五日晚颶風中心之密近裏運，尤爲直接釀成巨災之最大原因。至於間接方面，則二十年來之內爭，殆無可辭其咎。編者嘗於水災與今後中國之水利問題（見工程七卷二號附錄）一文中有曰：『苟無內爭，各地水利何至廢棄若此；各地水利苟不如此廢棄，縱遇水災，何至如此次之束手無策！』故平心論之，平時人人不知注意，一旦變作，遽將全部責任，諉於恰巧在事之人，豈得謂爲公允。本會會員茅以昇君於大水時，適任江蘇水利局局長，當時各方責難，集中一身，茅君獨無一言以自辯，今於事後彙集有關係之案牘，成民國二十年運河防汛紀要一書，此書另有單行本，本期所載，僅其摘要而已。（怡）

中國所需要於工程者*

一九三〇年八月三十日在紐約市國際大樓
中國工程師學會美國分會年會席上之演說詞

華　台　爾　博　士

一九三〇年八月三十日承中國工程師學會美國分會之特約,向其會員諸君作講演,即以『中國所需要於工程者』爲題。當日除略記綱領及引證去年余旅華時所著應酬文字外,實未事前準備。

近日美國分會執事諸君,又乞余將當日演詞用文字發表,因思及凡余當日所述,均於貴國福利有重要之意義,故勉應其請。余重述當時演詞,自不能語語相同,但余當極盡智力,按其次序,述其要旨。惟有一點須聲明者,即中國有數項重要事實發生,在余演說以後者,本文亦論及之是也。

余歷次遊華之記述

余共遊華三次:第一次在一八七〇年,自紐約經香港抵上海,乘坐帆船,即號稱運茶快艇者。其旅行目的,完全爲康健與遊歷。

第二次在一九二一年應北京政府之邀,爲世界聞名之京漢路黃河鐵橋設計競賽,擔任評判委員之一,同時兼任其他工程上重要設計之顧問,並視察鐵路。

第三次在一九二八年歲尾,受現政府之聘請,在鐵道部擔任顧問工程師一年。余之工作,概括爲測量,鐵道,橋樑,工程教育,講演,工程方面之政治經濟,或關於一般工程上之諮議。余之活動範圍既屬多方面,工作途亦感受極大之興趣,余自思生平在工程界已

---

*本文原名 China's Needs in Engineering Lines, by Dr. J.A.L. Waddell.

有五十五年之積極服務,亦曾參預散在各方之巨大建築,然一九二九年實爲余一生最重要之時期焉。

余對於中國福利之興趣

余旅居貴國,好友衆多,且所任職務亦甚重要,因此對於中國任何事物,俱感深切之興味。余切望中國能占一世界强國之重要地位,蓋以其面積,歷史,及古代文化之偉大種種理由而論,實屬毫無疑問者也。無論何事,凡余所可盡力,足以助中國達此種重要之目的者,余願盡余之經驗及智力以赴之。今以國民政府名譽工程顧問之地位,余希望於經濟方面,在美國有所致力。但若欲求該項致力之事,有重要之成就,須中國內部有永久之和平,法律,與社會秩序,得以實現爲前題。

中國現狀略述

在過去十八個月,貴國混亂之情狀令人意沮而心碎。蓋余嘗恐懼南京政府之崩潰,以此種不幸事果一旦發生,則其影響必將使現狀推翻,適成爲恐怖之狀態耳。此意余於去年已屢次公開表示矣。

中國若不太平,或太平尚未在實現中,中國似難向國外借貸巨額債項,以與各種急需之事業而發展之。

欲於最近期內達此目的,余信政府須採用一種緊急處置,有如余去年所建議者,卽軍隊不必遣散,仍以軍法部勒之,而使之建築中國亟需之鐵路,車道,及其他重要公用事業。

中國工程師之工作

余於演講或文字中,已屢次提及中國在復視太平後,一切革新事業,工程師應負其主要之責。全世界之進步,全視工程師之努力,假若工程師一旦停止工作,則非惟世界之進步停止,且崩潰立至;直將淪至野蠻時代,此言也余已數數言之矣。

一九二九年九月,余曾連續兩日,向北洋大學及唐山大學生員講演『中國將來發展中工程師之地位』,今請節引其語如下:

就現在中國之利害立場,同時處處為此偉大民國之進步及福利着想,衡其輕重緩急,而定其次序,余意工程學之分類,當如下列:

土 木 工 程

機 械 工 程

冶 礦 工 程

電 機 工 程

化 學 工 程

實 業 工 程

教 育 工 程

航 空 工 程

冶 金 工 程

建 築 工 程

理 財 工 程

推 銷 工 程

海 軍 工 程

陸 軍 工 程

土木工程為中國最需要之一種工程學,洵屬無疑,蓋以其概括國家急切進步之各項最需要之建設故也。此項工程學,又分為各種專門科目,余將依其對於中國之重要程度,列次如下:

鐵 路

道 路

橋 樑

自 來 水

衞 生

灌 溉

河 道

海 港

運河

堤壩

水電力

隧道

房屋

造船

土木工程學旣包含如此多方面之建設,竊意中國工程人員應有一半從事之;無論如何,應有一半專科學生修習土木科目。

機械工程依國家需要論,雖次於土木工程,却應列在第二位蓋多數需用之機械,雖購自外洋,然修理則須在國內爲之。且國家日益進步,機械之設計及製造亦日增,故裝置機械,與機械設計之智識,異常需要,否則將并選擇適用機械之能力而無之矣。

冶礦應列在第三重要地位。其理由並非爲中國現在卽需冶礦工程師,乃因中國若欲達其眞眞偉大之地位,須將國內極大之地藏盡力開發故耳。

電機工程當列於第四位。在最近數年中,中國儘可由外洋購備電機,祇須足用之電機工程師爲之裝置,運用,與維持而已;但他日中國必將需用較多之電機專家無疑。

關於化學工程,中國現在似毋需多人從事,蓋目前對於化學方面,儘可求助於外洋,俟他日國家經濟充裕,國內工業需求較殷時可矣。

實業工程(Industrial Engineering)究其實不能稱爲一種獨立之工程學,因其包含各種專門學識之應用而成。欲求深造,須於各種工程學極有根蒂方可。

教育工程亦然,乃由四五種專門學識之合併而成。爲中國職業工程師者,自應知其原理,然後能與應用科學學校之教員拮抗。但此後數年,爲工程師者,雖無妨在專科學校費一二年,或幾年中之一部份工夫,偶然研究之,然專科教員儘可在外洋訓練之也。工

程師能擔任教授若干年,爲益甚多,蓋智識程度較高之青年學生,其靈敏之腦筋中,常處處推求原故,是以教授者,自須熟習其所教。再者聘請職業工程師作敎員,於課程及受業之學生,俱有極大神益,蓋如此可使工程敎育減少其空論之性質;此種空泛不實之情形,中國專門學校中近來似太普遍也。

　　航空工程應在中國專科中,占一重要位置,其理由並非因航空上有多量工作,乃不過當然而已。中國目前需要一種航空運輸之完善制度,以供郵運,快遞,要事旅行,及陸軍警衞之用,故中國專門人才又安可不負責發展,關於航空上一切工程工作哉。

　　冶金工程俟中國礦藏經適當測量,着手進行開發後,爲一種重要之科學,惟今尙非其時耳。因金屬物之購自外洋,故在國內製造,似尙需若干時期。俟一二十年後,中國爐燭輥轍等事全備,則冶金工程師必將大展宏圖矣。

　　建築工程之爲學,在中國自應有逐漸而確實的發展,蓋如此,方能使工程建築實用而又美觀也。由一般言,工程建築,倘能同時使之美觀,卽使稍增費用,亦屬不多,是以於敎授土木工程學生時,應參以若干建築上之原理,與原則。同時時對於中國固有建築上之特點,卽或稍涉奇異,亦不可使之犧牲,且當儘量保存之。例如廟宇中所見之人獸像形,或以爲暗藏醜陋者,余意其亦具備固有之美在,余甚望主管者,能將此種形象繪畫,予以適當之維護焉。中國採取西方文化,而竟擯棄其幾千年傳統方抵於完成之固有美術是則根本大謬者也。

　　關於建築及其他土木工程事項之敎育,余近對於上海交通大學土木工程科課程,撰有一詳細之報告,具呈鐵道部孫部長。此項報告書不久當可印行,以便中國其他專門學校敎授之採用也。

　　理財工程實難稱爲一種獨立之職業。工程師而思以全力赴之,似不值得。如於各項工程學識,已有高深之造詣,且其工作已經發展,需要多量之經濟,以實現其設計時,取之以爲一種依傍之學

議而研習之,方爲有益。

推銷工程近年方始成爲一種分立之專門科目,但余將其列入表中,自覺太予以尊重;雖然,余亦自認此項職業,常予人以大利者。從事之者如求成功,務須熟諳其所推銷之工程產物,如各種機械,鐵路,機車,及一般應用品等類之專門智識。余個人以爲畢業學校之工程師,出其精力與經驗,從事於販賣工作,縱能積擁巨額之阿堵物,余終覺其走入魔道爲可惜也。

關於海陸軍互相關連之兩項工程,中國工程師似可淡然置之。此兩項工程皆關於戰爭者,中國近一二十年來,亦已飽受其經歷矣。余意中國海軍應由駕駛迅速之砲艦組成之,能肅清海盜已足。陸軍則亦應縮小至警衛程度,惟須精練,以期綏靖盜匪,維持秩序可矣。

在最近之將來,中國工程方面各種專科,應占之百分比例,余建議有如下列之數額:

土木工程　　50%

機械工程　　25%

冶礦工程　　5%

電機工程　　5%

其他　　　　15%　　　合得100%

至於土木工程之各項專科,余之意見如下;

鐵道　　土木工程中最重要之專科,當然爲鐵道。中國近日需要鐵道,較任何事爲急切;蓋旅行可使迅速,荒歉可以散賑,發展全國之商業,增加國庫之收入,建築新路及其他重要建設,皆可取資焉。惟最要者,即現有鐵道縱不能立即改良完善,亦須使之運用有序,然後方可着手建築新路是也。

路基與建築之翻造與維護,應由該路土木工程師主持之。修理及維持機車之常態,則由機械工程師任之。至於測量與築路,皆爲土木工程師範圍以內之事,自屬毫無疑義。

公路　公路之建設,略次於鐵道,足爲鐵道之支線,以運輸客貨入內地者也。其工程當由土木工程師任之;惟建築時應審知歐美適用之方法,未必盡適用於中國,蓋中國人工價廉,經濟不裕,工具材料之運輸費用,以及主要之材料,如三和土,木材,鋼鐵,皆奇貴故也。公路完成愈多,則續建其他公路時,運輸之費用亦愈廉,是以吾人以爲中國預計之公路網一旦完成,當能改善現狀,信且有徵也。

橋樑　關於中國橋樑工程,余於八年以來,無論在講述或著作中,已備言之矣。余建議之大要,爲跨度最短者,應用鋼骨三和土;建築較長而不逾一百呎之鐵道橋樑,與四五十呎之公路橋樑,應用板樑式鋼橋;更長者應用構架式爲佳。且在中國,無論鐵道公路之橋樑,用矽鋼較炭鋼爲經濟,緣可以節省海運之費用故也。

在若干年以內,中國縱仍須向外洋購備製成之鋼鐵,但余正從事設計,在漢口建一橋樑修理廠。(該項橋樑修理廠之計劃及說明書,業已完成,且經送呈鐵道部矣。) 設該廠成立,則每年可出鋼鐵一萬噸,除替換廢舊之鐵道構架,用以建築公路外,可以製造板樑及簡單構架,大約足敷中國中部全部鐵道與公路之所需。

自來水　數年以來,小城市及中等城市之新水源,往往藉掘井或俗稱自流井以供用。惟大城市必將建設歐美式之新自來水制,於是土木工程師,將負責設計,以備大小城市之需用焉。

衛生設備　晚近蕭奧索大佐 Col. arthur M. Shaw 與余曾合作一考察書,名曰『中國衛生與飲料。』在此文中,關於衛生設備俱詳言之矣,土木工程師之留心此道者,幸參閱之。

灌溉　中國雖使用灌溉方法已千百餘年,然中國之工程師,對於此項重要之土木工程學,尚有學習之必要;尤以大規模之制度爲然。洵如是,土木工程師當知國內關係此種技術上,有巨量之工作矣。

河流　欲疏濬及治理中國之巨河,洵爲工程上吾同道最難

解決之問題。此種巨川實從未就範,是以此項巨大工作,將有待
中國之土木工程專家也。

　　海港 中國沿海需要良好及安全之海港,然其完成頗運緩,
此項工程已將使多數之本國工程家,費經年積歲之努力矣。

　　運河 中國舊有之運河,需要修治與鞏固,而新闢運河,亦甚
囂塵上,是以運河工程,他日必使多數河海專家盡力從事,當在合
理之預料中。

　　堤壩 堤壩與飲料,電力,濬河等互相關連,中國自需多多建
造,故中國工程師宜一致研究設計與建築堤壩之科學,蓋對於此
項工程,若不潛心盡力為之,災禍必立現,且將召致危害生命財產
之巨劫也。雖然,關於建築堤壩,並不需用多數之工程師;蓋巨大堤
壩,並非同時建築;惟建築時之責任,則特別艱鉅耳。

　　水電動力 在中國最近之將來,恐未必有水電動力之巨大
發展;蓋建設水電動力,需用巨額資本,而現在鐵道公路之建築,已
將此項資本吸收殆盡故也。他日中國之水力,必將使之就範,以供
有用,但此種水力,均距工商區域遼遠,經長距離之轉運,勢必消失
其甚多之力量。此項水力一旦設法應用,縱可使人民移就,而利用
為各項工業所需之電力,表面上似可解決一部分之難題,然如何
使此項工業品運輸入市場,仍屬無法解決也。

　　揚子江之急流可生巨量之動力,然今則廢而不用,故當首先
使此巨大動力,成為事實。政府應知澈底研究此大問題,為有利而
急切為之,然後方能決定各項附屬問題之經濟方法也。例如用何
法可使其成為動力?需款若干?如何利用?利用後之收入多寡?因利
用其力,所產工產品之銷路等等。此種經濟上之研究,所費雖不貲,
然其結果,必能保證此項用度為值得也。

　　隧道 隧道之建築,除鐵道及大規模之灌溉水道外,中國一
時未見甚多之需用,而河底隧道,更恐未必需要,蓋因其費多而不
經濟故也。惟普通隧道建築之原理,中國工程學校之同學,自應審

知其詳，則一旦此項工程需建築時，卽可有人從事設計與興築也。

房屋建築　中國工程師於普通城市大廈，以及郊外工廠之設計與建築，營業雖小，但甚穩固，此種工程性質較爲簡易，故不愁無人從事焉。

造船　關於海軍工程一科，余前旣言之，余不信中國來日將耽於造船事業爲得策；蓋無論爲航業，爲海軍，皆由外洋購置較爲經濟也。是以中國工程師殊不必於他項工程業已極度繁忙外，再浪費其腦力於此項造船之難問題也。

設計之策劃　外國投資於中國事業，必須國內一般情形改善爲第一要件。在此過渡時期，一切建設事業，恐皆因缺乏資本，無法進行。但亦不妨稍集款項，對於急要之計劃先行測量，研究，設計，及估價，則一旦外資投入，卽可立時實行而無阻礙，此實最經濟之方策，爲中國所應採者，余巳建議鐵道部部長矣。　　（張仁春譯）

（待續）

民國二十年之長江水災

白 郎 都
國民政府水災救濟委員會委員

　　每年七八月夏雨期後,長江必有一次大水,使下游水位達其極點;其洪水高波 (Hoch-wasserwelle) 在長江之中下游者,歷時須達一週或一月之久不等。在宜昌(距江口 1730 公里)七八兩月間繼續呈兩三次之洪水極頂 (Hochwasser-Kulmination),惟爲時則不過一二星期耳。流至漢口(距江口 1057 公里), 合而爲一,此高波旣長且久,經月方退。至其高度之高出於最低水位者,平均在宜昌爲 45 至 48 呎,在漢口則爲 40 至 41 呎之間。而民國二十年(1931)之洪水高波,其高且長也,遠非昔比。七月開始已現大水;漢口之水位在七月一日已達零點上 39 呎,卽在平均最低之水位上 36 呎。七月初長江中下游大雨,每二十四小時內有時雨量竟達 140 至 160 公厘之多,而雨週又相繼而來。在漢口七月間共有二十一日之雨天,雨量數爲 545 公厘,此數已佔該地全年平均雨量 43 %。在長江口之吳淞,同月有二十日之雨天,雨量數爲 549 公厘,占該地全年平均雨量 55 %。雨之强度,自東向西而漸弱,卽向上游則雨勢較緩。但在宜昌七月間雨量數亦有 356 公厘,占該地全年平均雨量數 32.6 %。在上游支流之寧遠雨量數爲 232 公厘,占該地全年平均雨量數 27 %。八月繼續下雨,惟占地之廣及其强度稍減,而在上中游處則較强,有幾地每日雨量數在 100 公厘以上。其總數例如成都爲 281 公厘,東川爲 276 公厘,宜昌爲 314 公厘。此大量之雨水,急向大江而流,蓋此時地面已無吸收能力,而沿江之湖澤復盡已滿溢,據洞庭

湖磊石山之水標報告,在七月一日達零點上30.7呎,約在低水位上33呎(卽十公尺)。在漢口於七月一日已達零點上39呎,約在低水位上36呎(卽10.97公尺)。七月初大雨連綿,江水繼漲增高。宜昌第一次洪水極頂在七月十一日。水位高於零點爲36.5呎,後雨週又到,在七月二十四日呈第二次之洪水極頂,水位高於零點41.2呎,此二洪水高波,向下游傾瀉,更合洞庭湖繼續不斷之漲溢水,遂併爲一浪。其浪於七月二十三二十四兩日逐越過漢口在零點上48呎高之江堤,而當地之第一次洪水極頂,尚在七月二十九日,水位高爲50.1呎。未幾繼續大雨,乃將漸降之水位,重復增高。宜昌自八月四日起發水,八月十日爲洪水極頂,高度在零點上50.3呎。在漢口則僅有兩日之退水,共降半呎,後卽驟昇,八月十九日水位爲53.6呎(高出江堤5.6呎),匯爲漢口極大之洪水。

設漢口上游各處之塘堤未倒或未被淹沒,則漢口之洪水位當尚不止此。此洞庭湖出口處城陵磯水位之所以較低遠甚也。如沿江之堤未潰及洞庭湖岸不遭淹沒,則烏能臻此。以洞庭湖變成100至150公里寬之水面,長江由城陵磯至漢口間亦成約100公尺之水道,有此宏大之水量,渲洩自屬不易,致漢口水位越過由上游水量情形之推測,而有月久之較高水位。

自七月二十三日至九月二十三日止,是兩月間漢口各地均遭淹沒,而洞庭湖入江處之城陵磯,則於八月二十七日水位已降至平常高度,漢口洪水亦應退盡,但按之實際,其積水仍高出地面5呎,經月之久,方得露出水面。江水至九月,水位之降落,滯緩異常,因其不特呈停流現象,且有新水量之流入也。惜未施可靠之記載,例如在漢口出口之漢水,因環境關係,致未有水位測站,但該水流域,在八月間亦有大量雨水之下降也。

自八月十九日(卽漢口洪水極頂之日)起,至九月十日止,此二十三日間所降水位僅2.4呎,故每日所降僅0.1呎,直至九月十日後,水位降落始較速,至十月十日止,平均每日降0.24呎(卽7.3公分)。

　　此次洪水爲災。歷時數月,房屋田畝,盡行淹沒,百萬居民,流離失所,苟得維持生命,已屬萬幸。因欲知被淹區域之大小,及應由何路可將食物運給災民,故用飛機飛行全區,將其境界繪入圖中。重要地段,則施用飛機測量法;此項測量,沿長江一帶(自南京至宜昌)由中央陸地測量局任之。其東部沿運河一帶,則由美國著名飛行家林白大佐 (Colonel Lindbergh) 飛測,林氏與其夫人同來遠東,乃自願協助中國水災會進行工作者。

　　此項圖件專示災區之範圍,及補助救濟工作之用。其他災民,羣集於土丘及高堤之上,暫謀棲止。據飛機上之確定災區面積爲 34,000 平方英里(卽 88,000 平方公里,奧國全面積爲 83,833 平方公里) 而災區間之湖澤尚不在內,湖澤所佔地有 9,000 平方英里 (卽 23,290 平方公里), 此外其他地域,因飛機觀察之不周,尚未列入,故被災總區域,當在 47,000 平方英里(卽 121,636 平方公里)。

　　嗣後水位漸降,堤岸漸現,立遣專門工程師及測量員等前往災區工作,調查堤岸間所受之損失,及設法將災區內之蓄水速行退盡。其被災區域之大小,及堤岸間所受損失之多少,實爲避免水災重現應知之要點,俾知應用何種高潮爲標準,以計算來日堪以抵禦洪水之新堤。因江堤經多處傾倒後,江水流入內地百公里之遠,使江中水勢減緩,其水位自與被壓束在江中者異。余嘗試驗長江洪水之大小,假定高度爲若干尺,可使堤塘不傾倒,亦不淹沒時,將洪水完全約束在江中是也。長江許多支流之流入,及兩岸如蓄水池之湖澤,亦應注意,故欲試驗洪水位之大約高度,頗非易事,而今日重要之觀察及記載,猶嫌不足,因有數主要支流,如在漢口出口之漢水,尚無水標站之設立,故此問題愈難解決。且以時間關係,洪水量多寡之待決,愈速愈妙。如經濟所許可,從速興工建築新堤,故於缺乏詳載之處,不得不以略數暫代。惟此種洪水爲極希有之現象,是以在決定此計劃之許可性時,亦應注意及之。釀成此洪水之原因旣多,卽有多種可能性組織之行列,在此困難複雜情形之

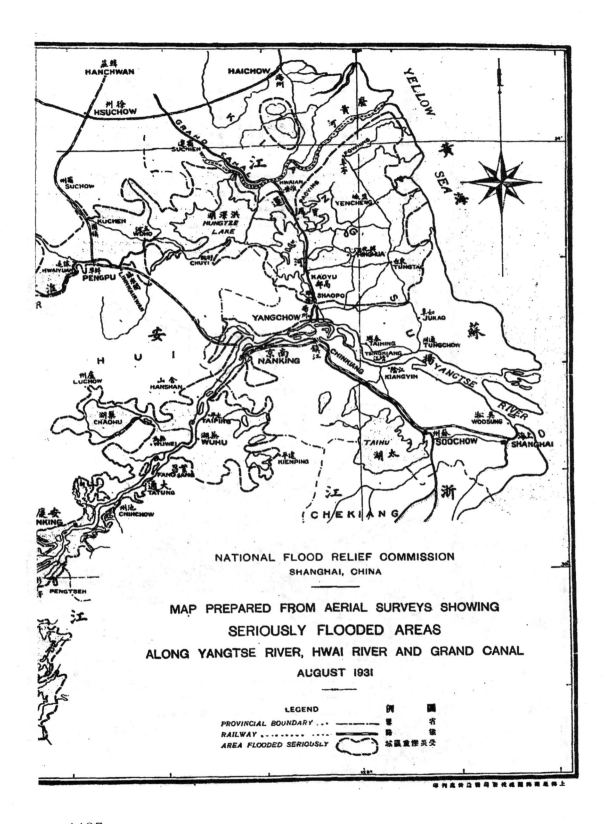

NATIONAL FLOOD RELIEF COMMISSION
SHANGHAI, CHINA

MAP PREPARED FROM AERIAL SURVEYS SHOWING
SERIOUSLY FLOODED AREAS
ALONG YANGTSE RIVER, HWAI RIVER AND GRAND CANAL
AUGUST 1931

LEGEND 例 國

PROVINCIAL BOUNDARY ... ——— 界 省
RAILWAY ... ——— 路 鐵
AREA FLOODED SERIOUSLY ⬭ 区 災重最受

4487

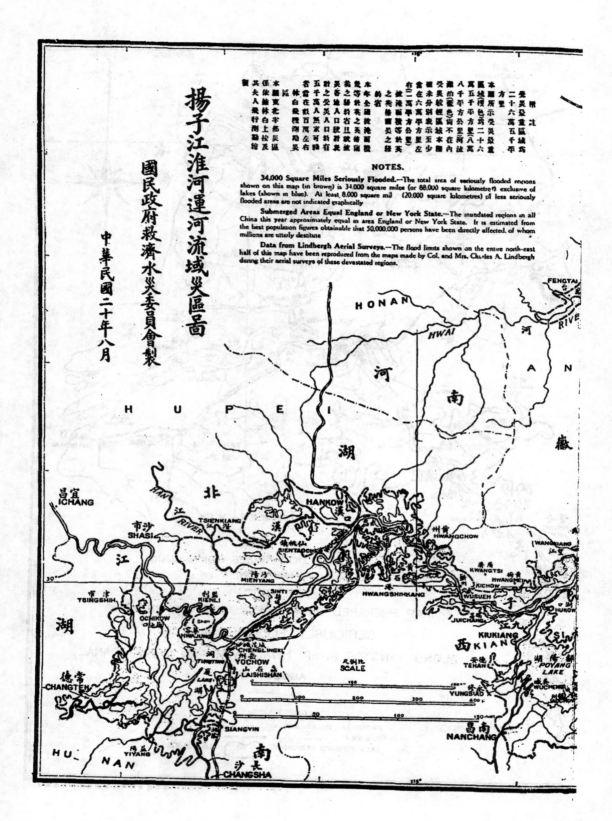

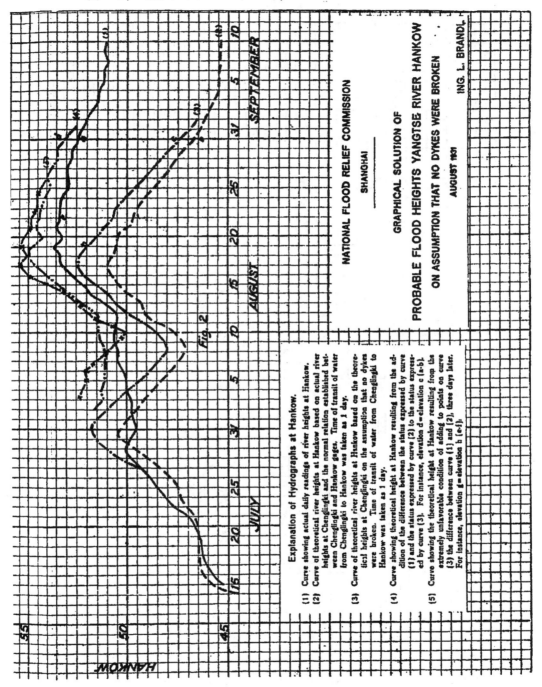

第 11 圖

4489

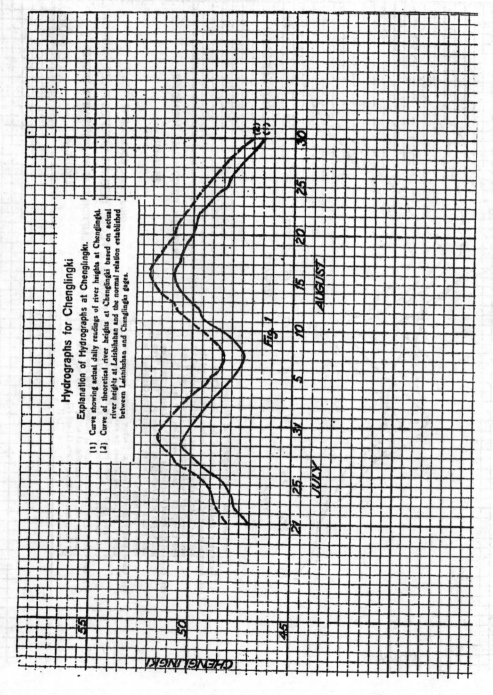

第 1 圖

Hydrographs for Chenglingki

Explanation of Hydrographs at Chenglingki.
(1) Curve showing actual daily readings of river heights at Chenglingki.
(2) Curve of theoretical river heights at Chenglingki based on actual river heights at Leishihshan and the normal relation established between Leishihshan and Chenglingki gages.

Fig. 1

下。欲求一最可靠之高潮位,惟有將各地支流之洪水組成行列,茲擇漢口為高潮集中地點,將各有關之試驗詳述如下:

第一組: 長江在城陵磯之洪水波浪及洞庭湖在磊石山之洪水波浪——合成漢口之洪水位

在普通流量時,城陵磯之水位與漢口之水位有一定之係數,故既知甲處之水位,即可推知乙處。城陵磯之上游隄潰,故該處水位因以較應有數為低,所謂應有數者,即該隄能抵禦洪水而不為所傾所掩時之水位也。洞庭湖水之流入長江也,在城陵磯必受影響,因其位於洞庭湖流入長江之口之故。按諸實際根據,洞庭湖之磊石山水標及長江之城陵磯水標,該兩處水位之關係,已不依其在普通流量時所得之係數。現依磊石山之水位,用普通流量時兩處之係數,以推算城陵磯之水位(圖一),由此得在城陵磯之洪水極頂,不在零點上50呎,而應在52.2呎。此就隄能抵禦洪水而言。再依城陵磯與漢口間之水位係數,并以在城陵磯應有之水位為標準(圖一線二),推算漢口之水位(圖二線三),由此法推算得之漢口水位,自八月五日起,較實有水位為低(圖二線一)。此等現象定有他種原因,致使八月五日後之水位竟高於零點50呎之上,意者受漢水之影響,或受停流之作用,在圖二線一線二示其差數。以城陵磯應有之水位,而推算漢口之水高(圖二線三),仍不足以為隄塘完好時水位高度之預測(圖二線四),此種推測之漢口洪水高度在零點上55呎,較實現者高1.4呎。尤足信者,洪水位時間上之延緩是也(Zeitliche Verschiebung),此種延緩更屬不利。例如延緩三日(圖二線五),則洪水頂點在八月十九日水位高在零點上55.5呎,即較高於現在者1.9呎。

第二組: 宜昌磊石山及城陵磯之洪水高波相合而成漢口之洪水位

對於第一組試驗之異議,卽城陵磯之水位,不但因受洞庭湖經改變後流出高度之影響(Zuflusshöle),抑且受長江上游城陵磯以上塌潰之影響,流出高度因以改變,均有矯正之必要。故欲將長江上游之流水準確計算,須合用宜昌之水位,及洞庭湖之磊石山水位,以求未淹潰時城陵磯之理想水位。其法將宜昌及城陵磯兩處水位之和,與城陵磯之水位,求一係數,由此係數與實現之洪水位,求得城陵磯之理想水位(圖三線三)。此項計算,以宜昌及磊石山高潮流至城陵磯須爲時三日,由是組之結果,知城陵磯洪水極頂在堤未被淹潰時,不止在零點51呎,而在54.6呎,於是再從城陵磯與漢口間之尋常係數,推知漢口之洪水位高度。當注意者,卽此等係數並不一值,當視漢水之出水量而定,故須根據係數之選擇,採用尋常係數時,則漢口之洪水極頂在零點上56呎,如在不利情况之下,則在零點上57.1呎(圖二線二及三)。如依第一組試驗之結果,應採用較尋常係數之值爲大,自較安全,故漢口之洪水極頂,如堤未被淹潰時,約在零點上57呎,高出實現洪水位爲3.4呎。

第三組: 以宜昌津市常德益陽長沙及城陵磯之水位推算漢口之洪水高度

長江及各支流波浪推進現象之觀察,既付闕如,故祇有就不完全之水位觀察中,以適宜之假定,設法求之。爲求安全計,與第二組之推算須無大出入,並應詳考長江及洞庭湖各支流之連絡,而將宜昌常德津市益陽長沙各水位和之係數,與城陵磯之水位而求之。波浪達到城陵磯,必有時間之差;茲假定宜昌常德間爲兩日,宜昌津市間,益陽長沙間爲四日。依此時間差關係,及各站在洪水時實現水位觀察,求得城陵磯之洪水位(圖六線三),由此而得城陵磯之洪水極頂,如堤未被淹潰,達54.9呎。再用城陵磯與漢口間之尋常係數,以推算漢口之洪水極頂,在零點上57.4呎。如假定宜昌津市間益陽長沙間之時間差非四日而僅三日。則城陵磯之洪

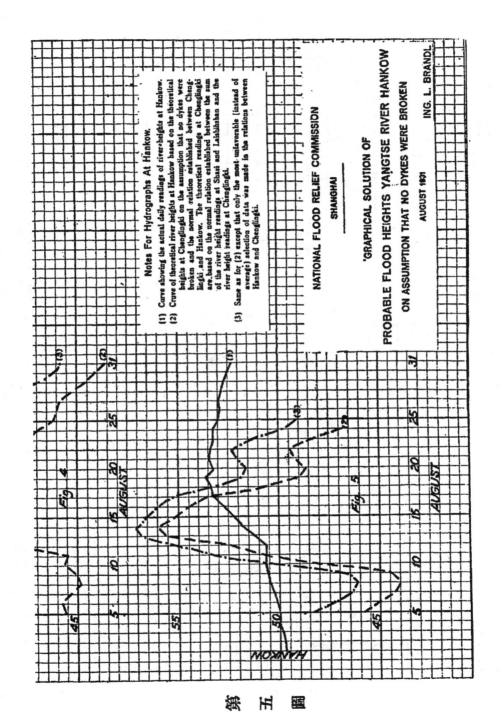

Notes For Hydrographs At Hankow.

(1) Curve showing the actual daily readings of river-heights at Hankow.
(2) Curve of theoretical river heights at Hankow based on the theoretical heights at Chenglingki on the assumption that no dykes were broken and the normal relation established between Chenglingki and Hankow. The theoretical readings at Chenglingki are based on the normal relation established between the sum of the river height readings at Shasi and Laitiahshan and the river height readings at Chenglingki.
(3) Same as for (2) except that only the most unfavorable (instead of average) selection of data was made in the relations between Hankow and Chenglingki.

NATIONAL FLOOD RELIEF COMMISSION

SHANGHAI

'GRAPHICAL SOLUTION OF

PROBABLE FLOOD HEIGHTS YANGTSE RIVER HANKOW

ON ASSUMPTION THAT NO DYKES WERE BROKEN

AUGUST 1931

ING. L. BRANDL

第 五 圖

4493

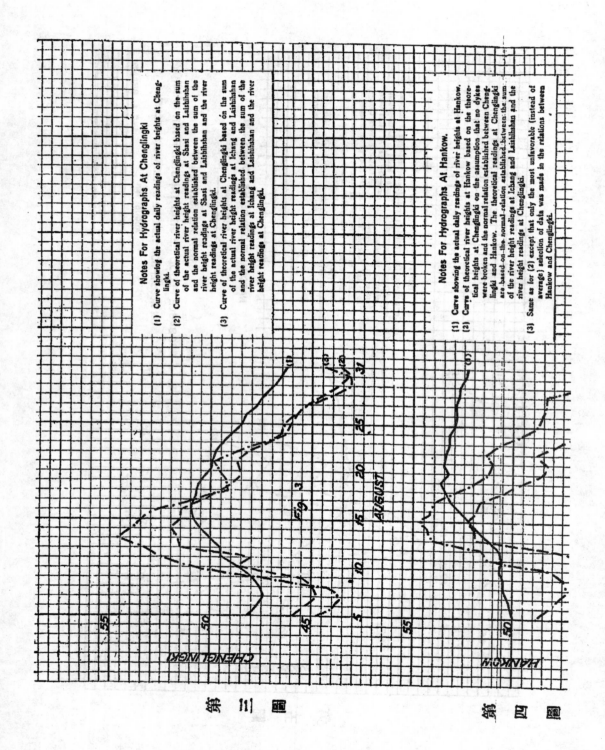

Notes For Hydrographs At Chenglingki.

(1) Curve showing the actual daily readings of river heights at Chenglingki.

(2) Curve of theoretical river heights at Chenglingki based on the sum of the actual river height readings at Shasi and Laishihhan and the normal relation established between the sum of the river height readings at Shasi and Laishihhan and the river height readings at Chenglingki.

(3) Curve of theoretical river heights at Chenglingki based on the sum of the actual river height readings at Ichang and Laishihhan and the normal relation established between the sum of the river height readings at Ichang and Laishihhan and the river height readings at Chenglingki.

Notes For Hydrographs At Hankow.

(1) Curve showing the actual daily readings of river heights at Hankow.

(2) Curve of theoretical river heights at Chenglingki based on the theoretical heights at Chenglingki on the assumption that no dykes were broken and the normal relation established between Chenglingki and Hankow. The theoretical readings at Chenglingki are based on the normal relation established between the sum of the river height readings at Ichang and Laishihhan and the river height readings at Chenglingki.

(3) Same as for (2) except that only the most unfavorable (instead of average) selection of data was made in the relations between Hankow and Chenglingki.

4494

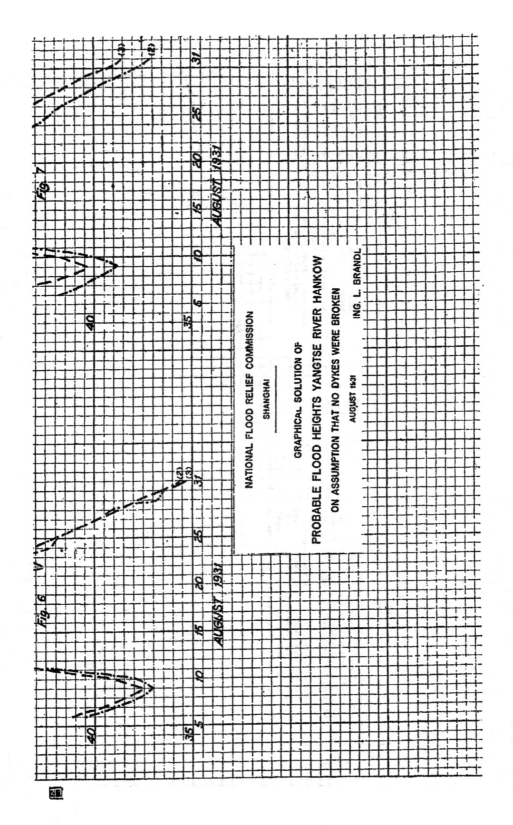

NATIONAL FLOOD RELIEF COMMISSION

SHANGHAI

GRAPHICAL SOLUTION OF

PROBABLE FLOOD HEIGHTS YANGTSE RIVER HANKOW

ON ASSUMPTION THAT NO DYKES WERE BROKEN

AUGUST 1931

ING. L. BRANDL

Fig. 7

Fig. 6

AUGUST 1931

AUGUST 1931

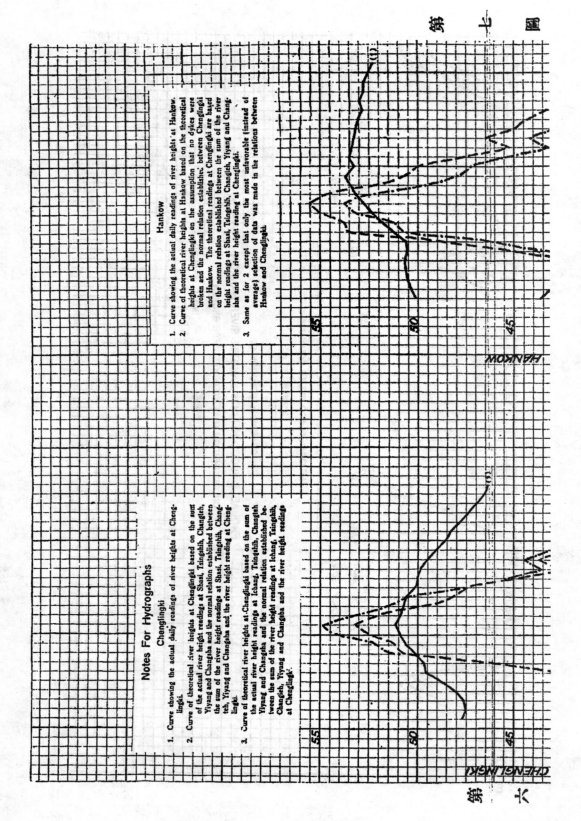

Notes For Hydrographs

Chenglingki

1. Curve showing the actual daily readings of river heights at Chenglingki.

2. Curve of theoretical river heights at Chenglingki based on the sum of the actual river height readings at Shasi, Tsingshih, Changteh, Yiyang and Changsha and the normal relation established between the sum of the river height readings at Shasi, Tsingshih, Changteh, Yiyang and Changsha and the river height reading at Chenglingki.

3. Curve of theoretical river heights at Chenglingki based on the sum of the actual river height readings at Ichang, Tsingshih, Changteh, Yiyang and Changsha and the normal relation established between the sum of the river height readings at Ichang, Tsingshih, Changteh, Yiyang and Changsha and the river height readings at Chenglingki.

Hankow

1. Curve showing the actual daily readings of river heights at Hankow.

2. Curve of theoretical river heights at Hankow based on the theoretical heights at Chenglingki on the assumption that no dykes were broken and the normal relation established between Chenglingki and Hankow. The theoretical readings at Chenglingki are based on the normal relation established between the sum of the river height readings at Shasi, Tsingshih, Changteh, Yiyang and Changsha and the river height reading at Chenglingki.

3. Same as for 2 except that only the most unfavorable (instead of average) selection of data was made in the relations between Hankow and Chenglingki.

HANKOW

CHENGLINGKI

水極頂爲 54.5 呎,漢口之洪水極頂,依據尋常係數爲 56 呎,如在不利狀況下,則當在零點上 57 呎。

以上各項試驗,其結果幾爲相等,故漢口之洪水極頂,如堤未被淹潰者,似在零點上 57 呎之高,除應用上述各處水位推算外,現將沙市(在宜昌下游 130 公里)水位以代宜昌,因沙市能表示長江高潮之特徵,其結果亦較高於實現水位,而較低(在零點上 54.6 呎及 55.7 呎)於第二組及第三組之推算,因知長江在沙市之流量較宜昌爲少,以流入支流故也。此等支流悉與洞庭湖相貫通(圖三線二,圖四線二及三,圖六線二,圖七線二及三)。

根據漢口之洪水極頂在點頂上 57 呎,則可以由沿江各地水位間之尋常係數而推得各該地之洪水極頂。

由此法求得下列主要站之洪水位,其高度係據各該地之零點。

宜昌	55.0 呎	蕪湖	33.0 呎
岳州	54.9 呎	南京	26.7 呎
漢口	57.0 呎	鎮江	22.6 呎
九江	48.0 呎		

當注意者,卽九江之洪水位或不止此數,實屬可能,因長江受鄱陽湖之影響,尚未能得詳細之報告,而列入計算也。對於九江水位之觀察,當特加注意。洪水在兩堤間下流不利時,遇漢口之洪水極頂在 57 呎之外,而九江則達 54 呎之高。總之對於此處注意之外,并宜擇適宜之安全率,將上項尋常流法之洪水位高度,參照此次洪水面於各處所成之水印高度,用水平測量法,藉以比較。

下列之表卽民國二十年(1931)實現洪水位之高度,與兩岸之堤如未被淹潰而所成之洪水位高度相比較。

	二十年之洪水高	洪水高	相差數
宜昌	55 呎	55 呎	0
岳州	51 呎	54.9呎	3.9呎

漢　口	53.6呎	57 呎	3.4呎
九　江	45.4呎	48 呎	2.6呎
蕪　湖	31.3呎	33 呎	1.7呎
南　京	25.0呎	26.7呎	1.7呎
鎮　江	20.7呎	22.6呎	2.5呎

　　觀此相差數，乃知如欲保護地畝，以民國二十年(1931)所遭之洪水爲依據，尚須大加堤岸尺寸，方足抵禦。如目下以經濟困難，未能將全部工程完成，但至少須將所有之基本工作告一結束，卽現有之經濟情形，亦尚可應付，以備來日之再進行其他防護工程。尤須急先從事者，爲陸地測量及水文測量，藉知何者爲最適宜之防護工程，爲來日之總計劃，所應採取，切不可將各處堤頂加高至洪水位之上爲止。有多處因河床太狹，致洪水未能暢流，而停滯於該處之上游一段。洪水一經留積，水位驟高，是以在其處應有高堤，方不致淹沒也。又在江邊市鎮附近，亦應築有高堤，以資保護建築及街道等物。但倘欲在漢口實施，則頗感困難，因其堤岸適爲交通要道，高度祇在零點上 48 呎，而洪水位之高度則在零點上 57 呎，相差有九呎之巨。再者在漢口之長江寬度，有幾段尚嫌太狹，頗有寬放之必要，所困難者，卽漢口之對岸，係湖北省首都武昌城，故兩岸均未能退讓，除非費鉅量金錢，始得從事變動也。

　　他如景德山及潘壁山一帶，亦屬狹處，爲山丘所限，放寬非易，且所費亦甚巨，故對於開鑿運河(分水勢用)及蓄水湖等工程，至須注意，因沿江兩岸有湖澤極多，似可應用。至蓄水池工程，上游一帶，亦應設置，欲將長江水勢減緩，則對於分水勢用之運河尤須特加研究，以保持漢口及景德山潘壁山一帶狹處。爲改良流水情形及免於淤塞起見，九江及南京等處，須施行濬江工程，至少亦應擇其切要者立卽動手。全段濬治，當然工程浩大，費用極多，此時似難畢辦，所可能者，卽擇要分段施工而定河床，以利航行。由此可得一規定之水流安全之航線，及能容洪水量於任何時間。尤宜注意者，卽

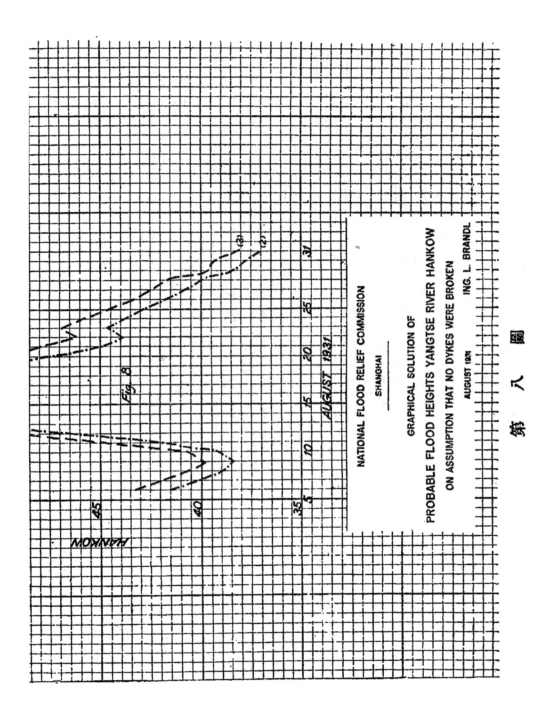

第 八 圖

4499

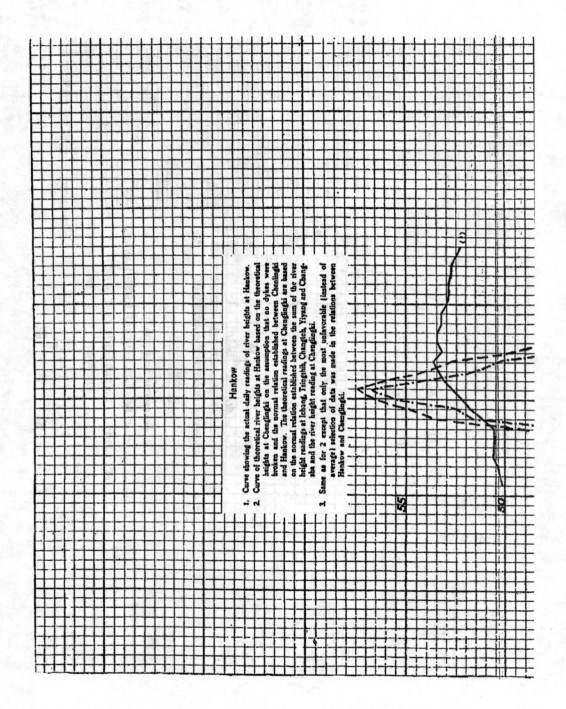

Hankow

1. Curve showing the actual daily readings of river heights at Hankow.

2. Curve of theoretical river heights at Hankow based on the theoretical heights at Chenglingki on the assumption that no dykes were broken and the normal relation established between Chenlingki and Hankow. The theoretical readings at Chenglingki are based on the normal relation established between the sum of the river height readings at Ichang, Tsingshih, Changteh, Yiyang and Changsha and the river height reading at Chenglingki.

3. Same as for 2 except that only the most unfavorable (instead of average) selection of data was made in the relations between Hankow and Chenglingki.

因沉澱作用而起之河床變遷，應設法減少，俾他處之應填高者，使之效力增大。

治水者初不能因困於經濟，而不從事治理，任其荒廢。每見大河改道，良田盡沒，苟及時於適當地點用適宜方法以施工，用測勘工作繼續不斷以觀察水文，及河床變遷之狀況，所費無幾，不難舉辦。在某處發生危險現象之始，卽須立刻着手防禦。普通情形，一處或少數地點之防禦工作，其經費較少，易於籌劃，當可實行。然如經費不足，則決不可立刻使工程過於擴大。每一河流之洪水原因，應加以詳細之研究，吾人祇可設法使其暢洩，以免發生水災。凡河床之形式，河岸堤堰之修防，均須保持相當安全，不可忽略。沿江應設立修防所，作繼續不斷之觀察，以便工程出險時，得立刻修復。水位預測及水位報告之設置，尤爲重要工作之一，俾免汎瀾之禍，卽至少亦可將災況減至最低限度。

沿江居民，如經警告，預知水災之將臨，可先將財物遷移，幷準備糧食，躱避他處，否則洪水驟至，驚惶失措，損失之數，定屬可觀。鉅萬之生命財產，在此情形之下，卽可經此項設置而獲安全。長江流域內，倘須如此設備，所費並不甚鉅。數十年來水位之觀察，均由海關兼管，此項水位觀察，須與揚子江整理委員會合作，經詳細之測量後，方可勘定。上項水位預測及報告之工作，須每天將水位，由各站用電報或電話通知總局，以便記載，作預測考據之用。再由總局將預測報告，仍用電報及電話或無線電傳播沿江各地。此項預告，不特有利於災區之民衆，抑且於航業裨益非淺。因長江流域之廣闊，與關係之重要，故其流域內民衆之安全，亦卽全國之安全也。總之，吾人必須盡量設法防禦，以免來日水災之重現，有厚望焉。

土壓力兩種理論的一致

孫　寶　墀

節　略

講土壓力的書本往往並舉兩種理論。一種是應用卍字應力原則的來金氏理論(1858 年)。一種是應用最大壓力斜楔的古洛氏理論(1773 年)。他們是向來被認為根本不相同的。這篇的主旨，消極方面是指出傳統的古洛氏理論的錯誤。積極方面是證明最大壓力斜楔法，倘使運用得當，可以得到和卍字應力法同樣的結果。足見這兩種理論實在是一致的。至於篇中證得一個普遍的土壓力公式，乃是餘事。

這個相傳百數十年的小小錯誤，一經道破，不見十分深奧。倘祈國內賢達，尤其是見過韋勞支氏著作的讀者，賜予討論。或與駁斥，或示贊同，或與補充。隨時送登工程或工程週刊，籍資提倡用中文討論學術問題的習慣。

第一節　卍字應力法

我們通常假定一個土堆是一種純粹，壓不扁，而且沒有黏性的小粒子積聚而成的。小粒子之間有磨阻力互相牽制，所以每顆占有固定的位置。土堆的寬廣假定是無限的。它的頂部是一個平面。它托立於一種純粹的基礎上，載住本身的重量。這種理想的土堆，它的坡面跟水平所作的角度不能超過一個最大限度，這限度叫做土的安眠角。來金氏更進一步假定這土堆內部的應力是「平面應力」。何謂平面應力？就是說經過無論那點的一切平面所受的應力都是並行於某一平面的。這最後所說的平面叫做「應

力平面」。在受平面應力的物體內的任何一點,倘使某一平面上
的應力是並行於第二個平面的,那麼這第二個平面上的應力一
定是並行於第一個平面的。有如此關係的一對平面叫做卍字平
面有如此關係的一對應力叫做卍字應力。卍字應力有時同爲拉
力有時同爲壓力,也可以一爲拉力一爲壓力。一個平面上的應力
和該平面的正交線所作的角度叫做應力的斜度。一對卍字應力
的斜度顯然是相等的。

　　關於受平面應力的物體內同點應力的種種命題,富蘭和姜
益生合著的應用力學第二册有詳細的證明,或者可以參考其他
同類的書籍。現在且把於本問題有用的幾則,簡單說明如下。(1)在
任何一點上有一對卍字應力是互相正交的。這對應力叫做主要
應力。接受這對應力的平面是主要平面,它們在應力平面上的跡
線是主軸。一個主要應力是該點上的最大應力,一個是最小應力。
(2)我們只須知道某點上的主要應力就可以推算其他任何平面
上的應力。有一樁很巧的事,一點上一切平面所受的應力可以用
一個橢圓形的半徑去代表的。這叫做應力橢圓形,它的兩軸就是
該點上的主要應力。(3)任何一點上有一對卍字應力的斜度是最
大。(4)假使 Φ 代表某點上的最大斜度,γ 代表任何一對卍字應力
Pa 和 Pb 的斜度,它們的比例可以用下面的公式來表示的。

$$\frac{Pa}{Pb} = \frac{\cos\gamma \mp \sqrt{\cos^2\gamma - \cos^2\Phi}}{\cos\gamma \pm \sqrt{\cos^2\gamma - \cos^2\Phi}} \tag{1}$$

　　現在歸到土壓力的本
題。一羣沒有黏性的小粒子
是攔不住拉力的。所以土堆
中的應力必須全是壓力。如
果土堆裏和坡面上的磨阻
力係數是相等的,土堆裏的
最大斜度就等於土的安眠

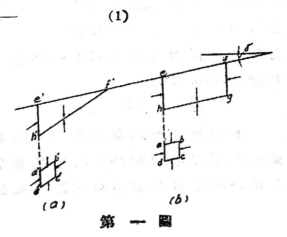

第 一 圖

角。但我們要問土堆裏一個垂直平面跟那一個平面配成卍字呢?

　　第一圖(a),倘使我們假定一個垂直平面 a' d' 和任何另一平面 a' b' 配成卍字,於解釋土堆裏面一個極微的長方錐體 a'b'c'd' 的平衡時絕無不合之處。因為這極微錐體所受的外力,除本身重量可以略而不計外,只有兩對同線反向,等量的勢力。但是考慮到一個較大的以坡面為界的三角錐體像 e'f'h' 的平衡時,這假定就不可通了。這三角錐受着三種外力,第一是本身重量,它是垂直而向下的。第二是 h' f' 面上的全力,它是垂直而向上的。第三是垂直平面 e' b' 上的全力,根據上述的假定,它是並行於 h' f' 的。第一第二兩種勢力恰好相銷。至於第三種勢力,除非 h' f' 並行於 e' f',沒法可以抵銷它。這足以證明一個垂直平面必須跟一個並行於坡面的平面配成卍字,如第一圖(b)所示。換句話說。和坡面並行的平面上的應力一定是垂直的,垂直平面上的應力一定和坡面並行的。

　　第二圖,o 是土堆裏的任何一點,y 是從坡面到 o 點的垂直深度,oa 是垂直平面,ob 是並行於坡度的平面。方才已經證明 ob 上的應力 P_b 必須是垂直的。但是在圖上可以看出 ob 上一個單位

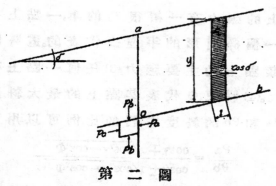

第　二　圖

面積所受的垂直勢力祇有一個土柱的重量。這土柱的高度是 y,寬度是 cosδ,厚度是一。

　　故　　$P_b = Wy \cos\delta$　　　　　　　(2)

　　其中 W 是土的單重。再則 oa 上的應力 P_a 也經證明必須和坡面並行,所以必須和 ob 並行。它的數量可以應用公式(1)得到的。因為所求的是自動壓力,故用該公式的上層符號。

$$Pa = \frac{\cos\delta - \sqrt{\cos^2\delta - \cos^2\Phi}}{\cos\delta + \sqrt{\cos^2\delta - \cos^2\Phi}} \; Wy \cos\delta \quad (3)$$

其中 Φ 是土的安眠角,也就是最大斜度。δ 是坡面和水平所作的角,也就是該對卍字應力的公共斜度。爲便利起見以後將使

$$K = \frac{\cos\delta - \sqrt{\cos^2\delta - \cos^2\Phi}}{\cos\delta + \sqrt{\cos^2\delta - \cos^2\Phi}} \quad (4)$$

故公式(3)變爲

$$Pa = KPb = KWy \cos\delta \quad (5)$$

　　既然有一對卍字應力的數量和方向完全知道,我們可以推算任何平面上的應力了。

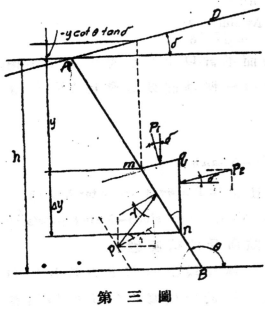

第　三　圖

第三圖,AD 是土堆的坡面,它跟水平作 δ 角,AB 是任何平面,它跟水平作 θ 角,h 是自 A 到 B 的垂直深度。第一步先求 AB 平面上任何點 m 的應力。假定自 A 到 m 的垂直深度是 y。作一個極微三角形錐體 mnq,它的厚度假定等於一,mq 跟 AD 並行,qn 是垂直的。使 Δy 代表自 m 到 n 的極微深度。

因爲　　　$\angle nmq = \pi - \theta + \delta$,

$$\angle mnq = \theta - \frac{\pi}{2},$$

$$\angle mqn = \frac{\pi}{2} - \delta,$$

故　　　　$mn = \dfrac{\Delta y}{\sin\theta}$,

$$mq = -\frac{\Delta y \cot\theta}{\cos\delta},$$

$$qn = \frac{\Delta y \sin(\theta - \delta)}{\sin \theta \cos \delta},$$

使 p 為 mn 上的應力, γ 為它的斜度, P_1 為 mq 上的應力, P_2 為 q n 上的應力。從坡面到 m 點的垂直深度是 $y(1 - \cot \theta \tan \delta)$。應用公式 (2) 和 (5), 我們得到

$$P_1 = Wy(1 - \cot \theta \tan \delta) \cos \delta$$

$$P_2 = KWy(1 - \cot \theta \tan \delta) \cos \delta$$

這錐體上三面所受的勢力如下:

在 mn 面上　　　　$P \dfrac{\Delta y}{\sin \theta}$

在 mq 面上　　　　$-P_1 \dfrac{\Delta y \cot \theta}{\cos \delta}$

在 qu 面上　　　　$KP_1 \dfrac{\Delta y \sin(\theta - \delta)}{\sin \theta \cos \delta}$

因為它的本身重量可以略而不計,以上三道勢力必須平衡。把每道勢力化作一個水平分力和一個垂直分力,應用 $\Sigma X = 0$ 和 $\Sigma Y = 0$ 兩公式,得到

$$Px = KP_1 \sin(\theta - \delta)$$

$$Py = -P_1 \frac{\cos \theta}{\cos \delta} + KP_1 \sin(\theta - \delta) \tan \delta$$

但 $P = \sqrt{Px^2 + Py^2}$, 并且記住 $P_1 = Wy(1 - \cot \theta \tan \delta) \cos \delta$,

故 $P = Wy(1 - \cot \theta \tan \delta)[K^2 \sin^2(\theta - \delta) - 2K \cos \theta \sin(\theta - \delta) \sin \delta + \cos^2 \theta]^{\frac{1}{2}}$ (6)

這公式表示 A B 平面上 m 點所受的擠壓應力。

第二步,使 E 代表 A B 平面一個片段上的總壓力,這片段和紙面(即應力平面)正交的厚度假定等於一。因為 m 點上的擠壓應力跟 y 成正比例,所以 A B 面上的總壓力等於 A 點和 B 點的平均應力乘該片段的面積。

故 $E = \dfrac{wh^2}{2\sin \theta}(1 - \cot \theta \tan \delta)[K^2 \sin^2(\theta - \delta) - 2K \cos \theta \sin(\theta - \delta) \sin \delta + \cos^2 \theta]^{\frac{1}{2}}$ (7)

這總壓力的用力點是在自 B 以上三分 h 之一處。

第三步求 E 的方向,把 P 化作正直分力 (n) 和觸切分力 (t) 得

$$n = Px \sin \theta - Py \cos \theta = \frac{P_1}{\cos \delta}(\cos^2 \theta + K \sin^2(\theta - \delta))$$

$$t = Px \cos \theta + Py \sin \theta = \frac{P_1}{\cos \delta}(-\sin \theta \cos \theta + K \sin(\theta-\delta)\cos(\theta-\delta))$$

但 $\tan \gamma = \dfrac{t}{n}$

故 $\tan \gamma = \dfrac{-\sin \theta \cos \theta + K \sin(\theta-\delta)\cos(\theta-\delta)}{\cos^2\theta + K \sin^2(\theta-\delta)}$ 　　　　(8)

這公式表示 A B 平面上應力的斜度。

(7)和(8)是最普遍的土壓力公式。著者識淺未見前人刊佈。

如果土坡是水平的，$\delta = 0$，(4)，(7)，和(8)三個公式變爲

$$K = \frac{1-\sin\Phi}{1+\sin\Phi} = \tan^2\left(\frac{\pi}{4} - \frac{\Phi}{2}\right) \qquad (9)$$

$$E = \frac{wh^2}{2 \sin \theta}(K^2\sin^2\theta + \cos^2\theta)^{\frac{1}{2}} \qquad (10)$$

$$\tan \gamma = \frac{(K-1)\sin \theta \cos \theta}{\cos^2\theta + K\sin^2\theta} \qquad (11)$$

第二節　　最大壓力斜楔法

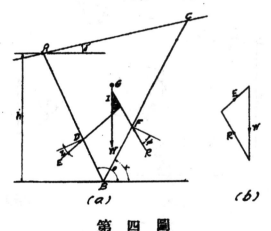

(a)　　　　(b)

第 四 圖

第四圖(a)，A C 是坡面，跟水平作 δ 角，A B 平面跟水平作 θ 角，本題所求的是 A B 平面上的總壓力。B C 和水平作一未知的 × 角，它是崩裂平面的跡線。在這平面上 A B C 三角形斜楔向下溜滑的趨勢比在其他任何平面上爲大，故稱崩裂平面。換句話說，它就是最大斜度的平面。這 A B C 三角斜楔（它的厚度假定等於一）就是最大壓力斜楔。它得名的原因，由於本題的解法在乎決定 x 的數量，以得 E 最大爲條件。這斜楔顯然在三道勢力相持之下得到平衡。首是 W，它是這斜楔的重量，必須經過這三角形的重心 G 點。次是 R，它是 B C 面上的總壓力，跟 B C 的正交線作 Φ 角，而且必須經過 B C 的三分點 F。再次的是 E。它是 A B，

面上的總壓力。這三道勢力間的相互關係必須適合下列三個公
式。

$$\Sigma X = 0, \quad \Sigma Y = 0, \quad 和 \quad \Sigma M = 0。$$

　　要滿足頭上兩個條件，它們必須合成一個關閉的勢力圈，如
(b) 所示。要滿足第三個條件，它們須得相交於一點。然而古洛氏忽
視這點，設立一個骈肢的假定，他假定 E 和 A B 的正交線作一個
不變的 Z 角。後來著書論擋土牆設計的人，以為 Z 是土與土或土
與牆的磨阻角，視何者為小而定，因為這毫釐之差，以致凡是根據
這假定創造出來種種精心結構的代數解法和幾何解法所得 E
的數量和方向全盤皆錯。這錯誤是個未曾抵銷的旋勢，它的大小
可以用第四圖 (a) 裏的塗抹的三角形來代表的。

　　嚴執算理的信義，關於 E 的性質我們祇許知道下列二事。第
一它必須經過 B A 的三分
點 D，因為它和 W 成正比例，
而 W 又轉和 h^2 成正比例。第
二，它必須經過 W 和 R 的交
點 I，因為三道同面的平衡
勢力必須同點。第五圖所表
示的總是本題的準確形勢。
在該圖內我們見到 E 的斜
度 γ 正和 E 的數量一樣，沒
有隨意假定的可能。它倆同
是本題正當的未知數。

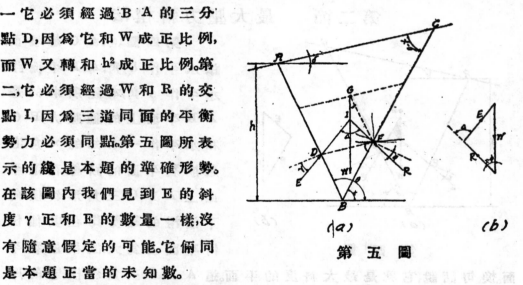

(a)　　　　　　　　(b)

第　五　圖

　　在第五圖內，聯 D 和 F 作一直線。因 D 和 F 是 B A 和 B C 的
三分點，所以 D F 是和 A C 並行的。經過 G 點再作一直線和 A C
並行。這兩條並行線把 B A 和 B C 截作三等分。聯 G 和 F。G F 是
和 A B 並行的，并且等於三分 A B 之一。

　　在 ΔGIF 內，　∠IGF $= \theta - \dfrac{\pi}{2}$，

$$\angle\, GIF = \pi - (x - \Phi)$$

故　　$IF = -\dfrac{AB\cos\theta}{3\sin(x-\Phi)}$

在 $\triangle\, DIF$ 內,　$\angle\, DFI = \dfrac{\pi}{2} - x + \Phi + \delta,$

故　　　$DF = \dfrac{AB\sin(\theta-x)}{3\sin(x-\delta)}$

故　　　$DI = \dfrac{\overline{AB}\cdot U}{3\sin(x-\delta)\sin(x-\Phi)},$

其 中 $U = [\cos^2\theta\,\sin^2(x{-}\delta){-}2\cos\theta\,\sin(x{-}\delta)\sin(x{-}\Phi)\sin(\theta{\cdot}x)\sin(\Phi{-}x{+}\delta)$

$$+\sin^2(\theta-x)\sin^2(x-\Phi)]^{\frac{1}{2}} \quad (12)$$

又　$\sin DIF = \sin\Delta = \dfrac{\sin(\theta-x)\sin(x-\Phi)\cos(\Phi-x+\delta)}{U} \qquad (13)$

第五圖 (b) 是 $W, R,$ 和 E 的勢力圈,我們可以看出

$$E = W\,\dfrac{\sin(x-\Phi)}{\sin\Delta}$$

但　　$W = \dfrac{wh^2}{2}\,,\quad \dfrac{\sin(\theta-\delta)\sin(\theta-x)}{\sin^2\theta\,\sin(x-\delta)}$

其 中 W 是 土 的 單 重。

故　　$E = \dfrac{wh^2}{2}\,,\quad \dfrac{\sin(\theta-\delta)\cdot U}{\sin^2\theta\,\sin(x-\delta)\cos(\Phi-x+\delta)} \qquad (14)$

倘使我們求得合乎 $\dfrac{dE}{dx} = 0$ 和 $\dfrac{d^2E}{dx^2}$ 成負數的 X 代入公式(14)

中,應該得到一個普遍的土壓力公式。不幸公式(14)的右面非常複

雜,求微分太棘手了,不敢嘗試,不得已姑且提出兩種特例來研究

一下。

第一特例。如果 $\theta = \dfrac{\pi}{2}$,則

$$U = \cos x\sin(x-\Phi)$$

$$\sin\Delta = \cos(\Phi-x+\delta)$$

故　　　$\Delta = \dfrac{\pi}{2} - \Phi + x - \delta$

但在第五圖 (a) 裏我們可以看出

$$\Delta = \dfrac{\pi}{2} - \Phi + x - \gamma$$

故　　　　　　$\gamma = \delta$　　　　　　　　　　　　　　　　(15)

意思是垂直平面上的壓力必和坡面並行。這和第一節所得的結果完全脗合。

第二特例。如果 $\delta = 0$，并且 $\theta = \dfrac{\pi}{2}$，則

$$\gamma = 0 \tag{16}$$

意思是如果坡面是水平的，垂直平面上的壓力也是水平的。

再則 $E = \dfrac{wh^2}{2} \cdot \dfrac{1 - \tan\Phi\cot x}{1 + \tan\Phi\tan x}$　　　　　　　　(17)

如 $\dfrac{dE}{dx} = 0$ 則 $\tan^2 x - 2\tan\Phi\tan x - 1 = 0$

故 $\tan x = \tan\Phi \pm \sqrt{\tan^2\Phi + 1}$

用它的上層符號，得 $\tan x = \tan\left(\dfrac{\Phi}{2} + \dfrac{\pi}{4}\right)$

故 $x = \left(\dfrac{\Phi}{2} + \dfrac{\pi}{4}\right)$　　　　　　　　　　　　(18)

意思是崩裂平面平分 A B 平面(在本例內 A B 是垂直平面)和 B 點上安眠坡度所作的角度。

把(18)代入(17)，得

$$E = \frac{wh^2}{2} \cdot \frac{1 - \sin\Phi}{1 + \sin\Phi} = \frac{wh^2}{2} \cdot \tan^2\left(\frac{\pi}{4} - \frac{\Phi}{2}\right) \tag{19}$$

這些結果也和第一節完全脗合。

上舉兩例足以指示從公式(14)推演出來的結果是和卍字應力法所產生的(7),(8)兩公式完全相同的。

第三節　　結論

(一)上節已經證明古洛氏理論的所以異於來金氏理論，原來由於一個謬誤的假定。一經糾正，它們的結果就完全相同了。足徵以平面應力假定爲基礎，不能發生兩種理論。這是理所當然的。

蓋吉姆教授的擋土牆與積穀囷之設計裏說「韋勞支(1878)用來金氏的假設和古洛氏的斜楔方法得到和來金氏同樣的結果」。但他仍舊演述傳統的古洛氏理論代數解法和幾何解法，似乎沒有發覺它的謬誤。史溫教授在他的構造物理論講義裏演述

古洛氏的理論,并且指出它的謬誤。但是提到韋勞支氏僅說該氏土壓力理論的討論很有參考的價值,沒有說明他的重要貢獻究竟是那麼回事。貝克教授著的土石建築裏先用最大壓力斜楔法,求到一個普遍的公式,然後假定 Z=Φ 而得到來金氏斜面壓力的公式。這顯然是錯的。他又假定 Z=O 而得到韋勞支公式之一。著者沒有讀過韋勞支氏的著作。但從上面三氏對於本題的見解推想起來,大概韋勞支採用一個可以從來金氏理論求得的原則去代替古洛氏謬誤的假定,所以能夠得到和來金氏同樣的結果,但是對於這兩種理論同異問題沒有徹底的解決。本篇的特點在乎不借用靜力平衡基本原則以外的任何假定證明兩種理論的一致。

(二)有了 (7),(8) 兩個公式我們可以計算一個廣漠無垠的理想土堆裏面任何平面上的壓力,用公式(7)算數量,用公式(8)算方向。它們的結果可以用第六圖來表示。

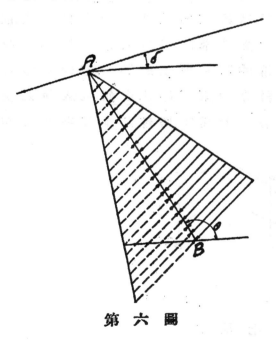

第 六 圖

計劃擋土牆時,我們想像擋土牆代替土堆裏一部份的土,牆背上所受的壓力不因以石代土而變更。照第六圖來講,倘使擋土牆占據 A B 平面的左手,牆背上的壓力,如實線所示,是向左向下的。倘使擋土牆占據 A B 平面的右手,牆背上的壓力,如虛線所示,是向右向上的。

照這樣看起來,擋土牆背面所受的壓力有些時候可以有向上的分力的。然而實地試驗的結果却找到自動土壓力不能有向上的分力。蓋吉姆根據這結果,力辯在這種例子裏正真土壓力是水平的而且它的

數量不能大於理論壓力的水平分力！他在這點上努力研究，創出一個新公式叫做『修正的來金氏理論』，限定它只能用於俯伏式的擋土牆。至於計劃仰面式的擋土牆時，仍舊用來金氏理論（書裏的例子來金氏和古洛氏理論似乎隨計算者的高興，任意選用的）。這「修正的來金氏理論」并且已經美國鐵道工程學會正式採用，從 1917 年起，刊在它們的年報裏了。

　　著者不敏，對於這新創的修正，老實說是莫名其妙，且亦不敢苟同。什麼理由呢？第一層，工程學說裏理論和事實相去不可以道里計的恐怕莫過於土壓力一端。它的應當修改是毫無疑問的。但是要修改的話，應該追究到有關全體的基本假定，譬如推翻平面應力的假定，或者加入黏性的係數，方才是正當的辦法。像蓋吉姆那樣枝枝節節採用一種有限制的顧此失彼的遷就，那是使已經不準確的理論再加上一層不一貫的缺點。第二層蓋吉姆似乎誤解自動壓力和被動壓力的意思，以為它們就是勢力和抵抗力，被動壓力合法的解釋是當一塊土受外來的勢力的推迫，反抗本身的重量，在某一平面上向上溜滑的時候所生的壓力。它的數量可以應用公式(1)裏的下層符號計算的。第三層，蓋吉姆以為如果土堆的面上成一尖銳的峯頂時，看第七圖(a)，照理論推算在 A B 平

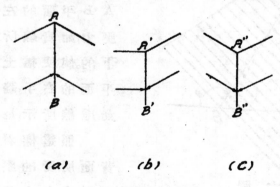

(a)　　　　(b)　　　　(c)

第 七 圖

面上兩邊的壓力須得合成一道不能抵銷的向上勢力。這自然是和靜力平衡的原則不能相容的。故自動壓力不能有向上分力。著

者不得不問,倘使因為這個原故所以反對自動壓力有向上的分力,那麼請看第七圖裏的(b)和(c),這兩個例子怎樣解釋呢?我們應該不應該接着斷定自動壓力并且不能有向下的分力?解決這些疑難,並不像我們想像的費力。一堆完全沒有黏性的小粒子簡單稱為半液體。液體的頂面是絕對水平的。半液體的頂面雖然可以有坡度,但是不能有像第七圖裏那樣突兀的起伏。在這些奇峯絕谷沒有化作紆緩的曲線以前它是不肯安定下來的。觀察乾燥的沙子堆,鉛球堆,或者米麥堆的自然狀態亦許可以幫助我們在這點上得到正確的觀念。

第四節　　雲克婁氏幾何解法

　　雲克婁氏的來金氏理論幾何解法極其精巧便利,著者以為值得介紹的。至於它的證明,有史溫的構造工程學可以參考。(著者淺陋,僅於美國書籍略知一二。)

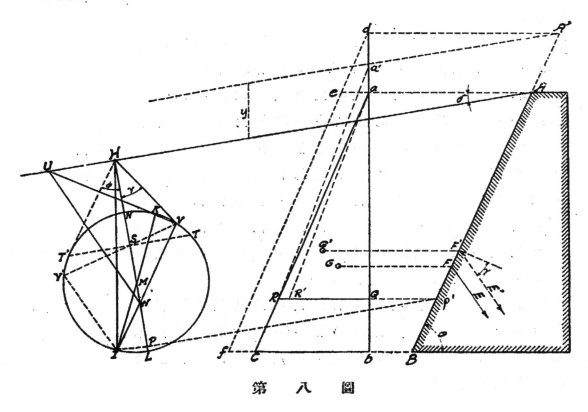

第　八　圖

在第八圖裏,使AU代表土堆的坡面,題目是求擋土牆背面AB上的總壓力E,AB的厚度假定等於一。

在坡面上H點作HL和坡面正交。作HT',使LHT'角等於Φ。以HL上任何一點M為中心,畫一個觸切HT'的圓形,割HL於N和L兩點。從H作一垂直線,割圓周於I。聯I和M,延長至於圓周上的K點。從I作一直線和AB並行,割HL於W,割圓周於V。聯V和K,延長到坡面上的U點。聯U和W。以H為中心,HI為半徑,作一弧形,和HL相交於P點。從P點作一直線和坡面並行,交AB於P'點。AB上面P'點的應力現在完全得到了。它的數量是等於W·$\overline{HV}$,其中W代表土的單重。它的方向就是UW。有些時候UW線不容易畫的準確,我們還有兩個方法可以求到AB面上應力的方向。一個是直接應用LHV角,它就是E的斜度γ。一個是從T'點作一直線和坡面並行,交HL於S點,交圓周於T點。聯V和S延長到圓周上的V'點,V'I也是和E相並行的。

第二步,把AP'B三點影射到一條垂直線上,得a,Q,b,三點。從Q作一水平線,使QR'=HV。使Qa'=P'A。作αR'線再作α'R線跟αR'並行。聯a和R,完成abc三角形。迴射這三角形的重心點G到AB上,得F點,這是E的用力點。E的數量等於abc的面積乘土的單重。

倘使土堆上面有加重,我們可以作一虛線,並行於坡面,使它和坡面的垂直距離等於加重的相當土高Y。把加重坡線和AB的交點A'影射到ab線上得d點。從d作一線和ac並行,完成兩邊並行的四角形abfe。這四角形代表AB面上新應力的分佈。把這四角形的重心點G'迴射到AB線上,得新用力點F'。現在的總壓力是等於abfe的面積乘土的單重。

關於這應力圓形還有值得注意的幾點。IL和IN是主要平面,同時HL和HN是主要應力。IV和IV'是一對卍字平面,它們的公共斜度等於γ。IT和IT'是一對最大斜度的平面。IT而且是最大壓力斜楔法裏的崩裂平面。

再則以上所講的是求自動壓力的作圖方法。倘使所求的是被動壓力,畫這應力圓形時須得用HL延長線上的一點爲中心,它仍須經過 I 點,并須觸切 HT' 的延長線。

重要譯名對照表

來金氏理論 Rankine's Theory.

修正的來金氏理論 Rankine's Theory Modified.

古洛氏理論 Coulomb's Theory,

韋勞支氏 Weyrauch

雲克婁氏幾何解法 Winkler's Graphical Solution,

富勒和姜益生的應用力學 Fuller and Johnson; Applied Mechanics.

蓋吉姆的擋土牆與積穀囤之設計 Milo S. Ketchum: Design of Walls. Bins and Grain Elevators.

史溫的構造物理論講義和構造工程學 George fillmore Swain; Notes on Theory of Structures, and Structural Engineering.

貝克的土石建築 Ira Osborn Baker: Treatise on Masonry Construction.

美國鐵道工程學會年報 Manual of American Railway Engineering Association,

土壓力 earth pressure

自動壓力與被動壓力 active pressure and passive pressure.

俯伏式的擋土牆 a retaining wall leaning toward the filling.

仰面式的擋土牆 a retaining wall leaning away from the filling,

安眠角 angle of repose.

崩裂平面 plane of rupture.

最大壓力斜楔 wedge of maximum thrust.

平面應力 plane stress.

應力平面 plane of stress.

同點應力 stresses at a point.

卍字應力 Conjugate stresses.

斜 度 obliquity

主 要 應 力 principal stresses.

主 軸 principal axes.

應 力 橢 圓 形 ellipse of stress.

應 力 圓 形 circle of stress.

跡 線 trace of a plane.

關 閉 的 勢 力 圈 a closed force polygon.

勢 力, 旋 勢 force, moment.

正 直 分 力 和 觸 切 分 力 normal and tangential component.

半 液 體 Semi-fluid.

四 川 省 北 川 鐵 路

　　四川除井瀘鐵路外,北川鐵路爲四川全省計畫最早之鐵路,現已於民國十八年十月通車。

　　北川鐵路在重慶西北約65公里之北碚鎮,自嘉陵江左岸達合川縣龍王洞煤礦,長約16公里,爲北川鐵路公司所建築,以運輸該公司所開採之煤。軌距爲 0.61 公尺 (2 英尺),軌重每公尺10公斤(每碼20磅)。該路測量及督造者爲丹麥工程師 Josper Shultz 氏,今已67歲矣。材料爲三十五年前英商華陰煤礦公司向英國購來者,價約25,000兩,未動工建造,發生交涉,於 1901 年清政府以銀30,000兩贖回,然堆置約三十年,亦未動工建築也。至民國十七年江合煤礦公司始聘丹工程師至川重行測量設計,後由湯壺嶠君等組織北川鐵路公司,購得該項材料,於是年十一月興工。翌年十月築成 9 公里,總共工料費 170,000 元,稱爲第二段,坡度 2%。

　　第二段築成後,乃築第一段,長僅 3 公里,繞山而行。山巔地名白廟,最爲峭峻,建築時炸去山石 850 立方公尺,是處路基坡度至 5 % 之巨。全段工料用款60,000元,於二十年二月完成。第一段之終點即在嘉陵江邊,惟高出江面有150公尺,乃築煤槽,以備卸煤入船,省用人工。

　　第三段近亦將築成,長約4.5公里,自第二段伸展,終站爲大家口。全路長約16公里,開將再展40餘公里,至合川縣城。 (趙松森)

中國之礦業經濟問題*

李　特

美國哥倫比亞大學冶礦工程教授前北洋大學冶礦工程教授

　　關於中國之礦產,著作恭夥,年來更有若干著述家,已傾向於深切之探討與研究。何由致是,足資回溯也。中國礦產在六十年前,外人既不甚注意,卽其本國人士亦皆漠然置之。1869 年上海中國商會資助德國地質學家李希霍芬(Ferdinand v. Richthofen)漫遊湘鄂豫晉冀浙蘇皖川陝等中原腹地,并及塞外蒙古。其各種紀載與報告,1873 年在滬出版;其後復成一鉅著曰『中國』,是爲當年不可多得之一種地質著述。緣李希霍芬當時所經之地,大都無測量與地圖足資臂助,其所見者,僅地面淺顯礦層及用土法開掘之小礦耳。彼曾在揚子江流域,發現豐富之鐵礦;在山西則發見蘊藏多量之白煤,其地至宜發展鋼鐵工業,緣煤鐵礦距離接近故也。據彼估計,山西全年產鐵量約爲 160,000 噸。李氏又論及四川之鐵礦,但未至其地,據其觀察結論,則謂中國富于煤鐵,故中國可成世界之大礦產國。此項記載,頗于世人以深刻印象,後此五十年間,任何人均認中國爲藏貨于地之富國矣。

　　1900 至 1925 年之間,外國資本漸活躍于中國之礦產企業,緣是時其鄰邦正感缺乏鐵礦及有限之煤產,故對于此項投資,倍增興趣。結果因探尋礦源,各費巨資,各盡心力。法雖不同,目的則一。曾有美國某公司,以從事於審慎之探求,單獨出資一百五十餘萬金元,其數殊可觀也。然李氏之書出版迄今,已近六十年,其結果何如

★ 本文原名 Mineral Economic Problems in China, by Thomas T. Read.

乎?總量二千萬噸之煤,半出於日人管理之滿洲煤礦,四十萬噸之鋼與鑄鐵,皆雜以日人之資本及日人之經營。如以噸位計,中國應列于煤產國家之第十位;如以戶口平均用煤量計,位次或將更低。總之,無論用何種方法計算,中國固無法位于世界巨量礦產國之間。李氏著作所激起之巨大願望,未能有成熟之應驗,其故究安在耶?

　　礦產廣布於中國,其量甚富。李氏觀察,實未嘗誤。惟富量究為若干,李氏並未聲明,斯為美中不足。然卽其最小之估計,其富量固已甚巨矣。惟在一般人士,驟以為中國有豐富之煤,卽可驟成煤之巨量出產者;幷以為巨量之出產者,卽可成為巨量之銷費者,或出口者,或兩者兼而有之,斯誠誤矣。以目前中國之產量為比例,中國應置于出口者之列,緣河北省東部之礦塲,適近海口故也。該處銷煤市塲不甚巨,而有日本澳大利亞印度等在彼競爭,其競爭之進退得失,則又視乎各商人之背景,煤之種類,商業之組織,及其他各不同之關係而定之。河北省東部煤礦,經營甚善,出品亦良,但礦層遠離海岸,難望與運輸便利者爭優勝,故宜注意於國內銷路,以為市塲宣洩之尾閭。

　　中國國內之銷煤市塲,漸有進步而未大盛。在最近時期中,顯示無甚希望。凡產煤國家,恆以三分之一之煤產量用於鐵路。為中國將來發展計,應否擴增多數之鐵路線,一時殊屬無從懸斷,但據一般詳細考慮之結果,固以為中國將來,在事實上有發展若干長途汽車幹道之可能也。除用於鐵路以外,銷煤之第二大市塲,卽為電力與電光,是為吾人所欲討論之基本問題,亦卽中國人民銷用煤量之基本出發點。中國人民用煤之銷費量,如此薄弱,旣為事實所證明,則苟非中國人人能盡量享用其分內所當用之煤量,卽戶口平均之銷煤量,決難繼漲增高。故不揣其本而齊其末,卽使使用魔術,立使中國一年中倍其產煤之量,至翌年依然無益,因半數之煤,仍將擱置不能脫售也。

　　供 給 加 增 則 物 價 跌,此 常 例 也。然 讀 者 須 注 意 吾 曹 語 出 產 倍 增,未 有 一 言 及 於 物 價 之 升 降,夫 物 價 低 降,恆 使 銷 費 增 加,但 事 實 亦 不 盡 然。雖 以 煤 價 低 廉 之 故,或 可 增 建 若 干 之 電 力 廠,但 苟 有 已 成 之 鐵 道 或 電 力 廠,決 不 因 煤 價 廉 而 增 加 其 煤 量 之 銷 費。美 國 之 出 售 電 力 者,恆 以 十 五 倍 于 成 本 之 費,出 售 其 電 力 於 小 用 戶,是 則 煤 價 雖 廉,對 於 銷 費 者 實 無 直 接 關 係。

　　其 次 所 欲 討 論 者,即 為 售 予 銷 費 者 之 價 格。中 國 礦 產 價 格,雖 未 可 一 例 論,但 多 數 則 依 外 貨 價 格 之 漲 落 為 漲 落。即 以 鋼 鐵 一 項 為 例,中 國 之 銷 費 者,大 都 喜 採 用 外 貨,是 則 由 於 中 國 國 貨 廠 家,恆 高 抬 其 價,致 國 貨 價 格 常 與 外 貨 相 埒 故 也。且 以 種 種 原 因,有 時 國 貨 售 價,竟 超 過 外 貨;蓋 外 國 大 廠 家 成 本 既 輕,出 口 之 運 輸 費 復 低 廉;中 國 小 廠 家,非 具 有 精 美 之 管 理,使 出 品 臻 價 廉 物 美 之 境,實 難 與 之 競 爭 也。中 國 礦 產 之 瀠 洄 于 李 希 霍 芬 印 象 中 者,經 詳 細 研 究 後 可 斷 為 僅 係 一 小 部 份 之 鐵 礦,其 中 惟 東 北 之 磁 鐵 礦 較 堪 注 意,但 亦 須 精 為 冶 煉。據 最 近 估 計,此 礦 東 北 甚 多,惟 李 氏 當 年 則 未 之 見。中 國 多 數 之 煤,均 非 優 良 之 燃 燒 煤,其 功 效 僅 能 控 制 外 貨 價 格 之 騰 漲,而 其 所 鍊 之 鐵,亦 祇 能 供 給 國 內 一 部 分 之 銷 費。且 外 貨 漲 價 時,國 貨 亦 必 隨 之 以 漲。

　　其 他 礦 產,逐 項 細 述,必 甚 費 詞,以 予 所 知,鋼,鉛,鋅,銀,金 等 鑛 源,已 表 明 絕 少 供 給 出 口 之 希 望。且 在 中 國 現 狀 下,除 金 外 其 銷 費 量 俱 已 超 過 其 出 口 量,其 有 餘 量 可 資 輸 出 者,惟 鎢 與 銻,因 國 內 銷 費 甚 少,幾 全 部 可 作 為 輸 出 品 也。

　　欲 以 穩 固 之 經 濟 力 開 發 中 國 各 項 礦 源,第 一 要 素,必 須 有 一 穩 定 之 政 府。在 中 國 東 北 邊 界 之 金 礦 區 域,因 政 府 管 理 之 鞭 長 莫 及,時 被 匪 徒 騷 擾,故 任 何 人 投 資 于 彼,咸 有 失 資 與 喪 身 之 可 能;同 時 因 運 輸 設 備 之 不 周,工 人 之 缺 乏,在 在 足 以 使 其 成 本 加 高。其 他 礦 產 之 在 中 國,亦 以 政 治 或 經 濟 關 係,同 受 桎 梏。凡 茲 所 述,容 有 未 盡 明 言 者,然 固 無 一 非 事 實 也。

　　總之，中國之礦產，殊難冀其如近今茶，蠶，革，等之占有出口位置。蓋凡世界之礦產國，其唯一出口品，必爲金屬，如鐵，銅，鋅，鉛類之成貨是也。人皆以銅爲美國出品之大宗，其實美國之銅，僅能自給，所有出口者，乃他國委託覆製之貨物。美國唯一之礦產出口品，爲已製成之鋼件，但此項鋼件之不出口而留以自用者，仍占有大部份。近者美國進口之生鉛，已漸超過出品之製貨矣。在全世界惟有英國爲大宗煤產出口之國家，智利祕魯巴利維亞皆爲鉅量礦產之出口國家；彼等因礦產豐富，價格低廉，故其出口事業異常發達。其中惟智利銷酸化合物製造品，因他國造價之低廉，頗受傾軋。加拿大則壟斷全世界鎳質之供給，同時各產錫國家，如無國內銷費者，亦不難有同樣之壟斷。此種情形雖似奇突，而實際則仍與常規無不合。蓋凡礦源供給豐富之國家，如其人民每戶平均能有多量礦質銷費者，其生活程度必高。故僅從事於辨論中國礦產之是否豐富，似屬太愚，蓋中國之礦產，固足敷提高其人民之生活程度，使較優于目前之享受，毫無疑義也。

　　就余觀察，開發中國確有之礦源，繫于中國人民銷費量之增加，其次則繫於余上述穩定之政府。蓋萬事皆有連鎖關係，武人強取豪奪之下，商業決無振興之道。商業既不振，鐵路貨運缺少，煤量之銷費，當然減低。卽此例以推之，如中國而有一良好且穩定之政府，則商業銳進，礦產市場必優，而礦源之開發，自邁進無前矣。故僅從事于增進礦產，非中國現狀下之救時良藥；反之，若能于經濟狀況之衰落，政府之不安定，運輸設備之不完全，幣制之紊亂，以及其他種種病態，均能痛下針砭，則一切皆迎刃而解矣。（邵禹襄譯）

廣州中山紀念堂工程設計

李 鏗　馮寶齡

　　廣州中山紀念堂,爲近代我國偉大建築之一,出於巳故名建築師呂彥直先生之碩劃,規模宏大,佈置堂皇,洵足表揚國藝,追念先哲,誠建築工程界之奇績。本編所載,祇限工程構造,至於建築一項,非屬本編範圍,故不贅述。

堂屋基地及建築大概

　　堂居廣東省城之北,爲舊總統府原址,中央公園位於前,觀音山麓峙於後,左通吉祥路,後達紀念路。堂面正南,光線充足,環景幽

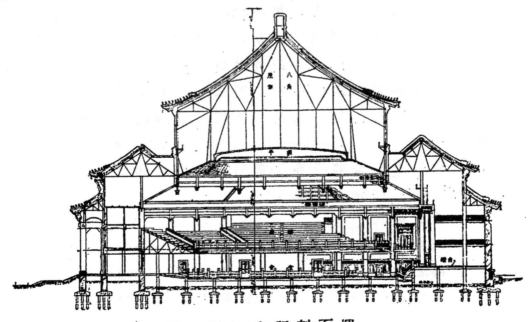

第一圖　立視剖面圖

秀,交通便捷。堂之外觀,式倣古殿,偏屋列於四邊,居中者爲會堂,堂寬 207 英尺,長 234 英尺,高 160 英尺。由南面正門而進,兩邊走廊,計有三層(見第一圖),通達三面。有扶梯四,可達看樓。會堂與走廊間以磚牆相隔,形成八角,對徑計 158 英尺,上蓋五彩玻璃天堤,離地板計 77 英尺。再上卽八角屋頂,頂下四週,備有鋼窗,堂中光線,皆由此射入。講台位於北部,與正門相對,地位寬大,闊 96 英尺,深 26 英尺。會堂中間無柱子。看樓建築係肱杆式,前面臨空,惟後部近磚牆處有鋼柱十。上部亦無柱子,故視線廣大。堂廳可容三千人,看樓可容二千人。

工程材料及計算方式

凡設計建築工程者,對於材料之選擇,必先考其特性之適合,然後根據『永久』,「經濟」,及「易於建造」三原則,周密配置,如是則造價廉而工程固。本堂工程材料,亦本斯要旨而擇定焉。按本堂工程複雜,用料浩大,選用一料焉,必求克盡堅力;如堂之底脚,用鋼骨三和土造成,下打以洋松木樁;地板,樓板及屋頂板皆用鋼骨三和土;樑之大者用全鋼,小者用鋼骨三和土;看樓大料以及臂架,皆用鋼製,全部屋架,亦用鋼料,以期重量輕,物質固而易於裝置也。因此本堂工程材料,除樁爲木料外,其餘均無木製者,雖精細之托架,難造之几斗,無不用鋼骨三和土造成,以期垂久。

全部工程之設計,凡係鋼料者,均照美國鋼料工程建築會 (American Institute of Steel Constructions) 所定之規則計算之。凡係鋼骨三和土者,均照上海公共租界工部局所定之規則計算之,今將各部所定之保安活載重量列如下:

會堂地板	每英方尺	112 英磅
看樓地板	每英方尺	112 英磅
講台地板	每英方尺	112 英磅
走廊地板	每英方尺	112 英磅
扶梯地板	每英方尺	100 英磅

屋頂板	每英方尺	25英磅
屋架橫風力(Horizontal Wind Pressure)	每英方尺	40英磅

底 脚 設 計

計劃底脚之先,必須預定地土之保安載重量;惟各地地質結構不同,其載重量因之亦異,而該量之檢定,更非經多年之試驗及經歷不可,欲求準確,尤非易事。凡地土下無堅實之石層者,苟求建築物設計之經濟,則不免有下沉之虞;其沉量雖隨地而異,然下沉則一也。祗觀上海一隅,近年所建之高大房屋,其計劃不可謂不精,然遍查全境,幾至無屋不沉;有沉數寸者,有沉尺餘者。足徵屋之下沉,實不可免。祗求各部沉量之均等可耳。惟欲求其均等,則須於設計時審察各部之重量。按房屋重量,共分兩種:一曰物料死重量;一曰計算樑板時所假定之活重量。各部底脚大小,應與各部之死重量;及相當時有之活重量,成正比例。若如是則底脚即有下沉,其沉量當可均等。凡設計底脚者,必須注意及此也。

本堂地毗觀音山,地質較上海爲佳,其保安載重量,當較上海所規定者爲大。本工程所用爲每英方尺 2000 英磅。椿木保安載重量,以椿木與泥土之阻力以每英方尺 300 英磅計算之。本堂因構造複雜,各部重量參差甚大,底脚尺寸及椿木大小,亦因之不等(見第二圖)。椿木之最大者爲十寸方洋松木長四十英尺,其次爲八寸方洋松木長三十英尺,再次爲六寸方洋松木長二十四英尺,最小者爲六寸方洋松木長十二英尺。茲將各椿木之保安載重量開列如下:

十寸方四十英尺長之木椿	保安載重量	40,000英磅
八寸方三十英尺長之木椿	保安載重量	24,000英磅
六寸方二十四英尺長之木椿	保安載重量	14,400英磅
六寸方十二英尺長之木椿	保安載重量	7,200英磅

全部底脚均用鋼骨水泥造成;在牆下者爲接連式,餘爲單獨式。底脚載重最大者,在第四十一及第四十二號柱下。此柱上支八

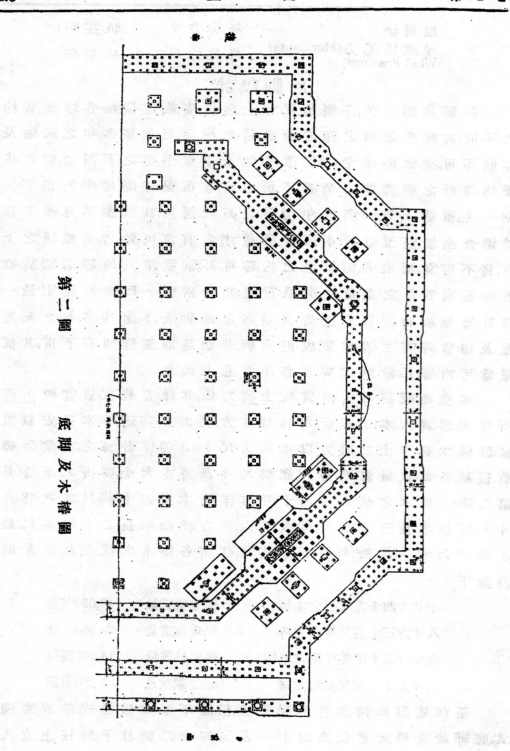

第二圖　底脚及木椿圖

(一) 紀 念 堂 地 址 全 景

(二) 看 樓 鋼 架 工 程

（三）屋頂大鋼架之一

（四）屋頂鋼架工程

角屋頂,屋架最大鋼料,卽置此柱頭。柱爲長方形,闊二英尺十一寸,長十六英尺,用一寸方鋼骨計七十二根。載重 1,704,000 英磅約760噸。底脚闊15英尺,長23英尺,厚四英尺六寸,下有十寸方四十英尺長之洋松木椿四十根。

底脚底面,低於地平面下四英尺又五英寸,木椿之上端與此面平。廣州地形甚低,故地下水面甚高;該處地下水面約在地面下三英尺左右。木椿之上端在地面下四英尺五寸,故全身常在水中,白蟻等不能化生;蓋此等蟲類,不能在水中生存,木椿之能爲永久建築料者,胥賴於此。

看樓下之鋼柱十根。其底脚亦係單獨式。看樓臂架後端,因有向上支力,故用拉條數條向下拉住。此項拉條最大者,爲一英寸半圓鋼條,鈎於底脚鋼骨內(見第三圖), 賴底脚及磚牆之重,壓住向上支力,故此處底脚大料,除應支持向下之重量外,又須支持向上之拉力。

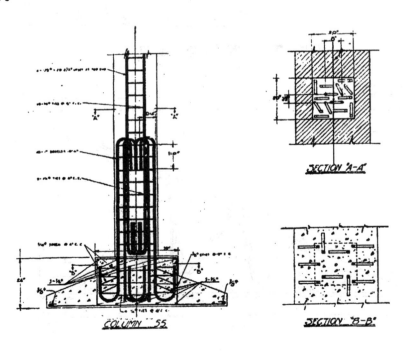

看樓設計

　　看樓全部除樓板外,皆以鋼料構成,鋼料係<u>美國</u> Bethelhem 鋼廠出品,共用一百餘噸。沿會堂三面,在磚牆外約九尺許,立鋼柱凡十(見第四圖)。其兩旁之四柱,分架橫樑各一,長約五十九英尺又

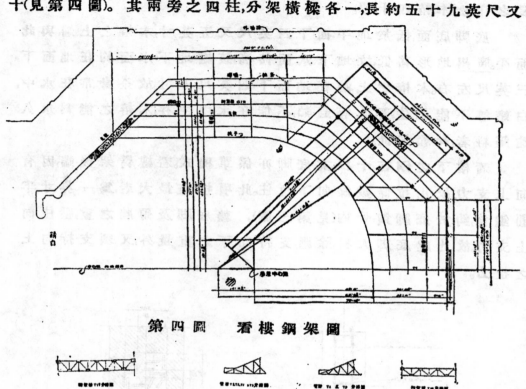

第四圖　看樓鋼架圖

第 五 圖

九寸,高約五英尺。正面入口處之兩柱,架鋼架一具,高約九英尺又
三寸,長約五十九英尺又九寸。其餘四柱,分列左右兩角,上架鋼架
兩具,高約七英尺又六寸,長約四十二英尺,與前部之鋼架及兩旁
之橫樑相連。臂架共十九具(見第五圖), 長短大小各異,其中部均
架於鋼架上。較長之一端,空懸於堂中,其後端則用鋼條拉繫於牆
內,伸入鋼骨三和土底脚,借磚牆及底脚之重,以均其懸空部份。下
弦 (Bottom Chord) 連以支桿,用以支撐鋼網平頂。上弦 (Top Chord)上造
鋼骨三和土樓板,拾級而上,卽成看樓。看樓之下端,連以扶手,成半
圓形,其對徑爲127英尺又六英寸,扶手中心離演講台129英尺。
看樓建築,除近牆之十柱外,塲內全無障礙物。至設計時之死載重
量,茲特附述如下.

鋼骨三和土樓板	每平方英尺	24英磅
樓面粉刷	每平方英尺	6英磅
平頂粉刷	每平方英尺	10英磅
鋼料	每平方英尺	5英磅

看樓建築工程完畢後,卽僱在塲工人三百人,及當地兵士七
百人,荷鎗實彈,站立於最前懸空部,不時跳躍,以試其是否堅固,結
果頗稱滿意。茲將各部用料分列如下表:

看楼鋼架用料表(其一)

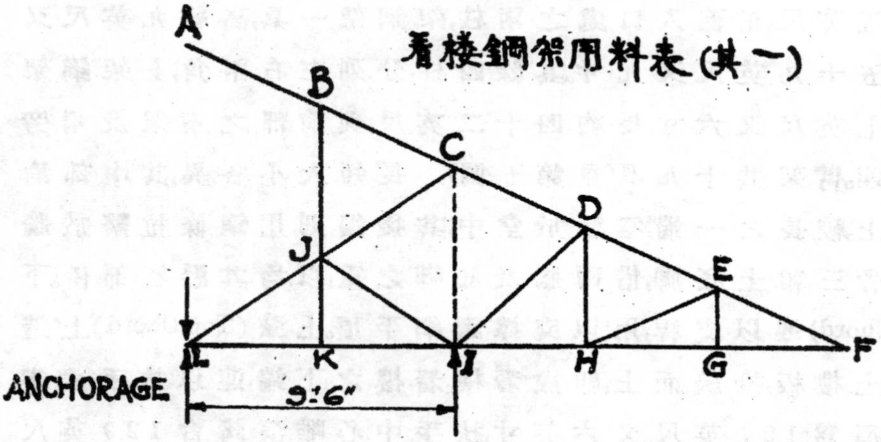

	T1	T2	T3	T4
AB	[7 @ 9.75 L3×2½×¼	[7 @ 9.75 L3×2½×¼	[7 @ 9.75 L3×2½×¼	[7 @ 9.75 L3×2½×¼
BC	[8 @ 13.75 L3×2½×¼	[7 @ 9.75 L3×2½×¼	[7 @ 9.75 L3×2½×¼	[7 @ 12.25 L3×2½×¼
CF	2-[8 @ 13.75	2-[7 @ 9.75	2-[7 @ 9.75	2-[7 @ 12.25
CL	2-L6×4×½	2-L5×3½×5/16	2-L5×3½×5/16	2-L6×4×⅜
LI	2-L6×4×⅜	2-L4×3×5/16	2-L4×3×5/16	2-L4×3×⅜
IF	2-L5×3½×⅜	2-L3½×3×5/16	2-L3½×3×¼	2-L3½×3×5/16
BJ	2-L2½×2×¼	2-L2½×2×¼	2-L2½×2×¼	2-L2½×2×¼
JK	L2½×2×¼	L2½×2×¼	L2½×2×¼	L2½×2×¼
DH	L2½×2½×¼	L2½×2×¼	L2½×2½×¼	L3×3×5/16
EG	L2½×2×¼	L2½×2×¼	L2½×2×¼	L2½×2×¼
JI	2-L2½×2×¼	2-L2½×2×¼	2-L2½×2×¼	2-L2½×2×¼
DI	2-L3×3×5/16	2-L2½×2×¼	2-L3½×3×¼	2-L3½×3×5/16
EH	2-L3×3×¼	2-L2½×2×¼	2-L3×3×¼	2-L2½×2×¼
ANCHORAGE	4@1¼φ up Set 1⅝	4@1φ	4@1φ	4@1⅛φ up Set 1½φ

看樓鋼架用料表(其二)

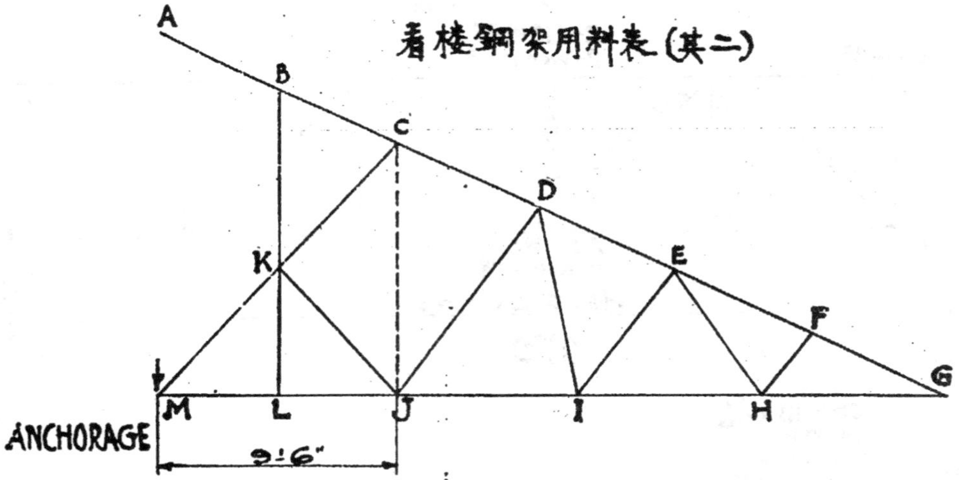

	T5	T6	T7	T8	T9
AB	[7@9.75 L3×2½×¼	[7@9.75 L3×2½×¼	[7@9.75 L3×2½×¼	[7@9.75 L3×2½×¼	[7@9.75 L3×2½×¼
BC	[7@9.75 L3×2½×¼	[7@9.75 L3×2½×¼	[8@13.75 L3×2½×¼	[8@13.15 L3×2½×¼	[7@12.25 L3×2½×¼
CG	2-[7@9.75	2-[7@9.75	2-[8@13.75	2-[8@13.75	2-[7@12.25
CM	2-L5×3½×⅜	2-L6×4×⅜	2-L6×6×½	2-L6×4×½	2-L6×4×½
MJ	2-L4×3×5/16	2-L4×3×5/16	2-L5×3½×⅜	2-L5×3½×⅜	2-L5×3½×⅜
JI	2-L4×3×5/16	2-L4×3×5/16	2-L5×3×⅜	2-L5×3½×⅜	2-L5×3½×⅜
IG	2-L3½×3×5/16	2-L3½×3×¼	2-L4×3×⅜	2-L4×3×⅜	2-L4×3×5/16
BK	2-L2½×2½×¼	2-L2½×2½×¼	2-L2½×2½×¼	2-L2½×2½×¼	2-L2½×2½×¼
KL	L2½×2½×¼	L2½×2½×¼	L2½×2½×¼	L2½×2½×¼	L2½×2½×¼
KJ	2-L2½×2½×¼	2-L2½×2½×¼	2-L2½×2½×¼	2-L2½×2½×¼	2-L2½×2½×¼
DJ	2-L3×3×¼	2-L3½×3×5/16	2-L4×3×5/16	2-L4×3×5/16	2-L3½×3×5/16
DI	L2½×2½×¼	2-L2½×2½×¼.	2-L3×2½×¼	2-L2½×2½×¼	2-L2½×2½×¼
EI	2-L2½×2½×¼	2-L2½×2½×¼	2-L3×2½×¼	2-L3×2½×¼	2-L3×2½×¼
EH	L2½×2½×¼	L3×2½×¼	L2½×2½×¼	L3×2½×¼	L3×2½×¼
FH	L2½×2½×¼	L2½×2½×¼	2-L2½×2½×¼	L3×2½×¼	2-L2½×2½×¼
ANCHORAGE	4@1"ϕ upset 1⅜"ϕ	4@1⅛"ϕ upset 1½"ϕ	4@1½"ϕ upset 2"ϕ	4@1⅛ upset 1¾"ϕ	4@1¼"ϕ upset 1⅝"ϕ

看樓鋼架用料表(其三)

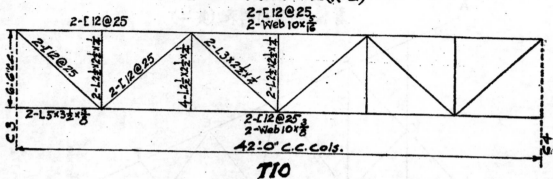

T10

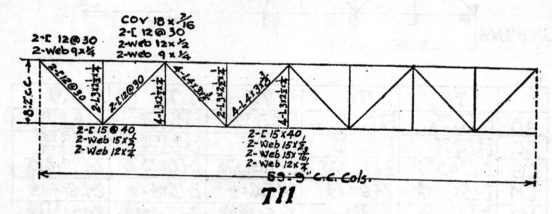

T11

G 1 SPAN = 59:9"		I-section	4-L6×6×$\frac{5}{8}$ Web 60×$\frac{3}{8}$ 2-Cov. 16×$\frac{5}{8}$×51:0" 2-Cov. 16×$\frac{5}{8}$×44:0" 2-Cov. 16×$\frac{5}{8}$×33:0"
C1. C2		I-section	4-L 6×4×$\frac{3}{8}$ Web 12×$\frac{3}{8}$
C3 C4		I-section	4-L 5×3$\frac{1}{2}$×$\frac{5}{16}$ Web 9×$\frac{1}{4}$
C 5		I-section	4-L 6×4×$\frac{3}{8}$ Web 8×$\frac{1}{4}$ 2-Cov. 14×$\frac{3}{8}$

屋頂設計

本堂屋頂可分爲兩部：(一)四週偏屋屋頂(二)會堂中部之八角屋頂(見第六圖)。兩部均用鋼架,橫以水流鐵桁條,其上舖以鋼骨三和土屋板,板上再舖綠色之硫璃瓦。屋面成灣弓形,四週飾以華麗之鋼骨三和土托架。兩部屋頂連以大鋼架四具,合全部爲一。

前後偏屋屋頂之設計,較爲簡易。屋頂分兩級,下級以鋼骨三和土造成,上級爲鋼架;其式係普通之三角架,一端架於邊牆鋼骨三和土樑上,一端架於八角屋頂下部之大鋼架上。屋頂凹凸異常,故桁條裝置接榫計算,亦因而繁複。

兩旁偏屋屋頂與前後屋頂稍異。屋頂中部有尖形之氣樓,與凹面之屋頂相接成不規則之曲線,及奇形之三角度,是以設計與繪圖尤多困難。

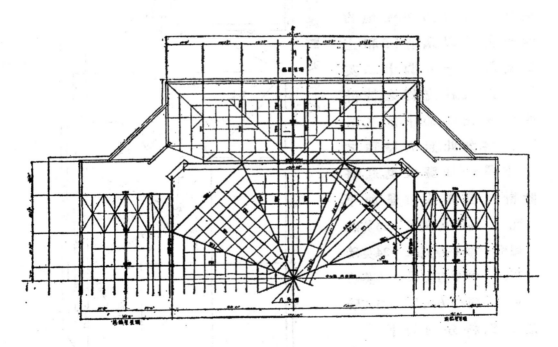

第六圖　　屋頂結構圖

中部八角屋頂,高出偏屋頂尖離地約160英尺,面亦灣弓形,以大小鋼架二十四具接成。屋頂八週有鋼柱,立在下部大鋼架上。大鋼架縱橫各二,成四方形,再於四角間連以鋼樑,而成八角。大鋼架長約107英尺八寸二分,高約19英尺(參看照片),與鐵路橋樑架相倣。此爲全屋最重要之鋼架,上載中部屋頂,旁支偏屋架,下繫平頂鋼料。四大鋼架,離地約六十英尺,以鋼骨三和土二英尺十一寸闊十二英尺長之大柱支撐之。柱計四個,嵌在磚牆中,故在表面觀察,如此巨大屋頂之下,不見一柱豎立也。茲將設計屋頂死載重量如下:

瓦	每平方英尺	25英磅
屋板	每平方英尺	24英磅
灰泥	每平方英尺	6英磅
鋼架	每平方英尺	5英磅

屋頂鋼料分列如下:

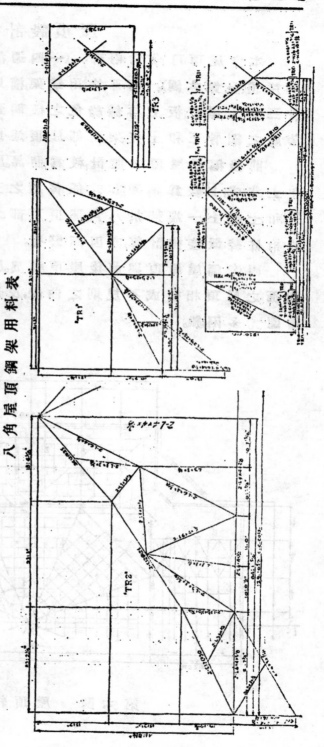

八角屋頂鋼架用料表

(五) 屋 頂 大 鋼 架 工 程

(六) 八 角 屋 頂 全 部 工 程

（七）紀念堂落成後內部全景

偏屋屋頂鋼架用料表

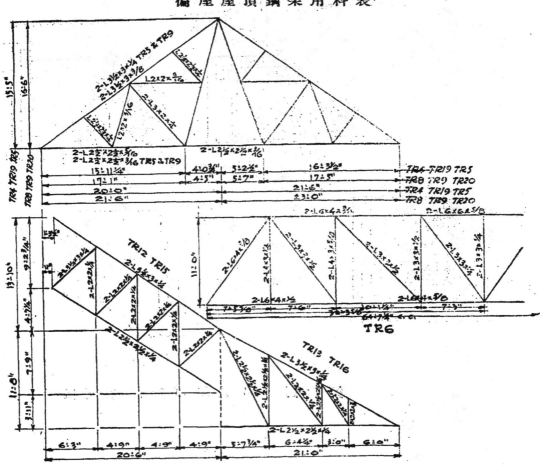

按該屋頂中部奇高而寬闊,形成八角,屋面多凹線,於設計繪圖,殊增困難。且屋面傾斜異常,載瓦極重,故屋板之構造,必須輕巧堅固而易於裝置。以上數點,曾經詳加研究,而得下列之圖樣及公式,茲特分別說明於后。

(一)八角屋頂鋼架交接處(見第七圖並參看照片)

八角屋頂共有大小鋼架二十四具,大者(TR2)八具,小者(TR1)十六具(詳見第六圖)。小者分架於大者之上,大者復會聚於屋尖。此屋尖交接處之設計,較普通之鋼架為困難。所載之重量,雖可計算,但實際上能否均分於各部,常視鋼料之置配適當與否為準。八

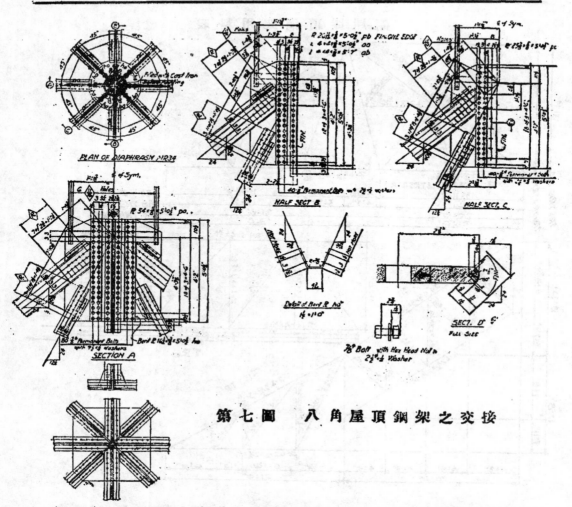

第七圖　八角屋頂鋼架之交接

角屋頂交接之設計,詳載第七圖。其造法先用鋼板,角鐵,及灣曲鋼板等製成一八角星式之中心物,其中灌以生鐵,而成屋架接筍,用此接筍而連接各鋼架於一處。鋼架與接筍相連皆用鏍絲,因各架交角甚小之故,且便於工作。其上部再連以鋼板,遂成尖形。(詳細設計參考第七圖)。

(二)鋼骨三和土屋板之構造

屋面板爲鋼骨水泥三和土製成,每塊規定闊爲一英尺半,長約六英尺十英寸半,厚爲一英寸。兩旁有$2'' \times 3\frac{1}{2}''$筋兩條,四週均有接筍(見第八圖)。三和土成份,爲一份水泥,二份黃沙,四份小青石

子之和合。此項屋面板,均於使用前三星期預爲製就。

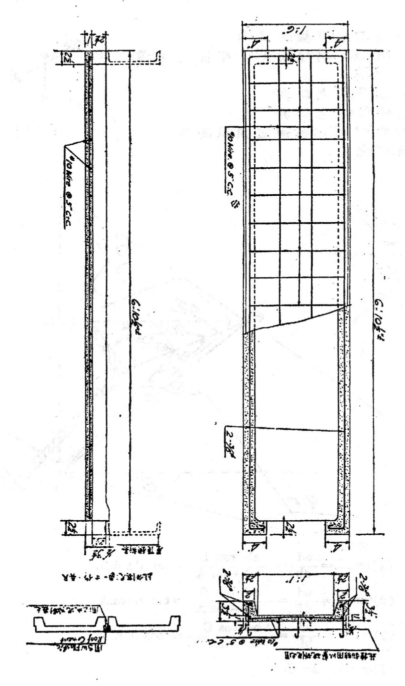

第八圖　　鋼骨三和土屋面板

(三)桁條斜角計算公式:

已得:
　　(A)桁條與水平線交叉角
　　(B)屋架 TR1 與屋架 TR2 平面交叉角
　　(bd)桁條高
求: (C)桁條 Web 之斜角
　　(D)桁條 Flange 之斜角
　　(E)桁條與 TR2 相接之角鐵灣度
　　(ed)及(eb)之長

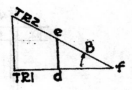

PLAN

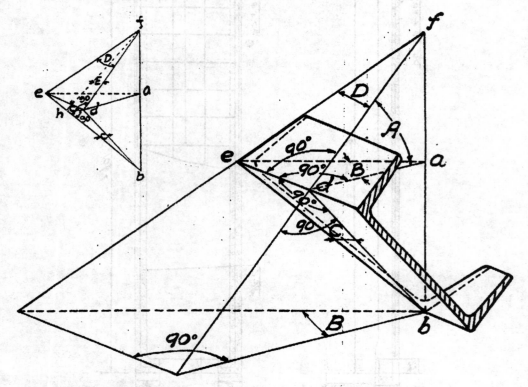

$(1) \tan.C. = \dfrac{ed}{db} = \dfrac{ab\ \tan B}{ad \div \sin A} = \tan.B.\sin.A.$

$(2) \tan.D. = \dfrac{ed}{df} = \dfrac{ad\ \tan B}{ad \div \cos A} = \tan.B.\cos.A.$

$(3) \tan.E. = \dfrac{hd}{bf} = \dfrac{ed\ \cos C}{ed \div \tan D} = \cos.C.\tan.D,$

$(4) ed = bd \tan C.$

$(5) ed = bd \div \cos.A.$

工程價格

本堂工程總價,共針上海規銀壹伯壹拾餘萬兩。今將各項工
程價格分列於下(表內價格均以上海規銀計算):

工 程 項 目	總　　　價	單價,以每一百平方英尺計)	單價(以每一立方英尺計)
房屋工程約	寽 1,220,000	寽 2,900	寽 0.27
電線電燈工程等約	寽　75,000		
衛生工程	寽　33,750		
家具及臺上帳蓬等約	寽　50,000		

本堂所用之工程材料分列如下:

　　鋼料 　　　　　　　　　　　　　約　600 噸

　　和三土鋼骨 　　　　　　　　　約　450 噸

　　水泥三和土 　　　　　　　　　約 1.200 立方

　　　　　　　　　　　　(每立方爲一百立方呎)

　　木樁　十英寸方四十英尺長　　約　222 根

　　　　　八英寸方三十英尺長　　約　136 根

　　　　　六英寸方廿四英尺長　　約 1351 根

　　　　　六英寸方十二英尺長　　約　238 根

　　本堂全部建築,爲已故名建築師呂彥直先生規劃,由彥記建
築公司繪圖監造。一部分工程由愼昌洋行建築部設計繪圖,著者
主任其事。

　　全部房屋工程,由陶馥記營造廠承造。其中鋼料柱架工程,由
愼昌洋行承造及豎立。房屋衛生工程,由亞洲機器公司承辦及裝
置。電線電燈工程,由愼昌洋行承辦及裝置,併此附註。

　　本編內大部照片及價格等,由彥記建築公司經理黃檀甫及
崔蔚芬兩先生供給。圖樣由愼昌洋行供給,大興建築事務所代繪,
特此誌謝。

飛行機上無線電機波長之選擇

許 應 期

各種無線電機或用於船舶,或用於飛機,或用作廣播,或用作通訊,其波帶皆經萬國無線電會議所規定。一九二七年華盛頓無線電會議指作飛機上無線電機所用之波帶,一方有特短波,一方有長波。何者最適於用,須視飛行機之種類而不同;茲篇所言乃指示其選擇方法之大體耳。惟應須聲明者,萬國無線電會議所定乃係國際間之通訊,若在國內則只須對於他國無干擾即可。

一九二九年海牙所開之無線電技術委員會擬就無線電波之特性分爲以下數段:

特短波	十公尺以下
短波	十至五十公尺
中間波	五十至二百公尺
中等波	二百至三千公尺
長波	三千公尺以上

若從電波之傳播而言,吾人可分電波爲兩種:一種電波附地而行,所謂直接波;一種爲高空黑維賽層所反射或屈折而來,所謂間接波。

特短波因週率之高,附地而行之波爲地面各物體所吸收,傳播損失甚大,傳播稍遠即行消滅。用此段波長時收發報機之間最好無阻礙物,發報機最好須在高處空曠之地,收發報機之間須有一直線可以連接,蓋特短波有如光波,不能隨地球之球面而彎屈

也。

中等波與長波則不然,附地之傳播甚小;故同一工能之電機,長波之附地波傳播較遠。收發報機中間地方之狀況亦無多大關係。

長波機之輻射只有附地波,短波不獨有直接波且有間接波。有時中間波與中等波之短者亦有之。短波所發之附地波傳播損失亦屬不小,故不能傳遠。惟其射向高空之電波到達黑維賽層以後,經屈折而復射向地面,中間損失甚微,因此工能極小之發報機可以傳播數千里之遠,卒使無線電之通訊大爲發展。

反射波落地之地點距發報機之遠近以波長而不同,又須視發報機中間地面之情形是否全在日光之下,或在黑暗之中,或一部有日光,一部在夜間。

短波發報機直接波所能及到者或甚近,間接波可甚遠。中間有一段爲直接波所已不能及而間接波所尙未及者,所謂『跳過距離』者是。

從特短波至長波,直接波由近而及遠,間接波則由無限而縮至零。以下一表顯示跳過之距離。此距離雖隨季節及各地情形而不同,要亦大致相去不遠。

波長	日間跳過之距離(英里)	夜間跳過距離(英里)	
		夏	冬
15	900	5000	無限
20	600	1400	無限
30	300	700	4000
40	250	350	1500
60	*200	250	350
80	不跳過	*250	*200
100	不跳過	*250	*200

* 變動極大

中間波與中等波啣接處一段波長之直接波與間接波在相

距干若遠處同時俱能收到,互相干擾。此時直接波頗爲微弱,故其
干擾不能使間接波消滅而只能使間接波之力量時增時減,因兩
波有時同相,有時不同相也。此現象卽所謂『變動』。變動有時頗
爲頻速,有時則頗遲緩。

　　飛機上中間波,短波與特短波之接收較之中等波與長波多
一困難問題,卽飛機上引擎之干擾是也。解決此種困難在於將引
擎之燃火機用金屬箱掩蔽。飛機本身之金屬部份接牟處須鋸好。
電波愈短,各部愈須掩蔽。不但燃火機,各接頭各接線均須掩蔽,否
則特短波在飛機上接收困難異常。

　　燃火機及各部之掩蔽與各接牟處之必須鋸好,使飛機之製
造增加許多麻煩。重量加增。成本加重。然有時不得不用特短波時
亦不能因此困難而遂不用也。

　　選擇飛機上應用之波長尤有一問題須注意者卽收報機上
是否須裝有方向性之收報機。此時三百公尺以下尚無滿意之方
向收報機可以應用,若必須有方向性者則波長必擇中等波與長
波也。

　　各種波長之特性已略述於上,次述各種飛機波長之選擇。先
言軍用飛機,次言民用飛機。

　　軍用飛機可分四種:

(1)襲擊或戰鬥機

(2)步隊聯絡機

(3)近地偵察或轟炸機

(4)遠地偵察或轟炸機

戰鬥機大概不至離開本陣甚遠,因此收發報機間之距離亦
近。此種機貴在敏捷,機身甚小,普通只容駕駛員一人可坐,故最好
用電話。天線不便用拖在機外之垂線式,須用固定天線。此種天線
最宜於短波及中間波之間。所用波長大概在七十至一百三十公
尺之間。七十以下因燃火機之干擾而不用,一百三十以上之不用

則因機身頗小,長波之天線不易放置也。

聯絡機與地上距離大概在二十英哩以內。此等機普通有兩人,故所用大抵爲電報,偵察者兼爲電報員。與步隊及坦克車隊通訊或用電話。若關於目的物之所在而須與礮隊通訊時,則因須保守秘密幾乎槪用電報。固定沃線式最爲合宜,惟亦非必要,短垂線式亦不妨應用也。因短波不易在飛機上接收而短波之直接波所能達到之距離又有限止,故此等機所用波長大槪在一百五十至三百公尺之間。

近地偵察及轟炸機須與地上能不斷的通信,其最遠或須及一百英里。此種機上最好須有方向收報機以求方向。其方向或在機上讀得,或由地上固定電台告知。此等機大概可容兩三人,故不妨用一熟練之電報員。用電報而不用電話,藉此可以減輕機身之重量及減少收發報機所佔之地位。普通所採用之波長大概爲中等波長,約在五百與二千公尺之間也。

遠地偵察或轟炸機應用之波長大致與近地者相彷。惟因一則此種機或須遠離出發點至三百英里以上,二則此種機大概機身甚大,故中等波外不妨另加一短波機以備遠距離時之應用。短波波長須勿使在跳過範圍以內也。

民用飛機可分三種:

1. 輕便機,
2. 載客運貨機有一定航線而飛機站相距較近者,
3. 載客運貨機而飛機站相距較遠或須經廣闊之海面者。

輕便機普通爲遊戲及飛機駕駛人練習之用。無線電收報機並非必要。惟此後個人使用飛機者或如地上之汽車然,大爲增加。國家爲便利使用飛機者起見,各區域應按時廣播天氣狀況。如此則此種機上應有收音機。其能接收之距離可在八十至一百英里之間。此等機究竟用何波長,尙無定論。多數意見則以用一百至二百公尺爲當。

有一定航線而飛機站相距較近之飛機,其波長自須依照地面飛機站已有電台之波長。其須通過國際者則須遵守華盛頓會議所規定。該會議曾規定850至950之波帶及其他波段中之波帶為民用飛機之波長,而尤特別指定900,一如船舶之習用600公尺。因此900公尺已公認為飛機波長,如遇干擾,則用870.及930公尺。

飛機飛行若干路程後必須裝油,故飛機站相距大概不過三百英里。因駕駛者與地上須能直接通訊,所以電話較電報為宜,且可藉此省去一個電報員之位置而得多載一客。收音機最好能聽取方向。現在可以滿意之方向收報機其波長須在三百公尺以上。因此此種機上所用之波長大概為中等波或長波。雖以短波傳遠之能力較大亦只能不用也。然如各站間之距離甚長則又勢須應用短波矣。

飛機站相距較遠之飛機多用短波。有時裝電話,惟限於直接波所能及之距離,過此則聲音殊不清晰。添裝電話大加飛機之重量,所佔地位亦大,故普通大多不裝,寧願多添電報生也。

飛行海面之飛機常須與海岸電台或船舶通訊,此等電台之波長皆用600公尺,故飛機上亦須用此波長。由此且可用方向收機報得方向之指示。飛行海面之上,海闊天空,茫無際涯,此殊必要,然一方又須能與遠處飛機站通訊,短波機亦不可少。蓋長波機而能達遠距離,其價格必昂,重量及容量皆大,殊不經濟。故此種機上大多備有900及600公尺之長波機與另外一短波機。

此文大意載於馬可尼雜誌之一二月號,所言波長之選擇,足供負有規劃航空者之參攷,因參照其文而錄述之。

從記錄上推測長江上游的水力

孔 祥 鵝

　　最近實業部長陳公博氏，決定以長江流域爲工業中心區，並擬利用長江上游的水力，建設大規模水力發電廠，以便供給工業中心區的電力。我們學工程的人，聽到這個消息，非常喜歡。因爲長江是世界四大巨川之一，牠的水力，據專家推算，在一千萬馬力以上。倘若能把那天然富源利用起來，國家便可以增加一宗極大的收入。

長江上游的形勢

　　長江上游的形勢，究竟是像什麽樣子，武同擧叙說極好。我們且引一兩段看：

　　『大江又東北至奉節縣(即夔州)城南。又東數里，曰瞿塘峽，爲三峽上游之門戶。兩崖對峙，中貫一江，灧澦堆爲上口，江流至險處也。……大江又東經巫山南麓，曰巫峽，三峽之首也。首尾一百六十里。巴東三峽，巫峽最長，與湖北境黃牛峽西陵峽，並稱三峽。……』

　　『湖北省大江自四川巫山縣流入，經門扇東奔破石三灘。又經巴東縣棧北，又東有石門灘。……大江又東經秭歸縣城南，山峽連綿，與蜀相接，所謂步步皆險也。又東南有黃牛峽，爲第二峽。又東南有西陵峽，爲第三峽。江出三峽，始漫爲平衍，行二十餘里，宜昌縣適當其衝。三峽共長七百里，兩岸連山，略無闕處。靠亭午夜分，不見日月。……方輿紀要則以瞿塘峽巫峽西陵峽，共爲三峽。三峽之名不同，要皆擧其最險者耳。……』

　　吾人研究長江上游之水力,儘可不必注意其兩岸形勢是否險要。但河流水力的大小,常和流量與水位差成正比例;而水位相差最大之處,常在崇山峻嶺之間。故河床越陡,水流越速,而其潛伏之能力亦愈厚。吾人欲利用長江水力,自必在宜昌上游着手。

長江的坡度

　　據海關的調查,長江坡度以宜昌上游爲最大,每一英里,約可升高一呎。如附圖所示,吳淞海面零度,雖與南京相距約250哩,但

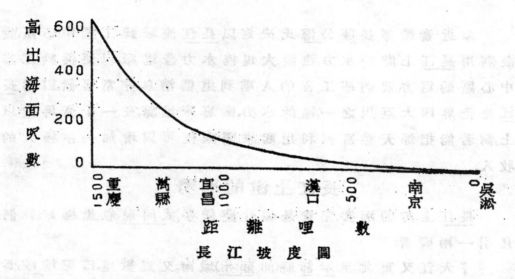

長江坡度圖

其河床坡度,並不很大。照測量所得,南京河床只高於吳淞者十英尺耳。故江流速度,甯滬一段最慢。再經250哩以至九江,河床高度,只約25呎。漢口約得48呎,沙市約得105呎,宜昌133呎,萬縣333呎,重慶561呎。

　　水力的大小和流速及水位差成正比例;流量愈大,水力亦愈大;上水和下水的水位,相差愈大,水力亦愈大。江河的水力是這樣計算,即瀑布的水力,亦是如此。瀑布上方所存的水量越多,所含蓄的水力越大;瀑布越高,水位差越大,水力亦因之而大。

　　流量的多少,和水量多少,河床寬深及坡度大小,均成正比例。流量率普通以每秒鐘流瀉若干立方呎計算,水位差普通以上流

與下流水面相差之呎數計算。長江下游，支流薈集，水量顏多；惟因河床平坦，流速較小，流量率亦因之而小；復因水位相差有限，故其水力不著。宜昌以上，河床矍陡，江流極速，流量率既大，水位差亦巨，故水力較易利用。所以談長江水力的人，多半注意在長江上游。

長江上游的五峽

長江上游的三峽，從來在歷史上以險要著稱。所謂三峽者，卽瞿塘峽，巫山峽及西陵峽是。前據揚子江水利委員會工程師帕爾莫((F. Palmar)之報告，則稱宜昌夔州之間，共有五峽，綿延110海里。據其調查，五峽之名稱及與宜昌的距離，約如下列：

一．西陵峽亦稱宜昌峽，又名黃貓峽，共長15哩，在宜昌上3哩至18哩之間。

二．牛肝峽亦稱牛肝馬肺峽，長4哩，在宜昌上32至36哩之間。

三．兵書峽亦稱兵書寶劍峽，長二哩半，在宜昌上38哩至40哩之間。

四．巫山峽亦稱大峽，長25哩，在宜昌上62至87哩之間。

五．瞿塘峽亦稱風箱峽，長四哩半，在宜昌上104至108哩之間。

照我們看來，古人所以稱三峽而不稱五峽者，大概是因爲牛肝峽和兵書峽，比較的小，所以不注意牠們；或者是把牠們包括在三峽以內了。

五峽水位差的推算

五峽中間，長江水位的差度，是沒有記錄可以查考的。不過我們曉得宜昌至萬縣的水面之差，同時又知道各峽和宜昌的距離，所以不妨用圖繪的方法，求出一個大概。

參觀附圖。我們從宜昌向上劃出120哩的距離，復自130呎向上增加250呎的高度。按照宜昌以上的長江坡度，畫出一道斜線。再按帕氏所調查的五峽與宜昌的距離，分別繪出界線，使與坡度線相交。最後由坡度線上引出水位差的平行線。由此我們得出

下列幾個概數。

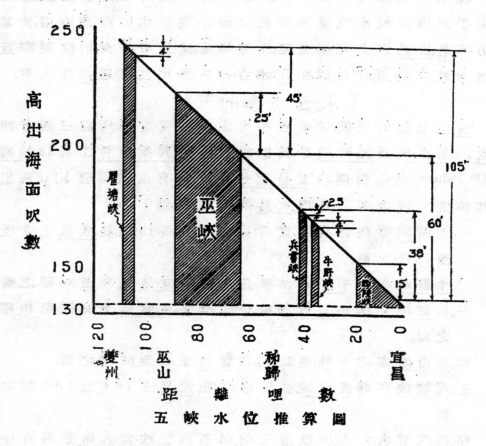

五　峽　水　位　推　算　圖

一．西陵峽的首尾,水面相差十五呎。

二．牛肝峽四呎。

三．兵書峽二呎半。

四．巫峽二十五呎。

五．夔塘峽四呎。

五峽單個的水位差,已如上述,假如西陵牛肝兵書三峽合在一起,可得水位差38呎;倘算至巫峽之底,可得60呎。巫峽水位差25呎,倘算至夔塘峽之首,可得45呎。五峽合計共得水位差105呎。長江上游,水力甚富,單就這五峽的水力來利用,已可得一極大工業勳力。詳細數目,下節來講。

長江上游的水力

據美國地質調查所的統計,全世界水力共約四萬五千四百萬馬力,其中已開發者,約有三千三百萬馬力。中國共約有兩千萬馬力,已開發者,共只一千六百五十馬力。他們在一九二七年,把世界各洲的天然水力,統計一下。茲錄其簡要如下。

洲　　別	業已開發利用之數	天然賦予之數	備　　　　考
北美洲	16,800,000馬力	66,000,000馬力	
南美洲	750,000	54,000,000	
歐　洲	13,100,000	58,000,000	
亞　洲	2,100,000	69,000,000	
其　他	250,000	207,000,000	中國共有20,000,000馬力 已利用者只　1,650馬力
合　計	33,000,000	454,000,000	

據專家估計,全中國兩千萬馬力中,長江的水力約佔一半。復據工程師鮑威爾(Sidney J. Powell)之報告,則在重慶方面,長江各種不同之流量,約如左列:

低水時期,每秒流量為　75,000立方呎。

平水時期,每秒流量為 774,000立方呎。

洪水時期,每秒流量為1,075,000立方呎。

假定水位差為50呎,則在低水時期,可得四十三萬馬力,平水時期,可得四百四十萬馬力。倘此項動力,開發利用,每一馬力每年按國幣一百二十元計算,則可增加五萬二千八百萬元,較去年海關關稅總收入三萬五千四百萬元,尚多一萬萬餘元。

宜昌夔州間長江水力的推測

長江在宜昌夔州之間,多受崇山峻嶺的挾持,水勢既猛,水量復富,故談長江水力者,莫不注意於此。就按宜昌來講,上行三哩,便

是西陵峽,長十五哩,水位差十五呎。倘照鮑氏所測平時流量爲每秒 774,000 立方呎,則可得一百三十萬馬力。次爲牛肝峽,長四英里,水位差四呎,佔其水力,可得三十五萬馬力。再則爲兵書峽,長二哩餘,水位差二呎有半,佔其水力,約有二十二萬馬力。再次爲巫山峽長二十五哩,水位相差二十五呎,可得一百九十萬馬力。故在五峽之中,最爲重要。最末爲瞿塘峽,其水力數量,約和牛肝峽相等。

五峽水力分合利用的比較

五峽合蓄的水力,上節已略經推測過了。但將來利用時,究應把五峽水位總差合在一處用,抑或各峽分用,所得結果,相差顏鉅。茲特略敍於下。

倘吾人在每峽之尾,設立水閘,儲水發電;則所得水力的合計,共約四百萬馬力。否則把五峽連貫一起,把所有那 105 呎的水位差,合在一起應用,則可得九百萬馬力。相差一倍有餘。是故採用的方法,適宜與否,和所得的效果,有極大的關係。現在用四種不同的方法,來比較一下。

第一方法　於每峽之尾,設一水閘,蓄水發電,並照鮑氏平水時期的流量,以推測其馬力之數量。

峽　　別	水位差(呎)	可得之馬力數	備　　考
西 陵 峽	15	1,323,540	每峽設一水電廠共設五廠
牛 肝 峽	4	352,944	
兵書寶劍峽	2.5	220,590	
巫 山 峽	25	2,205,900	
瞿 塘 峽	4	352,944	
合　　計	50.5	4,455,918	

第二方法　把西陵牛肝和兵書三峽合在一處,於西陵峽之尾設立水電廠,此爲第一廠,再把巫山與瞿塘峽合在一處,於巫山

峽之尾,設立水電廠,此爲第二廠。合計此法,共設兩廠。第一法則須
設五廠。

廠　　　別	水位差(呎)	可得之馬力數	備　　　　　考
第　一　廠	38	3,352,968	西陵峽設一水電廠引水至兵書峽爲第一廠。巫山設一水電廠,引水至夔塘峽爲第二廠
第　二　廠	45	3,970,620	
合　　計	83	7,323,588	

　　上面兩法相較,則第一法約可得四百四十萬馬力,而第二法
則可得七百三十餘萬馬力,較前幾大一倍。據此,可知這兩個方法
中,以第二個方法,効果較大。

　　第三方法　一切和第二方法相同,只把第一廠的水位,增高
與第二廠下流水位相同。換句話說,卽第一廠水位差增高至六十
呎。

廠　　　別	水位差(呎)	可得之馬力數	備　　　　　攷
第　一　廠	60	5,294,160	與上表同,惟第一廠引水至巫山峽之尾。
第　二　廠	45	3,970,620	
合　　計	105	9,264,780	

　　第四方法　合五峽共設一大發電廠於宜昌之西,水位差合
計共有105呎。

廠　　　所	水位差(呎)	可得之馬力數	備　　　　　攷
宜昌總廠一所	105	9,264,780	

　　據比較所得結果,可知把五峽連貫一起,合設一個水力電廠,
最爲適宜。不過水位差旣大,水閘的堤堰,勢必要高,築建費或須增
加的。事實上,五峽共長一百一十哩,能否連貫一起,非經實地測量,
還不能決定而且長江上游的測量,是不是仍和鮑威爾所報告數

値相同,樣樣要實地調查後,機能決定的。

結　論

長江水力照專家估計,是有一千萬馬力。照上面的惟測,則只就宜昌至夔州間的一小段,已能有九百二十萬馬力;他如重慶漢口等地,在在可以因時制宜,利用牠的水力。認眞全部發展起來,長江的水力,何止一千萬馬力。我國自古至今,都是把長江當作一條水道,用以便利運輸。現在我們應當更進一步,要利用牠的水力,把牠化爲電力來推動長江流域的工商業。

浙江省杭江鐵路

杭江鐵路,係浙江省有鐵道。原定路綫,自杭縣經富陽,桐廬,建德,蘭谿,龍游,江山,以達江西之玉山。民十測量後,以工程艱鉅,桐廬建德一帶,尤感山高水廣。乃改用蕭常公路路綫,自杭縣對江之西興江邊起,經蕭山,諸暨,義烏,金華,蘭谿,再接龍游,而趨玉山,並無高山峻嶺大江巨川,工程自較簡單。惟與杭縣隔江相對,是其缺點耳。

全綫長約350公里,現在進行中者爲江蘭段,卽自西興江邊以至蘭谿,計長約200公里。民國十七年冬起始踏勘,十九年三月九日行開工禮,二十一年三月六日至蘭谿,全路完成。經過車站二十。

該路施工情形,自民十九開工以後,卽自關外招到大批土工,所有路基工程均已於二十年十月間完工。全部工作除窪隰之地,及蘭谿附近鑿石,因風化石稍有瀉滑,均經修補就緒外,並無困難情形。舖軌工作,係雇工辦理。江邊以至諸暨,道碴用碎石。諸暨以上,取河卵石及河沙以充道碴,用列車及人工分佈。現正全力拖運石碴,以期路基日臻鞏固,行車速率可漸增加,以利行旅也。該路預算經費共計七百三十餘萬元。(侯,茅)

改建滬南黄浦江駁岸工程

李 學 海

　　上海十六舖迤南一帶,碼頭林立,商業繁盛。上海市政府,成立以來,從事整理,不遺餘力。二十年夏曾經重建十六舖東門路口駁岸,加設市輪渡及水菓業碼頭。現在復有整理十六舖至董家渡間浦江碼頭之舉,一面由浚浦局代浚沿浦淤泥,一面由市公用局修理一號至十六號浮碼頭浮橋,並由市工務局整理沿浦駁岸。分工合作,進行順利,他日完成之後,當可頓改舊觀也。茲於說明計劃經過之前,先將沿浦駁岸之現狀,略舉其梗概如左:(參觀第一圖)

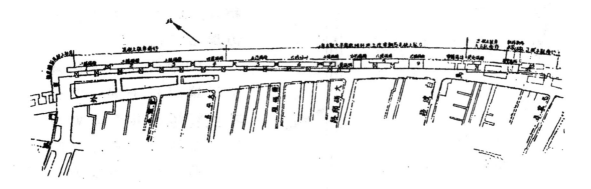

第一圖　黄浦江西岸駁岸狀况

(一)一號碼頭至四號碼頭一段,原爲混凝土駁岸,尚可合用,無須整理。

(二)閔南碼頭迤南,至毛家街口之公共碼頭一段,駁岸爲木質,石

質,混凝土,數種,大致半新,惟駁岸綫多有出入,將來改造時,應使齊平。

(三)毛家街口公共碼頭迤南,統爲石駁岸,現况較好,而沿浦碼頭又較稀,除塡補大石塊外,他無修繕之必要。

(四)四號碼頭至閔南碼頭一段之現狀,可分四項述之:

(1)原有舊木駁岸,大半腐壞傾斜,亟待修繕。

(2)該處沿浦水陸交通最繁,岸上活儀較大,實有建造堅固駁岸之需要。

(3)囊碼頭至四號碼頭一段,地形殊欠整齊,須依照規定計劃,將浮碼頭推至浚港綫上,幷將路邊移至駁岸綫上,

(4)沿浦河灘淤淺,而所泊船隻較大,急須將河底浚深,駁岸加高。

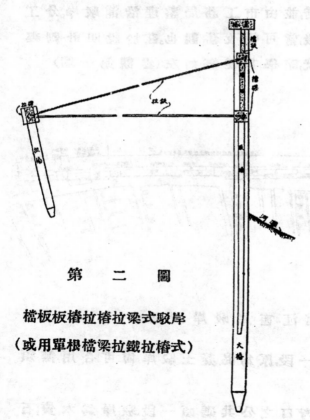

第　二　圖

檔板板椿拉椿拉梁式駁岸
（或用單根檔梁拉鐵拉椿式）

觀察上項情形,須將原有之木駁拆除,改建鋼筋混凝土駁岸,鋼筋混凝土駁岸之造價雖較木駁稍昂,惟有左列各項優點。仍屬最爲經濟。

(1)木質駁岸本屬易于腐壞,而建于潮汐甚大之黃浦江邊,其壽命更短。矧每遇修繕或重建之時,又須將浮橋浮碼頭等拆卸,水陸交通完全斷絕,影響航業,殊非淺鮮。

(2)鋼筋混凝土駁岸構造堅固,能勝重大活儀。

(3)鋼筋混凝土駁岸

之外觀整潔。

（4）鋼筋混凝土駁岸易於防範火險。

上海市通行之水泥駁岸，向以檔板板樁拉梁拉樁式爲多。（參觀第二圖）惟改建滬南外馬路駁岸，因路面交通繁劇，路下溝管密布，而岸綫又距電車軌道甚近，礙難沿路開掘，安置拉梁拉樁，故此式不能採用。又以黃浦潮汐，日凡兩次，高低水位均離岸頂甚近。若採用普通水泥檔牆式，而將底板置于河底綫下，（參觀第三圖）則舉凡打杉樁，裝木殼，紮鋼筋，就地灌注等工，非築高堅之臨時攔水壩，及裝備馬力甚大之郝浦不辦，否則日常工作，僅可在極短之最低水位時間舉行。如是則施工固屬困難，時期亦太長久。爲兼顧經濟及時間起見，此式亦不合用。若欲施工較易，造價較廉，時間較短，惟有參合以上二式安置檔牆底扳在普通低水位以上，其前邊則支于板樁或大樁上，其後邊則連于拉樁及拉梁上。此式又可分爲兩種，如左：

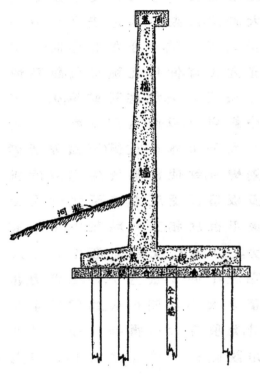

第三圖　檔牆式駁岸

一.甲種結構（參觀第四圖）

駁岸前部用斜板樁及斜大樁，使泥土推力與垂直重儐所成之合力，得經由支牆，直接爲斜大樁所承受。又因斜大樁不能承受全力，故利用滿堂斜板樁以輔之。此項斜板樁之功用有四：

（1）協助斜大樁承載檔牆上泥土推力與垂直重儐所成之合力。

(2)防止擋牆前面之潮流,蕩滌牆基,以免後面鬆泥下陷。

　　　　　　　　(3)承受擋牆上發生之正負傾圮彎冪,
　　　　　　　　（其重量無幾,可不計及）

　　　　　　　　(4)承受擋牆下由泥土推力所生之彎
　　　　　　　　冪。

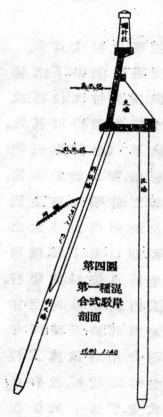

第四圖
第一種混
合式駁岸
剖面

比例 1:40

諸椿之頂,則連以三角趾梁,藉以平分合力于諸椿,並可鞏固牆址。椿之斜坡則取1:3之最大極限,庶使斜椿之斜度不致小於合力之最大斜度,以期擋牆之安全。合力與平板底相交之安全點,普通須在中間 ⅓ 底寬以內,故底宜較寬。惟用此種擋牆,該點恆可在外邊 ⅓ 底寬之上。故底可較窄,但不得超越斜椿中綫以外,以防由泥土推力所生之傾圮彎冪,大于由垂直重儎(死儎及活儎)所生之抗禦彎冪,致使擋牆發生危險。故前面斜大椿及板椿恆受壓力。後面之直大椿(一)若合力與平板底相交之點在中間 ⅓ 底寬之外端,與斜椿中線間,則受拉力。(二) 若該交點適在中間 ⅓ 底寬之外端,則不受力。(三) 若該交點在中間 ⅓ 底寬上,則受壓力。後面直大椿受拉力時居多,其斷面積之大小無關得失。爲減輕重量而同時增加椿面與泥土之阻力計,此項直大椿得採用變形 (Corrugated)式樣。並可每間一支牆採用該直椿一根。直椿之上,支牆之踵,則連以拉梁,拉梁儎于直拉椿上之支牆上。下無直椿之支牆則安擱于拉梁上。爲撙節起見,支牆之高度僅占擋牆之下半部,另用擋梁連接其頂端,則擋梁上之擋板爲挑板式,其下之擋板則爲連續承扳式,二式所需之厚度適相等。板椿大部分須打入河底老土內,其外露部份所受泥土之推力,及其彎冪甚微,故無須計及。已足。此項擋牆之全部重量,均儎于水泥椿上,底板下泥土多係新填,儎

重量甚微,概不計及。

　　但浮橋伸入駁岸部分所有浮橋塊兩旁之擋牆,其剖面仍屬相同,惟因兩岸相距僅有 5·5 公尺,斜大椿之斜度須略改平至1:4,以免兩邊尖端相撞。浮橋塊轉角處兩面斜椿之空隙,則用大石塊護坡填塞,其斜度約為 1:1, 其下則打斜稀杉椿底腳。至於擋牆之斜度,最妥為 1:6,惟因觀瞻上稍嫌太斜,故改為 1:8。凡浮碼頭近駁岸端之撐木座,則裝于駁岸支牆上,以承受撐木之衝擊力,此項衝擊力雖可與泥土之推力有時相消,茲為慎重起見,此項支牆須特別加高,直至蓋頂為止。

　　駁岸大椿之通長檔距,均為1·22公尺,惟在常開碼頭擴充部份後面,因欲使駁岸斜大椿打入該碼頭擴充部份大椿中間,故將檔距加寬,與碼頭椿同,此項駁岸構造與該碼頭完全分開,以免碼頭萬一下陷時,與駁岸銜接處有斷裂之患。

　　總之甲種結構之擋牆因平板較低,前面有斜椿,後面有拉椿,其安全程度實較乙種結構為強。故本計劃除浮橋塊外,所有駁岸,一律採用甲種結構。

二.乙種結構(參觀第五圖)

　　乙種結構之駁岸,前面全用直板椿承載平台上垂直重儎之壓力,(死儎及活儎)及平台下泥土之橫推力。後面用雙拉椿分別向前後傾斜,其斜度同為1:4,前椿腳須與直板椿下部至少相距六〇公分,平板之寬度由是算定。

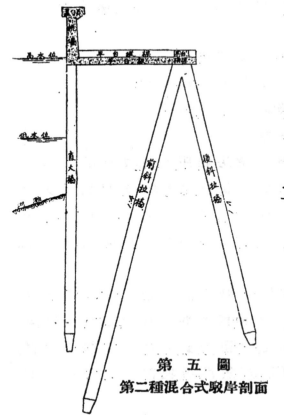

第 五 圖
第二種混合式駁岸剖面

　　平台之縱樑及平板,除承載其上之死活重儎外,又兼備牽拉挑牆,傳力於斜拉樁之用。其連續橫梁,則又用以連接各對斜拉樁之頂部而成一氣。

　　平台上泥土橫推力所生之傾圯彎羃,恆使前樁受壓力,後樁受引力,而其上之垂直重儎,則使前後樁分受均等之壓力。故前樁實受二壓力之和,其量較大。而後樁實受引力與壓力之差,或僅為引力,或僅為壓力,其量較小。若引力與壓力相等則不受力,此時後樁之長度最短,較為經濟。惟普通因傾圯彎羃之效果較垂直重儎為大,而此種情況又較危險,故後樁恆以受引力計算者為多。

　　由是觀之,後樁受力恆小,前樁受力恆大。依據此種情形,斜拉樁之做品,可採用下列數式:

(1)前後樁之數目相同,惟前樁之長度較後樁加大。

　　(子)若前樁太長,超出可能長度以外,則須改用第(二)法,或將檔距減小。

　　(丑)若前樁長度不大,宜將前後樁長度,做成一律。

(2)前後樁之長度相同,惟前樁之根數較後樁為多。

　　(子)或每檔用兩根前樁一根後樁。(最為經濟)

　　(丑)或每隔一根前樁用後樁一根。

　　五號碼頭北浮橋塊部份,因與棧房相距太近,7.92 公尺長之前面斜拉樁不易打下,故將該前樁一根,改做長4.88公尺之長方斜樁二根,並將檔距改小,以便施工時在貨棧之前,裝設底寬1:83公尺之1:4斜樁架。又為減輕重量及同時增加樁面與泥土之阻力起見,前後斜拉樁均用變形式樣。

　　浮橋大樑近駁岸之一端,則擱於特製直大樁之牛腿上,牛腿後面則由平台上縱樑拉至斜大樁,其兩旁則與擋牆連成一體。為減輕重量及同時增加樁面與泥土之阻力計,此樁亦用變形式樣。

　　總之乙種結構之擋牆,僅可適用於浮橋塊部份,其理由約有三端:

(一)浮橋兩旁駁岸前面,均有斜椿,故橋堍駁岸,只可打直椿,否則
　　與兩旁之椿抵觸。

(二)浮橋堍之駁岸,固較外面爲低,上面又可憑藉浮橋支撐之力,
　　不易前傾。乙種擋牆之安全程度,僅恃後面之斜拉椿,似較甲
　　種爲遜,但用於橋堍尚屬適宜。

(三)乙種結構平台甚高,而浮橋堍之河底亦較高,故板椿所受之
彎羃不大。

　　此次整理滬南外馬路駁岸,除浮橋堍部分採用乙種結構外,
餘均採用甲種結構。惟第九號碼頭,本擬暫緩改築,嗣後市公用局
鑒於沿浦碼頭不敷分配,決將該碼頭依照八號以北辦法,改造鋼
質躉船及浮橋。但彼時九號碼頭之駁岸大椿及板椿,均已澆好,橋
堍駁岸之構造,礙難再有變更。又因該碼頭後面,規定之駁岸線,適
與規定之路邊線同在一處,浮橋不能援用八號以北之方法,伸入
駁岸以內,橋堍與兩旁駁岸齊平,故同爲甲種結構。欲求沿用已成
諸椿,並使駁岸外面成一直線,祇有在各個浮僑大梁處,普通斜大
椿後及支牆下,加打30/41直大椿及25公分方竹節斜拉椿各一根。
此項斜拉椿,適與蓋頂及後拉樑連接。其在底板上面,此兩種椿則
與支牆連成一體。直大椿中間,則將普通斜大椿接長,至蓋頂爲止。
並將擋牆上部加厚,與斜大椿平,以資連貫。直大椿上端,則照例做
牛腿,承載大樑。牛腿後面,加做蓋椿拉樑拉椿等,以策安全。故九號
碼頭浮橋堍之駁岸,又爲乙種結構之變態也。(參觀第六圖)

　　駁岸之結構已如上述,駁岸前梅花椿之布置,亦因地勢之關
係,各處略有不同。其在九號碼頭新建之洋松梅花椿三具,每具裏
面有一條斜椿打入駁岸斜板椿內。其地位須在駁岸大椿檔距中
間,所有該段駁岸諸椿之地位,乃由是推定。梅花椿與駁岸之距離,
至少須使其他四條大椿與駁岸斜板椿腳完全隔開。

　　其他駁岸前之舊梅花木椿,除六號及七號碼頭前之四具椿
架,因舊椿大部已腐,地位且在新駁岸之內,均須移出重建外。他如

五號碼頭前之兩具樁架,亦因原有之梅花樁與駁岸浮橋轉角處

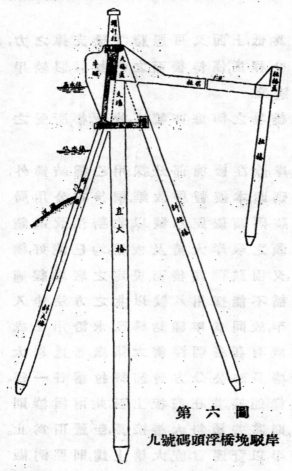

第 六 圖

九號碼頭浮橋塊駁岸

之斜方樁抵觸,仍須拆卸重造。至於八號浮碼頭前之兩具梅花樁架,則以該浮碼頭浮橋等,本為單純建築,兩邊不與其他浮橋浮碼頭等連接,可仍依原有梅花樁之地位,故可保留。

整理碼頭,除改建駁岸浮橋浮碼頭以外,所有沿浦浚港線之外,江底均須開浚。四號碼頭至九號碼頭一段,規定浚深至最低水位下5.182公尺。九號碼頭至閩南碼頭一段,則浚深至 3.66 公尺。所有浚港線以內原有淤泥,勢將逐漸向外填卸,而成平易之淺灘,故浚港線內之最低河底,可假定為1:3之直線,其近岸之水平為＋0 $\frac{396}{}$ 及＋1 $\frac{918}{}$ （見第七圖）

原有駁岸頂及路面雖稍有參差之處,然大致齊平,故各段駁岸之頂,可使同一高度。茲規定以原有最高岸頂之水平＋4 $\frac{30}{}$ 為標準,若再將各段檔牆底面置於同一水平高度＋2 $\frac{10}{}$,則所有檔牆之構造,南北均為一律,於設計施工方面,實為利便。

水泥駁岸,因溫度之變化伸縮頗大,故規定各個浮橋塊駁岸轉角處,均做有13公厘厚之接縫一道,其意義如左:

(一)各個浮橋之間距,約為三十餘公尺,此種距離,適與混凝土駁岸伸縮接縫所需之長度符合,故以浮橋塊為伸縮縫之位置。

四號至九號碼頭一段黃浦江邊開浚情形

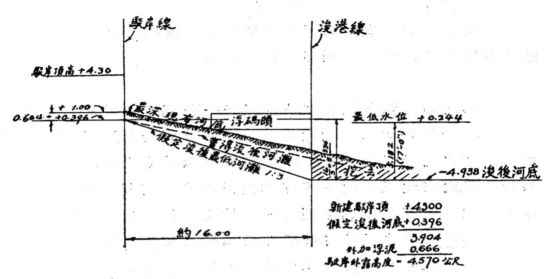

九號至閔南碼頭一段黃浦江邊開浚情形

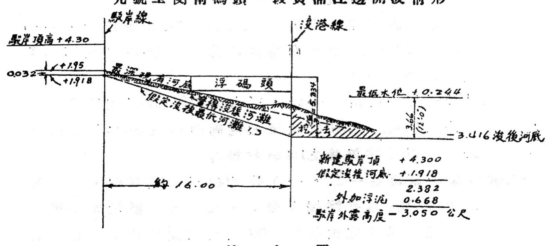

第 七 圖

（二）此項工程較大，故須分段進行，此項接縫，適為施工上分段之處。

（三）浮橋塊部份，承載浮橋大樑之重大聚儀，易于陷落。此項接縫，實可使浮橋塊擋牆與其他轉角部份連接處，不致發生斷裂之虞。

（四）接縫之處，適為兩種擋牆相連之處，結構不同，難于啣接，該處

安設伸縮縫,頗爲適宜。

施 工

至於本計劃之實施,以沿浦地位狹小,極感困難,水陸交通之
維護,亦屬不易。茲將施工程序摘要分述如左:

一.打椿

打椿所用之引擎絞盤等,計有三套,一套用于四號及五號碼
頭一段,一套用於六號及七號碼頭一段,一套用於八號及九號碼
頭一段。在四號及五號碼頭打椿將完之先,六號及七號碼頭卽已
開始打椿,迨四號及五號各椿打完後,則將該段所用引擎絞盤等
幷入六號及七號碼頭前應用。同時八號及九號碼頭一段,則自大
碼頭公共碼頭南首開始向南打去。至九號及閩南碼頭一段,則又
俟六號及七號碼頭前打椿工作完畢後,與常關碼頭之工作同時
進行。木橋架,共用六副如下:

(一)1:3斜椿架一副,頂高一〇・三六公尺, (34呎)底寬六・一〇
　　公尺, (20呎) (見第八圖)用打四號至七號碼頭前面1:3普
　　通斜大椿及斜板椿。

(二)1:4闊斜椿架一副,頂高一〇,三六公尺, (34呎)底寬四・八
　　八公尺(16呎), 用打四號至七號碼頭浮橋旁1:4斜大椿及
　　斜板椿以及浮橋塊之1:4斜拉椿等。

(三)直椿架一副,頂高一二・一九公尺(40呎), 底寬四・五七公
　　尺(十五呎), 用打浮橋大樑下直大椿及浮橋塊直板椿以
　　及普通駁岸後直拉椿等。(四號至七號碼頭一段打完後
　　移至八號至閩南碼頭一段應用)

(四)1:4窄斜椿架一副,頂高一〇・九七公尺(36呎), 底寬四・二
　　七公尺(14呎), 用打八號碼頭以南浮橋旁1:4斜大椿及斜
　　板椿,與浮橋塊1:4斜拉椿,以及六號碼頭南浮橋塊前面斜
　　拉椿等。如將前脚墊高,椿架微向後傾,並用以打八號碼頭
　　以南前面1:3普通斜大椿及斜板椿等。

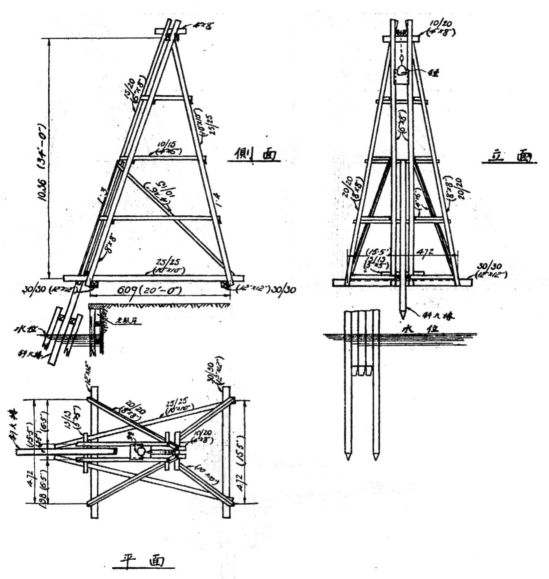

側面

立面

平面

第八圖　　1:3斜樁架圖

（五）1:4小三脚斜樁架一副,頂高六‧七〇公尺(二十二呎), 底寬
　　五公尺(十六呎), (見第九圖)用打各接頭處,後加之特殊斜
　　板樁,此架極其輕便,易於移動,將前脚墊高,前面斜度便爲
　　1:3。

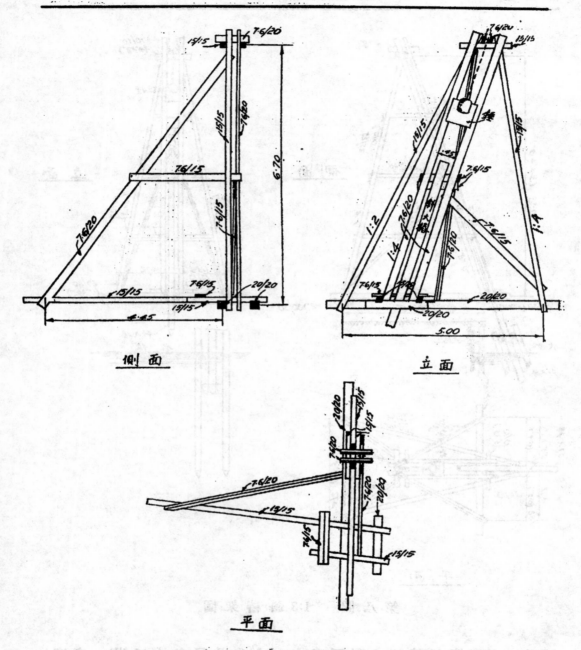

側　面

立　面

平　面

第　九　圖　　1:4 小三脚斜椿架圖

(六)1:4 小三脚斜椿架一副,頂高六‧七公尺(22 呎),專為打五號
碼頭北浮橋塊前面斜拉椿之用。

　　打斜大樁及斜板樁時,須在岸旁左右兩邊,各安置樣板,并在水位之上,裏外兩面,均用二五公分方洋松夾準,近撑木處,須先將撑木座後之斜大樁打好,夾在一端,然後由他端向此樁夯打。

　　斜板樁腳尖恆在湯桶一邊,打板樁時,腳尖一邊,恆須緊靠方樁,以免向外傾斜。惟一面具陰湯桶之方樁,每種僅做一邊,未分左右,故浮橋左邊駁岸之陰桶方樁,若在東端,而右邊駁岸則在西端。是故打樁時,左邊駁岸須從東頭打向西頭,而右邊則須從西頭打向東頭。

　　五號碼頭北浮橋塊距離棧房牆基甚近,駁岸前面斜拉樁頂僅距牆面 1.83 公尺左右,惟此項斜樁甚短,且祇有五根,故可用特製之輕便小三脚斜樁架夯打。六號及八號碼頭南浮橋塊距離外馬路電車軌道甚近,打駁岸前面斜拉樁時,須將樁架底寬改窄至四·二七公尺左右。

　　二.鋼筋混凝土駁岸

　　鋼筋混凝土駁岸之施工,分模殼,紮鐵,灌注三項。每項可分五期進行,茲略述之如左:
(參觀第十圖)

　　(甲) 模殼

　　(第一期)先裝底板下面,及拉樑後面,迨大部鋼筋紮好後,再裝趾樑前面,及擋牆外面。俟底板灌注混凝土後,立將支端兩邊,拉樑前面,趾樑後面預製之方模殼裝好,以備同時灌注

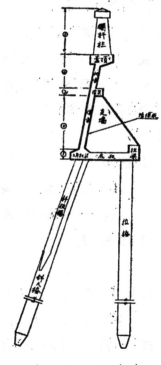

第 十 圖
普通駁岸擋牆部分施工程序圖

拉樑趾樑及底板上與拉樑頂相平之支牆一段。底扳下若用模壳，灌注後不易拆卸，可將填土略加夯實，上舖碎磚三和土一層，以代模壳之用。

(第二期) (一)在支牆兩邊裝釘其餘模壳。

　　　　　(二)在檔牆及支牆後面，裝橫行活動模扳，以便壳內汚穢可於灌注前用水冲淨。而混凝土可就地灌入壳內，易於搗實，不致鬆懈，此項活板，卽於灌注時陸續裝上。

(第三期)裝檔梁下面及後面木壳。

(第四期)裝挑牆後面，及蓋頂前後面木壳。

(第五期)裝欄杆柱木壳，並就地灌注。

(乙)　紮鋼筋

(第一期)底板下及拉樑後之模板裝好之後，擋牆前面模壳尙未裝設以前，卽須開始紮鐵。全部鋼筋除擋樑蓋頂及擋牆上部不與下部連接外；均須一次紮好，方可灌注底板混凝土。所有斜板椿及斜大椿前面之主要鋼筋上部，均須伸入擋牆內。斜大椿後面及拉椿中間之主要鋼筋，則須伸入支牆內。

(第二期)修整擋牆下部鋼筋，並加挑牆裏邊縱行短鋼筋及裏外橫行鋼筋。

(第三期)紮擋樑鋼筋。

(第四期)修整挑牆鋼筋，紮蓋頂鋼筋，加欄杆柱直鋼筋及圓箍，靠蓋頂上面之箍一根，須澆入蓋頂內。

(第五期)紮欄杆柱鋼筋。

(丙)　灌注

(第一期)先灌注底板，次完成底板上之拉樑及趾樑全部，以及拉樑相平之支牆下部，並須預計潮汛來去時刻，以定灌注之可能範圍，須於漲潮以前，完成已澆部份之拉樑及趾樑全部。

　　　　　底板爲檔牆與各預製椿頭直接相連之基礎，其四周鋼筋密佈，灌注最難，而工作最爲重要，下列數事，尤宜注意。

（一）五號碼頭至六號碼頭一段斜大椿及斜板椿打好後尚未敲去椿頭時情形

（二）四號碼頭至五號碼頭一段做木壳及灌注混凝土情形

（三）六號碼頭一段駁岸內部構造情形

（四）四號及五號碼頭一段駁岸完成後

(一)混凝土不得由上面直接傾入,須裝入洋鐵畚箕,在距底板三四十公分之高度徐徐注下,並須各處灌勻,不得傾置一處,每一人灌注,須有二人持棒搗撥。

(二)所有舊樁頂及與舊混凝土接合之處,均須在隣檔灌注未完以前,用淨水泥漿澆遍,旣不可過遲,亦不可過早。

(三)灌注時須逐檔推進,不可淆亂,每檔須懺澆過水泥漿處先灌。

(四)底板樁灌注終止處,須做梯式接頭,並用碎板攔於鋼筋前面。

(五)無論天氣陰晴,澆好之處,須舖蔴包,以防潮水冲刷。

(六)凡主要鋼筋緊密靠實,而混凝土不易灌入之處,均須加放水泥漿或沙灰。

(第二期)灌支牆上部及檔梁下之檔牆,每次僅灌一塊活模板之高度。

(第三期)灌檔梁

(第四期)挑牆與蓋頂同時灌注,惟每段須先灌挑牆,後灌蓋梁,如此逐段推進,不得一次澆致岸頂,庶使挑牆內混凝土易於搗實。

(第五期)就地灌注欄杆柱。

　　本工程分兩部:四號至九號碼頭為一段,工價七萬六千三百六十五元;九號碼頭至图南碼頭為一段,工價一萬四千六百五十一元.俱由沈榮記得標承造,現工程尚在進行中。(二十一年六月)

附　錄

民國二十年運河防汛紀略

茅　以　昇

今夏霪雨為災,江淮並漲,颶風肆虐,洪水橫流,蘇省受災地畝,達至省十分之四,稻糧損失,計率

年十分之三(據主計處統計局調查)。哀我孑遺,頻年鋒火災歉之餘,乃復遘此浩刼,流離喪亂,廬舍為墟,平時納賦輸糧,原期苟全為活,乃輒凶偶降,保障仍無,誰無血性,能不為同聲一哭。凡屬負責當局,皆應深切引咎,況身居河工重任,以水利為職責者,目擊如此沉災,迴天乏術,不克隨洪波以俱去,外慚清議,內疚神明,負罪已深,何容辭費,惟防汛始末,亦有不能已於言者。

運河自開鑿以來,向為淮揚之利,黃河奪淮,始有水患,及淮道全壅,黃復北徙,淮挾豫皖之水,奔騰東注,假運入江,為害乃不可收拾。其始運西毗連之地,瀦成高寶邵伯諸湖,儼同內海,繼則河身淤墊,堤岸日高。故近百年來,每遇淮沂暴發,則湖盈河滿,彼此通連,僅賴一綫長堤,勉遏東流,迎頭攔阻,為沿運屏障,而洪流西漫,湖西諸地,首

當其衝，上游各縣，先成澤國，若開東堤各壩，放水歸海，則下河膏腴之鄉，又沉水底。不泛於彼，即濫於此，雖有堤防，不免以鄰為壑。以一川兼受數河之任，而無適當河槽容納，任令浮游地面，全賴加堤築埝，勉就範圍，壘床架屋，勢如累卵，其情勢之險惡，久已不可終日。根本治理，自須導淮，而國家多故，未遑及此，惟有盡力修防，為一時補苴之計而已。

運河積習相沿，垂數百年，去歲五月就職以來，因鄉邦所在，銳於任事，竭其心力，原冀有所整頓，無如環境腐劣，譬猶久病之夫，急脈緩受，而治運經費，又幾悉為各縣挪移，及墊發修防之用，往蒋經年，計畫徒成盧語，才輕任重，綆短汲深，事與願違，痛心曷極。今夏水發奇早，江淮沂泗，同時暴漲，雨量之多，水勢之猛，為前所未經（第一表）。七月中旬，已傳警報，即親往高郵

第 一 表 氣 象 表

月份	最大雨量（公厘）						最大風勢（每時公里）					
	民國二十年			民國十年			民國二十年			民國十年		
	日期	雨量	全月雨量	日期	雨量	全月雨量	日期	風速	方向	日期	風速	方向
七月	24	150	623	11	91	434	2	38	西南	7	40	西北
八月	25	102	106	21	56	296	26	74	西北	20	75	北北東
九月	14	37	100	17	70	112	28	54	北	16	40	東北

註：
1. 民國二十年雨量係鎮江站所測
2. 民國十年雨量係界首站所測
3. 民國二十年風勢根據中央研究院南京氣象台
4. 民國十年風勢根據上海徐家滙天文台
5. 民國二十年八月二十六日高郵水位一丈九尺
6. 民國十年八月二十日高郵水位一丈七尺三寸

工，督率備禦。在昔勝清防汛，當權者發號施令，得按軍法，即民十大水，亦指揮縣長，直接中央。今河湖淤墊，遠勝從前，水源洶湧，更非昔比，而水利局以一廛任機關，獨担大任，臨深履薄，

時懼弗勝。

到工之初，即遇開壩問題，上下河利害相反，爭持極烈，論河身水勢，則應一律早開，以免全堤受害，論下河民情，則良田爲墾，又誰肯輕奪民食。雖經省府議決，高郵水誌，至一丈七尺三寸時開壩，而下河官民，力請展緩，幾費周章，方獲啓放，其時水誌，已達一丈八尺八寸，爲從來開壩所未有，繼遵省令，與各縣會同保堤，劃界募夫，已極煩難，而地方之索款索料，更窮應付，事權不一，艱苦備嘗。

其時水勢飛漲，超出民十紀錄（第二表），蚌埠淮河流量，

第 二 表 最 大 流 量 表
（每秒立方公尺）

站　別	民國二十年			民國十年		
	月	日	流量	月	日	流量
磑灣	8	8	3029.40	8	10	1518.20
蚌埠	7	30	8382.66	8	31	4603.07
六閘　新河	8	18	3868.98	9	19	2344.00
六閘　邵伯湖	8	18	4196.52	9	19	3750.00
六閘　運河	8	18	1049.46	9	19	724.00

曾至每秒8383立方公尺（七月卅日），民十每秒，祗達4603立方公尺（八月三十一日），磑灣沂河流量，曾至每秒3029立方公尺（八月八日），民十每秒，祗達1518立方公尺（八月十日），以致各處水位，繼長增高。高郵曾至一丈九尺六寸，雖較民十尚低兩寸，但本年在一丈九尺以上之時間，達十九日之久，而民十祗有兩日。此外蚌埠（淮河）蔣壩（洪澤湖）磑灣（沂河）清江邵伯（運河）瓜洲（長江）等處，無一不在民十之上（第三表），因此裏運長堤三百里，寸寸皆在險境。幸本年春間，已積土料，茲更源源接濟，所有加堤築垛，及防風工程，皆得如期竣事，與水爭先。

第 三 表　最 高 水 位 表

站　　別	最　　高　　水　　位						洪　水　時　期		
	民 國 二 十 年			民 國 十 年			在下列水位以上	日　期　數	
	月	日	水位	月	日	水位		民二十	民 十
蚌埠（公尺）	7	16	20.12	8	19	19.85	19.5	33	34
磧灣（公尺）	8	9	24.48	8	10	23.59	23.0	9	11
蔣壩（中尺）	8	12 13 15 16	20.8	9	10 11 12	20.6	20.0	14	9
清江（中尺）	8	13 14	31.1	8	26	30.6	30.0	17	19
高郵（中尺）	8	15 17 18 19	19.6	9	19	19.8	19.0	19	2
邵伯（中尺）	8	18	24.6	9	19	24.1	24.0	18	1
瓜州（公尺）	8	26	5.811	8	21	5.67	5.0	71	45

最高水勢,幸均抗過,西風猛雨,亦曾屢經,屢次出險,均獲搶救。同人工作,晝夜無間,當時固已勉強得濟矣。

水落一週之後,子埝完成,防險有備,體察當時情形,縱遇風浪,應能扞禦無虞,以爲運堤防工,可舒喘息。而江南海塘,同

關重要，大汛將屆，尚未暇親往籌維，時在清江工次，乃於二十四日南下，二十五到省，布置一切，途中聞全省代表大會，因開壩事，已提彈劾，初不料明達諸公，權衡輕重，不責其開壩之晚，而反惡其開壩之早也。

　　二十六日江南塘工出險，二十七日急往履勘，甫經登程，驟聞高邵運堤，因前昨颶風中心所在(第一表)，激起狂濤，三湖齊嘯，排山倒海，所營防禦工程，竟被摧毀，以致陡然出險，雖

高郵以上，二百里長堤，均得保全，清水潭槐樓灣之著名險工，亦獲防守，而下河亙古奇災，成於俄頃，狂瀾莫挽，料變無方，沉痛之餘，當卽嚴詞自劾，並令將各段主管人員，查明候處。

　　此次決口原因，事後各方調查，據(甲)內政部及導淮委員會專員報告，計有三端，一.導淮入江入海之路，尚未開闢，淮洪停蓄於高寶邵伯諸湖，致各處水位之高，爲數十年來所未有，二.裏運西堤，年久失修，水漲後

河湖一片。高寶邵伯等湖之水，直衝東堤，加以河形驟灣驟曲，頂溜冲刷，其勢更猛，三.八月二十五晚，西北風大作，颶風中心，

據徐家匯天文台報告，密近裏運，怒浪雄濤，高可一丈，浪波竟越東堤，而冲刷其背，以致漫溢潰決。(乙)監察院查災專員高

一涵報告,本年八月二十五六雨日,雨量之多,風力之大,實所罕見,八月一月內之雨量,爲106公厘,而二十五日一日間之雨量,竟爲102.3公厘,二十五日之風力爲5.5,次日之風力爲6.3,狂風急雨,相幷而來,當此風狂浪急之一刹那間,自非人力所能抵抗,保堤搶險之工作,自是難於實施。(丙)中央運堤督工委員莊崧甫報告,原因有三:一.爲西堤河湖交通之缺口太多,且堤身既低且窄;二.爲東堤年久失修,加以商輪逐日往來,波浪衝激,堤根鬆疏;三.爲河道曲折之舊堤,多不適宜,若此單薄之堤身,而受極大之衝激,所以一處決口,則牽動多處。

九月一日,省府議決撤職留任,自維負疚已深,何堪再誤,復上呈懇辭,一面努力堵口工作,襄補愆尤(第四表)十月五日,局務交卸,奉令留工工作,所幸堵口工程,進行尚速,於十二月三日,全部斷流,本年防汛,至此途告結束。

(二十年十二月十日)

第四表　堵口工程進行表

段別	各口地點	寬度	人工堵閉或自行乾涸	備考
江都段	1. 六閘南(一)	七丈七尺	九月廿五日堵閉	用柴土堵閉實堵七丈五尺
	2. 六閘南(二)	八丈九尺	乾涸	
	3. 六閘南(三)	廿三丈一尺	乾涸	
	4. 六閘南(四)	十三丈九尺	九月四日堵閉	用蘇袋裝土堵閉實堵八丈
	5. 馬家直南口	十三丈四尺	九月二日至三日堵閉	用柴土填堵實堵七丈五尺
	6. 馬家直北口	廿七丈五尺	九月二日至三日堵閉	用蘇袋裝土堵閉實堵十二丈
	7. 黑魚塘南口 8. 黑魚塘北口(即孫鷄毛帶)	共六十三丈四尺	九月二日至十七日堵閉	用蘇袋裝土及柴土捆廂堵閉實堵四十三丈一尺
	9. 邵伯南大王廟	十三丈	八月三十日堵閉	用蘇袋裝土堵閉實堵一丈五尺
	10. 邵伯張姓北首	八丈三尺	乾涸	
	11. 邵伯觀音庵南	五丈	乾涸	
	12. 邵北觀音庵北	十二丈三尺	乾涸	
	13. 邵伯美大油棧	五丈六尺	乾涸	

江都段	14. 邵伯土碼頭	十七丈三尺	乾涸	
	15. 邵伯大通碼頭	七丈八尺	乾涸	
	16. 邵伯萬壽宮南	十六丈九尺	八月二十九日堵閉	用蔴袋裝土堵閉實堵三丈
	17. 邵伯萬壽宮北	十一丈六尺	八月三十日堵閉	用江柴袋裝土堵閉實堵八丈
	18. 昭關壩⑤	五十六丈五尺	九月二十四日開工 十月二十二日合龍	用柴土捆廂堵築本為二口後衝合為一
	19. 荷花塘⑤	七十二丈五尺	十月五日開工 十一月一日合龍	用柴土捆廂堵築
	20. 來聖庵⑤	三十五丈	十月十六日開工 十二月三日上下攔河壩合龍	招工承包用排樁蔴袋裝土填築至十一月七日尚存水面七丈改用捆廂法至廿日行將合龍南壩頭忽坍卸改築上下游攔河壩於十一月廿八日開工十二月三日合龍
高寶段	21. 卅里舖	六十丈	九月十七日開工三十日合龍	
	22. 卅里舖（即越河頭）	九十丈	九月廿三日開工二十九日合龍	
	23. 戚宮殿	約四十丈	九月九日開工十七日斷流	
	24. 御碼頭	約二十丈	九月七日開工十日斷流	
	25. 廟巷口⑤	九十丈	十月十九日開工二十七日本口斷流	先堵兩口西堤再於西口之上下游築攔河壩斷流但廟巷口因便利取土堤前堵塞本口西堤於十月十二日開工十一月二十六日合龍攔河下壩約於十月二十九日開工十一月五日合龍上壩於十一月二十一日開工二十四日合龍
	26. 攔軍樓⑤	一百六十丈		
合計	決口二十六處	共約八百八十丈	八月二十九日開始堵閉 十二月三日全部斷流	

（附註）一，凡用捆廂堵築者，寬做丈尺，與原長，均無大出入。

二，凡記〔合龍〕字樣者，均係用捆廂法堵築。

三，凡記〔斷流〕字樣者，均係用樁土填築。

四，凡僅記某日堵閉，即係當日開工並堵築完竣。

五，全部堵口經費，尚未據各段呈報（截至十二月十日），從調查所得，五大決口（有●號者），共約三十萬元弱，其餘諸小口，合計不過數萬元。

六，所有堵口工作，均係水利局人員負責辦理。

七，全部堵口時間共計九十七日。

首都設計餘談*
古 力 治
前國都設計技術顧問

歐風東漸,中國爲所驚覺而漸傾向於西方之文明。新中國現已向此途邁進,且頗能爲其所當爲。吾美工程家於此所當致力者,卽指導中國青年工程師,不宜僅效西方之所長,而置中國固有之文化於不顧。譬諸市政,不必如漢口,廣州,上海之盡行歐化,斯爲完善。誠秉此旨,以從事於新中國之建設,則來日之發展,必將優於世界一切大都市,是卽吾人對於首都設計之主旨也。

南京及其附近形勢之優越爲世界城市中所罕有。長江天險,寬以里計,深逾165英尺,一萬二千萬人口之商業繫焉。後湖風景佳勝,湖長一英里,寬半英里中植荷花。相傳此湖爲五百年前操練水兵之所,全以人力鑿成者,使今日列强之海軍,亦用此法訓練,則國際間毋庸有軍縮計劃之限制矣。

城內外岡陵起伏,最高峯達1400英尺。舊建城垣以接近山麓,越山而過,現此山附近已劃作公園區域。山之南麓,明故陵及新建之中山陵在焉。紫金山聳立城畔若爲旅客之引導者然。去冬山巔滿積白雪蔚爲奇觀,在夏季則晚霞夕照,映成金色。山麓鑿有巨人異獸狀殊奇特,山坡寺宇林立。在昔盛時南京居民達二百萬,後漸零替,現有人口則僅及其四分之一,十年以後或將重復舊觀耳。

南京城牆迴旋曲折,經高山而歷平原,幾及22英哩。此項古城建自數百年前,歷經無數之戰爭,而完好如故。其高自20英尺以至65英尺,頂寬自10英尺至50英尺。其上鋪有路面,實爲改砌高架道路之理想地點。此項高架道路,現甚流行,如在他處必須糜耗巨資以築成者也。考試院戴院長曾謂『南京城垣之建築,其磚料實自各地,故茲古城不啻代表中國統一

---

* 本文原名 "Some experiences of an engineer in China", by Ernest P. Goodrich. 本文並非全豹。凡原文與工程無關者,均經刪去。(編者)

之象徵焉』。

首都之最新設計,係根據天然形勢,歷史古蹟,以及其他足為發展要素以計劃者。其最足注意之點,即為國民政府行政區之決定。此項區域之規劃,巳經國府批准,現聞又略有變更矣。

計劃中約須建築350英哩之城市道路,及500英哩之鄉村公路。計劃路綫時,每於交通要道處,設備經濟而有效之路燈,以為管理車輛之符號,使長途汽車得馳行無阻。計劃路政而注重於車輛行駛之分配者,深信於斯實為創舉。

總車站地點,亦經鐵路專家之贊同而選定。便利鐵道聯運以發展南京浦口之根本計劃,於以確立。對於裝運車輛直接渡江一問題,亦經鐵道專家深切之研究,而決採浮橋輪渡之方法,該項輪渡工程,今巳開始建築矣。

公共場所與公園等之建築亦經選定適當之區域,並經市政當局之贊同。廣闊之園道,可自城中重要區域接通各處

公園,此點亦為公園計劃中特異之處。

南京全城面積僅18英方里,對於工商業及居民將來之發展似覺範圍太狹。因此不得不擴大區域以完成首都之建設;此項計劃,亦經市政當局之同意而實現。

為適應市政之發展,作者嘗建議國民政府應予南京市政府以特權,得由該市政府訂立分區,城市設計,收用土地,管理建築等規程以利市政之進行。

南京目前急須解決之問題,厥為規模偉大之給水工程。自來水廠之根本計劃,亦經擬就,並選定紫金山為建築蓄水池地點,期得較高之水壓。關於溝渠及排水工事,亦經着手研究,同時並須顧及改良運河之巨大計劃。

更自他方面言之,吾人於工程本身以外,必須對於手工業及平民生計之關係加以顧及。

南京城中飲料之供給,全賴之平民販售,其法以木桶担

挑諸肩,或以水車由苦力牽率而行,沿途叫賣,貧民恃此營生者達數千人,設南京之給水工程完成以後,則此輩貧民將何以圖存。人民處於生計斷絕或失業狀態之下每促成其自殺行為,此皆辦理市政者應加注意之點,宜預為之備。

　南京旣須成為一最新式之城市,則航空碼頭及飛機場之設備,自不可缺。以上各項俱深得首都設計委員會及各機關之合作,以達於成功。

　南京城內,泰半係田地,舊有建築,為數絕少。故於計劃路綫時可從最理想方面着手,此實為最難得之機會。

　今日南京遺存最巨大之工程,而最堪注意者即為南京城垣綿延數英里,經越紫金山麓,城牆最低處達20英尺,其在平地者達60英尺,平均高度則在40英尺以上,該項城垣係以巨磚砌成,其基礎為靑石所築,工程堅固歷久不損。數百年間歷經無數戰爭,斯城幾為必爭之地,迨已成為歷史上極有價值之紀念物。故在改造南京之

時,此項巍巍古城斷不能廢除。然城垣固應保存,亦當不令阻礙交通之發展與市政之進行,故於幹道必經之處,均穿鑿城門,以利交通。

　全部城垣可改造成為長約22英里之環城馬路。遇地勢過高處,可舖斜坡道路,於門首較寬處,可建停車場及休憩之所。此項佈置俱屬因地制宜之事,固易於為力,設計劃完成以後,則南京將成為世界上具有完備道路之大城市,凡居民之備有汽車者,對此足以瀏覽山水風景之道路,當更愉快也。

　以舊城改築道路之費,比較拆除城牆之費,仍屬低廉。且此項道路風景之佳,更較美國在計劃中擬耗巨資所成者為勝。其散佈城中之古代寺院,較為美觀者,亦在保留之列。

　鐵路車站,公共機關及其他集會場所之建築俱採中國式,浮圖古塔足以點綴風景者,亦參酌列入,城垣堞樓以至山巓之叢林古刹,悉經修造改建。公園及園路之佈置,純採華式。種種設備可謂竭盡所能,此項

計劃完成以後，將使南京爲一近代科學化而兼有富麗性之都市。以言水道，則長江流域之廣，爲英之泰姆士(Thames)法之聖茵, (Seine) 及加拿大之聖羅凌士 (St. Lawrence at Quebec)諸大川所不及。以言山景，則含瑞士及南美諸國之京城外，任何國家之首都均非其比。環城馬路造成以後，較諸維也納之環城馬路 (Ringstrasse)，英之泰姆士長隄，比之盎凡爾(Atwerp)沿河大道以及紐約之沿河馬路(Riverside) 均有過無不及。

　總之南京天然形勢，實兼具羅馬(高山)與柏林(平原)之優點。鼓樓及各處古塔修建以後。可與丹京哥本哈根(Copenhagen)之叢塔媲美。秦淮濬治之後，亦足奪荷京阿姆斯丹特 (Amsterdam) 水道之勝景。市街計劃，以公園及園道佈置之優美，有勝於華盛頓與巴黎。同時南京復有歷史上之背景，其墓碣石像之屬，每多二千年前之古蹟，足供考古之資。勝跡流傳。其見於記載而形諸吟詠者，洵足與雅典媲美也。　（宋學勤譯）

治導黃河試驗
李　協

黃河爲害二千餘年。自漢迄今，治河之書，汗牛充棟，而河之不治今猶昔也。蓋吾國不乏聰明特達之士，對河工具有卓識長才，而無專門之研究，僅邀一時之成功，輾轉數年，河患仍昔，前功盡棄。國家經濟損於是者不知凡幾，人民命產毀於是者不知凡幾，故研究治河爲最急最要之圖也。

近代水工規模之大者，多先之以試驗。治河亦然。其法先依天然河床流勢，以及其挾帶泥沙之輕重，依例設比以爲模型治導規劃，亦按比例設施其間，而以覘其效用之若何及河流變更之情態。於是有所得，則以爲實施治導之標準。數十年來，試驗之效，彰彰大著，於是水工試驗場之設遍及全歐，不下數十處。費禮門遊歐徧訪之。普爲之記，而倡其用於美國。而試驗場之鼻祖，則德國德蘭詩頓教授恩格司氏是也。

氏今年七十七矣。治河名

家,多出其門下。素以研究黃河
爲志,其所著制馭黃河論,見鄭
權伯譯本。費禮門游華歸,過歐
訪之,相與討論治河之策。見沈
君怡治河之商榷。民國十二年,
氏年已將七十,曾欲來華游歷
黃河上下。以我國內亂未果。

　民國十七年,導淮委員會
成立,電聘恩格司氏爲顧問工
程師,氏以病來電謝。繼改聘方
脩斯;方亦氏之高足。方來華,氏
電會曰:『方來與其親來等也。』
方脩斯在華半年,於贊助導淮
計劃之外,兼研究治河,其書尚
未刊行。

　方氏與恩氏對於治理黃
河之見解,大同小異。其不同之
點,在方氏則主以縷堤束水,刷
深河槽,在恩氏則以固定中水
位爲主。二氏往來函件,互相討
論者甚多。其函且俟異日發表。

　方氏教授於漢諾佛,亦據
有在歐洲最大之水工試驗塲。
對治黃河之策,亦自行試驗。

　恩氏最近則更進一步,倡
爲大模型試驗之法。利用天然
流水,改造之以爲試驗之模型。
其地點則選擇巴燕邦瓦痕湖

Walchensee之南,約二公里。其創
設爲一九二六年。合力經營者,
有德國聯邦政府,巴燕邦政府,
及威廉帝學院。名其試驗所曰
水工及水力研究院,而以恩氏
主其事。開辦以來,試驗解決水
工上之問題至多。

　一九三一年十月恩氏來
函,附贈該試驗塲刊物數種。且
曰:『予對於黃河之興趣,始終
不衰。最近以費禮門及方脩斯
之來相質論,益觸研究興致。敝
塲爲用天然流水作水工試驗
之首創。昔年對黃河雖曾於德
蘭詩頓大學作種種試驗,而迄
未得有如是大規模之設置。貴
國人士對於治河,當較鄙人爲
尤切,此良機也,望勿失之。』

　予之覆函盛稱其試驗塲
設備之優點,合乎試驗黃河之
用。且曰:『現敝國政府方組織
一黃河水利委員會,俟該會成
立,即與相商,委託以試驗治河
之事。』

　一九三一年十二月十四
日,恩氏繼來函曰:『承十一月
十二日大示,敬悉不棄,以瓦痕
試驗塲合乎黃河試驗之用,並

允作試驗準備,幸甚。此試驗所欲證明者,為縮狹堤距之究否能刷深河槽,而因以降落洪水面也。欲達此目的,依鄙人之見,應將此間現有之灣曲試驗槽長100公尺寬2.5公尺者,均改造為直槽。兩岸各以相對距11公尺8公尺及5公尺之防洪堤界之。在此槽中應以按合黃河實在情形含泥之水量注入。試驗槽之坡度應作特別試驗以定之。此間有現成木槽以供此項試驗。須使低水約當5公分水深時,坭質尚澱槽底,水深稍過於是,坭質卽能浮起為度。至試驗河床先為平衡之梯形,橫斷面式,床底敷以40公分厚之河坭。岸坡為1:1以混凝土一薄層護覆之。河堤以混凝土為之。灘地以硪實之土為之,不與任何護覆。中水位及洪水位時,河床底所輸下之泥沙質皆收集於一塘。至其浮游之坭質,則隨流而去。其他設備詳情參觀一九三一年二月出版予所著之水土試驗報告。

本試驗塲對中國付託之試驗事,願盡義務,不取酬勞。惟試驗設備及工作費約需一萬六千馬克。希望能於本年間賜下,以便早日着手。最好中國政府能派工程師一人來此,共同試驗。試驗期限約需百日。並可請方脩斯教授參與。』

此函寄滬,時予正以父喪在籍。及再來滬,乃商之於黃河水利委員會委員長朱子橋氏,請設法襄成此舉。朱以黃河水利委員會未成立,款亦無所出,乃提議請魯豫冀三省政府合力擔任試驗費,並荐派李賦都前往巴燕,參加試驗。繼得三省覆電,深予贊荷。並允分任費用。李賦都為漢諾勿大學畢業工程師,方脩斯之弟子。民國十七年囘國。先後供職於東北水道工程局,導淮委員會,華北水利委員會,為工程師,現任西安市政府工程師。最近恩氏來函(一九三二年六月八日)謂治導黃河試驗預備工作,已經起始,請促李君來德。此三省會派工程師往德國作治導黃河試驗之經過情形也。

（二十一年七月）

陝　西　之　水　力

壺口黃河瀑布,位於陝西宜川縣東北境。黃河至此,河身寬由200餘公尺束至20餘公尺,懸崖直瀉,上下水面高低相差至15公尺以上。二十年五月間小水期內,實地測勘其流量為每秒173立方公尺,計能產生水力35,000匹馬力。

蒲城澄城兩縣交界之洑頭村附近,有洛河瀑布,寬11公尺,分老小洑頭,水勢甚急,尚未測量。

榆林北之榆溪,有紅石崖,清光緒八年間築石壩一座,長45公尺,高12公尺,頂寬9公尺,流量每秒有6立方公尺,或亦可利用作水力發電也。　　(李儀祉)

調　查

青島市下水道概況

十九年七月

青島下水道之系統,係兼用「分離式」與「合流式」二者。分離式者,卽雨水與汚水分管輸出。合流式者,卽雨水與汚水合流一管也。下水道管悉埋置道路下面。「雨水管」離路面約一至二公尺。「汚水管」則深自一公尺半至三公尺不等。各管每隔四五十公尺,或當兩路交义之點,設三和土人孔一,以備工人疏浚淤塞水管之用,而道傍居戶之下水管,亦卽由此接入幹管。又於路旁緣石下,每隔四五十公尺處,設雨水斗一,雨後路面積水,卽由是流入雨水管中。凡此設備俱在道路範圍以內,故由道路機關維持之。其與居戶接管之事,則須由居戶繪具圖說,經工務局核准後,由自來水廠派工修築之。

下水道水管分「博山土管」及「山和土管」二種,博山管係由陶土燒製,頗堅固耐用,惟最大口徑在五十公分以下,故流量較大之地,卽須用三和土管。三和土管有圓形及蛋形者,大部份係德日人所埋設。現青島全市有雨水管八萬九千二百二十公尺,汚水管七萬五千八百公尺,合流下水管二萬四千另三十公尺,其中由德人埋設者,佔百分之四十五·五;日人埋設者,佔百分之四十五;吾國接收後所埋設者,佔百分之九.五。

雨水管之設置,係依地面自然傾斜坡度,自高下流,以入於海。廢水之自雨水管流出者,所含雜質,不過沙土微塵,並無穢物,故管口入海處,卽在市區前面沙灘上,於衞生及觀瞻上,固無妨礙也。

汚水管集合居戶溝斗廢水,及厠所廚房浴室之固流體

排洩物，穢惡多毒質，故其排除
之方法，不若雨水之簡單。德人
設計時，審察地勢，分全市為四
個集水區域，各於其最低處設
沈澱池及唧筒，將污水轉展輸
送，流入遠海，即今之四污水排
洩處也。現第一排洩處在廣州
路雲南路間，第二排洩處在樂
陵路北，第三排洩處在太平路
東端，第四排洩處在會泉路北
首，各設沈澱池一唧筒一具至
四具不等。其中除第四排洩處
自成一區外，污水之入第二及
第三排洩處者，藉唧筒之力，流
入第一排洩處，由彼再用唧筒，
將水位提升，藉地形自然坡度，
取道團島以入於海。

當污水初自幹管流入沈
澱池也，挾巨量固體穢物以俱
下，或沉或浮。入池後，濾以鐵格，
方行留下。所餘污水，即用唧筒
抽出，輸入較高幹管內，再沿自
然坡度，向下流去。污水池內，并
備溢水管，有時池內積水太多，
唧筒不及抽送，餘水即由溢水
管流出，取近道入海。或當洗刷
養池，及修理電機之際，唧筒須
停止工作，則污水亦即由溢水

管流出。市內沿大小港一帶，下
水道多合流式，雨後流量過富，
第二排洩處之唧筒不及應付，
故溢水管即自沿路人孔接出，
將過剩雨水及污水，洩入港內。
此項濁水，臭氣顏重，流入逼近
市廛船舶林立之港內，甚非所
宜，故溢水管之設備，乃一時救
急之計，非經久之道也。

考市內污水道德人設四
萬一千餘公尺，日人佔據時代，
延長三萬二千餘公尺，中國接
收後，復增設約三千二百公尺。
污水流量，約略與管子長度作
正比例之增加，顧其四排洩處，
仍係德日管理時代之設備。十
餘年來，唧筒機力，未見增加，而
市內所排洩之污水量，以人口
增加，管子延長，所增者奚啻一
倍。歷屆當局，洞鑒是弊，輒以限
於經濟，未得澈底補救。數年來，
僅將第二排洩處之五馬力電
機撤去，易以三十馬力之電機。
又將第四排洩處之風扇撤去，
易以五馬力之電機。復於混合
水管各要點，添設溢水管。凡此
皆暫救眉急之計，將來苟欲根
本改良，則全市下水道之具體

系統，須統盤計劃。現有水管之口徑，是否合用，須詳細審查。原有排洩處之排洩能力，須藉添設唧筒而增加；新興及待闢諸區之排洩地點，須各隨需要而增設。又須於適當窪池，設「消糞池」Imhofftank，使固體穢物自然消化，溢出之水，流入海內，無礙衞生。此當需悠久之歲月，巨量之財力，及富有經驗之專才，然後方得獲有相當之效果，而新青島之實現，亦於此下水道之改善卜之也。

十八年度各排洩處成績表

類別／處所　年月	排洩污水噸數				掏挖肥料噸數			
	第一排洩處	第二排洩處	第三排洩處	第四排洩處	第一排洩處	第二排洩處	第三排洩處	第四排洩處
十八年 七月	92469	12643	5328	因壁設新隄停止排洩	27.9	37.9	13.3	
八月	111550	31295	5922	242	28.0	76.2	13.1	
九月	98704	13588	6072	690	49.5	35.4	15.6	
十月	95796	369	5192	408	89.8		12.5	
十一月	72022	因修壩停止排洩	5109	104	87.0		9.9	
十二月	81377	16242	4806	287	89.9	49.2	9.3	
十九年 一月	81669	32580	9282	208	82.3	102.5	12.3	
二月	53134	29515	5255	230	83.3	79.3	10.6	
三月	72885	18063	6103	331	106.2	52.2	11.4	
四月	69174	12813	6379	394	96.6	62.7	11.9	1.4
五月	62784	12187	7383	286	100.3	96.0	14.0	
六月	64590	15929	6612	514	92.0	105.7	14.6	0.4